中国矿业大学"十四五"研究生规划教材

近代数学基础

主　编　孙永征

副主编　吴彦强　张慧星　侍红军　刘茂省

本书由中国矿业大学研究生教育教学改革专项资助

U0386666

科　学　出　版　社

北　京

内 容 简 介

本书是普通高等院校工科各专业研究生基础课教材,主要内容包括泛函分析、定性理论、生物数学、网络动力学、随机分析和积分变换等六部分,具体内容为线性赋范空间、内积空间与 Hilbert 空间、定性理论简介、生物数学导论、网络动力学、随机分析基础、随机微分方程及应用、积分变换等. 章后习题的设置便于读者检查自己对本章内容的掌握情况.

本书是根据高等教育近代数学基础课程的基本要求,结合作者多年教授本课程的教学体会编写的一本教材. 本书内容重点突出、条理清晰,并且注重解题方法的指导和思维能力的培养. 另外,还配备了对应的教学视频,扫描书中二维码即查看学习.

本书可供高等院校工科各专业研究生使用,也可作为相关科研人员的参考用书.

图书在版编目（CIP）数据

近代数学基础 / 孙永征主编. — 北京：科学出版社，2024.11
ISBN 978-7-03-078637-1

Ⅰ. ①近… Ⅱ. ①孙… Ⅲ. ①数学一基本知识 Ⅳ.①O1

中国国家版本馆 CIP 数据核字(2024)第 110574 号

责任编辑：张中兴 梁 清 孙翠勤 / 责任校对：何艳萍
责任印制：师艳茹 / 封面设计：无极书装

科 学 出 版 社 出版
北京东黄城根北街 16 号
邮政编码：100717
http://www.sciencep.com

北京九州迅驰传媒文化有限公司印刷
科学出版社发行 各地新华书店经销
*

2024 年 11 月第 一 版 开本：720×1000 1/16
2024 年 12 月第二次印刷 印张：17 3/4
字数：358 000
定价：89.00 元
（如有印装质量问题，我社负责调换）

前　　言

　　近代数学基础是普通高等院校工科各专业研究生一门重要的基础课程，特别是在信息与控制各专业的基础课的学习中，有着极其重要的作用. 本书是根据高等教育近代数学基础课程的基本要求，结合作者多年的教学经验，依据教学团队多年教学的一些心得体会编写的一本教材. 为满足各类专业及不同层次的需求，并体现理论联系实际的原则，加强了本书的实用性，更利于学生学以致用. 本书重点突出、条理清晰，并且注重解题方法的指导和思维能力的培养.

　　党的二十大报告强调了教育、科技和人才的重要性. 报告指出："教育、科技、人才是全面建设社会主义现代化国家的基础性、战略性支撑." 数学作为基础学科之一，在这一过程中扮演着至关重要的角色. 通过加强基础学科的研究和教育，可以为国家的科技进步和现代化建设提供坚实的支撑. 数学不仅为我们提供了一种解决问题的工具，更为我们理解世界提供了一种独特的视角. 本书将带领读者探索线性赋范空间、内积空间与 Hilbert 空间、定性理论、生物数学、网络动力学、随机分析、随机微分方程及应用、积分变换等领域的奥秘.

　　线性赋范空间、内积空间与 Hilbert 空间是泛函分析的基本研究对象，它们是现代数学中的核心概念之一. 本书将从基本定义和性质出发，逐步引导读者深入理解这些空间的结构和应用.

　　定性理论简介部分介绍定性理论的基本思想和方法，帮助读者建立起对定性分析的初步认识. 定性理论在许多领域都有广泛的应用，如生物学、化学、物理学等.

　　生物数学导论部分介绍生物数学的基本概念和方法，包括种群动态、生态系统建模等. 通过对生物现象的数学建模，我们可以更好地理解生物世界的运行规律.

　　网络动力学部分探讨复杂网络中的动力学行为，包括网络同步、传播动力学等. 这部分内容将帮助读者理解网络结构对动力学行为的影响，以及如何通过网络控制来实现特定的动力学目标.

　　随机分析基础部分介绍随机过程的基本概念和性质，包括 Markov 链、Poisson 过程等. 随机分析是研究随机现象的重要工具，它在金融、物理、生物等领域都有广泛的应用.

　　随机微分方程及应用部分介绍随机微分方程的基本理论和应用，包括随机微分方程的求解方法、随机微分方程在金融数学中的应用等. 这部分内容将为读者提供一种处理随机现象的有效方法.

　　最后，积分变换部分介绍 Fourier 变换、Laplace 变换等积分变换的基本概念和性质. 积分变换是数学中的一种重要工具, 它在信号处理、图像处理等领域都有广泛的应用.

本书第 1 章和第 2 章由吴彦强编写, 第 3 章由张慧星编写, 第 4 章由刘玉英编写, 第 5 章由孙永征编写, 第 6 章和第 7 章由刘茂省编写, 第 8 章由侍红军编写. 另外, 还配备了对应的教学视频, 扫描书中二维码即可查看学习.

本书由中国矿业大学研究生教育教学改革专项资助. 近代数学基础相关的研究生教改项目如下:

1. 2022 年中国矿业大学"动力中国·课程思政"教学改革示范项目: 近代数学基础课程示范团队 (2021KCSZ14Y), 2022/01-2023/12, 孙永征主持.

2. 《近代数学基础》2021 年江苏省研究生课程思政建设示范课程及示范团队, 2021.04.

3. 2022 年江苏省研究生教育教学改革课题: 以"引领性、学术性、应用性"为目标的理工科研究生公共数学课程教学改革与实践, 2022-2023, 主持人: 孙永征、吕婷婷.

4. 2022 年校级研究生优质在线开放课程《近代数学基础》, 负责人: 孙永征.

5. 中国矿业大学理工科研究生数学类课程思政教学研究示范中心, 负责人: 孙永征.

在编写过程中, 中国矿业大学数学学院的多位教师对书稿提出了很多的宝贵意见和建议, 在此表示由衷的感谢. 作者力求内容完整, 避免谬误, 但由于作者水平有限, 恳请读者在使用过程中, 不吝赐教, 多多指正.

作　者

2024 年 5 月

目　　录

第 1 章　线性赋范空间

大自然的每个领域都是美妙绝伦的.

—— 亚里士多德

河水湍流

海森伯曾说过:"我要带两个问题去问上帝,一是量子力学,二是湍流."在流体力学研究中,湍流问题通常建模在无穷维空间中,还会受到位置、人为因素等的影响,即影响湍流问题的参数有无穷多个. 试回答以下问题:

1. 如何建立这类变量空间?

2. 如何在这类空间上定义运算?

3. 类似的系统还有哪些?

数学是探索现实世界的一种主要工具, 与社会生活的各个方面紧密联系. 它的一个重要的抽象分支就是建立在集合运算之上并且重点研究空间的泛函分析, 所谓的空间就是带有某种运算的集合. 本章, 我们主要介绍度量空间、赋范空间、映射的基本概念.

泛函分析[①]是研究无穷维抽象空间性质及其分析的学科, 是在 20 世纪产生的一项数学领域的重大成就. 在三维欧几里得(Euclid)空间(或称欧氏空间)中, 每一点都可以表示为一个向量, 这是我们非常熟悉的处理手段, 这是因为向量不仅具有长度、角度、距离等等, 还可以利用距离来研究点列的靠近程度(极限的思想). 很容易把这些知识推广到高维欧几里得空间(在高等数学中确实如此). 但是当出现了无穷维空间, 由于关系到无穷项收敛的问题, 所有上述概念必须再次进行严谨的描述, 处理手段是比较困难的, 就像在高等数学中处理有限项和无限项一样. 无穷维空间确实有着实际的背景(比如在研究具有无穷多个自由度的力学系统的连续介质力学时, 其状态就要用无穷维空间的点来表示), 量子力学中可观测的物理量正好是希尔伯特(Hilbert)空间的自伴算子, 这些数学工具在量子力学出现十几年前就已经形成一套完整的算子的谱理论. 古典分析研究实数集合或复数集合上的函数的性质, 而泛函分析则研究一般集合上的函数. 特别是阿达马(Hadamard)通过考虑闭区间[0,1]上全体连续函数所构成的族, 研究了偏微分方程, 并且发现了这些函数可以构成一个无穷维的线性空间, 并于 1903 年定义了这个空间上的函数, 即泛函. 20 世纪 20 年代到 40 年代波兰数学家巴拿赫(Banach)把 Hilbert 空间推广成 Banach 空间, 形成了系统的理论, 并在 1932 年出版了《线性算子论》一书, 成为泛函分析第一本经典著作.

1.1 预 备 知 识

让我们先回忆一下高等数学中黎曼(Riemann)[②]积分的理论缺陷: 在这里, 我们只简单列举两个大家熟悉的问题, 其余可以参考有关实变函数的书籍.

(1)设 $f(x)$ 是定义在区间 $[a,b]$ 上的有界实值函数, 不妨设

$$a = x_0 < x_1 < \cdots < x_n = b$$

是 $[a,b]$ 的一个分割. 对每个 $i = 1, \cdots, n$, 令

---

① 李佩珊, 许良英的《20 世纪科学技术简史》.

② 黎曼(Riemann, 1826~1866), 德国数学家, 从小酷爱数学, 是世界数学史上最具独创精神的数学家之一. 著作不多, 但极富对概念的创造与想象, 在其短暂的一生中为数学的众多领域作出了许多奠基性、创造性的工作, 为数学的发展建立了丰功伟绩.

$$m_i = \inf\{f(x): x \in [x_{i-1}, x_i]\}, \quad M_i = \sup\{f(x): x \in [x_{i-1}, x_i]\}.$$

取 $\lambda = \max\limits_{1 \leqslant i \leqslant n}|x_i - x_{i-1}|$，则 $f(x)$ 在 $[a,b]$ 上可积的充要条件是

$$\lim_{\lambda \to 0}\sum_{i=1}^{n}(M_i - m_i)(x_i - x_{i-1}) = 0.$$

为了保证上述极限的存在性，就要求振幅 $M_i - m_i$ 比较大的那些小区间 $[x_{i-1}, x_i]$ 的长度之和可以充分小(实际上，这就是 Riemann 可积的第三充要条件，从而，如果被积函数只有有限个间断点一定可积). 因此那些在一些点振幅很大的不连续函数(或者间断点有无穷多个的函数)就有可能不可积了. 因此为保证 $f(x)$ 在 $[a,b]$ 上可积，$f(x)$ 在 $[a,b]$ 上的不连续点不能太多(究竟多少？这是个值得关注的问题). 比如，狄利克雷(Dirichlet)[①]函数在$[0,1]$上为什么不满足上述条件(请读者自己思考)，因此 $D(x)$ 在 $[0,1]$ 上不是 Riemann 可积的.

(2)在高等数学中，有时会使用积分运算和极限运算交换顺序来解决某一问题. 设 $\{f_n(x)\}$ 是 $[a,b]$ 上的连续函数列，并且对于 $\forall x \in [a,b]$，都有 $\lim\limits_{n\to\infty}f_n(x) = f(x)$. $f(x)$ 称为 $\{f_n(x)\}$ 点态收敛的极限函数. 众所周知，极限函数 $f(x)$ 未必在 $[a,b]$ 上可积，并且下式也不一定成立，

$$\lim_{n\to\infty}\int_a^b f_n(x)\mathrm{d}x = \int_a^b \lim_{n\to\infty}f_n(x)\mathrm{d}x.$$

为了保证上式积分运算和极限运算交换顺序成立，在高等数学中学到的一个充分条件是 $\{f_n(x)\}$ 在 $[a,b]$ 上一致收敛于 $f(x)$，这不是必要条件，例如考虑 $[0,1]$ 上的函数列 $f_n(x) = x^n$ $(n = 1,2,\cdots)$.

从以上可以看出，Riemann 积分有不少缺陷(因为一些相对来说比较简单的函数是不可积的)，这就限制了 Riemann 积分的应用. 1902 年，法国数学家勒贝格(Lebesgue)创建了一种新的积分理论，称之为 Lebesgue 积分，克服了 Riemann 积分的上述缺陷. 下面我们简单叙述一下这种积分理论.

Lebesgue 提出这种新的积分思想，就是为了使很多连续性不好的函数也可积. 简单来说，Riemann 积分是通过划分定义域取点集，而 Lebesgue 积分则是通过划分值域来取点集. 我们知道 Riemann 积分划分定义域，对于振荡很厉害的函数，哪怕划分得很细，在这一区间内振荡依然很厉害(参考 Dirichlet 函数)，于是这类函数就不是 Riemann 可积的. 但是 Lebesgue 积分是划分值域，所以在值域的一个小区间内，函数值变化很小，可以对一些振荡很厉害的函数(再次参考 Dirichlet 函数)进行积分.

---

① 狄利克雷(Dirichlet, 1805~1859)，德国数学家. 对数论、数学分析和数学物理有突出贡献，是解析数论的创始人之一. 1836 年 Dirichlet 撰写了《数论讲义》，对高斯划时代的著作《算术研究》作了明晰的解释；1837 年，他构造了 Dirichlet 级数；1838~1839 年，他得到了确定二次型类数的公式；1846 年，他使用抽屉原理阐明了代数数域中单位数的阿贝尔群的结构.

因此, 可以看出对值域进行划分确实有助于改进 Riemann 积分的不足.

划分值域是一种表面上看起来很麻烦的方法, 因为它把本来很简单的定义域区间变得非常复杂了, 往往都与我们在高等数学中学习过的区间有很大区别 (参考 Dirichlet 函数), 这就需要我们从实数和有理数的个数出发来研究问题.

下面, 我们先做一些准备工作, 简单介绍大家熟悉的集合 (康托尔 (Cantor)[①])、确界的概念, 进一步引申出元素的个数等概念, 为后续的学习做好铺垫.

集合 A 和 B 的交集为 $A \bigcap B$; 集合族 $\{A_\mu | \ \mu \in \Lambda\}$ 中所有集合之交表示为 $\bigcap_{\mu \in \Lambda} A_\mu$. A 和 B 之并为 $A \bigcup B$; 集合族 $\{A_\mu | \ \mu \in \Lambda\}$ 中所有集合之并表示为 $\bigcup_{\mu \in \Lambda} A_\mu$.

集合的交、并运算满足交换律、结合律以及相应的分配律:

(1) $B \bigcup \bigcap_{\mu \in \Lambda} A_\mu = \bigcap_{\mu \in \Lambda} (B \bigcup A_\mu)$;

(2) $B \bigcap \bigcup_{\mu \in \Lambda} A_\mu = \bigcup_{\mu \in \Lambda} (B \bigcap A_\mu)$;

余集 $A^c = X \setminus A$.

德·摩根公式:

(3) $(\bigcup_{\mu \in \Lambda} A_\mu)^c = \bigcap_{\mu \in \Lambda} A_\mu^c$;

(4) $(\bigcap_{\mu \in \Lambda} A_\mu)^c = \bigcup_{\mu \in \Lambda} A_\mu^c$.

定义 1.1 设 S 为 $\mathbf{R}$ 中的一个数集. 如果存在数 $M(L)$, 满足对一切 $x \in S$, 都有 $x \leq M (x \geq L)$, 则称 S 为有上界 (下界) 的数集, 数 $M(L)$ 称为 S 的一个上界 (下界).

若数集 S 既有上界又有下界, 则称 S 为有界集. 若 S 不是有界集, 则称 S 为无界集 (课堂练习: 用数学逻辑语言描述无界集).

例 1.1 证明数集 $\mathbf{N}_+ = \{n | n\text{为正整数}\}$ 有下界而无上界.

证明 容易看出, 任取一个不大于 1 的实数都是 $\mathbf{N}_+$ 的下界, 故 $\mathbf{N}_+$ 为有下界的数集.

下证 $\mathbf{N}_+$ 无上界, 按照否命题的叙述: 对于无论多么大的数 M, 总可以找到某个正整数 n_0, 使得 $n_0 > M$. 具体来说, 对任何正数 M (无论多么大), 令 $n_0 = [M] + 1$ (显然 n_0 的取法有无穷多个), 则显然 $n_0 \in \mathbf{N}_+$, 并且 $n_0 > M$. 从而 $\mathbf{N}_+$ 无上界.

注 $[x]$ 表示不超过数 x 的最大的整数, 如 $[2.9] = 2$, $[-4.1] = -5$.

---

① **康托尔** (Cantor, 1845~1918) 德国数学家, 集合论的创始人. 受教于库默尔 (Kummer)、魏尔斯特拉斯 (Weierstrass) 和克罗内克. 建立了 19 世纪末、20 世纪初最伟大的数学成就之一——集合论和超穷理论. 1888~1893 年康托尔任柏林数学会第一任会长, 1890 年领导创立德国数学家联合会. 为了将有穷集合的元素个数的概念推广到无穷集合, 他以一一对应为原则, 提出了集合等价的概念.
库默尔 (Kummer, 1810~1893), 德国数学家. 在数论、几何学、函数论、数学分析、方程论等方面都有较大的贡献, 但最主要的是在研究了超几何级数, 发明了级数变换法, 并用纯代数方法构作了一个四次曲面, 称之为 Kummer 曲面.
魏尔斯特拉斯 (Weierstrass, 1815~1897), 德国数学家, 被誉为 "现代分析之父". 他在数学分析领域中的最大贡献是在柯西 (Cauchy)、阿贝尔 (Abel) 等开创的数学分析的严格化潮流中, 以 ε-δ 语言, 系统地建立了实分析和复分析的基础, 基本上完成了分析的算术化. 他引进了一致收敛的概念, 并由此阐明了函数项级数的逐项微分和逐项积分定理.

　　若数集 S 有界, 则显然它有无穷多个上界和无穷多个下界, 在控制论中, 上下界的控制很不精确. 其中最小的一个上界和最大的一个下界常常具有重要的作用, 称它们分别为数集 S 的上确界和下确界. 数集的上确界和下确界的精确定义如下:

　　定义 1.2　设 S 是 **R** 中的一个数集. 若数 $\eta \in \mathbf{R}$ 满足

　　(i) 对所有 $x \in S$, 都有 $x \leqslant \eta$, 即 η 是 S 的一个上界;

　　(ii) 对任何 $\varepsilon > 0$, 存在 $x_0 \in S$, 使得 $x_0 > \eta - \varepsilon$, 于是 η 又是 S 的最小上界, 则称数 η 为数集 S 的上确界, 记作 $\sup S$.

　　类似可以定义下确界:

　　设 S 是 **R** 中的一个数集. 若数 $\xi \in \mathbf{R}$ 满足

　　(i) 对所有 $x \in S$, 都有 $x \geqslant \xi$, 即 ξ 是 S 的一个下界;

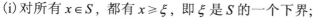

确界的定义

　　(ii) 对任何 $\varepsilon > 0$, 存在 $x_0 \in S$, 使得 $x_0 < \xi + \varepsilon$, 于是 ξ 又是 S 的最大下界, 则称数 ξ 为数集 S 的下确界, 记作 $\inf S$.

　　注　确定上确界、下确界没有一般的法则, 但是在很多情形下, 上确界、下确界分别对应着数集的最大值、最小值.

　　比如: 数集 $[3,6]$ 的上确界、下确界分别对应着数集的最大值 6、最小值 3. 但是数集 $(3,6]$ 的上确界对应着数集的最大值 6, 然而下确界 3 不是最小值. 在高等数学课程中我们对函数很熟悉. 函数的定义域是 $\mathbf{R}^n$ 的子集, 将函数的定义域和值域换成一般的集, 就得到映射的概念.

　　定义 1.3　设 X, Y 是两个非空集. 若存在某一对应法则 f, 使得对每个 $x \in X$, 都有唯一的 $y \in Y$ 与之对应, 则称 f 为从 X 到 Y 的映射, 记为 $f: X \to Y$. 集合 $\{y: \exists x \in A, \text{s.t. } y = f(x)\}$ 为 A 在映射 f 下的像, 记为 $f(A)$. 特别地, 称 $f(X)$ 为 f 的值域. 设 B 是 Y 的子集. 称 X 的集合 $\{x: f(x) \in B\}$ 为集 B 在映射 f 下的原像, 记为 $f^{-1}(B)$.

　　有了映射的概念之后, 可以把我们在高等数学中很多的概念统一, 比如定积分可以看作是可积函数集到实数集的映射, 求导运算可以看作是可导函数集到函数集的映射, 线性代数中的线性变换就是线性空间到线性空间的映射等.

　　若 $f(X) = Y$, 则称 f 为满射. 若当 $x_1 \neq x_2$ 时, $f(x_1) \neq f(x_2)$, 则称 f 是单射. 如果 f 是 X 到 Y 的映射既是单射, 又是满射, 称 f 是 X 与 Y 之间的一个一一对应.

　　下面我们讨论两个集合的元素的多与少. 对于有限集, 我们知道可以通过数出每个集的元素的个数的方法, 从而可以比较两个集的元素的多与少, 其实这就是"一一对应"的方法. 这启发我们把这个方法用到元素个数是无穷的集合, 如果 A 与 B 之间能建立一个一一对应, 则认为 A 与 B 具有同样多的元素; 如果 A 与 B 的一个真子集之间能建立一个一一对应, 则 A 的元素不比 B 的元素多 (注: 为什么不能

说 A 的元素比 B 的元素少, 这是有限集合和无限集合①之间的一个重要差别). 具体来说, 就是下面的定义.

定义 1.4　设 A,B 是两个非空集合. 若存在一个从 A 到 B 的一一对应, 则称 A 与 B 是对等的, 也称为具有相同的基数(基数的概念就是当集合中元素为有限时, 集合中元素个数的推广), 记为 $A \sim B$. 此外为了方便, 规定 $\varnothing \sim \varnothing$.

实际上, 集合 A 与 B 是对等的就是说两个集合的元素可以建立一一对应的关系.

对等关系具有下面简单的性质:

(1)(自反性) $A \sim A$;

(2)(对称性)若 $A \sim B$, 则 $B \sim A$;

(3)(传递性)若 $A \sim B, B \sim C$, 则 $A \sim C$.

先看两个例子.

例 1.2　数集 $(0,1)$ 与实数集 $\mathbf{R}^1$ 一一对应.

对任意 $x \in (0,1)$, 只需要令 $\varphi(x) = \tan\left(x - \dfrac{1}{2}\right)\pi$ (显然映射不唯一, 还可以找到其余形式的正切函数, 比如: $2\tan\left(x + \dfrac{1}{2}\right)\pi$), 则 φ 是 $(0,1)$ 到 $\mathbf{R}^1$ 的一一对应的映射, 也可以用图形的方法产生一一对应, 比如从下半单位圆 $y = -\sqrt{1-x^2} + 1$ 的圆心向下方引射线, 就会产生半圆弧 $y = -\sqrt{1-x^2} + 1$ 与实数集 $\mathbf{R}^1$ 一一对应. 如图 1.1 所示.

定义可数集合

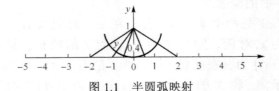

图 1.1　半圆弧映射

定义 1.5　与自然数集 $\mathbf{N}$ (不包含 0)对等的集称为可数集, 并且其元素个数称为可数个.

也就是说, 集 A 是可数集的充分必要条件为 A 的所有元素可以编号排序成为一个无穷序列(编号排序必须既无遗漏, 也无重复, 即每个元素都有一个确定的位置编号).

比如自然数集 $\mathbf{N}$、整数集 $\mathbf{Z}$、奇自然数集、偶自然数集都是可数集合, 具有相同的元素个数. 可以把它们进行下列排序(当然也可以有其他的排列方式):

---

① 无限集合(infinite set)亦称无穷集合, 是一类特殊的集合, 它有下面几种定义: (i)不是有限集的集合(ii)可与其真子集对等的非空集合; (iii)既不是空集又不与 $M_n = \{1, 2, \cdots, n\}$, $n \in \mathbf{N}$ 对等的集合. 势最小的无限集为可数集, 即与自然数集 $\mathbf{N}$ 对等的无限集, 可以证明: (i)无限集必含有可数子集; (ii)无限集减去一有限子集仍为无限集; (iii)任一无限集和一可数集之并与该无限集间存在双射.

$$\{0,\ 1,\ -1,\ 2,\ -2,\ \cdots,\ n,\ -n,\ \cdots\};$$
$$\{1,\ 3,\ 5,\ \cdots,\ 2n-1,\ \cdots\};$$
$$\{2,\ 4,\ 6,\ \cdots,\ 2n,\ \cdots\}.$$

定理 1.1　任何无限集必包含一个可数子集.

证明　在 A 中任取一个元素, 记为 b_1. 假定 $b_1,\cdots,b_{n-1}$ 已经取定. 由于 A 是无限集, 故 $A\setminus\{b_1,\cdots,b_{n-1}\}$ 不是空集. 从而在 $A\setminus\{b_1,\cdots,b_{n-1}\}$ 中再次任取一个元, 记为 b_n. 这样一直作下去, 就得到 A 中的一个无穷序列 $\{b_n\}$. 令 $B=\{b_1,b_2,\cdots\}$, 则 B 是 A 的一个可数子集.

定理 1.2　若 A 是可数集, B 是有限集, 则 $A\cup B$ 是可数集.

证明　为了方便, 不妨设 $A\cap B=\varnothing$. 设 $A=\{a_1,a_2,\cdots\},B=\{b_1,\cdots,b_n\}$. 则 $A\cup B$ 的元素可以编号排序为 $A\cup B=\{b_1,\cdots,b_n,a_1,a_2,\cdots\}$. 也可以排列如下 $A\cup B=\{b_1,a_1,b_2,a_2,\cdots,b_n,a_n,a_{n+1},a_{n+2},\cdots\}$ (大家想象一下, $A\cup B$ 的任何一个元素都有一个确定的编号, 比如 b_6 在第 11 号, 假如 $n>8$, a_8 在第 16 号, 假如 $n<18$, a_{18} 在第 $18+n$ 号), 因此 $A\cup B$ 是可数集 (很显然, 还有很多的排列方式).

定理 1.3　可数集的任何无限子集还是可数集.

下面我们不加证明地给出一个非常重要的结果: 有理数集是可数集. 可数集在无限集中具有最小基数, 可数集的测度为零 (测度的具体含义见下面部分).

下面定义 Lebesgue 测度, 它是我们熟知的长度、面积和体积概念的推广. 设 I 是直线上的一个有界区间 (开的、闭的或半开半闭的). 用 $|I|$ 表示区间 I 的长度, 即 I 的右端点与左端点之差. 若 I 是无界区间, 则规定 $|I|=+\infty$. 又规定空集也是区间并且 $|\varnothing|=0$.

定义 1.6　设 E 是 $\mathbf{R}$ 中的一个集合, 用最多可数个开区间 I_n 去覆盖 E, 即 $E\subset\bigcup\limits_{n=1}^{+\infty}I_n$, 记 $\beta=\sum\limits_{n=1}^{+\infty}|I_n|$, 定义 E 的外测度为 $\inf\limits_{E\subset\bigcup\limits_{n=1}^{+\infty}I_n}\sum\limits_{n=1}^{+\infty}|I_n|$, 记为 m^*E.

在给定了测度概念以后, 我们可以证明: 可数集的外测度为零, 称为零测度集. 可数个零测度集的并集还是零测度集. 区间的外测度就等于区间的长度.

由此产生了可测函数的概念. 在定义积分时, 对被积函数的一个基本要求就是这个函数必须是可测的, 我们将看到可测函数是一类很广泛的函数, 而且是比连续函数更广泛的一类函数. 这类函数具有很好的极限运算性质, 比如说可测函数类在有界的条件下极限与积分运算就可以交换次序 (Lebesgue 控制收敛定理).

定理 1.4　设 f 是定义在 $[a,b]$ 上的有界实值函数, 则

(1) f 在 $[a,b]$ 上 Riemann 可积的充要条件是 f 在 $[a,b]$ 上几乎处处连续 (即 f 的不连续点的全体是一个 Lebesgue 零测度集).

(2) 若 f 是 Riemann 可积的, 则 f 是 Lebesgue 可积的, 并且两种积分相等, 即

$$(\mathrm{R})\int_a^b f\,\mathrm{d}x=(\mathrm{L})\int_a^b f\,\mathrm{d}x.$$

定理 1.5（控制收敛定理）　设 $f(x), f_n(x)\,(n \geqslant 1)$ 是可测函数，并且存在可积函数 $h(x)$，使得 a.e. $|f_n(x)| \leqslant h(x)$　$(n \geqslant 1)$. 若 $f_n(x) \overset{\text{a.e.}}{\to} f(x)$，则 $f(x)$ 可积并且

$$\lim_{n \to \infty} \int f_n(x)\mathrm{d}x = \int f(x)\,\mathrm{d}x .$$

注　定理中 a.e. 的含义就是最多只在一个零测度集上结论不成立.

1.2　线性空间、度量空间及赋范空间

通过高等数学的学习，我们知道在 **R** 中关于邻域、极限和连续性等概念，它们都只依赖于两个元素之间的距离. 因此，若在一个给定的集合 X 定义了满足距离的某些特定性质的"度量"这一概念，就完全可以建立类似于 **R** 的极限和连续性等理论. 本节首先介绍的线性空间是具备加法与数乘运算这两种结构的集合，而度量空间是带有"度量"这一概念的线性空间.

1.2.1　线性空间

定义 1.7　设 X 是一个非空集合，**R** 是实数域（如无特别说明，本章都是在实数域中研究）. 在 X 上定义加法与数乘运算，即：对于 $\forall x, y \in X$，按照一定的对应法则，都存在唯一的 $z \in X$ 与之对应，称 z 为 x 与 y 的和，记为 $z = x + y$；另外，类似地，对于 $\forall x \in X$，$\forall \alpha \in \mathbf{R}$，按照一定的对应法则，都存在唯一的 $u \in X$ 与之对应，称 u 为 α 与 x 的数积，记为 $u = \alpha \cdot x$，或者简单记为 $u = \alpha x$，并且上述加法与数乘运算还满足：对于 $\forall x, y, z \in X$，$\forall \alpha, \beta \in \mathbf{R}$，

(1)（加法交换律）$x + y = y + x$；

(2)（加法结合律）$(x + y) + z = x + (y + z)$；

(3) 存在元素 $\theta \in X$，使 $\forall x \in X$ 有 $x + \theta = x$，θ 称为 X 的零元素；

(4) $\forall x \in X$，存在元素 $y \in X$，有 $x + y = \theta$，y 称为 x 的负元素；

(5) 存在元素 $I \in X$，使得 $Ix = x$，I 称为单位元，习惯记为 1；

(6)（乘法结合律）$\alpha(\beta x) = (\alpha\beta)x$；

(7)（分配律）$(\alpha + \beta)x = \alpha x + \beta x$；

(8)（分配律）$\alpha(x + y) = \alpha x + \alpha y$.

则称 X 是实数域 **R** 上的线性空间（向量空间），其中的元素有时也称为向量.

从以上定义可知，x 的负元素就是 $-x$.

注　本书的线性空间都是在实数域中研究，所以以后为了方便，只说线性空间而不再强调其所属的数域.

例 1.3（n 元数组空间）　其中的每个元素 x 是一个 n 元数组，记为 $x = (a_1, a_2, \cdots, a_n)$

$1 \leqslant i \leqslant n$. 加法与数乘定义为

$$(a_1, a_2, \cdots, a_n) + (b_1, b_2, \cdots, b_n) = (a_1 + b_1, a_2 + b_2, \cdots, a_n + b_n),$$

$$\beta(a_1, a_2, \cdots, a_n) = (\beta a_1, \beta a_2, \cdots, \beta a_n).$$

容易验证运算满足上述线性空间的定义，从而这些 n 元数组全体构成一个线性空间，记为 $\mathbf{R}^n$. 特例 $\mathbf{R}^1$（即 $\mathbf{R}$）、$\mathbf{R}^2$、$\mathbf{R}^3$，分别是直线、平面、空间中的一元、二元、三元数组所构成的线性空间.

例 1.4（无穷数列空间） 其中的每个元素 x 是一个无穷数列 $x = (a_1, a_2, \cdots, a_n, \cdots)$ $(n = 1, 2, \cdots)$，有时为了方便也记为 $x = \{a_n\}_{n=1}^{\infty}$ 或 $x = \{a_n\}$. 加法与数乘定义为

$$(a_1, a_2, \cdots) + (b_1, b_2, \cdots) = (a_1 + b_1, a_2 + b_2, \cdots),$$

$$\beta(a_1, a_2, \cdots) = (\beta a_1, \beta a_2, \cdots).$$

设 E 是线性空间 X 的子集，若 E 也构成 $\mathbf{R}$ 上的线性空间，则称 E 是 X 的线性子空间（简称为子空间）. 经过简单计算，可以得到，E 是 X 的子空间的充分必要条件为，对于 $\forall x, y \in E$，$\forall \alpha, \beta \in \mathbf{R}$，都有 $\alpha x + \beta y \in E$. 显然 X 有两个平凡的子空间 $\{\theta\}$（称为零空间）和 X（称为全空间）.

设 $x_1, x_2, \cdots, x_n$ 是线性空间 X 中的一组元素，若存在不全为零的实数 $\alpha_1, \alpha_2, \cdots, \alpha_n$，使得 $\alpha_1 x_1 + \alpha_2 x_2 + \cdots + \alpha_n x_n = \theta$，则称 $x_1, x_2, \cdots, x_n$ 是线性相关的；若不然，则称 $x_1, x_2, \cdots, x_n$ 是线性无关的. 线性无关也可以等价地叙述为，若有 $\alpha_1, \alpha_2, \cdots, \alpha_n \in \mathbf{R}$，使得

$$\alpha_1 x_1 + \alpha_2 x_2 + \cdots + \alpha_n x_n = \theta,$$

则必有 $\alpha_1 = \alpha_2 = \cdots = \alpha_n = 0$.

若线性空间 X 的子集 E 中任意有限多个元素都线性无关，则称 E 为线性无关集.

设 $x \in X$，$\{x_1, x_2, \cdots, x_n\} \subset X$. 若存在 $\alpha_1, \alpha_2, \cdots, \alpha_n \in \mathbf{R}$，使得

$$x = \alpha_1 x_1 + \alpha_2 x_2 + \cdots + \alpha_n x_n,$$

则称 x 是 $x_1, x_2, \cdots, x_n$ 的线性组合，或说 x 可由 $x_1, x_2, \cdots, x_n$ 线性表示.

E 中任意有限个向量的线性组合的全体称为 E 的线性包或线性扩张，记作 $\operatorname{span} E$，即

$$\operatorname{span} E = \left\{ x \,\middle|\, x = \sum_{i=1}^{n} \alpha_i x_i, x_i \in E, \alpha_i \in \mathbf{R}, n \geqslant 1 \right\}. \tag{1.1}$$

设 E 是线性空间 X 的一个线性无关集，若 E 由有限个元素组成，不妨记为 $x_1, x_2, \cdots, x_n \in E$，并且对 $\forall x \in X$，存在 $\alpha_1, \alpha_2, \cdots, \alpha_n \in \mathbf{R}$，使得 $x = \alpha_1 x_1 + \alpha_2 x_2 + \cdots + \alpha_n x_n$，则称 E 是 X 的一个基底. E 中元素的个数，称为 X 的空间维数，通常记为 $\dim X = n$；若 E 由无穷多个元素组成，则称 X 是无穷维空间，习惯记为 $\dim X = +\infty$.

例 1.5（映射空间） 设 X，Y 为线性空间，F 为从 X 到 Y 的映射全体，即 $F = \{f \mid f : X \to Y\}$. 在 F 上定义加法与数乘（$f, g \in F, x \in X, \alpha \in \mathbf{R}$）如下:

$$(f + g)(x) = f(x) + g(x), \quad (\alpha f)(x) = \alpha f(x).$$

经过简单计算可知，F 是实数域 $\mathbf{R}$ 上的线性空间，称为映射空间. 当 $Y = \mathbf{R}$ 时也称为函数空间.

例 1.6 在线性代数中，我们知道，如果设 A 是 $m \times n$ 矩阵（$m \leqslant n$），b 是 m 维非零列向量，x 是 n 维列向量，$Ax = b$ 表示线性方程组，则其对应的齐次线性方程组 $Ax = \theta$ 的解的全体 $E = \{x \in \mathbf{R}^n \mid Ax = \theta\}$ 是 $\mathbf{R}^n$ 的线性子空间.

1.2.2 度量空间

度量的概念是根据高等数学中实直线 $\mathbf{R}$ 上两点间距离的性质抽象地提出来的.

定义 1.8 设 X 是非空集合，d 是 X 上的二元映射（即对任意 $x, y \in X$，按照一定的对应法则，都有唯一实数与之对应，把此实数记为 $d(x, y)$），并且对于 $\forall x, y, z \in X$，$d(x, y)$ 还满足下面三条性质:

(1)（正定性） $d(x, y) \geqslant 0$，$d(x, y) = 0$ 当且仅当 $x = y$;

(2)（对称性） $d(x, y) = d(y, x)$;

(3)（三角不等式） $d(x, z) \leqslant d(x, y) + d(y, z)$.

距离空间

则称 d 是 X 上的度量函数，$d(x, y)$ 为 x 与 y 之间的距离，称 X 为**度量空间**（距离空间），记为 (X, d).

注 从上述定义知道，对于同一个线性空间，不同的度量（距离）可能产生不同的度量（距离）空间.

例 1.7（连续函数空间 $C[a, b]$） 设 $C[a, b]$ 是区间 $[a, b]$ 上的实值连续函数的全体. 对任意 $x = x(t)$，$y = y(t) \in C[a, b]$，令

$$d(x, y) = \max_{a \leqslant t \leqslant b} |x(t) - y(t)|.$$

容易验证 d 是 $C[a, b]$ 上的距离，按照这个距离 $C[a, b]$ 成为距离空间（度量空间）.

例 1.8（数列空间 s） 设 s 是实数列 $x = \{x_i\}$ 的全体. 对任意 $x = \{x_i\}$，$y = \{y_i\} \in s$，令

$$d(x, y) = \sum_{i=1}^{\infty} \frac{1}{2^i} \frac{|x_i - y_i|}{1 + |x_i - y_i|}.$$

容易验证 d 满足距离定义的 (1) 和 (2). 下面验证三角不等式，首先利用函数 $\varphi(t) = \dfrac{t}{1+t} = 1 - \dfrac{1}{1+t}$（$t \geqslant 0$）的单调增加性，可知对于任意 $a, b \in \mathbf{R}$，有

$$\frac{|a+b|}{1+|a+b|} \leqslant \frac{|a|+|b|}{1+|a|+|b|} \leqslant \frac{|a|}{1+|a|} + \frac{|b|}{1+|b|}.$$

从而对任意 $x,y,z\in s$，利用上式得到

$$d(x,y)=\sum_{i=1}^{\infty}\frac{1}{2^i}\frac{|x_i-y_i|}{1+|x_i-y_i|}\le\sum_{i=1}^{\infty}\frac{1}{2^i}\left(\frac{|x_i-z_i|}{1+|x_i-z_i|}+\frac{|z_i-y_i|}{1+|z_i-y_i|}\right)$$
$$=d(x,z)+d(z,y),$$

即 d 满足三角不等式. 因此 d 是 s 上的距离，s 称为距离空间.

例1.9　设 $p\ge1$，$L^p[a,b]$ 表示 $[a,b]$ 上的 Lebesgue 可测的 p 方可积函数全体，即

$$L^p[a,b]=\left\{f\mid f\text{ 在 }[a,b]\text{ 上 Lebesgue 可测且}\int_a^b|f(t)|^p\,\mathrm{d}t<+\infty\right\}.$$

对 $f,g\in L^p[a,b]$，$f=g$ 定义为 $f(t)=g(t)$ a.e.，定义

$$\rho(f,g)=\left(\int_a^b|f(t)-g(t)|^p\,\mathrm{d}t\right)^{\frac{1}{p}},$$

则 $L^p[a,b]$ 是度量空间.

定义 1.9　设 X 是线性空间，$\|\cdot\|:X\to\mathbf{R}$ 为映射，若 $\forall x,y\in X$，$\forall\alpha\in\mathbf{R}$，$\|\cdot\|$ 满足下面三条性质：

(1)（正定性）　$\|x\|\ge0$，$\|x\|=0$ 当且仅当 $x=\theta$；

(2)（正齐次性）　$\|\alpha x\|=|\alpha|\|x\|$；

(3)（三角不等式）　$\|x+y\|\le\|x\|+\|y\|$.

则称 $\|x\|$ 为元素 x 的**范数**，$(X,\|\cdot\|)$ 为 $\mathbf{R}$ 上的**赋范线性空间**，简称**赋范空间**.

定理 1.6　设 $(X,\|\cdot\|)$ 是赋范空间，$\forall x,y\in X$，定义 $d(x,y)=\|x-y\|$，则 (X,d) 是度量空间. d 称为由范数 $\|\cdot\|$ 导出的距离（我们将赋范空间认作度量空间时，d 都是如此定义的由范数导出的距离）.

证明　由范数 $\|\cdot\|$ 的正定性可知，导出的距离 d 是正定的，因为 X 是线性空间，所以由 $\|\cdot\|$ 的正齐次性与三角不等式得

$$d(x,y)=\|x-y\|=\|(-1)(y-x)\|=|(-1)|\|y-x\|=\|y-x\|=d(y,x),$$
$$d(x,y)=\|x-y\|=\|(x-z)+(z-y)\|\le\|x-z\|+\|z-y\|=d(x,z)+d(z,y).$$

这表明 d 是对称的且满足三角不等式. 因此，当 X 是赋范空间时，X 也是度量空间.

注　设 (X,d) 是度量空间. 如果想定义范数，使 d 是由范数 $\|\cdot\|$ 导出的距离，则距离必须要满足下面两个条件：

(1) $d(x-y,0)=d(x,y)$；

(2) $d(\alpha x,0)=|\alpha|d(x,0)$.

令 $\|x\|=d(x,0)$，由上面两个条件，经过简单计算，可以得到 $\|x\|$ 是范数，并且

$$d(x,y)=\|x-y\|.$$

例 1.10（空间 $C[a,b]$）　　$C[a,b]$ 是闭区间 $[a,b]$ 上连续函数全体. 因为任意两个连续函数的线性组合仍是连续函数, 可知 $C[a,b]$ 是线性空间. 对 $x = x(t) \in C[a,b]$, 定义范数

$$\|x\| = \max_{a \leqslant t \leqslant b} |x(t)| \quad （称为最大值范数），$$

则 $C[a,b]$ 构成赋范空间, 称为连续函数空间.

很容易验证, $\forall x, y \in C[a,b]$, $\forall \alpha \in \mathbf{R}$, 有

(1) $\|x\| \geqslant 0$, $\|x\| = 0$ 当且仅当 $\forall t \in [a,b]$, $x(t) = 0$, 即 $x = \theta$.

(2) $\|\alpha x\| = \max\limits_{a \leqslant t \leqslant b} |\alpha x(t)| = \max\limits_{a \leqslant t \leqslant b} |\alpha| |x(t)| = |\alpha| \max\limits_{a \leqslant t \leqslant b} |x(t)| = |\alpha| \|x\|$.

(3) $\forall t \in [a,b]$, 由 $|x(t)| \leqslant \|x\|$, $|y(t)| \leqslant \|y\|$ 得

$$|x(t) + y(t)| \leqslant |x(t)| + |y(t)| \leqslant \|x\| + \|y\|,$$

从而 $\|x + y\| = \max\limits_{a \leqslant t \leqslant b} |x(t) + y(t)| \leqslant \|x\| + \|y\|$. 所以 $C[a,b]$ 是赋范空间.

下面我们不加证明地给出以下几个常用的引理.

引理 1.1（杨（Young）不等式）　　设 $p > 1$, $\dfrac{1}{p} + \dfrac{1}{q} = 1$, 则对任意的 $A \geqslant 0$, $B \geqslant 0$,

有 $A^{\frac{1}{p}} B^{\frac{1}{q}} \leqslant \dfrac{A}{p} + \dfrac{B}{q}$.

引理 1.2（赫尔德（Hölder）[①]不等式）　　设 $p > 1$, $\dfrac{1}{p} + \dfrac{1}{q} = 1$.

(1) 设 $f(t)$, $g(t)$ 为 $[a,b]$ 上的 Lebesgue 可测函数, 则

$$\int_a^b |f(t)g(t)| \, \mathrm{d}t \leqslant \left(\int_a^b |f(t)|^p \, \mathrm{d}t \right)^{\frac{1}{p}} \left(\int_a^b |g(t)|^q \, \mathrm{d}t \right)^{\frac{1}{q}}.$$

(2) 设 $(a_1, a_2, \cdots, a_n)$ 与 $(b_1, b_2, \cdots, b_n)$ 为 n 元数组, 则

$$\sum_{i=1}^n |a_i b_i| \leqslant \left(\sum_{i=1}^n |a_i|^p \right)^{\frac{1}{p}} \left(\sum_{i=1}^n |b_i|^q \right)^{\frac{1}{q}}.$$

(3) 设 $\{a_i\}$ 与 $\{b_i\}$ 是无穷数列, 则

$$\sum_{i=1}^\infty |a_i b_i| \leqslant \left(\sum_{i=1}^\infty |a_i|^p \right)^{\frac{1}{p}} \left(\sum_{i=1}^\infty |b_i|^q \right)^{\frac{1}{q}}.$$

引理 1.3（闵可夫斯基（Minkowski）不等式）　　设 $p \geqslant 1$, $\dfrac{1}{p} + \dfrac{1}{q} = 1$.

[①] **赫尔德**(Hölder, 1859~1937), 德国数学家. 著名成就包括: Hölder 不等式, Jordan-Hölder 定理, 证明了每一满足阿基米德性质的全序群都同构于实数的加法群的某一子群, 以及 Hölder 定理. 另一以 Hölder 命名的概念是 Hölder 条件 (或称 Hölder 连续), 在包括偏微分方程理论和函数空间理论等数学分析的许多领域中有应用.

（1）若 $f(t)$，$g(t)$ 为 $[a,b]$ 上 Lebesgue 可测函数，则

$$\left(\int_a^b \left|f(t)+g(t)\right|^p \mathrm{d}t\right)^{\frac{1}{p}} \leqslant \left(\int_a^b \left|f(t)\right|^p \mathrm{d}t\right)^{\frac{1}{p}} + \left(\int_a^b \left|g(t)\right|^q \mathrm{d}t\right)^{\frac{1}{q}}.$$

（2）若 $(a_1,a_2,\cdots,a_n)$ 与 $(b_1,b_2,\cdots,b_n)$ 为 n 元数组，则

$$\left(\sum_{i=1}^n |a_i+b_i|^p\right)^{\frac{1}{p}} \leqslant \left(\sum_{i=1}^n |a_i|^p\right)^{\frac{1}{p}} + \left(\sum_{i=1}^n |b_i|^q\right)^{\frac{1}{q}}.$$

（3）设 $\{a_i\}$ 与 $\{b_i\}$ 是无穷数列，则

$$\left(\sum_{i=1}^\infty |a_i+b_i|^p\right)^{\frac{1}{p}} \leqslant \left(\sum_{i=1}^\infty |a_i|^p\right)^{\frac{1}{p}} + \left(\sum_{i=1}^\infty |b_i|^q\right)^{\frac{1}{q}}.$$

例 1.11（Euclid 空间 $\mathbf{R}^n$）　对 n 元数组空间中的点 $x=(a_1,a_2,\cdots,a_n)$ 定义范数

$$\|x\| = \left(\sum_{i=1}^n |a_i|^2\right)^{\frac{1}{2}},$$

利用 Minkowski 不等式（$p=2$），容易验证 $\|\cdot\|$ 是范数（明确起见，称为 Euclid 范数）. 此空间称为 n 维 Euclid 空间，记作 $\mathbf{R}^n$. 点 $x=(a_1,a_2,\cdots,a_n)$ 与点 $y=(b_1,b_2,\cdots,b_n)$ 的距离为

$$d(x,y) = \|x-y\| = \left(\sum_{i=1}^n |a_i-b_i|^2\right)^{\frac{1}{2}}.$$

例 1.12（空间 $L^p[a,b]$（$1 \leqslant p < +\infty$））　设 $L^p[a,b] = \{f=f(t) \mid f(t)$ 在 $[a,b]$ 上 Lebesgue 可测且 $\int_a^b |f(t)|^p \mathrm{d}t < +\infty\}$，$f,g \in L^p[a,b]$，$f=g$ 当且仅当 $f(t)=g(t)$ a.e.，则 $L^p[a,b]$ 是函数空间的子集. 定义

$$\|f\| = \left(\int_a^b |f(t)|^p \mathrm{d}t\right)^{\frac{1}{p}}.$$

由于两个可测函数的线性组合仍是可测的，两个零测集之并仍是零测集，并利用 Minkowski 不等式，容易验证 $L^p[a,b]$ 是线性空间，且 $\|\cdot\|$ 是 $L^p[a,b]$ 上的范数. 因此，$L^p[a,b]$（$1 \leqslant p < +\infty$）是赋范空间.

1.3　收敛性及空间上的映射

1.3.1　收敛性

定义 1.10　设 (X,d) 为度量空间，点列 $\{x_n\} \subset X$. 若存在点 $x \in X$ 使得 $\lim_{n\to\infty} d(x_n,x) =$

0, 则称点列 $\{x_n\}$ 收敛于 x, 并且称 x 为点列 $\{x_n\}$ 的极限, 记作 $\lim\limits_{n\to\infty} x_n = x$, 或 $x_n \to x (n \to \infty)$.

注 可以发现, 如果只考虑抽象符号 $\{x_n\}$, 不关心 $\{x_n\}$ 的具体含义的话, 上述定义和高等数学中数列的极限定义完全一致. 这就是泛函分析内容的魅力之一. 另外数列的收敛与度量有关, 若同一非空集合上定义不同的度量, 则视为不同的度量空间, 导出的收敛性可能会不相同.

类似于高等数学中实数列的知识, 可以得到极限的唯一性、有界性. 但是由于我们没有定义两个元素的大小, 所以没有保号性或者保不等式性(请读者自己写出证明).

若 (X,d) 中的点列 $\{x_n\}$ 收敛, 则极限必是唯一的. 简单说明如下, 假如极限不唯一, 不妨设 $\lim\limits_{n\to\infty} x_n = x$, $\lim\limits_{n\to\infty} x_n = y$, 则 $\forall n$, 有(根据三角不等式)

$$\rho(x,y) \leqslant \rho(x,x_n) + \rho(x_n,y).$$

令 $n \to \infty$, 利用高等数学中实数列的极限的保不等式性, 可得 $\rho(x,y) = 0$, 再由正定性可知 $x = y$. 从而收敛数列的极限是唯一的.

例 1.13 在 Euclid 空间 $\mathbf{R}^n$ 中, 点列收敛等价于依坐标(分量)收敛.

证明 设 $\{x_k\} \subset \mathbf{R}^n$, $x \in \mathbf{R}^n$, 其中 $x_k = (a_1^{(k)}, a_2^{(k)}, \cdots, a_n^{(k)})$, $x = (a_1, a_2, \cdots, a_n)$. 利用不等式

$$\left|a_i^{(k)} - a_i\right| \leqslant \|x_k - x\| \leqslant \left|a_1^{(k)} - a_1\right| + \left|a_2^{(k)} - a_2\right| + \cdots + \left|a_n^{(k)} - a_n\right|$$

易得 $\lim\limits_{k\to\infty} x_k = x \Leftrightarrow \lim\limits_{k\to\infty} a_i^{(k)} = a_i$, $i = 1, 2, \cdots, n$.

例 1.14 在连续函数空间 $C[a,b]$ 中, 点列收敛等价于高等数学中函数列的一致收敛.

证明 设 $x_n = x_n(t)$, $x = x(t) \in C[a,b]$. 按照范数定义, 首先有

$$\|x_n - x\| = \max_{a \leqslant t \leqslant b} |x_n(t) - x(t)| = \sup_{a \leqslant t \leqslant b} |x_n(t) - x(t)|.$$

根据函数列一致收敛的余项准则, 从而函数列 $\{x_n(t)\}$ 在 $[a,b]$ 上一致收敛于 $x(t)$.

定义 1.11 设 (X,d) 为度量空间, 点列 $\{x_n\} \subset X$. 如果 $\forall \varepsilon > 0$, $\exists N$, 使得任意 $n, m > N$ 时, 都有 $d(x_n, x_m) < \varepsilon$, 则称 $\{x_n\}$ 为柯西(Cauchy)基本列, 或简称 Cauchy 列、基本列.

定义 1.12 度量空间中任意 Cauchy 列在此空间中都有极限, 则称此空间为完备度量空间.

定义空间
的完备性

例 1.15 设 X 是 $[0,1]$ 上所有实值连续函数所成的函数空间, $\forall x, y \in X$, 定义度量 $\rho(x,y) = \int_0^1 |x(t) - y(t)| \mathrm{d}t$, 则 X 在此度量之下不是完备的空间.

证明　(X,ρ) 是不完备的度量空间. 我们取一个函数列

$$x_n(t)=\begin{cases}0, & 0\leqslant t<1/2,\\ nt-n/2, & 1/2\leqslant t\leqslant 1/2+1/n,\\ 1, & 1/2+1/n<t\leqslant 1,\end{cases}\quad x_n\in X,\quad n=1,2,\cdots,$$

根据定积分的几何意义, 我们知道 $\rho(x_m,x_n)$ 为三角形的面积.

对于 $\forall\,\varepsilon>0$, 存在 $N>1/\varepsilon$, 使得当 $m>n>N$ 时, 有

$$\rho(x_m,x_n)=\frac{1}{2}\left|\frac{1}{n}-\frac{1}{m}\right|<\varepsilon,$$

从而知 $\{x_n\}$ 是 X 中的 Cauchy 点列.

但是 $\{x_n\}$ 不是收敛列. 假若存在 $x(t)\in X$, 且 $\rho(x_n,x)\to 0\,(n\to\infty)$, 则

$$\rho(x_n,x)=\int_0^1|x_n(t)-x(t)|\mathrm{d}t$$

$$=\int_0^{1/2}|x(t)|\mathrm{d}t+\int_{1/2}^{1/2+1/n}|x_n(t)-x(t)|\mathrm{d}t+\int_{1/2+1/n}^1|1-x(t)|\mathrm{d}t,$$

因为三个积分均非负, 故利用 $\rho(x_n,x)\to 0$ 可以知道每个积分都趋于零, 则有

$$x(t)=\begin{cases}0, & t\in[0,1/2),\\ 1, & t\in(1/2,1],\end{cases}$$

$x(t)$ 显然不是连续函数, 从而 $\{x_n\}$ 在 X 上不收敛, 故 X 不完备.

综上所述, 点列收敛在不同的具体空间上有具体的含义, 但都可以抽象统一于度量空间中极限的概念来加以描述, 这就是泛函分析这门学科的魅力.

1.3.2　空间上的映射

下面我们把高等数学中函数的概念加以推广. 点 x 在映射 T 下的像点及集 A 在映射下的像集分别记为 Tx 与 TA. 点 y 与集 B 在 T 下的原像 (逆像) 分别记为 $T^{-1}y$ 与 $T^{-1}B$.

定义 1.13　设 X, Y 是同一数域上的线性空间, T 是从 X 到 Y 的映射. 若 T 满足

$$T(x+y)=Tx+Ty,\quad T(\alpha x)=\alpha Tx,\quad \alpha\in\mathbf{R},\quad x,y\in X.\tag{1.2}$$

则称 T 是从 X 到 Y 的线性算子. 若 Y 为 $\mathbf{R}$, 则称 T 为从 X 到 Y 的线性泛函.

定义 1.14　有界线性算子 T 的范数定义为 $\|T\|=\sup\limits_{\|x\|=1}\|Tx\|$.

比如下面的例子就是我们在线性代数中所熟知的矩阵运算.

例 1.16　设 $X=\mathbf{R}^n$, $Y=\mathbf{R}^m$, $A=(a_{ij})$ 为 $m\times n$ 矩阵, 其中 $a_{ij}\in\mathbf{R}$. 定义 $T:\mathbf{R}^n\to\mathbf{R}^m$, $T(x_1,x_2,\cdots,x_n)=(y_1,y_2,\cdots,y_m)$, 满足 $y_i=\sum\limits_{j=1}^n a_{ij}x_j$, $i=1,2,\cdots,m$. 具体来说,

$$\begin{pmatrix} y_1 \\ \vdots \\ y_m \end{pmatrix} = \begin{pmatrix} a_{11} & \cdots & a_{1n} \\ \vdots & & \vdots \\ a_{m1} & \cdots & a_{mn} \end{pmatrix} \begin{pmatrix} x_1 \\ \vdots \\ x_n \end{pmatrix},$$

从而 T 是从 $\mathbf{R}^n$ 到 $\mathbf{R}^m$ 的线性算子.

例 1.17　假如在 $C[a,b]$ 上定义如下两个映射:

$$(Tx)(t) = \int_a^t x(s)\mathrm{d}s, \quad t \in [a,b] \quad \text{及} \quad M(x) = \int_a^b x(s)\mathrm{d}s,$$

则简单计算可知 T 是 $C[a,b]$ 到 $C[a,b]$ 的一个线性算子, 而 M 是 $C[a,b]$ 上的一个线性泛函.

定义 1.15　设 T 是从度量空间 (X,ρ) 到度量空间 (Y,d) 的映射, $x_0 \in X$. 若对任意 $\varepsilon > 0$, 存在 $\delta > 0$, 使得对 X 中一切满足 $\rho(x,x_0) < \delta$ 的 x, 都有 $d(Tx,Tx_0) < \varepsilon$, 则称 T 在 x_0 连续. 若 T 在 X 中的每个点都是连续的, 则称 T 是 X 上的连续映射.

定义 1.16　设 X,Y 是赋范空间, $T:X \to Y$ 是线性算子. 若 T 将 X 中的每个有界集都映射为 Y 中的有界集, 则称 T 是有界的.

有界线性算子之所以重要, 是因为下面的定理, 即线性算子的有界等价于连续.

定理 1.7　设 X,Y 是赋范空间, $T:X \to Y$ 是线性算子. 则下面叙述是等价的.

(1) T 是有界的线性算子;

(2) 存在常数 $c > 0$ 使得 $\|Tx\| \leqslant c\|x\| \, (x \in X)$;

(3) T 是 X 上的连续线性算子.

证明　(1) $\Rightarrow$ (2). 取定 X 中一个有界集 $S = \{x : \|x\| \leqslant 1\}$, 由于 T 是有界线性算子, 从而 $T(S)$ 是 Y 中的有界集. 也就是说存在常数 $c > 0$, 使得对任意 $x \in S$, $\|Tx\| \leqslant c$. 于是对任意 $x \in X$, $x \neq 0$, 利用 $\dfrac{x}{\|x\|} \in S$, 故 $\dfrac{\|Tx\|}{\|x\|} = \left\| \dfrac{1}{\|x\|} Tx \right\| = \left\| T\left(\dfrac{x}{\|x\|} \right) \right\| \leqslant c$. 因此 $\|Tx\| \leqslant c\|x\| \, (x \in X)$.

(2) $\Rightarrow$ (3). 设 $\{x_n\} \subset X$, $x_n \to x$. 由于 T 是线性算子, 因此 $0 \leqslant \|Tx_n - Tx\| = \|T(x_n - x)\| \leqslant c\|x_n - x\| \to 0$.

从而 $Tx_n \to Tx$. 也就是说 T 在 X 上连续.

(3) $\Rightarrow$ (1) (反证法). 假设 T 是无界的, 则存在有界集 $A \subset X$, 即 $\exists M > 0, \forall x \in A$, 都有 $\|x\| \leqslant M$, 但是 $T(A)$ 不是有界的. 此时可以取点列 $\{x_n\} \subset A$, 即 $\|x_n\| \leqslant M \, (n \geqslant 1)$, 但 $\|Tx_n\| > n$. 令 $y_n = \dfrac{x_n}{\sqrt{n}} \, (n \geqslant 1)$, 则 $y_n \to 0$. 由于 T 连续, 应有 $Ty_n \to T(0) = 0$. 但是 $\|Ty_n\| = \left\| T\left(\dfrac{x_n}{\sqrt{n}} \right) \right\| = \dfrac{\|Tx_n\|}{\sqrt{n}} \geqslant \sqrt{n} \to \infty$, 矛盾. 因此 T 必有界.

定理 1.8　设 f 是赋范空间 X 上的线性泛函, 则 f 在 X 上有界的充要条件是 f 的零空间 $N(f)$ 是闭集.

与 **R** 上一元函数的连续性通过数列刻画的情形类似, 度量空间上映射的连续性也可通过点列来刻画.

定理 1.9　设 (X, ρ) 与 (Y, d) 为度量空间, $x_0 \in X$, $T: X \to Y$ 为映射, 则 T 在点 x_0 连续的充分必要条件为对任意点列 $\{x_n\} \subset X$, 只要 $\{x_n\}$ 收敛于 x_0, 就有 $\{Tx_n\} \subset Y$ 也收敛于 Tx_0 (与一元函数极限的归结原则类似.)

下面指出范数与距离函数本身都是连续的.

定理 1.10　(1) 范数 $\|\cdot\|$ 是赋范空间 X 上的连续泛函, 即当 $x_n \to x$ 时, 有 $\|x_n\| \to \|x\|$.

(2) 距离 ρ 是度量空间 (X, ρ) 上的二元连续泛函, 即当 $x_n \to x$, $y_n \to y$ 时, 有 $\rho(x_n, y_n) \to \rho(x, y)$.

证明　(1) 利用三角不等式, 容易得到 $\|y\| = \|y - x + x\| \leqslant \|y - x\| + \|x\|$, 即 $\|y\| - \|x\| \leqslant \|y - x\|$. 类似可得 $\|x\| - \|y\| \leqslant \|x - y\| = \|y - x\|$, 即 $\big| \|y\| - \|x\| \big| \leqslant \|y - x\|$. 若 $x_n \to x$ $(n \to \infty)$, 即 $\|x_n - x\| \to 0$ $(n \to \infty)$, 利用上式得 $\big| \|x_n\| - \|x\| \big| \leqslant \|x_n - x\|$, 从而 $\|x_n\| \to \|x\|$.

(2) 由度量 ρ 的三角不等式与对称性得
$$\rho(x, y) - \rho(x, z) \leqslant \rho(z, y) = \rho(y, z),$$
类似地, $\rho(x, z) - \rho(x, y) \leqslant \rho(y, z)$. 从而
$$\big| \rho(y, x) - \rho(z, x) \big| = \big| \rho(x, y) - \rho(x, z) \big| \leqslant \rho(y, z). \tag{1.3}$$
设 $x_n \to x$, $y_n \to y$, 即 $\rho(x_n, x) \to 0$, $\rho(y_n, y) \to 0$ $(n \to \infty)$, 利用式 (1.3) 得到
$$\big| \rho(x_n, y_n) - \rho(x, y) \big| \leqslant \big| \rho(x_n, y_n) - \rho(x, y_n) \big| + \big| \rho(x, y_n) - \rho(x, y) \big|,$$
$$\leqslant \rho(x_n, x) + \rho(y_n, y),$$
令 $n \to \infty$, 得 $\rho(x_n, y_n) \to \rho(x, y)$. 于是距离 ρ 是度量空间 (X, ρ) 上的二元连续泛函.

1.3.3　空间的同构

如果想揭示两个空间之间是否具有某种相同的性质, 往往可以通过这两个空间之间的双射加以描述. 也就是说, 如果两个线性空间之间存在线性关系的双射, 就可以认为它们有相同的线性结构, 称为线性同构. 进一步, 若两个度量空间 (或者赋范空间) 有相同的极限运算结构, 即两个空间之间存在双连续 (T 与 T^{-1} 都连续) 的双射, 则称这两个空间拓扑同构或同胚; 同构的赋范空间看作相同的赋范空间而不加区别.

定义 1.17　(1) 设 X, Y 是同一数域 **R** 上的线性空间, $T: X \to Y$ 是双射 (即单满射). 若 T 是线性算子, 则称 T 为线性同构映射, X 与 Y 称为同构的线性空间.

(2) 设 X, Y 是两个度量空间, $T: X \to Y$ 是双射. 若 T 与 T^{-1} 都是连续映射, 则称

T 是拓扑同构映射或同胚映射，X 与 Y 称为拓扑同构或同胚的度量空间.

（3）设 (X, ρ) 与 (Y, d) 是两个度量空间，$T: X \to Y$ 是满射. 若 T 是等距的，即 $\forall x, y \in X$，有

$$d(Tx, Ty) = \rho(x, y),$$

则称 T 是等距同构映射，X 与 Y 称为等距同构的.

例 1.18　赋范空间 $C[a, b]$ 与 $C[0, 1]$ 是同构的.

证明　取映射 $T: C[a, b] \to C[0, 1]$ 使 $\forall x = x(t) \in C[a, b]$，有

$$(Tx)(t) = x\left(\frac{t-a}{b-a}\right).$$

记 $u = \dfrac{t-a}{b-a}$，则

（1）$\forall x(t) \in C[a, b]$，$t \in [a, b]$，有唯一的 $x(u) = x\left(\dfrac{t-a}{b-a}\right) \in C[0, 1]$，$u \in C[0, 1]$，$T$ 是映射.

（2）$\forall y(u) \in C[0, 1]$，$u \in C[0, 1]$，$\exists y(t) = y((b-a)u + a) \in C[a, b]$，$t = (b-a)u + a \in [a, b]$，使 $(Ty)(t) = y\left(\dfrac{t-a}{b-a}\right) = y(u)$，从而 T 是满射.

（3）对 $x, y \in C[a, b]$，$\alpha, \beta \in \mathbf{R}$，有 $T(\alpha x + \beta y)(t) = \alpha x(u) + \beta y(u)$，故 T 是线性的.

（4）$\|Tx\| = \max\limits_{0 \leqslant u \leqslant 1} |x(u)| = \max\limits_{a \leqslant t \leqslant b} |x(t)| = \|x\|$，表明 T 是保范的.

因此，$C[a, b]$ 与 $C[0, 1]$ 同构.

阅读材料

关肇直先生在泛函分析中的一些成果

　　泛函分析的理论对其之后的数学物理的发展起到了极其突出的作用. 传统上用以研究物理分支——力学、流体力学、声学、光学等的主要的数学工具是偏微分方程理论、积分方程以及变分学等等. 但是从 20 世纪 30 年代起，物理的前沿逐渐发展到了量子力学及由量子理论衍生的核物理、原子物理、凝聚态物理等等，研究这些物理分支的核心数学工具恰好就是泛函分析. 比如一类 Hilbert 空间上的谱理论与理论物理中对氢原子中电子能级的研究密切相关，冯·克利青（K.von Klitzing）和索列斯（D.J.Thouless）等利用对薛定谔算子的谱的刻画对整数阶量子霍尔效应进行了深入的研究，并且分别获得了诺贝尔物理学奖.

　　关肇直（1919~1982），是我国著名的数学家、系统与控制学家. 他出生于天津，

原籍广东南海(今佛山市南海区), 1941 年毕业于燕京大学数学系. 关肇直在数学领域的贡献主要在泛函分析和现代控制理论方面, 尤其在无穷维空间中非线性方程的近似解法、中子迁移理论等领域取得了突出成果. 主要如下:

泛函分析领域

1956 年, 关肇直研究了无穷维空间中非线性方程的近似解法, 通过收敛性, 在国际上最早发现"单调算子"方法的原始思想.

1964 年, 他利用 Hilbert 空间与不定度规空间中自伴算子的谱理论严格处理了中子迁移方程奇异本征函数的问题, 给中子迁移理论奠定了严格的数学基础.

1965 年, 他利用泛函分析工具, 在很广的条件下, 用十分简短的方法证明了激光理论中一类非对称核的线性积分方程非零本征值的存在性, 为激光理论奠定了数学基础.

现代控制理论

关肇直是我国现代控制理论的开拓者, 他组建了我国第一个控制理论研究室. 他主持的研究工作多次受到奖励和表彰, 包括 1978 年全国科学大会奖、1982 年国家自然科学奖二等奖以及 1985 年国家科学技术进步奖特等奖(关肇直负责该项目中轨道设计和轨道测定两个子项目).

国防科研事业

关肇直在国防科研事业中也做出了重要贡献, 特别是在人造卫星轨道设计和测定、导弹制导、潜艇惯性导航等领域的应用研究.

人才培养方面

关肇直在多所大学兼任教授, 培养了大批数学和控制理论方面的人才. 1957 年, 他在北京大学数学力学系开设了中国第一门泛函分析专门化课程, 并出版了我国第一部泛函分析教科书《泛函分析讲义》.

关肇直先生的科研成就和对国家的贡献, 使他成为中国现代控制理论的开拓者与传播者, 他的贡献在今天仍具有深远的影响. 为了纪念他, 中国自动化学会控制理论专业委员会设立了"关肇直奖", 以鼓励青年科技人员在系统控制理论及其应用领域做出杰出成果.

下面简单介绍泛函分析在工程中的一些应用.

压缩映射原理说明在完备的度量空间中, 连续的压缩映射一定存在唯一的不动点, 此结论及其后续的改进结果在数学领域都有广泛的应用, 比如动力系统、微积分、拓扑学等等, 可以求解非线性方程的解, 与牛顿方法相比, 迭代格式简单, 易于编程实现. 压缩映射原理还可以用来解决很多实际问题. 比如在计算机科学中, 它可以用来解决搜索引擎中的 PageRank 算法, 即在计算网页的排名时可以通过不断迭代压缩映射来实现.

关于连续函数逼近的 Weierstrass 定理表明一个在闭区间上的连续函数, 可以用

一个代数多项式 $p(x)$ 来逼近, 并且可以保证逼近误差小于任意给定的正数, 即逼近的精度可以任意高. 这在工程中非常有用, 例如在图像处理、数值计算、信号处理等领域. 最佳一致逼近多项式指的是有一个多项式 $p(x)$, 是一个最佳的连续函数 $f(x)$ 的逼近, 即平方误差最小, 具体过程可以通过最小二乘法来实现. 具体过程是通过对平方误差求导并令其为 0 来得到最佳平方逼近多项式的系数.

最佳一致逼近多项式的求解比较复杂, 但是它也在工程中非常有用. 例如, 在数值计算中, 当我们对具体函数进行逼近的时候, 需要考虑两种实际的情况, 第一种是使用低次数的多项式进行逼近, 会导致逼近误差很大, 第二种是使用高次数的多项式进行逼近, 又会产生过拟合现象, 并且计算量过大, 而最佳一致逼近多项式就可以消除上面的两种现象.

最佳平方逼近的一个重要应用是在数据拟合中. 通过对已有的离散数据点进行最佳平方逼近, 可以得到一个平滑的曲线, 从而对数据进行预测和分析, 这在工程实际问题中非常有用.

习 题 1

一、选择题

1. 设 Z 是实线性空间, $x, y \in z$, $\alpha \in \mathbf{R}$ 下面四个选项, 哪一个不是范数的性质? (　　)

    A. $\|x\| \geqslant 0$.　　　　　　　　　　　　B. $\|\alpha x\| \geqslant |\alpha| \|x\|$.

    C. $\|x+y\| \leqslant \|x\| + \|y\|$.　　　　　　　D. $\|x-y\| \leqslant \|x\| - \|y\|$.

2. 下面关于对等的结论, 哪个是错误的? (　　)

    A. {正奇数全体}~{正偶数全体}.　　　B. {正整数全体}~{正偶数全体}.

    C. $(0,1)$~{正整数全体}.　　　　　　D. $(0,1)$~$[0,1]$.

3. 下面四个选项, 哪一个是错误的? (　　)

    A. $A \sim A$.　　　　　　　　　　　　B. $A \sim B$, 则 $B \sim A$.

    C. $A \sim B,\ B \sim C$, 则 $A \sim C$.　　D. $A \sim B^{*}$, 则 $\bar{\bar{A}} \subset \bar{\bar{B}}$.

4. 数集 $\{1/n\}_{n=1}^{+\infty}$ 的下确界为(　　).

    A. 1.　　　　　　B. 2.　　　　　　C. 0.　　　　　　D. $\dfrac{1}{2}$.

5. 下面哪个映射可以作为 $(-1,1) \sim \mathbf{R}$ 的双射? (　　)

    A. $\tan\left(\dfrac{\pi}{2} x\right)$.　　　　　　　　　B. $\sin\left(\dfrac{\pi}{2} x\right)$.

    C. $\cos\left(\dfrac{\pi}{2} x\right)$.　　　　　　　　　D. $\sin\left(\dfrac{\pi}{2}(x-1)\right)$.

二、判断题

1. 有理数的全体是一可数集合.　　　　　　　　　　　　　　　　　　　　（　　）

2. $(0,1)$ 为可数集合.　　　　　　　　　　　　　　　　　　　　　　　（　　）

3. 点集 E 的界点不是聚点，便是孤立点.　　　　　　　　　　　　　　　（　　）

4. $C[a,b]$ 是完备的度量空间.　　　　　　　　　　　　　　　　　　　　（　　）

5. $\varphi[a,b]$ 作为 $C[a,b]$ 的子空间是不完备的度量空间.　　　　　　　　（　　）

6. 收敛列都是 Cauchy 列.　　　　　　　　　　　　　　　　　　　　　　（　　）

7. f 是赋范线性空间 X 中的连续线性泛函，则其零空间 $N(f)$ 是 X 中的闭子空间.
　　　　　　　　　　　　　　　　　　　　　　　　　　　　　　　　　（　　）

8. 设 Z，Y 是 Banach 空间，若 T 是从 Y 到 Z 的有界线性算子，且 $\lim R(T)<\infty$，则 T 是紧的.
　　　　　　　　　　　　　　　　　　　　　　　　　　　　　　　　　（　　）

9. 设 M 是 Hilbert 空间 H 的闭子集，则 $H=M\oplus M^{\perp}$.　　　　　　（　　）

10. 设 M 是 Hilbert 空间 H 的闭子集，则 $(M^{\perp})^{\perp}=M$.　　　　　（　　）

11. 可列个可列集的并集仍为可列集.　　　　　　　　　　　　　　　　　（　　）

12. $\mathbf{R}$ 中任意互不相交的开区间族是可列集或有限集.　　　　　　　（　　）

13. 集合 A 是无限集的充要条件是 A 与其自身的一个真子集对等.　　　（　　）

14. 任何无穷集合都包含一个可列子集.　　　　　　　　　　　　　　　　（　　）

15. 数集的最大值一定为其上确界.　　　　　　　　　　　　　　　　　　（　　）

三、解答题

1. 设 ρ 是某一函数空间 X 上的距离函数，证明 $\rho_1=\dfrac{\rho}{1+\rho}$ 也是 X 上的距离函数.

2. 设 $\{x_n\}$ 是度量空间 X 中的 Cauchy 列，证明：若 $\{x_n\}$ 有子列 $\{x_{n_k}\}$ 收敛于 $x_0\in X$，则 $\{x_n\}$ 也收敛于 x_0.

3. 设 $(X,\|\cdot\|)$ 是 Banach 空间，$\{x_n\}\subset X$. 证明：若 $\sum\limits_{n=1}^{\infty}\|x_n\|$ 收敛，则 $\sum\limits_{n=1}^{\infty}x_n$ 收敛.

4. 验证方程 $x^3+4x-2=0$ 在 $[0,1]$ 上有实根，并用迭代法求出方程在 $[0,1]$ 上的近似解.

5. 设 X 是 Banach 空间，$E\subset X$ 是紧集，$T:E\to E$ 是映射，$\forall x$，$y\in E$，$x\neq y$，有 $\|Tx-Ty\|<\|x-y\|$. 证明：T 有唯一不动点.

6. 任何无限集必包含一个可数子集.

7. 若 A 是可数集，B 是有限集，则 $A\cup B$ 是可数集.

8. $C[a,b]$ 是闭区间 $[a,b]$ 上连续函数全体. 定义范数 $\|x\|=\max\limits_{a\leqslant t\leqslant b}|x(t)|$（称为最大值范数），则 $C[a,b]$ 构成赋范空间.

第 2 章　内积空间与 Hilbert 空间

把简单的事情考虑得很复杂, 可以发现新领域; 把复杂的现象看得很简单, 可以发现新定律.

—— 牛顿

大气层

大气是由外部强迫驱动的, 是一个由摩擦耗散控制的非线性旋转流体运动系统. 大气动力系统通常建立在无穷维 Hilbert 空间上. 试回答以下问题:

1. 什么是无穷维 Hilbert 空间?
2. 无穷维 Hilbert 空间有哪些性质?
3. 为什么大气动力系统通常建立在无穷维 Hilbert 空间上?

上一章我们主要讨论了非空集合上距离、范数等概念, 本章我们考虑元素之间的角度, 即内积, 由此可以得到一种 Banach 空间——Hilbert 空间, 它具有完全类似于有限维 Euclid 空间的几何性质(比如向量的正交等概念). 在数学里面, 内积空间是添加了一种结构的距离空间. 这个新的结构叫做内积, 有了这个结构, 我们就可以研究向量的角度和长度. 内积空间由 Euclid 空间抽象而来, 这是泛函分析讨论的一个非常重要的课题. 后来, 法国数学家弗雷歇(Fréchet)[①]把前人结果的共同点归纳起来而且加以推广. 同时, Hilbert 对于积分方程进行了系统的研究, 得到了具体的 Hilbert 空间的理论. 抽象的 Hilbert 空间理论是他的学生施密特(Schmidt)得到的.

2.1　内　积　空　间

定义 2.1　设 H 是实数域 $\mathbf{R}$ 上的线性空间, 若对所有 $x, y \in H$, 按照一定的对应法则, 都有唯一确定的实数与它们对应, 则把此映射记为 (x, y), 另外若此映射 $(\cdot, \cdot)$ 还满足: 对任何 $x, y, z \in H, \alpha, \beta \in \mathbf{R}$,

（1）（正定性）$(x, x) \geqslant 0$, 且 $(x, x) = 0$ 当且仅当 $x = \theta$;

（2）（关于第一个变元线性）$(\alpha x + \beta y, z) = \alpha(x, z) + \beta(y, z)$;

（3）（对称性）$(y, x) = (x, y)$.

则称 (x, y) 为空间 H 中两个元素 x 与 y 的内积, 规定了内积运算的线性空间 H 称为内积空间.

内积空间

注　由对称性可以知道, 内积 (x, y) 对于第二个变元也满足线性性质.

例 2.1　在 $\mathbf{R}^n$ 中, $\forall x = (x_1, x_2, \cdots, x_n), y = (y_1, y_2, \cdots, y_n) \in \mathbf{R}^n$, 定义

$$(x, y) = \sum_{i=1}^{n} x_i y_i,$$

则 $\mathbf{R}^n$ 为内积空间, 称此内积空间为 n 维 Euclid 空间. 这是高等数学中非常熟悉的线性空间.

引理 2.1（施瓦茨(Schwarz)[②]不等式）　设 H 是 $\mathbf{R}$ 上的内积空间, 则对任意的 $x, y \in H$, 有

$$|(x, y)| \leqslant \sqrt{(x, x)(y, y)} \tag{2.1}$$

---

① 弗雷歇(Fréchet, 1878～1973), 法国数学家, 1910～1919 年任普瓦捷大学力学教授, 1920 年任斯特拉斯堡大学高等微积分学教授. 1928 年起执教于巴黎大学. 弗雷歇首次给出抽象空间的定义, 奠定了抽象空间的理论. 他对数学分析和概率论也有贡献.

② 施瓦茨(Schwarz, 1843～1921)德国数学家, 在 Weierstrass 等人的建议下攻读数学, 范围涉及函数论、微分几何和变分学. 以他为名的有 Cauchy-Schwarz 不等式、Schwarz 导数、施瓦茨-克里斯托费尔(Schwarz-Christoffel)映射、Schwarz 反射原理和 Schwarz 引理.

且等号成立的充要条件为 x 与 y 线性相关.

证明　对任何实数 λ 都有

$$0 \leqslant (x+\lambda y, x+\lambda y) = (x,x) + 2\lambda(x,y) + (y,y)\lambda^2, \qquad (2.2)$$

当 $y=0$ 时, 利用线性性质, 可得 $(x,0)=0$, 从而式 (2.1) 成立; 当 $y \neq 0$ 时, 有 $(y,y)>0$,

取 $\lambda = -\dfrac{(x,y)}{(y,y)}$, 就得到

$$(x,x) - 2\frac{|(x,y)|^2}{(y,y)} + \frac{|(x,y)|^2}{(y,y)^2}(y,y) \geqslant 0,$$

从而 (2.1) 式成立.

也可以利用二次函数的判别式得到 $(x,y)^2 \leqslant (x,x)(y,y)$, 即结论成立.

注　这种证明方法在高等数学中经常用到, 比如下面 Schwarz 不等式的证明过程.
若 $f(x), g(x)$ 在 $[a,b]$ 上可积, 则 $\left(\displaystyle\int_a^b f(x)g(x)\mathrm{d}x\right)^2 \leqslant \displaystyle\int_a^b f^2(x)\mathrm{d}x \int_a^b g^2(x)\mathrm{d}x$.

命题 2.1　设 H 是 $\mathbf{R}$ 上内积空间, 对任何 $x \in H$, 定义关于 x 的一个函数为

$$f(x) = \sqrt{(x,x)},$$

则可以证明 $f(x)$ 是一个范数. 从而记为 $\|x\|$, 我们称范数 $\|x\| = \sqrt{(x,x)}$ 是由内积 (x,y) 导出的范数.

证明　由内积的性质容易得到

(1) 对任何 $x \in H$, $\|x\| \geqslant 0$, 并且 $\|x\| = 0 \Leftrightarrow x = \theta$;

(2) 对任何 $\alpha \in \mathbf{R}, x \in H$, 都有 $\|\alpha x\| = |\alpha| \|x\|$;

下面验证此范数 $\|\cdot\|$ 还满足三角不等式, 即 $\|x+y\| \leqslant \|x\| + \|y\|$ 成立.

首先经过简单计算可得

$$\|x+y\|^2 = (x+y, x+y) = (x,x) + 2(x,y) + (y,y),$$

由 Schwarz 不等式得

$$|(x,y)| \leqslant \|x\| \cdot \|y\|,$$

进一步

$$\|x+y\|^2 = (x,x) + 2(x,y) + (y,y) \leqslant (\|x\| + \|y\|)^2,$$

从而

$$\|x+y\| \leqslant \|x\| + \|y\|.$$

总之, 范数 $\|x\| = \sqrt{(x,x)}$ 确实是内积空间 X 的一个范数.

下面给出由内积 (x,y) 导出的范数 $\|x\| = \sqrt{(x,x)}$ 所特有的性质.

定理 2.1(平行四边形公式)　设 H 是内积空间, 则对任意的 $x, y \in H$, 有

$$\|x+y\|^2 + \|x-y\|^2 = 2(\|x\|^2 + \|y\|^2). \tag{2.3}$$

证明
$$\begin{aligned}
\|x+y\|^2 + \|x-y\|^2 &= (x+y, x+y) + (x-y, x-y) \\
&= 2(x,x) + 2(y,y) \\
&= 2(\|x\|^2 + \|y\|^2).
\end{aligned}$$

如果 H 是二维实空间 $\mathbf{R}^2$，等式 (2.3) 的意思就是：平行四边形的对角线长度的平方和等于两邻边长度平方和的 2 倍，这是大家所熟悉的平行四边形公式 (此公式在很多数学内容中都会出现，比如复变函数中复数的平行四边形法则)，所以对一般的内积空间，等式 (2.3) 也被称为平行四边形公式.

反过来，我们还有下面结论.

定理 2.2 (极化恒等式)

$$(x,y) = \frac{1}{4}(\|x+y\|^2 - \|x-y\|^2). \tag{2.4}$$

注　可以证明，如果范数满足平行四边形公式，则上述定理提供了一个由范数定义内积的方法. 如果范数不满足平行四边形公式，则赋范空间不能成为内积空间.

下面我们说明不是所有的范数都能从内积导出.

例 2.2　赋范线性空间 $(C[0,1], \|\cdot\|)$ 中的常用范数

$$\|x\| = \max_{t \in [0,1]} |x(t)|.$$

可以取 $x_1(t) = t, x_2(t) = 1$，经过简单计算，可得 $\|x_1\| = \|x_2\| = 1$，$\|x_1 + x_2\| = 2$，$\|x_1 - x_2\| = 1$，所以范数 $\|\cdot\|$ 不满足平行四边形公式，根据上述定理，它不能由内积空间导出.

注　利用上述例题，进一步可以证明下面结论.

例 2.3　再次证明：$C[a,b]$ 不成为内积空间.

证明　因为 $\|x\| = \max_{a \leqslant t \leqslant b} |x(t)|$，取 $x(t) = 1$，$y(t) = \dfrac{t-a}{b-a}$，则

$$x(t) + y(t) = 1 + \frac{t-a}{b-a}, \quad x(t) - y(t) = 1 - \frac{t-a}{b-a},$$

$$\|x+y\| = 2, \quad \|x-y\| = 1,$$

所以 $\|x+y\|^2 + \|x-y\|^2 = 5 \neq 2(\|x\|^2 + \|y\|^2) = 4$，故 $C[a,b]$ 不是内积空间.

类似地，还有以下例子.

例 2.4　证明：当 $p \neq 2$ 时，l^p 不成为内积空间.

证明　取 $x = (1,0,0,\cdots)$，$y = (0,1,0,\cdots)$，显然 $\|x\| = \|y\| = 1$. 又由 $x+y = (1,1,0,\cdots)$，$x-y = (1,-1,0,\cdots)$，得

$$\|x+y\| = \|x-y\| = 2^{1/p}.$$

当 $p \neq 2$ 时, 有

$$\|x+y\|^2 + \|x-y\|^2 = 2 \times 2^{2/p} \neq 2\left(\|x\|^2 + \|y\|^2\right) = 4 ,$$

所以, $l^p(p \neq 2)$ 不是内积空间.

注　可以证明当 $p = 2$ 时, l^p 成为内积空间.

例 2.5　证明: 在实连续函数空间 $C[a,b]$ 上, 若定义 $(x,y) = \int_a^b x(t)y(t)\mathrm{d}t$ 为函数 $x(t)$ 与 $y(t)$ 的一个内积, 则 $C[a,b]$ 构成一个内积空间.

证明　只需验证内积定义的三个条件, $\forall x, y \in C[a,b]$, 显然有 $(x,y) = (y,x)$, $(x,x) = \int_a^b x^2(t)\mathrm{d}t \geq 0$, 另外利用积分的线性性质, 可知

$$
\begin{aligned}
(\alpha x + \beta y, z) &= \int_a^b (\alpha x(t) + \beta y(t))z(t)\mathrm{d}t \\
&= \int_a^b \alpha x(t)z(t)\mathrm{d}t + \int_a^b \beta y(t)z(t)\mathrm{d}t \\
&= \alpha(x,z) + \beta(y,z),
\end{aligned}
$$

其中, $\alpha, \beta \in \mathbf{R}$. 当 $t \in [a,b]$, $x(t) \equiv 0$ 时, 有

$$\int_a^b x^2(t)\mathrm{d}t = 0 .$$

反之, 当 $\int_a^b x^2(t)\mathrm{d}t = 0$ 时, 也有

$$x(t) \equiv 0, \quad t \in [a,b].$$

否则, 若存在 $t_0 \in [a,b]$, 使得 $x(t_0) > 0$, 则由 $x(t)$ 的连续性知, 存在 t_0 的 δ 邻域 $U(t_0, \delta)$, 为了方便, 不妨设 $a < t_0 - \delta < t_0 + \delta < b$, 即当 $t_0 - \delta < t < t_0 + \delta$, 都有 $x(t) > \frac{1}{2}x(t_0) > 0$. 于是

$$\int_a^b x^2(t)\mathrm{d}t \geq \int_{t_0-\delta}^{t_0+\delta} x^2(t)\mathrm{d}t > \delta x^2(t_0) > 0 ,$$

从而与 $\int_a^b x^2(t)\mathrm{d}t = 0$ 矛盾.

所以, (x,y) 满足内积的三个条件, 故 $C[a,b]$ 为实内积空间.

2.2　Hilbert 空间

2.2.1　Hilbert 空间的定义及性质

设 H 是内积空间, 对任意的 $x, y \in H$, 引入

$$d(x,y) = \|x-y\| = \sqrt{(x-y, x-y)},$$

则很容易验证 $d(x,y)$ 满足距离函数的三条性质. 所以 (H,d) 是度量(距离)空间, d 称为由内积 (x,y) 导出的度量(距离).

定义 2.2　设 H 是内积空间, 如果 H 按内积导出的度量空间是完备的, 则称 H 为 Hilbert 空间(Hilbert 空间是一个特殊的 Banach 空间).

定义 2.3　设 H 为内积空间, 若 $\lim\limits_{n\to\infty}\rho(x_n, x) = \lim\limits_{n\to\infty}\|x_n - x\| = 0$, 则称 $\{x_n\}$ 收敛于 x, 记为 $\lim\limits_{n\to\infty}x_n = x$ 或 $x_n \to x(n\to\infty)$.

性质 2.1　设 H 是内积空间, $x_n \to x_0, y_n \to y_0(n\to\infty)$, 则

(1) $\|x_n\| \to \|x_0\|(n\to\infty)$;

(2) $\{x_n\}$ 是有界的;

(3) $(x_n, y_n) \to (x_0, y_0)(n\to\infty)$.

证明　(1) 由范数的三角不等式知

$$\big|\|x_n\| - \|x_0\|\big| \leqslant \|x_n - x_0\|,$$

而当 $n\to\infty$ 时, $x_n \to x_0$, 所以 $\big|\|x_n\| - \|x_0\|\big| \to 0(n\to\infty)$.

(2) 由 (1) 直接利用数列极限的有界性可以得到.

(3) 首先, 利用内积的线性性质以及绝对值的三角不等式, 可得

$$|(x_n, y_n) - (x_0, y_0)| \leqslant |(x_n, y_n - y_0)| + |(x_n - x_0, y_0)|$$

$$\leqslant \|x_n\| \cdot \|y_n - y_0\| + \|x_n - x_0\| \cdot \|y_0\|,$$

因为 $\|x_n\|$ 有界, 所以 $(x_n, y_n) \to (x_0, y_0)(n\to\infty)$.

注　从上述性质可知, 内积是两变元 x, y 的连续映射.

2.2.2　投影定理

在内积空间中, 因为向量之间定义了内积, 所以我们仿照 Euclid 空间引入正交及投影的概念, 并得到一些重要定理.

定义 2.4　(1) 设 H 是内积空间, $x_1, x_2 \in H$, 如果 $(x_1, x_2) = 0$, 则称 x_1 与 x_2 正交, 记为 $x_1 \perp x_2$;

(2) 设 $T \subset H$, 如果对任意的 $y \in T$, 都有 $(x,y) = 0$, 则称 x 与 T 正交, 记为 $x \perp T$;

(3) 设 $T \subset H, M \subset H$, 如果对任意的 $x \in T, y \in M$, 都有 $(x,y) = 0$, 则称 T 与 M 正交, 记为 $T \perp M$;

(4) 设 $T \subset H$, 称集合 $\{x \mid x \perp T\}$ 为 T 的正交补, 记为 $T^{\perp}$.

引理 2.2　设 H 是内积空间, $M \subset H$, 则 $M^{\perp}$ 是闭线性子空间(注: M 不一定是线性子空间).

证明　（1）首先验证 $M^{\perp}$ 是子空间．任取 $x_1, x_2 \in M^{\perp}, \beta_1, \beta_2 \in \mathbf{R}$，则对任意的 $y \in M$，利用内积的线性性质有

$$(\beta_1 x_1 + \beta_2 x_2, y) = \beta_1(x_1, y) + \beta_2(x_2, y) = 0,$$

所以 $\beta_1 x_1 + \beta_2 x_2 \in M^{\perp}$，因此 $M^{\perp}$ 是线性子空间．

（2）再证 $M^{\perp}$ 为闭集．任取 $\{x_n\} \subset M^{\perp}$，并且 $\lim\limits_{n \to \infty} x_n = x$，则对任意的 $y \in M$，利用内积的连续性，有

$$(x, y) = (\lim_{n \to \infty} x_n, y) = \lim_{n \to \infty}(x_n, y) = 0,$$

所以 $x \in M^{\perp}$．因此 $M^{\perp}$ 是闭集．

命题 2.2　设 H 是内积空间，那么

（1）若 $x \perp y$，则 $\|x + y\|^2 = \|x\|^2 + \|y\|^2$（这是勾股定理（商高定理）的推广形式）；

（2）若 M 是 H 的线性子空间，则 $M \bigcap M^{\perp} = \{\theta\}$．

证明　（1）若 $x \perp y$，则 $(x, y) = 0$，所以

$$(x + y, x + y) = (x, x) + (x, y) + (y, x) + (y, y) = (x, x) + (y, y),$$

即

$$\|x + y\|^2 = \|x\|^2 + \|y\|^2.$$

（2）若 M 是 H 的线性子空间，由上面引理可知，$M^{\perp}$ 是 X 的闭线性子空间．对任意的 $x \in M \bigcap M^{\perp}$，首先 $x \in M, x \in M^{\perp}$，所以 $(x, x) = 0$，利用内积的正定性，可知 $x = \theta$，因此 $M \bigcap M^{\perp} = \{\theta\}$．

定义 2.5　设 H 是内积空间，M_1, M_2 是 H 的线性子空间，如果 $M_1 \perp M_2$，那么称 $M = \{x \mid x = x_1 + x_2, x_1 \in M_1, x_2 \in M_2\}$ 为 M_1 与 M_2 的直交和，记为 $M = M_1 \oplus M_2$．

引理 2.3　设 M 是 Hilbert 空间 H 的闭子空间，则存在唯一 $x_0 \in M$，使得

$$\|x - x_0\| = \inf_{y \in M} \|x - y\|.$$

此时称 x_0 为 x 在 M 中的最佳逼近元．

证明　（1）先证明最佳逼近元的存在性．

设 $d = \inf\limits_{y \in M} \|x - y\|$，则存在 $\{y_n\} \subset M$ 使得

$$d = \lim_{n \to \infty} \|x - y_n\|,$$

经过简单计算，可得

$$\|y_n - y_m\|^2 = \|y_n - x - (y_m - x)\|^2 = 2\left(\|y_n - x\|^2 + \|y_m - x\|^2\right) - \|y_n - x + y_m - x\|^2$$

$$= 2\left(\|y_n - x\|^2 + \|y_m - x\|^2\right) - \|y_n + y_m - 2x\|^2$$

$$= 2\left(\|y_n - x\|^2 + \|(y_m - x)\|^2\right) - 4\left\|\frac{y_n + y_m}{2} - x\right\|^2 \quad (\text{注意变形技巧})$$

$$\leqslant 2\left(\|y_n - x\|^2 + \|(y_m - x)\|^2\right) - 4d^2 \quad (\text{利用 } M \text{ 是子空间})$$

$$\to 0, \quad m, n \to +\infty.$$

从而 $\{y_n\}$ 是 Cauchy 基本列. 而空间 H 是完备的且 M 闭, 因此存在 $x_0 \in M$, 使得 $\lim\limits_{n \to \infty} y_n = x_0$, 再由范数的连续性得

$$\|x - x_0\| = d.$$

（2）再证明唯一性. 设 $x_0, x_1 \in M$ 都是最佳逼近元, 即

$$\|x - x_0\| = \|x - x_1\| = d,$$

再次利用上面证明存在性时类似的技巧, 可得

$$0 \leqslant \|x_1 - x_0\|^2 = 2\left(\|x_1 - x\|^2 + \|(x_0 - x)\|^2\right) - 4\left\|\frac{x_0 + x_1}{2} - x\right\|^2$$

$$\leqslant 2\left(\|x_1 - x\|^2 + \|(x_0 - x)\|^2\right) - 4d^2 = 0.$$

所以 $x_1 = x_0$.

下面不加证明地给出一个直观的引理.

引理 2.4　设 M 是 Hilbert 空间 H 的闭线性子空间, $x_1 \in M$ 为 $x \in H$ 在 M 上的最佳逼近元, 则 $x_2 = x - x_1 \in M^\perp$, 把 x_1 称为 x 在 M 上的投影.

定理 2.3（投影定理）　设 M 是 Hilbert 空间 H 的闭线性子空间, 则对任何 $x \in H$ 都可以唯一分解成 $x = x_1 + x_2$, 其中 $x_1 \in M$ 为 x 在 M 上的最佳逼近元, 且 x_1 是由 x 唯一决定的, $x_2 = x - x_1, x_2 \in M^\perp$, 进一步, $H = M \oplus M^\perp$.

推论 2.1　设 M 是 Hilbert 空间 H 的线性子空间, 则 $\overline{M} = (M^\perp)^\perp$. 特别地当 $M^\perp = \{0\}$ 时, 则有 $\overline{M} = H$.

2.2.3　Hilbert 空间的正交基

有了内积的概念之后, 就可以讨论 Hilbert 空间中两个不同元素正交（垂直）的概念. 类似于高等数学中傅里叶（Fourier）级数中有关三角级数的正交性, 本节主要讨论 Hilbert 空间的标准正交基的概念与性质及其相关知识.

定义 2.6　设 H 是 Hilbert 空间, $M = \{x \mid x \neq 0, x \in H\}$ 为 H 的一个子集（显然不是子空间）. 如果对任意的 $x, y \in M$, 都有 $(x, y) = 0$, 则称 M 是 H 的一个正交子集. 另外, 如果 M 还满足, 对任意的 $x \in M$, 都有 $\|x\| = 1$, 则称 M 是 H 的标准正交子集（简称标准正交集）.

例 2.6　在 n 维 Euclid 空间 $\mathbf{R}^n$ 中, 大家熟悉的向量 $e_1 = (1, 0, \cdots, 0), e_2 = (0, 1, \cdots, 0), \cdots, e_n = (0, 0, \cdots, 1)$, 按照通常的内积定义, 很容易验证它们就是 $\mathbf{R}$ 中的一组标准正交集.

例 2.7　在 $L^2[-\pi,\pi]$ 中, 如果规定内积为

$$(f,g)=\int_{-\pi}^{\pi}f(x)g(x)\mathrm{d}x,$$

则三角函数系

$$\frac{1}{\sqrt{2\pi}},\frac{1}{\sqrt{\pi}}\cos x,\frac{1}{\sqrt{\pi}}\sin x,\frac{1}{\sqrt{\pi}}\cos 2x,\frac{1}{\sqrt{\pi}}\sin 2x,\cdots,\frac{1}{\sqrt{\pi}}\cos nx,\frac{1}{\sqrt{\pi}}\sin nx,\cdots$$

就为 $L^2[-\pi,\pi]$ 中的一组标准正交子集.

在高等数学中 Fourier 级数的学习中, 我们知道函数 $f(x)\in L^2[-\pi,\pi]$ 的三角级数展开, 其中

$$a_0=\frac{1}{\pi}\int_{-\pi}^{\pi}f(x)\mathrm{d}x,\quad a_n=\frac{1}{\pi}\int_{-\pi}^{\pi}f(x)\cos nx\mathrm{d}x,\quad n=1,2,\cdots;$$

$$b_n=\frac{1}{\pi}\int_{-\pi}^{\pi}f(x)\sin nx\mathrm{d}x,\quad n=1,2,\cdots.$$

定义 2.7　设 M 是 Hilbert 空间 H 的标准正交集, $e\in M$, $x\in H$, 则称 (x,e) 为 x 关于 e 的 Fourier 系数, 即 x 可以按照 M 进行 Fourier 展开.

引理 2.5　设 $\{e_1,e_2,\cdots,e_n\}$ 是 Hilbert 空间 H 中的标准正交集, $M=\mathrm{span}\{e_1,e_2,\cdots,e_n\}$, 记 $x_0=\sum_{k=1}^{n}(x,e_k)e_k$, 则对任意的 $x\in X$, 有

(1) $x_0=\sum_{k=1}^{n}(x,e_k)e_k$ 为 x 在 M 上的投影, 且 $\|x_0\|^2=\sum_{k=1}^{n}|(x,e_k)|^2$;

(2) $\|x\|^2=\|x_0\|^2+\|x-x_0\|^2$, 且 $\sum_{k=1}^{n}|(x,e_k)|^2\leqslant\|x\|^2$.

证明　(1) 首先, 由于 $M=\mathrm{span}\{e_1,e_2,\cdots,e_n\}$, 显然 $x_0=\sum_{k=1}^{n}(x,e_k)e_k\in M$, 并且利用正交性

$$(x_0,e_j)=(x,e_j)\quad(j=1,2,\cdots,n),$$

于是 $(x-x_0,e_j)=0\,(j=1,2,\cdots,n)$, 于是 $x-x_0\perp M$, 因此 $x=x_0+x-x_0$ 是 x 在 M 中的正交分解, 从而根据正交投影的定义, 可知 $x_0=\sum_{k=1}^{n}(x,e_k)e_k$ 为 x 在 M 上的投影. 另外,

$$\|x_0\|^2=\left(\sum_{j=1}^{n}(x,e_j)e_j,\sum_{i=1}^{n}(x,e_i)e_i\right)=\sum_{j=1}^{n}(x,e_j)(x,e_j)=\sum_{j=1}^{n}\left((x,e_j)\right)^2.$$

(2) 由正交分解得

$$\| x \|^2 = \| x_0 \|^2 + \| x - x_0 \|^2 ,$$

显然

$$\| x_0 \|^2 \leqslant \| x \|^2 ,$$

即

$$\sum_{k=1}^{n} |(x,e_k)|^2 \leqslant \| x \|^2 .$$

定理 2.4（贝塞尔（Bessel）不等式） 设 $\{e_1, e_2, \cdots, e_n, \cdots\}$ 是 Hilbert 空间 H 中的一组标准正交集，则对任意 $x \in X$，有

$$\sum_{k=1}^{\infty} |(x,e_k)|^2 \leqslant \| x \|^2 . \tag{2.5}$$

证明 根据上述引理，对任何 $n \in \mathbf{N}$，有

$$\sum_{k=1}^{n} |(x,e_k)|^2 \leqslant \| x \|^2 < \infty . \tag{2.6}$$

根据正项级数收敛的判别方法（部分和数列有界），所以正项级数 $\sum_{k=1}^{\infty} |(x,e_k)|^2$ 收敛，

且 $\sum_{k=1}^{\infty} |(x,e_k)|^2 \leqslant \| x \|^2$.

定义 2.8 设 M 是 Hilbert 空间 H 的标准正交集，如果 $x \perp M$，就有 $x = 0$，则称 M 为 X 的标准正交基.

在例 2.6 的 n 维 Euclid 空间 $\mathbf{R}^n$ 中，$e_1 = (1,0,\cdots,0), e_2 = (0,1,\cdots,0), \cdots, e_n = (0,0,\cdots,1)$ 是 $\mathbf{R}^n$ 的一组标准正交基.

在例 2.7 中，在 $L^2[-\pi,\pi]$ 中，规定内积为

$$(f,g) = \int_{-\pi}^{\pi} f(x)g(x)\mathrm{d}x,$$

则

$$M = \left\{ \frac{1}{\sqrt{2\pi}}, \frac{1}{\sqrt{\pi}}\cos x, \frac{1}{\sqrt{\pi}}\sin x, \frac{1}{\sqrt{\pi}}\cos 2x, \frac{1}{\sqrt{\pi}}\sin 2x, \cdots, \frac{1}{\sqrt{\pi}}\cos nx, \frac{1}{\sqrt{\pi}}\sin nx, \cdots \right\}$$

是 $L^2[-\pi,\pi]$ 中的一组标准正交基.

下面介绍标准正交基和标准正交集之间的关系.

定理 2.5 设 $M = \{e_n, n \in \mathbf{N}\}$ 是 Hilbert 空间 H 中的标准正交集，则下面三个条件等价.

（1）M 是 H 的标准正交基；

(2) 对任意的 $x \in H, x = \sum_{n=1}^{\infty} (x, e_n) e_n$ ；

(3) 对任意的 $x \in H$ ，都有 $\|x\|^2 = \sum_{n=1}^{\infty} |(x, e_n)|^2$（称为帕塞瓦尔（Parseval）等式）.

证明 (1) $\Rightarrow$ (2)　对任意的 $x \in H$ ，令 $y = x - \sum_{n=1}^{\infty} (x, e_n) e_n$ ，对任意的 $k \in \mathbf{N}$ ，有

$$(y, e_k) = \left(x - \sum_{n=1}^{\infty} (x, e_n) e_n, e_k \right) = (x, e_k) - \sum_{n=1}^{\infty} (x, e_n)(e_n, e_k) = 0,$$

所以 $y \perp M$ ，从而 $y = 0$ ，即

$$x = \sum_{n=1}^{\infty} (x, e_n) e_n.$$

(2) $\Rightarrow$ (3)　设 $x = \sum_{n=1}^{\infty} (x, e_n) e_n$ ，于是

$$\|x\|^2 = (x, x) = \left(\sum_{i=1}^{\infty} (x, e_i) e_i, \sum_{j=1}^{\infty} (x, e_j) e_j \right)$$

$$= \sum_{i=1}^{\infty} \sum_{j=1}^{\infty} (x, e_i)(x, e_j)(e_i, e_j) = \sum_{n=1}^{\infty} |(x, e_n)|^2.$$

(3) $\Rightarrow$ (1)　假设 M 不是 H 的标准正交基，则存在 $v_0 \in H, v_0 \perp M$ ，且 $\|v_0\| \neq 0$ ，从而

$$0 \neq \|v_0\|^2 = \|\sum_{n=1}^{\infty} (v_0, e_n) e_n\|^2 = 0,$$

矛盾.

定义 2.9　设 X 是 Hilbert 空间，$\{x_n\}$ 是 X 中的点列，$x_0 \in X$ ，若对任意 $x \in X$ ，都有

$$\lim_{n \to \infty} (x_n, x) = (x, x),$$

则称 $\{x_n\}$ 在 X 中弱收敛于 x_0 ，记为 w-$\lim_{n \to \infty} x_n = x_0$.

相对于我们介绍的范数收敛，即 $\lim_{n \to \infty} \|x_n - x\| = 0$ ，为了与弱收敛作比较，称 $\{x_n\}$ 强收敛于 x_0 ，记为 s-$\lim_{n \to \infty} x_n = x_0$ ，或者简单记为 $\lim_{n \to \infty} x_n = x_0$. 利用 Hilbert 空间中范数与内积的关系，很容易得到下述结论.

命题 2.3　(1)若 $\{x_n\}$ 强收敛于 x_0，则必有 $\{x_n\}$ 弱收敛于 x_0，反之不一定成立;

(2)若 $\{x_n\}$ 弱收敛，则也有极限的唯一性.

注　在有限维空间中，有界点列必有收敛子列. 这是我们熟悉的致密性定理. 在无穷维空间中，有界点列未必有收敛子列，这是有限维空间和无限维空间的本质区别. 这就是下面的定理.

定理 2.6　设 H 是 Hilbert 空间，$\{x_n\}$ 是 H 中的有界点列，则存在 $\{x_{n_k}\} \subset \{x_n\}$，$x_0 \in H$，使得

$$\text{w-}\lim_{n \to \infty} x_{n_k} = x_0.$$

下面将给出可分的 Hilbert 空间 H 的至多可数个线性无关元素的格拉姆-施密特 (Gram-Schmidt)正交化(与线性代数中线性无关向量组的正交化方法完全类似).

定理 2.7　设 $\overline{T} = \{x_1, x_2, \cdots, x_n, \cdots\}$ 是 Hilbert 空间 H 的可数个线性无关元素的集合，且 $\overline{\text{span} T} = H$，则存在 H 的标准正交基 $M = \{y_1, y_2, \cdots, y_n, \cdots\}$，使得对任意的 $n \in \mathbf{N}$，都有

$$\text{span}\{x_1, x_2, \cdots, x_n\} = \text{span}\{y_1, y_2, \cdots, y_n\}.$$

定理正交化

证明　用数学归纳法证明.

(1)当 $n = 1$ 时，令 $y_1 = \dfrac{x_1}{\|x_1\|}$，则命题成立.

(2)当 $n = k, k \geqslant 1$ 时，假设结论成立. 即 $y_1, y_2, \cdots, y_k$ 是两两正交单位向量，且

$$\text{span}\{x_1, x_2, \cdots, x_k\} = \text{span}\{y_1, y_2, \cdots, y_k\}.$$

当 $n = k + 1$ 时，因为 $x_1, x_2, \cdots, x_k, x_{k+1}$ 是线性无关的，所以

$$x_{k+1} - \sum_{i=1}^{k}(x_{k+1}, y_i)y_i \neq 0.$$

令

$$y_{k+1} = \frac{x_{k+1} - \sum\limits_{i=1}^{k}(x_{k+1}, y_i)y_i}{\left\| x_{k+1} - \sum\limits_{i=1}^{k}(x_{k+1}, y_i)y_i \right\|},$$

于是 $\|y_{k+1}\| = 1$，$(y_{k+1}, y_i) = 0 (i = 1, 2, \cdots, k)$，且

$$\text{span}\{x_1, x_2, \cdots, x_k, x_{k+1}\} = \text{span}\{y_1, y_2, \cdots, y_k, y_{k+1}\}.$$

所以当 $n = k + 1$ 时，结论成立. 利用数学归纳法得 $M = \{y_1, y_2, \cdots, y_n, \cdots\}$ 是标准正交集，

且对任何 $n \in \mathbf{N}$，有

$$\text{span}\{x_1, x_2, \cdots, x_n\} = \text{span}\{y_1, y_2, \cdots, y_n\},$$

因为 $\overline{\text{span}T} = H$，所以 $\overline{\text{span}M} = H$，这样 $M^{\perp} = \{0\}$，所以 $M = \{y_1, y_2, \cdots, y_n, \cdots\}$ 是 H 的标准正交基.

例 2.8 在 $L^2[-1,1]$ 中，将 $x_0(t) = 1$，$x_1(t) = t$，$x_2(t) = t^2$ 用 Gram-Schmidt 方法化为正交系.

解 显然，x_0，x_1，x_2 是线性无关的.

取 $e_0 = \dfrac{x_0}{\|x_0\|} = \dfrac{1}{\sqrt{2}}$，则 $\|e_0\| = 1$. 由于

$$(x_1, e_0) = \frac{1}{\sqrt{2}} \int_{-1}^{1} t \, dt = 0,$$

所以

$$x_1 - (x_1, e_0)e_0 = t, \quad \|x_1 - (x_1, e_0)e_0\|^2 = \|x_1\|^2 = \int_{-1}^{1} t^2 dt = \frac{2}{3},$$

可取 $e_1 = \dfrac{x_1 - (x_1, e_0)e_0}{\|x_1 - (x_1, e_0)e_0\|} = \dfrac{t}{\|x_1\|} = \sqrt{\dfrac{3}{2}} \, t$，则 $\|e_1\| = 1$，$(e_1, e_0) = 0$.

又

$$(x_2, e_0) = \frac{1}{\sqrt{2}} \int_{-1}^{1} t^2 dt = \frac{\sqrt{2}}{3},$$

$$(x_2, e_1) = \sqrt{\frac{3}{2}} \int_{-1}^{1} t^3 dt = 0,$$

$$\|x_2 - (x_2, e_0)e_0 - (x_2, e_1)e_1\|^2 = \int_{-1}^{1} \left(t^2 - \frac{1}{3}\right)^2 dt = \frac{8}{45},$$

故可取

$$e_3 = \frac{x_2 - (x_2, e_0)e_0 - (x_2, e_1)e_1}{\|x_2 - (x_2, e_0)e_0 - (x_2, e_1)e_1\|} = \sqrt{\frac{45}{8}} \left[x_2 - (x_2, e_0)e_0 - (x_2, e_1)e_1\right] = \frac{\sqrt{10}}{4}(3t^2 - 1).$$

从而，得到 $(1, t, t^2)$ 正交化后的规范正交系为

$$\left(\frac{\sqrt{2}}{2}, \frac{\sqrt{6}}{2}t, \frac{\sqrt{10}}{4}(3t^2 - 1)\right).$$

2.2.4 Hilbert 空间上的有界线性算子

本部分主要讨论 Hilbert 空间上有界线性算子的性质.

定义 2.10 设 X，Y 都是实数域 $\mathbf{R}$ 上的内积空间，$T: X \to Y$ 满足

$$T(\alpha x + \beta y) = \alpha T(x) + \beta T(y), \quad \forall \alpha, \beta \in \mathbf{R}, \quad \forall x, y \in X,$$

则称 T 是线性算子，若 T 在 X 上连续，则称 T 是 X 到 Y 上的连续线性算子.

当 $Y = \mathbf{R}$ 时，线性算子 $T: X \to \mathbf{R}$ 称为 X 上的线性泛函，若 T 连续，则称 T 是 X 上的连续线性泛函，因此连续线性算子的一种特殊情况就是连续线性泛函.

命题 2.4 设 X，Y 是内积空间，T 是 X 到 Y 上的线性算子，则下面三个条件等价.

(1) T 在 X 上连续；

(2) T 在 θ 上连续；

(3) 存在常数 $c > 0$，对任意的 $x \in X, \|Tx\| \leqslant c\|x\|$ 或 $\|T\| \leqslant c$，即 T 有界.

注 线性算子的有界性等价于线性算子的连续性.

例 2.9 设 $A = (a_{ij})_{m \times n}$ 是 $m \times n$ 的矩阵，$\boldsymbol{x} = (x_1, x_2, \cdots, x_n)^{\mathrm{T}}$，$\boldsymbol{y} = (y_1, y_2, \cdots, y_m)^{\mathrm{T}}$，定义 $T: \mathbf{C}^n \to \mathbf{C}^m$ 满足

$$\boldsymbol{y} = T\boldsymbol{x} = A\boldsymbol{x}, \quad \forall x \in \mathbf{C}^n,$$

则 T 是 $\mathbf{C}^n$ 到 $\mathbf{C}^m$ 上的连续线性算子.

证明 T 是 $\mathbf{C}^n$ 到 $\mathbf{C}^m$ 上的线性算子，由 Schwarz 不等式得，对任意的 $x \in \mathbf{C}^n$，

$$\|T\boldsymbol{x}\| = \|A\boldsymbol{x}\| = \left(\sum_{i=1}^{m} \left| \sum_{j=1}^{n} a_{ij} x_j \right|^2 \right)^{\frac{1}{2}} \leqslant \left(\sum_{i=1}^{m} \left(\sum_{j=1}^{n} |a_{ij}|^2 \right) \|x\|^2 \right)^{\frac{1}{2}}$$

$$\leqslant \sum_{i=1}^{m} \left(\sum_{j=1}^{n} |a_{ij}|^2 \right)^{\frac{1}{2}} \|x\|,$$

所以

$$\|T\| \leqslant \left(\sum_{i=1}^{m} \sum_{j=1}^{n} |a_{ij}|^2 \right)^{\frac{1}{2}}.$$

例 2.10 设 $G(t, s)$ 是 $[0,1] \times [0,1]$ 上的二元连续函数，积分算子 $T: L^2[0,1] \to L^2[0,1]$，

$$(Tx)(t) = \int_0^1 G(t, \tau) x(\tau) \mathrm{d}\tau, \quad \forall x \in L^2[0,1],$$

则 T 是连续线性算子.

证明 显然 T 是线性算子，由 Schwarz 不等式得

$$\| Tx \| = \left(\int_0^1 \left| \int_0^1 G(t,\tau)x(\tau)\mathrm{d}\tau \right|^2 \mathrm{d}t \right)^{\frac{1}{2}}$$

$$\leqslant \left(\int_0^1 \left(\int_0^1 | G(t,\tau)|^2 \mathrm{d}\tau \right) \| x \|^2 \mathrm{d}t \right)^{\frac{1}{2}}$$

$$\leqslant \left(\int_0^1 \int_0^1 | G(t,\tau)|^2 \, \mathrm{d}t\mathrm{d}\tau \right)^{\frac{1}{2}} \| x \|,$$

所以

$$\| T \| \leqslant \left(\int_0^1 \int_0^1 | G(t,\tau)|^2 \mathrm{d}t\mathrm{d}\tau \right)^{\frac{1}{2}}.$$

设 H_1, H_2 是 Hilbert 空间, $B(H_1, H_2)$ 表示从 H_1 到 H_2 上有界线性算子的全体; $B(H)$ 表示从 H 到 H 上有界线性算子的全体; H^* 表示 H 上有界线性泛函的全体, 称 H^* 为 H 的共轭空间.

在 $B(H_1, H_2)$ 上定义加法、数乘运算:

(1) $(T_1 + T_2)(x) = T_1 x + T_2 x, \forall T_1, T_2 \in B(H_1, H_2), \forall x \in H_1$;

(2) $(\alpha T)(x) = \alpha Tx, \forall \alpha \in \mathbf{R}, T \in B(H_1, H_2), \forall x \in H_1$.

命题 2.5　设 H_1, H_2 是 Hilbert 空间, 则 $B(H_1, H_2)$ 是 Banach 空间.

定理 2.8　设 X 是内积空间, 任意给定 $z \in X$, 定义

$$f_z : X \to \mathbf{R}, \ f_z(x) = (x, z), \quad \forall x \in X,$$

则 f_z 是 X 上的有界线性泛函, 且 $\| f_z \| = \| z \|$.

证明　(1) 当 $z = 0$ 时, 所以 $f_z = (x, 0) = 0$ 是有界的, 且 $\| f_z \| = \| 0 \| = 0$;

(2) 设 $z \neq 0$, 由内积关于第一变元线性可知, f_z 是 X 上的线性泛函. 对任意的 $x \in X$,

$$| f_z(x) | = | (x, z) | \leqslant \| z \| \cdot \| x \|,$$

所以 f_z 是 X 上的有界线性泛函, 且 $\| f_z \| \leqslant \| z \|$.

另一方面,

$$\| f_z \| = \sup_{\|x\|=1} | f_z(x) | = \sup_{\|x\|=1} (x, z) \geqslant \left| \left(\frac{z}{\| z \|}, z \right) \right| = \| z \|,$$

所以 $\| f_z \| = \| z \|$.

引理 2.6　设 H 是 Hilbert 空间, H^* 是 H 的共轭空间, 若 $f \in H^*$, 则 $\ker(f) = \{ x \mid f(x) = 0 \}$ 是 H 的闭线性子空间.

定理 2.9(里斯(Riesz)表示定理)　设 H 是实 Hilbert 空间, $f \in H^*$, 则存在唯一

$z_f \in H$，使得

$$f(x) = (x, z_f), \quad \forall x \in H, \text{且} \| f \| = \| z_f \|.$$

证明　（1）存在性.

（i）若 $f(x) \equiv 0$，取 $z_f = 0$ 即可；

（ii）若 $f(x) \neq 0$，由引理 2.6 得，$\ker(f) \neq H$ 且是 H 的闭线性子空间. 由投影定理得 $\ker(f)^\perp \neq \{0\}$，取 $z_0 \neq 0, z_0 \in \ker(f)^\perp$，则对任意的 $x \in H$，

$$f\big(f(z_0)x - f(x)z_0\big) = f(z_0)f(x) - f(x)f(z_0) = 0,$$

所以 $f(z_0)x - f(x)z_0 \in \ker(f)$，因此

$$\big(f(z_0)x - f(x)z_0, z_0\big) = 0, \quad \forall x \in H,$$

即

$$f(z_0)(x, z_0) - f(x)(z_0, z_0) = 0,$$

$$f(x) = f(z_0)\frac{(x, z_0)}{\| z_0 \|^2} = \left(x, \frac{f(z_0)}{\| z_0 \|^2} z_0\right), \quad \forall x \in H.$$

令 $z_f = \dfrac{f(z_0)}{\| z_0 \|^2} z_0$，则

$$f(x) = (x, z_f), \quad \forall x \in H,$$

由定理 2.8 知 $\| f \| = \| z_f \|$.

（2）唯一性. 若还存在 $z_1 \in H$，使得

$$f(x) = (x, z_f) = (x, z_1), \quad \forall x \in H,$$

则

$$(x, z_f - z_1) = 0, \quad \forall x \in H,$$

取 $x = z_f - z_1$，得 $\| z_f - z_1 \|^2 = 0$，所以 $z_f - z_1 = 0$，因此 $z_f = z_1$.

定义 2.11　设 $\{T_n\}$ 是 $B(H)$ 上的算子列，$T \in B(H)$.

（1）若 $\lim\limits_{n \to \infty} \| T_n - T \| = 0$，则称 T_n 按范数收敛于 T，记为 $\lim\limits_{n \to \infty} T_n = T$ 或 $T_n \to T$；

（2）若对任意 $x \in H$，$\lim\limits_{n \to \infty} \| T_n x - Tx \| = 0$，则称 T_n 强收敛于 T，记为 s-$\lim\limits_{n \to \infty} T_n = T$ 或 $T_n \overset{\mathrm{s}}{\longrightarrow} T$；

（3）若对每个 $x \in H$，对任意 $z \in H$，$\lim\limits_{n \to \infty}(T_n x, z) = (Tx, z)$，则称 T_n 弱收敛于 T，记为 w-$\lim\limits_{n \to \infty} T_n = T$ 或 $T_n \overset{\mathrm{w}}{\longrightarrow} T$.

注　T_n 按范数收敛于 $T \Rightarrow T_n$ 强收敛于 $T \Rightarrow T_n$ 弱收敛于 T，但反过来不成立.

下面给出一个算子强收敛但不按范数收敛的例子.

例 2.11　设 $H = l^2$，在空间 $H = l^2$ 上，定义左平移算子 $T : H \to H$，

$$T(x) = (x_2, x_3, \cdots, x_n, \cdots), \quad \forall x = (x_1, x_2, \cdots, x_n, \cdots) \in l^2,$$

对任何自然数 n，令 $T_n = T^n$，有

$$T_n(x) = (x_{n+1}, x_{n+2}, \cdots), \quad \forall x = (x_1, x_2, \cdots, x_n, \cdots) \in l^2,$$

则 $\text{s-}\lim\limits_{n\to\infty} T_n = 0$，但 $\lim\limits_{n\to\infty} T_n \neq 0$.

证明　对任何 $x = (x_1, x_2, \cdots, x_n, \cdots) \in l^2$，因为

$$\| x \|^2 = \sum_{k=1}^{\infty} | x_k |^2 < +\infty,$$

所以，根据正项级数收敛的定义，可知

$$\| T_n x \| = \left(\sum_{k=n+1}^{\infty} | x_k |^2 \right)^{\frac{1}{2}} \to 0, \quad n \to \infty,$$

所以 $\text{s-}\lim\limits_{n\to\infty} T_n = 0$；另外，取 $x = (\underbrace{0, 0, \cdots, 0}_{n\text{个}}, 1, 0, \cdots)$，则 $\| x \| = 1$，所以 $\| T_n \| \geq \| T_n x \| = 1$，因此 $\lim\limits_{n\to\infty} T_n \neq 0$.

2.3　不动点定理

本节重点介绍一个常用的不动点定理(Banach 压缩映射原理)，并用它详细证明常微分方程解的局部存在唯一性(这是泛函分析在常微分方程中的经典应用，充分显示了泛函分析这门学科的魅力).

在前面的学习中，我们发现可以把各种各样的方程，比如代数方程、微分方程、积分方程等都抽象地看成算子方程，从而进一步转化为求映射的不动点. 下面我们介绍不动点的概念及一种特殊的映射.

定义 2.12　设 X 是度量空间，$T : X \to X$ 是一个映射，点 $x \in X$ 称为映射 T 的不动点是指它满足 $Tx = x$.

也就是说不动点是映射方程 $Tx = x$ 的解. Banach 于 1922 年提出了第一个不动点定理——压缩映射原理. 此后不动点定理的方法迅速发展起来，成为很多科学技术领域中一个非常重要的工具.

定义 2.13　设 X 是度量空间，$T : X \to X$ 是一个映射. 若存在 $\alpha \in (0,1)$，使得对于 $\forall x \neq y \in X$，都有 $d(Tx, Ty) \leq \alpha d(x, y)$（显然当 $x = y \in X$，$d(Tx, Ty) \leq \alpha d(x, y)$ 也成立），则称 T 为 X 上的压缩映射，α 称为压缩常数.

注　压缩映射 $T : X \to X$ 必是连续映射（我们可以借助于归结原则来证明）. 任

取一点 $x_0 \in X$，设 $\{x_n\} \subset X$ 为任意收敛到 x_0 的点列. 利用压缩映射 T 的定义，可得 $d(Tx_n, Tx_0) \leqslant \alpha d(x_n, x_0)$，又由于当 $n \to \infty$，$d(x_n, x_0) \to 0$，容易得到 $d(Tx_n, Tx_0) \to 0$，即 $Tx_n \to Tx_0$，从而 T 在点 x_0 连续. 由于 x_0 的任意性，可知 T 必是连续映射.

定理 2.10（Banach 压缩映射原理） 设 X 是完备的度量空间，T 是 $X \to X$ 上的压缩映射，则 T 必存在唯一的不动点 $x^* \in X$，即 $Tx^* = x^*$.

证明 任取 $x_0 \in X$ 作为初始点，然后由此点出发用映射 T 逐次迭代，即 $x_1 = Tx_0$，$x_2 = Tx_1 = T^2 x_0, \cdots, x_n = Tx_{n-1} = T^n x_0, \cdots$，一直进行下去，于是得到点列 $\{x_n\}_{n=1}^{+\infty}$，其中 $x_n = Tx_{n-1}$.

下面证明 $\{x_n\}_{n=1}^{+\infty}$ 是 Cauchy 基本列. 由于 T 是压缩的，从而存在 $\alpha \in (0,1)$ 使得

$$
\begin{aligned}
d(x_{n+1}, x_n) = d(Tx_n, Tx_{n-1}) &\leqslant \alpha d(x_n, x_{n-1}) \\
&\leqslant \alpha^2 d(x_{n-1}, x_{n-2}) \leqslant \cdots \leqslant \alpha^n d(x_1, x_0).
\end{aligned}
\tag{2.7}
$$

对任意 n, p 为正整数，有

$$
\begin{aligned}
d(x_{n+p}, x_n) &\leqslant d(x_{n+p}, x_{n+p-1}) + d(x_{n+p-1}, x_{n+p-2}) + \cdots + d(x_{n+1}, x_n) \\
&\leqslant (\alpha^{n+p-1} + \alpha^{n+p-2} + \cdots + \alpha^n) d(x_1, x_0) \\
&= \frac{\alpha^n - \alpha^{n+p}}{1-\alpha} d(x_1, x_0) \leqslant \frac{\alpha^n}{1-\alpha} d(x_1, x_0).
\end{aligned}
\tag{2.8}
$$

由于 $\alpha^n \to 0$ $(n \to \infty)$，所以 $\{x_n\}$ 是 Cauchy 基本列.

再证不动点的存在性. 因为 X 是完备度量空间，故 $\exists x^* \in X$，使得 $\lim\limits_{n \to \infty} x_n = x^*$. 又因为 T 是压缩映射，从而必是连续映射，对 $x_n = Tx_{n-1}$ 两边取极限，可以得到 $x^* = Tx^*$，从而 $x^* \in X$ 为 T 的不动点.

最后证明不动点的唯一性. 假设还有一点 $y^* \in X$，满足 $Ty^* = y^*$，则

$$
d(y^*, x^*) = d(Ty^*, Tx^*) \leqslant \alpha d(y^*, x^*).
$$

由于 $\alpha \in (0,1)$，因此必有 $d(y^*, x^*) = 0$，根据距离的正定性可知 $y^* = x^*$. 从而不动点是唯一的.

从上述定理 2.10 的证明可以看到，压缩映射的唯一不动点 x^* 可以从任意一个初始点 x_0 出发经过逐次迭代，然后取极限而得到. 在数值分析中，经 n 次迭代就可以得到不动点方程的近似解 x_n. 经过简单计算可以得到 x_n 与 x^* 的误差估计式.

对 $d(x_{n+p}, x_n) \leqslant \dfrac{\alpha^n}{1-\alpha} d(x_1, x_0)$，令 $p \to \infty$，便得到 $d(x^*, x_n) \leqslant \dfrac{\alpha^n}{1-\alpha} d(x_1, x_0)$.

注 我们对映射 T 的要求放松一点，实际上只要 T^{n_0} 为压缩映射（其中 n_0 为某个正整数），就能保证 T 的不动点的存在唯一性. 显然若 T 是压缩的，则 T^{n_0} 必是压缩的；但是，T^{n_0} 为压缩映射，T 不一定为压缩映射. 于是我们有下面压缩映射原理的一个简单推广.

推论 2.2　设 T 是完备度量空间 X 上的压缩映射, 若存在正整数 n_0 使得 T^{n_0} 为压缩映射, 则 T 必有唯一不动点.

证明　令 $G = T^{n_0}$. 由定理 2.10, G 有唯一不动点 x^*. 由于 $G(Tx^*) = T^{n_0}(Tx^*) = T^{n_0+1}x^* = T(T^{n_0}x^*) = T(Gx^*) = Tx^*$, 故 Tx^* 也是 G 的不动点, 由 G 的不动点的唯一性得 $Tx^* = x^*$. 这表明 x^* 是 T 的不动点. 设 y^* 也为 T 的不动点, 则 $Ty^* = y^*$, 从而 $Gy^* = T^{n_0}y^* = T^{n_0-1}(Ty^*) = T^{n_0-1}y^* = \cdots = Ty^* = y^*$, y^* 也是 G 的不动点, 再次利用 G 的不动点的唯一性得 $y^* = x^*$. 这表明 T 的不动点是唯一的.

注　在 Banach 压缩映射原理中, 有两个问题需要强调一下. 第一, 完备性条件一般不能除去; 第二, 具有压缩常数 $\alpha \in [0,1)$ 的不等式一般不能减弱为 $\forall x \neq y \in X$, $d(Tx, Ty) < d(x, y)$ (满足此式的映射称为严格非扩张映射, 这种映射在后续课程非线性泛函分析中会有所讨论). 下面我们举例进行说明.

例 2.12　$X_1 = (0,4]$ 作为一维 Euclid 空间 **R** 的度量子空间是不完备的, 取 $T_1 x = \dfrac{1}{3}x$, 容易知道 T_1 的压缩常数为 $\dfrac{1}{3}$, 但 T_1 在 X_1 中没有不动点(因为点的迭代序列极限为 0, 但是 0 不属于集合 $X_1 = (0,4]$).

例 2.13　$X_2 = [1, +\infty)$ 作为一维 Euclid 空间 **R** 的度量子空间是完备的, 取 $T_2 x = x + \dfrac{1}{x}$, 经过简单计算知 $|T_2 x - T_2 y| = \dfrac{|x-y|(xy-1)}{xy} < |x-y|$, 假如存在不动点, 即 $T_2 x^* = x^*$, 则有 $\dfrac{1}{x^*} = 0$, 从而产生矛盾, 故 T_2 在 X_2 中也没有不动点.

在讨论方程解的存在和唯一性问题时, 压缩映射原理起着关键作用. 在各方面应用的例子很多.

例 2.14　求方程 $x^3 + x - 1 = 0$ 的根.

解　令 $f(x) = x^3 + x - 1$, 因为 $f'(x) = 3x^2 + 1 > 0$, 故 f 是严格单调增加的. 又由于 $f(0) = -1$, $f(1) = 1$, 根据连续函数的零点定理, 可知方程 $x^3 + x - 1 = 0$ 在 $[0,1]$ 内有且仅有一个根(虽然我们知道有三次方程的求根公式, 但是非常复杂, 下面我们不求精确解, 而是利用定理 2.10 中的迭代公式求出近似解.) 函数 $f(x) = x^3 + x - 1$ 的图像如图 2.1 所示.

此方程的精确解为

$$\frac{1}{6}(108 + 12\sqrt{93})^{\frac{1}{3}} - \frac{2}{(108 + 12\sqrt{93})^{\frac{1}{3}}} \approx 0.68232.$$

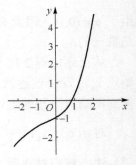

图 2.1　函数作图

取初值 $x_0 = 1$, 将方程写成 $x = 1 - x^3$, 用 $x_n = 1 - x_{n-1}^3$ 进行迭代, 则得到近似解 $x_1 = 0$, $x_2 = 1$, $x_3 = 0$, $x_4 = 1, \cdots$, $\{x_n\}$ 不收敛. 这是因为 $T_0 x = 1 - x^3$, T_0 在 $[0,1]$ 内不是压缩

映射.

现改进迭代公式, 引入参数 $\lambda \in \mathbf{R}$, 令 $Tx = x + \lambda f(x)\,(Tx = x \Leftrightarrow f(x) = 0)$. $\forall x$, $y \in [0,1]$, 由微分中值定理得, $\exists \xi \in (0,1)$ 使

$$|Tx - Ty| = |1 + \lambda f'(\xi)||x - y|.$$

因 $1 + \lambda f'(\xi) = 1 + \lambda(3\xi^2 + 1) = (1 + \lambda) + 3\lambda\xi^2$, 故取 $\lambda = -\dfrac{1}{4}$, 有

$$\left|1 + \lambda f'(\xi)\right| = \frac{3}{4}\,(1 - \xi^2) < \frac{3}{4},$$

从而 $|Tx - Ty| < \dfrac{3}{4}|x - y|$, 这表明 T 是 $[0,1]$ 上的压缩映射, 压缩常数 $\alpha = \dfrac{3}{4}$. $X = [0,1]$ 作为一维 Euclid 空间 $\mathbf{R}$ 的闭子空间是完备的, 根据压缩映射原理, T 有唯一不动点, 也就是说方程 $x^3 + x - 1 = 0$ 有唯一的根. 下面我们求此根的近似解. 令

$$Tx = x - \frac{1}{4}(x^3 + x - 1) = \frac{3}{4}x + \frac{1}{4}(1 - x^3),$$

利用迭代公式 $x_n = Tx_{n-1}$ 即

$$x_n = \frac{3}{4}x_{n-1} + \frac{1}{4}(1 - x_{n-1}^3).$$

利用 Maple 软件, 取 $x_0 = 1$, 得 $x_1 = \dfrac{3}{4}$, $x_2 = 0.70703$, $x_3 = 0.69191$, $x_4 = 0.68612$, $x_5 = 0.68384$, $x_6 = 0.68293$, $x_7 = 0.68257$, $x_8 = 0.68242$, $\cdots$.

注　我们还有其他的方法求此方程的根, 比如二分法、牛顿迭代法等等, 详见数值分析的相关书籍.

例 2.15(常微分方程初值问题解的局部存在唯一性)　考虑一阶常微分方程初值问题

$$\begin{cases} \dfrac{\mathrm{d}x}{\mathrm{d}t} = f(t,x), \\ x(t_0) = x_0, \end{cases} \tag{2.9}$$

其中 $f(t,x)$ 在平面 $\mathbf{R}^2$ 上连续, 二元函数 $f(t,x)$ 关于变量 x 满足局部利普希茨 (Lipschitz)[1] 条件, 即存在常数 $\alpha > 0, L > 0$, 对于 $\forall |t| \leqslant h, |x_1 - x_0| \leqslant \alpha, |x_2 - x_0| \leqslant \alpha$, 都有

$$|f(t,x_1) - f(t,x_2)| \leqslant L|x_1 - x_2|,$$

---

[1] 利普希茨(Lipschitz, 1832~1903), 德国数学家. Lipschitz 的数学贡献涉及众多学科, 特别在常微分方程和微分几何领域做出重要贡献. 在常微分方程解的存在性探求中创立了著名的 "Lipschitz 条件" 鉴别法, 得到 Cauchy- Lipschitz 存在性定理. 在代数数论领域引入了实变换的符号表示法及其计算法则, 建立起被称为 "Lipschitz 代数" 的超复数系, 为该学科的发展奠定了基础. 此外, Lipschitz 在力学和物理学方面也做出了不少贡献.

则存在常数 β，满足 $0 < \beta < \min\left\{\dfrac{1}{L}, \dfrac{\alpha}{M}, h\right\}$，使得初值问题 (2.9) 在 $[t_0 - \beta, t_0 + \beta]$ 上存在唯一解，其中 $M = \max\left\{\left|f(t,x)\right| : (t,x) \in [-h,h] \times [x_0 - \alpha, x_0 + \alpha]\right\}$.

证明　首先，对方程 $\dfrac{\mathrm{d}x(t)}{\mathrm{d}t} = f(t, x(t))$ 两端积分，并代入初值 $x(t_0) = x_0$，可得

$$x(t) - x(t_0) = \int_{t_0}^{t} f(u, x(u)) \,\mathrm{d}u. \tag{2.10}$$

这表明 $x = x(t)$ 是 (2.9) 的解，再由 $x(t)$ 的可微性知 $x(t)$ 是连续的.

反过来，若 $x = x(t)$ 是 (2.10) 的连续解，则在式 (2.10) 中令 $t = t_0$ 得 $x(t_0) = x_0$，由于 $f(t,x)$ 连续，故积分变上限函数 $\int_{t_0}^{t} f(u, x(u)) \,\mathrm{d}u$ 可微，对式 (2.10) 两边求导得

$$\frac{\mathrm{d}x(t)}{\mathrm{d}t} = f(t, x(t)).$$

这表明 $x = x(t)$ 是方程 (2.9) 的解.

综上所述，初值问题 (2.9) 有解与积分方程

$$x(t) = x_0 + \int_{t_0}^{t} f(u, x(u)) \,\mathrm{d}u$$

有连续解是等价的.

现利用方程 (2.10)，在连续函数空间 $C[t_0 - \beta, t_0 + \beta]$ 的闭子集 $B(x_0, \alpha) = \left\{x(t) \in C[t_0 - \beta, t_0 + \beta] : \max\limits_{|t| \leq h} \left|x(t) - x_0\right| \leq \alpha\right\}$ 上定义映射 T 为

$$(Tx)(t) = x_0 + \int_{t_0}^{t} f(u, x(u)) \,\mathrm{d}u. \tag{2.11}$$

首先验证当 $x(t) \in B(x_0, \alpha)$ 时，$(Tx)(t)$ 也属于 $B(x_0, \alpha)$. 经过简单计算，可知

$$\max_{|t - t_0| \leq \beta} \left|(Tx)(t) - x_0\right| = \max_{|t - t_0| \leq \beta} \left|\int_{t_0}^{t} f(u, x(u)) \,\mathrm{d}u\right| \leq M\beta \leq \alpha.$$

下面再验证映射 T 是压缩映射. 由 f 的连续性可知

$$\begin{aligned}
\left\|Tx - Ty\right\| &= \max_{|t - t_0| \leq \beta} \left|(Tx)(t) - (Ty)(t)\right| \\
&\leq \max_{|t - t_0| \leq \beta} \left|\int_{t_0}^{t} \left|f(u, x(u)) - f(u, y(u))\right| \,\mathrm{d}u\right| \\
&\leq \max_{|t - t_0| \leq \beta} \left|\int_{t_0}^{t} L\left|x(u) - y(u)\right| \,\mathrm{d}u\right| \\
&\leq \max_{|t - t_0| \leq \beta} \left|\int_{t_0}^{t} L\|x - y\| \,\mathrm{d}u\right| = \max_{|t - t_0| \leq \beta} L\|x - x_0\||t - t_0| \\
&= L\beta\|x - x_0\|.
\end{aligned}$$

由于 $\beta < \dfrac{1}{L}$，可得 $L\beta < 1$，从而可以保证 T 是 Banach 空间 $B(x_0, \alpha)$ 上的压缩映射. 由压缩映射原理，存在唯一的 $x^*(t) \in B(x_0, \alpha)$，使 $Tx^* = x^*$. 从而原微分方程初值问题 (2.9) 存在唯一的解.

推论 2.3　若 $f(t, x)$ 在平面 $\mathbf{R}^2$ 上连续，二元函数 $f(t, x)$ 关于变量 x 满足全局 Lipschitz 条件，即存在常数 $L > 0$，对于 $\forall t$, x_1, x_2，都有

$$\left| f(t, x_1) - f(t, x_2) \right| \leqslant L \left| x_1 - x_2 \right|,$$

则常微分方程初值问题 (2.9) 的解存在且唯一.

定理 2.11（布饶尔（Brouwer）不动点定理）　设 $A \subset \mathbf{R}^n$ 为闭单位球，$T: A \to A$ 是一个连续映射，则至少有一个不动点 $x^* \in A$.

定理 2.12（绍德尔（Schauder）不动点定理）　设 X 是 Banach 空间，$A \subset X$ 为闭凸子集，$T: A \to A$ 连续，且 TA 为列紧集，则至少有一个不动点 $x^* \in A$.

注　上面最后两个定理详见（张恭庆，林源渠，1987）.

▶ **阅读材料**

等 时 曲 线

泛函分析的分支之一变分法最初来源于约翰·伯努利于 1696 年在《教师学报》上提出了一个挑战的题目（最速降线问题）：设不在同一铅直线上的两点 A 与 B，质点只在重力的影响下（摩擦和空气阻力不计）从 A 点滑向 B 点，所需时间最短的途径是什么曲线？当时很多数学家如莱布尼茨、牛顿、雅格布·伯努利和约翰·伯努利、洛必达等都得到了正确的解答. 他们的答案相同，但解法各异，即最速降线是一条连接 A, B 两点的上凹的旋轮线（又称摆线，见图 2.2），也就是一个圆在直线上滚动时，圆周上某点的轨迹. 比如约翰·伯努利是通过将问题转化为光学中的费马原理来实现的，即光线在两点间传播的路径是使传播时间最短的路径. 在等时曲线问题中，这个原理被用来证明摆线是唯一能使物体滑到底部的时间相同的曲线.

等时曲线是一个经典的物理和数学问题，它涉及找到一条曲线，使得一个物体在没有任何摩擦的情况下，从曲线的任意一点滑到终点的时间是相同的. 这个问题也被称为等时曲线问题或等时线问题. 在数学上，等时曲线问题可以转化为求解一个积分方程，这个积分方程被称为阿贝尔积分方程. 通过求解这个方程，可以得到等时曲线的解析表达式. 在物理上，这个问题可以通过能量守恒定律和机械能守恒定律来分析. 根据这些定律，一个物体在重力作用下沿曲线滑下时，其速度大小只取决于起点和终点的高度差，而与路径的形状无关. 四颗球受重力影响，从摆线的不同位置出发，沿曲线下滑时，滑落到曲线底部所耗费的时间是一样的.

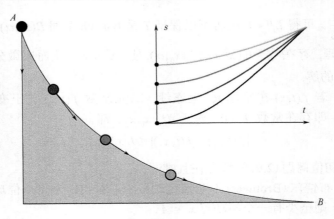

图 2.2

"最速降线"这一问题最早由伽利略提出,他也是第一个命名摆线("cycloid",图 2.3(a))的科学家. 他用同样的材料切割出摆线和产生摆线的圆,通过他们的质量比,伽利略推算出摆线和 x 轴围成的面积与产生它的圆的面积比大约是 3∶1,其实通过严格的几何证明,惠更斯发现这条曲线正是我们魂牵梦萦的"摆线"!

思考一个圆在一条直线上无滑动地滚动时,圆边上的一个定点所形成的轨迹.可以想象成滚动的车轮从地面上粘起一枚口香糖,当车轮继续直线向前时,这枚口香糖就在空中画出一条曲线,这个轨迹就是著名的"摆线". 车轮每旋转一周,口香糖就画出摆线的一个拱. 又叫做"几何学上的海伦". 美丽的"摆线",实在非常有用,笛卡儿、帕斯卡、约翰·伯努利、莱布尼茨、牛顿都争相研究摆线. 我们先选择圆上的一点,研究一下这一点的位置是怎样变化的. 从图像上我们可以看到圆上一点运动的轨迹,是一个弧形. 这个弧形的"拱高"是圆的直径 d,这个弧形的宽度则刚好是圆的周长,也正是圆心走过的距离. 早在 17 世纪,数学家们就发现摆线的长度刚好是旋转圆直径的 4 倍.

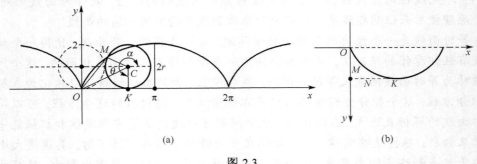

(a)　　　　　　　　　　　　　　　　(b)

图 2.3

当我们把上面的摆线(图 2.3(a))倒过来,就得到了图 2.3(b),看图 2.3(b)的左

半截, 从 O 到最低点 K, 就是一个 "最速降线". 它有两个特点:

(1)球从 O 滚到 K 的时间最短, 正是伽利略要找的;

(2)球从 O 点、M 点和 N 点滚到最低点 K 的时间都是一样的.

那么, 时间是多少呢? 如下: $\pi\sqrt{r/g}$. 这里面 r 是摆线拱高的一半, 也就是形成摆线的那个滚动圆形的半径, g 是重力加速度, 即地表自由落体运动的加速度, 大约为 $9.8\ \text{m/s}^2$, π 是著名的圆周率.

这意味着, 球从初始位置下降到摆线槽最低点 K 所用的时间是一个常值, 与初始位置无关.

伯努利兄弟对旋轮线是最速降线问题的解感到惊奇和振奋, 约翰・伯努利说: "我们之所以钦佩惠更斯, 是因为他首先发现了在一个旋轮线上的大量质点下落时, 它们总是同时到达, 与质点的起始位置无关. 然后, 当你听到我肯定说旋轮线就是惠更斯的等时曲线的时候, 可能惊讶得简直发呆. 等时曲线是最速降线我们看得很清楚." 荷兰数学家、天文学家、物理学家惠更斯, 最早在 1673 年发现了这个秘密. 但这时, 他还不知道, 等时曲线, 同时也是最速降线.

在工程和物理应用中, 等时曲线的概念也被用于解决实际问题, 例如在粮食仓储物流中改善设备性能参数和优化仓储工艺. 此外, 等时曲线的概念也被用于材料科学中, 通过分析岩石的蠕变曲线来确定其长期强度, 这对于工程设计和安全评估非常重要.

总的来说, 等时曲线是一个涉及数学、物理和工程多个领域的有趣问题, 它不仅在理论上具有重要意义, 而且在实际中也有广泛应用.

习　题　2

一、选择题

1. 设 f 是 Hilbert 空间上在 $x=0$ 处连续的线性泛函, 则下面四个选项错误的是(　　).

　　A. f 是连续的.

　　B. $\exists$ 常数 $c>0$, 使得 $x\in H$, $\|f(x)\|\leqslant c\|x\|$.

　　C. f 在任意处是连续的.

　　D. f 是不连续的.

2. 设 M, N 是 Hilbert 空间的子集, 且 $M\subset N$, 则(　　).

　　A. $M^{\perp}\subset N^{\perp}$.　　　　　　　　　　　　B. $N^{\perp}\subset M^{\perp}$.

　　C. $N^{\perp}=M^{\perp}$.　　　　　　　　　　　　　D. 上述三个选项都不对.

3. 设 Z, Y 是线性赋范空间, T_n, $T\in B(Z,Y)$, $n=1,2,\cdots$, 则下列选项正确的是(　　).

　　A. 若 T_n 一致收敛于 T, 则 T_n 强收敛于 T.

  B. 若 T_n 强收敛于 T，则 T_n 一致收敛于 T.

  C. 若 T_n 弱收敛于 T，则 T_n 一致收敛于 T.

  D. 上述三个选项都不对.

4. 设 Z 是一个距离空间，则下列选项错误的是（ ）.

  A. 收敛列是基本列.

  B. 基本列是收敛列.

  C. 若基本列中有一个收敛子列，则基本列必为收敛列.

  D. 基本列与收敛列等价.

二、判断题

1. $C[a,b]$ 是内积空间.   （ ）

2. $L^4[a,b]$ 是内积空间.   （ ）

3. $\forall x, y \in H$，其中 H 是 Hilbert 空间，平行四边形法则成立. （ ）

4. 完全有界的距离空间是可分的.   （ ）

5. 设 H 为在 $[0,1]$ 上的多项式的全体定义距离 $\rho(p,q) = \int_1^0 |p(x) - q(x)| \, \mathrm{d}x$（$p, q$ 是多项式），H 是完备的距离空间.   （ ）

6. 完备距离空间的闭子集是一个完备的子空间.   （ ）

7. 设 Z 是一个完备度量空间，T 是从 Z 到自身的一个压缩映射，则 Z 中存在唯一的 T 的不动点.   （ ）

8. 集合 $\{\sin(kx)\}$（$k = 1, 2, \cdots$）是 $C[0, \pi]$ 中的列紧集. （ ）

9. 若 H 为 Hilbert 空间，集合 $\{x \in H | \ \|x\| \leqslant 1\}$ 是紧集，则 H 为有限维空间. （ ）

10. 设 T 是从 Banach 空间 H 到 Banach 空间 K 的有界线性算子，则 $\ker(T)$ 是 H 的闭线性子空间.   （ ）

11. 设 Z, Y 是有穷维线性赋范空间，T 是从 Z 到 Y 的线性映射，则 T 是连续的. （ ）

12. 在 $C[0,1]$ 中，令 $\|x\|_1 = \left(\int_0^1 |x(t)|^2 \, \mathrm{d}t \right)^{\frac{1}{2}}$，$\|x\|_2 = \left(\int_0^1 (1+t) |x(t)|^2 \, \mathrm{d}t \right)^{\frac{1}{2}}$，则 $\|\cdot\|_1$ 和 $\|\cdot\|_2$ 是 $C[0,1]$ 中的等价范数.   （ ）

13. 设 M 是 Hilbert 空间 H 的线性子空间，在 M 中 H 稠密，则 $M^\perp = \{0\}$. （ ）

三、解答题

1. 设 X 是实数域 $\mathbf{R}$ 上的 n 维线性空间，$\{e_1, e_2, \cdots, e_n\}$ 是 X 的一组基，$(a_{ij})_{n \times n}$ 是正定矩阵，对 $x = \sum_{i=1}^n x_i e_i \in X$，$y = \sum_{i=1}^n y_i e_i \in X$，定义

$$(x, y) = \sum_{i, j=1}^n a_{ij} x_i \overline{y}_j,$$

则 $(\cdot,\cdot)$ 是 X 上的内积.

2. 设 X 是实内积空间, 证明

$$x \perp y \Leftrightarrow \| x+y \|^2 = \| x \|^2 + \| y \|^2.$$

3. 设 X 是内积空间, $\{x_n\} \subset X$, $x \in X$ 且 $\|x_n\| \to \|x\|$ 及 $(x_n, x) \to (x, x)$, 证明 $x_n \to x\ (n \to \infty)$.

4. 设 H 是内积空间, 对任意 $x_0 \in H, r > 0$, 令

$$B(x_0, r) = \{x \mid x \in H, \| x - x_0 \| \leqslant r\}.$$

证明: (1) $B(x_0, r)$ 是 H 中的闭凸集;

(2) 对任意 $x \in H$, 令

$$y = \begin{cases} x_0 + r \dfrac{x - x_0}{\| x - x_0 \|}, & x \notin B(x_0, r), \\ x, & x \in B(x_0, r). \end{cases}$$

则 y 是 x 在 $B(x_0, r)$ 中的最佳逼近元.

5. 求 $(a_0, a_1, a_2) \in \mathbf{R}^3$, 使得 $\displaystyle\int_0^1 |\mathrm{e}^t - (a_0 + a_1 t + a_2 t^2)|^2 \mathrm{d}t$ 取最小值.

6. 设 $\{e_n\}$ 是 Hilbert 空间 H 的一组标准正交基, 证明

$$\sum_{n=1}^{\infty} |(x, e_n)(y, e_n)| \leqslant \| x \| \cdot \| y \| \quad (\forall x, y \in H).$$

7. 设 $F = \left\{ \dfrac{1}{\sqrt{2\pi}} \mathrm{e}^{\mathrm{i}nt} \middle| n = 0, \pm 1, \pm 2, \cdots \right\}$, 证明 F 是 $L^2[-\pi, \pi]$ 中的标准正交基.

8. 对任意 $x \in C[0,1]$, 定义

$$f(x) = \int_0^1 x(t) \mathrm{d}t,$$

证明 f 是 $C[0,1]$ 上的有界线性泛函, 并求 $\| f \|$.

9. 对任意 $x \in C^1[a, b]$, 定义

$$f(x) = x'(t_0), \quad t_0 \in [a, b],$$

证明 f 在 $C^1[0,1]$ 上是连续的.

第 3 章　定性理论简介

　　科学家不创造任何东西，而是揭示自然界中现成的隐藏着的真实，艺术家创造真实的类似物.

——冈察洛夫

不同时间的大气云层

对于大气动力系统，系统的状态随着时间而变化. 试回答以下问题:

1. 当时间趋于无穷时，大气动力系统是否存在渐近行为?

2. 大气动力系统在什么条件下保持稳定?

3. 大气动力系统在什么条件下出现分岔?

在 19 世纪中叶, 通过刘维尔(Liouville, 1809~1882)的工作, 人们认识到绝大多数的微分方程, 即使形式上非常简单的方程, 例如 $y' = x^2 + y^2$, 也不能用初等积分法求解. 这个结果对于常微分方程理论的发展有着巨大的影响, 从而迫使人们另辟蹊径, 考虑不去求方程的通解, 而是直接根据微分方程的结构来研究解的性质, 以及探索各种近似求解的方法. 对这些问题的研究促使了微分方程定性理论的发展.

法国数学家庞加莱(Poincaré)[①]和俄国数学家李雅普诺夫(Lyapunov)[②]是微分方程定性理论的共同创立者. 这一方面的经典著作是 Poincaré 在 1881 年到 1886 年期间连续发表的以《微分方程所确定的曲线》为题的论文和 Lyapunov 在 1892 年完成的博士论文《运动稳定性的一般问题》. 它们共同的特点就是: 直接依据微分方程的特点来研究解的属性.

本章对微分方程定性理论中的一些基本概念和基本方法作初步介绍.

3.1　稳定性的概念

定性简介

在有限的时间内初值扰动对微分系统的解的影响可以用解对初始值的连续依赖性解决. 如果解的存在区间是无穷区间, 则解对初值不一定有连续依赖性, 这一现象产生了 Lyapunov 意义下的稳定性概念.

稳定性理论研究时间趋于无穷时初值的扰动对微分方程解的性态的影响, 它在自然科学、工程技术、军事应用和社会科学等方面有着广泛的应用.

考虑微分方程

$$\frac{\mathrm{d}x}{\mathrm{d}t} = f(t,x), \quad x(t_0) = x_0, \tag{3.1}$$

其中函数 $f(t,x)$ 对 $x \in D \subseteq \mathbf{R}^n$ 和 $t \in (-\infty, +\infty)$ 连续, 且满足解的唯一性条件, 其解 $x = \varphi(t,t_0,x_0)$ 的存在区间是 $(-\infty, +\infty)$. 在本章中的稳定性研究中涉及的解的存在区

---

① 庞加莱(Poincaré, 1854~1912), 法国数学家、天体力学家、数学物理学家、科学哲学家. Poincaré 的研究涉及数论、代数学、几何学、拓扑学、天体力学、数学物理、多复变函数论、科学哲学等许多领域. 他在数学方面的杰出工作对 20 世纪和当今的数学产生了极其深远的影响, 他在天体力学方面的研究是牛顿之后的一座里程碑, 因为对电子理论的研究他被公认为相对论的理论先驱.

② 李雅普诺夫(Lyapunov, 1857~1918), 俄国数学家、力学家. 他是切比雪夫(Chebyshev)创立的圣彼得堡学派的杰出代表, 他的成就涉及多个领域, 尤以概率论、微分方程和数学物理最有名. 他创立了特征函数法, 是常微分方程运动稳定性理论的创始人, 为数学物理方法的发展开辟了新的途径. 在数学中有很多以 Lyapunov 命名的定理、方法和概念, 如 Lyapunov 第一方法、Lyapunov 第二方法、Lyapunov 定理、Lyapunov 函数、Lyapunov 变换、Lyapunov 数、Lyapunov 随机函数、Lyapunov 随机算子、Lyapunov 特征指数、Lyapunov 系统、Lyapunov 分式、Lyapunov 稳定性等等.

切比雪夫(Chebyshev, 1821~1894), 俄国数学家、力学家, 他一生发表了 70 多篇科学论文, 内容涉及数论、概率论、函数逼近论、积分学等方面. 他证明了贝尔特兰公式, 自然数列中素数分布的定理, 大数定律的一般公式以及中心极限定理. 他不仅重视纯数学, 而且十分重视数学的应用.

间都是 $(-\infty, +\infty)$.

一般来说,微分方程(3.1)表示某个系统的运动方程,方程的每个特解对应系统的一个特定的运动. 设 $x = \varphi(t, t_0, x_0)$ 是微分方程(3.1)的一个特解,它所对应的运动称为未受扰运动. 如果在初始时刻 t_0,系统受到扰动后初始状态由 x_0 变成 x_1,则称过初值 (t_0, x_1) 的解 $x = x(t, t_0, x_1)$ 所对应的运动为受扰运动,称其差 $y(t) = x(t, t_0, x_1) - \varphi(t, t_0, x_0)$ 为扰动, $y(t_0) = x_1 - x_0$ 为初始扰动. 对某些运动,如果初始扰动 $y(t_0)$ 小,扰动 $y(t)$ 即使经过很长时间后始终相差很小,这类运动称为“稳定的”. 反之,对某些运动,即便初始扰动很小,但经过足够长的时间,扰动变得很显著,这类运动可以称为“不稳定的”.

为了简化讨论,通常把解 $x = \varphi(t, t_0, x_0)$ 的稳定性转化成零解的稳定性. 事实上,利用上面的变量代换

$$y(t) = x(t, t_0, x_1) - \varphi(t, t_0, x_0),\tag{3.2}$$

就有

$$\begin{aligned}\frac{\mathrm{d}y}{\mathrm{d}t} &= \frac{\mathrm{d}x}{\mathrm{d}t} - \frac{\mathrm{d}\varphi}{\mathrm{d}t} = f(t, x(t, t_0, x_1)) - f(t, \varphi(t, t_0, x_0))\\ &= f(t, \varphi(t, t_0, x_0) + y(t)) - f(t, \varphi(t, t_0, x_0))\\ &\triangleq g(t, y).\end{aligned}\tag{3.3}$$

其中 $g(t, y) = f(t, \varphi(t) + y) - f(t, \varphi(t))$.

由函数 $g(t, y)$ 的表达式有

$$g(t, 0) = f(t, \varphi(t)) - f(t, \varphi(t)) = 0, \quad t \in (-\infty, +\infty),$$

此式表明方程(3.3)有零解 $y = 0$,该零解对应于原方程(3.1)的解 $x = \varphi(t, t_0, x_0)$. 因此,微分方程(3.1)的解 $x = \varphi(t, t_0, x_0)$ 的稳定性问题可以转化为微分方程(3.3)的零解 $y = 0$ 的稳定性问题. 下文中在研究微分方程(3.1)的稳定性问题时,仅考虑零解 $x = 0$ 的稳定性,即假设

$$f(t, 0) = 0.\tag{3.4}$$

(3.4)保证 $x(t) = 0$ 是微分方程(3.1)的解.

下面我们给出微分方程零解稳定的严格定义.

定义 3.1 如果对任意给定的 $\varepsilon > 0$,存在 $\delta = \delta(\varepsilon, t_0) > 0$,使得当 $\| x_0 \| < \delta$ 时,微分方程(3.1)的解 $x(t, t_0, x_0)$ 满足

$$\| x(t, t_0, x_0) \| < \varepsilon, \quad t \geqslant t_0,\tag{3.5}$$

则称(3.1)的零解是稳定的. 反之,如果存在某个 $\varepsilon_0 > 0$,使得对任何 $\delta > 0$,都至少存在一个满足 $\| x_0 \| < \delta$ 的初值 x_0 和某一个时刻 $t_1 > t_0$,使得

$$\| x(t_1, t_0, x_0) \| \geqslant \varepsilon_0,$$

稳定性概念   则称(3.1)的零解是不稳定的.

定义 3.2　如果 D 是 $\mathbf{R}^n$ 中包含原点的一个开区域, 对任意的初值 $x_0 \in D$ 和 $\varepsilon > 0$, 存在一个时刻 $T = T(\varepsilon, t_0, x_0)$, 使得当 $t > t_0 + T$ 时, 有 $\| x(t, t_0, x_0) \| < \varepsilon$ 成立, 则称 (3.1) 的零解是吸引的, 同时称 D 是 (3.1) 的零解的一个吸引域. D 是 (3.1) 零解的一个吸引域, 也即从 D 中出发的解 $x(t, t_0, x_0)$ 总有 $\lim\limits_{t \to +\infty} x(t, t_0, x_0) = 0$, 其中 $x_0 \in D$.

定义 3.3　如果 (3.1) 零解既是稳定的, 又是吸引的, 则称 (3.1) 的零解是渐近稳定的. 如果 (3.1) 的零解的吸引域是全空间 $\mathbf{R}^n$, 则称 (3.1) 的零解是全局渐近稳定的.

注 3.1　Lyapunov 意义下的稳定性只考虑初值的变化对解的影响, 而不考虑方程右端的函数或所含参数的变化对解的影响.

注 3.2　Lyapunov 意义下的稳定性是一个局部的概念 (全局稳定性除外), 它只考虑零解的一个邻域内的非零解的性态.

注 3.3　解的稳定性和解的吸引性是两个不同概念, 它们之间没有必然的联系, 一定不能从零解是吸引的, 就推导出零解是稳定的, 从而零解是渐近稳定的. 因此, 必须在稳定性的基础上去研究渐近稳定性.

Lyapunov 稳定性是最早给出精确数学含义的一种运动稳定性概念. 它能反映大量的运动稳定性问题的主要特征, 是研究得最广泛的一种运动稳定性. 但是随着科学技术的飞速发展, 新出现的一些运动稳定性问题, 往往不能被 Lyapunov 稳定性的概念所包含, 因此有必要在此基础上提出更多的新概念和新方法.

定义 3.4　在定义 3.1 中, 如果 δ 与 t_0 无关 (即 $\delta = \delta(\varepsilon)$), 则称 (3.1) 的零解是一致稳定的. 在定义 3.2 中, 如果 T 与 t_0 和 x_0 无关, 则称 (3.1) 的零解是一致吸引的. 如果 (3.1) 的零解是一致稳定和一致吸引的, 则 (3.1) 的零解是一致渐近稳定的.

实际上, 一致渐近稳定性只说明, 零解的某个邻域内出发的非零解当 $t \to +\infty$ 时, 趋于零, 但是对趋近的快慢程度没有体现. 下面给出一种特殊的一致渐近稳定性.

定义 3.5　如果存在正数 α, 若对任意给定的 $\varepsilon > 0$, 存在 $\delta = \delta(\varepsilon) > 0$, 使得当 $\| x_0 \| < \delta$ 时, 对于一切的 $t \geqslant t_0$, 有

$$\| x(t, t_0, x_0) \| < \varepsilon \mathrm{e}^{-\alpha(t - t_0)}, \tag{3.6}$$

则称 (3.1) 的零解是指数渐近稳定的. α 称为衰减度.

注 3.4　如果零解是指数渐近稳定的, 则它必定是一致渐近稳定的. α 是用以表征解 $x(t, t_0, x_0)$ 趋于零的快慢程度的一个量. 此时, (3.1) 的解 $x(t, t_0, x_0)$ 随时间的衰减过程不慢于指数衰减规律.

例 3.1　讨论初值问题

$$\frac{\mathrm{d}x}{\mathrm{d}t} = ax, \quad x(t_0) = x_0, \quad t \geqslant t_0, \quad x_0 \geqslant 0 \tag{3.7}$$

的零解的稳定性.

稳定性举例

解　显然, $x = 0$ 是方程 (3.7) 的零解. 初值问题 (3.7) 的解为 $x(t) = x_0 \mathrm{e}^{a(t - t_0)}$. 当

$a < 0$ 时, $x(t) = x_0 e^{a(t-t_0)}$ 与零解的误差

$$| x(t) - 0 | = x_0 e^{a(t-t_0)} \leqslant x_0, \quad t \geqslant t_0,$$

此式表明 (3.7) 的零解是稳定的. 又因为

$$\lim_{t \to +\infty} x(t) = \lim_{t \to +\infty} x_0 e^{a(t-t_0)} = 0,$$

故 (3.7) 的零解是吸引的, 从而 (3.7) 的零解是渐近稳定的. 当 $a > 0$ 时, 无论 x_0 多小, 只要 $x_0 \neq 0$, 当 $t \to +\infty$ 时, 有 $x(t) \to \infty$, 即初始值的微小变化能导致解的误差任意大. 这表明 (3.7) 的零解在 $a > 0$ 的情形下是不稳定的.

例 3.2 证明系统

$$\begin{cases} \dfrac{\mathrm{d}x}{\mathrm{d}t} = -y, \\ \dfrac{\mathrm{d}y}{\mathrm{d}t} = x \end{cases} \tag{3.8}$$

的零解是一致稳定的, 但不是渐近稳定的.

证明 容易求得 (3.8) 过初始值 $(x(t_0), y(t_0)) = (x_0, y_0)$ 的解为

$$\begin{cases} x(t) = x_0 \cos(t - t_0) - y_0 \sin(t - t_0), \\ y(t) = x_0 \sin(t - t_0) + y_0 \cos(t - t_0), \end{cases}$$

故

$$\| (x(t), y(t)) \| = (x^2(t) + y^2(t))^{\frac{1}{2}} = ((x_0)^2 + (y_0)^2)^{\frac{1}{2}} = \| (x_0, y_0) \|.$$

对于任意给定的 $\varepsilon > 0$, 只需取 $\delta = \varepsilon$, 当 $\| (x_0, y_0) \| < \delta$ 时, 必有

$$\| (x(t), y(t)) \| < \varepsilon, \quad t \geqslant t_0.$$

由定义 3.4 知, (3.8) 的零解是一致稳定的. 但是由于 $\lim\limits_{t \to +\infty} \| (x(t), y(t)) \| \neq 0$, 故 (3.8) 的零解不是吸引的, 因而它不是渐近稳定的.

例 3.3 考察系统

$$\begin{cases} \dfrac{\mathrm{d}x}{\mathrm{d}t} = 2x, \\ \dfrac{\mathrm{d}y}{\mathrm{d}t} = 2y \end{cases} \tag{3.9}$$

的零解的稳定性.

解 方程组以 $(0, x_0, y_0)$ 初值的解为

$$\begin{cases} x(t) = x_0 e^{2t}, \\ y(t) = y_0 e^{2t}, \end{cases} \quad t \geqslant 0,$$

其中 $x_0^2 + y_0^2 \neq 0$．故有

$$\|(x(t),y(t))\| = (x^2(t)+y^2(t))^{\frac{1}{2}} = (x_0^2 e^{4t} + y_0^2 e^{4t})^{\frac{1}{2}}$$
$$= (x_0^2 + y_0^2)^{\frac{1}{2}} e^{2t},$$

由于 e^{2t} 随 t 的递增而无限地增大，因此，对于任意的 $\varepsilon > 0$，不论 $\|(x_0,y_0)\| = (x_0^2 + y_0^2)^{\frac{1}{2}}$

多么小，只要 t 取得足够大，$\|(x(t),y(t))\| = (x^2(t)+y^2(t))^{\frac{1}{2}}$ 可以任意大，所以 (3.9) 的
零解是不稳定的.

例 3.4　考虑微分方程

$$\frac{\mathrm{d}x}{\mathrm{d}t} + x = 2 + t, \quad x \in \mathbf{R}. \tag{3.10}$$

(3.10) 的通解是 $x = 1 + t + ce^{-t}$．如果取初值为 $(0,0)$ 的解 $\varphi(t) = 1 + t - e^{-t}$ 作为未受扰解，
取过初值 $(0,x_0)$ 的解 $x(t)$ 作为受扰解，即

$$x(t) = 1 + t + (x_0 - 1)e^{-t}, \quad t \geqslant 0,$$

由于

$$\|x(t) - \varphi(t)\| = \|x_0\| e^{-t}, \quad t \geqslant 0.$$

这表明对于任意的 $\varepsilon > 0$，只要取 $\delta = \varepsilon$，当

$$\|x(0) - \varphi(0)\| = \|x_0\| < \delta$$

时，则有

$$\|x(t) - \varphi(t)\| < \varepsilon, \quad t \geqslant 0.$$

因此 (3.10) 的未受扰解 $\varphi(t)$ 是一致稳定的.

此外，由于

$$\lim_{t \to +\infty} \|x(t) - \varphi(t)\| = \|x_0\| \lim_{t \to +\infty} e^{-t} = 0,$$

于是未受扰解 $\varphi(t)$ 是吸引的，从而 $\varphi(t)$ 是渐近稳定的．容易发现，解 $\varphi(t)$ 的吸引域
是整个实轴．最后需要强调，解 $\varphi(t) = 1 + t - e^{-t}, t \geqslant 0$ 是无界的.

注 3.5　由例 3.4 可以发现，微分方程的解在 Lyapunov 意义下的稳定性与解的有
界性是不同的概念，不能从解是稳定的就得到解是有界的.

例 3.5（牛顿冷却定律）　假设 $x = x(t)$ 表示高温物体在 t 时刻的温度，最初物体
的温度 $x(0) = x_0$，此物体周围的温度为 T，根据牛顿冷却定律，物体冷却的速率与它
同周围的温度差成正比．则 $x(t)$ 应满足

$$\frac{\mathrm{d}x}{\mathrm{d}t} = -K(x - T), \quad x(0) = x_0, \tag{3.11}$$

其中 $K > 0$ 是一个常数.

这个方程的通解是

$$x(t) = T + (x_0 - T)e^{-Kt}, \quad t \geq 0.$$

另外, $\varphi(t) = T$ 是 (3.11) 的一个特解. 对于任意的 $\varepsilon > 0$, 只要取 $\delta = \varepsilon$, 则当

$$\| x_0 - T \| < \delta$$

时, 就有

$$\| x(t) - T \| = \| (x_0 - T)e^{-Kt} \| \leqslant \| x_0 - T \| < \varepsilon, \quad t \geq 0.$$

于是解 $\varphi(t) = T$ 是一致稳定的. 又因为

$$\lim_{t \to +\infty} x(t) = T,$$

则 $\varphi(t) = T$ 是吸引的, 从而 (3.11) 的特解 $\varphi(t) = T$ 是渐近稳定的(图 3.1).

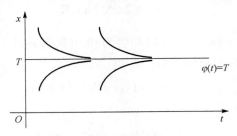

图 3.1　式 (3.11) 的特解 $\varphi(t) = T$

例 3.6　考虑微分方程

$$\frac{dx}{dt} = Kx(x - M), \quad x(0) = x_0, \tag{3.12}$$

其中 $K > 0, M > 0$.

初值问题 (3.12) 的通解是

$$x(t) = \frac{Mx_0}{x_0 + (M - x_0)e^{KMt}}, \quad t \geq 0. \tag{3.13}$$

容易看出, $\varphi_1(t) = 0$ 和 $\varphi_2(t) = M$ 是 (3.12) 的两个特解. 当 $x_0 < M$ 时, 则有 $\lim\limits_{t \to +\infty} x(t) = 0$. 但是当 $x_0 > M$, 可以发现, (3.13) 的分母起初是正的, 但是当 t 趋于时刻

$$t_1 = \frac{1}{KM} \ln \frac{x_0}{x_0 - M} > 0$$

时, 分母趋于零, 而 (3.13) 的分子是正的, 于是就有

$$\lim_{t \to t_1^-} x(t) = +\infty, \quad x_0 > M.$$

由以上分析, 可以得到, (3.13) 的特解 $\varphi_1(t) = 0$ 是稳定的, 而特解 $\varphi_2(t) = M$ 是不稳定的(图 3.2).

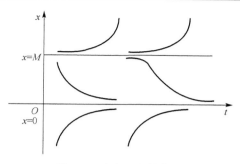

图 3.2　式 (3.13) 的特解

小结　对非自治系统

$$\frac{\mathrm{d}x}{\mathrm{d}t} = f(t,x),$$

自治零解系统

它的零解的稳定性的类型如下:

稳定、一致稳定、渐近稳定、一致渐近稳定、指数渐近稳定(这五种属于局部稳定性)、全局渐近稳定、全局一致渐近稳定、全局指数渐近稳定(这三种属于全局稳定性)和不稳定性, 共有九种类型.

3.2　自治系统零解的稳定性

本节中我们研究以方程本身来判别零解的稳定性, Lyapunov 提出了两种研究微分系统稳定性的方法. 第一方法是利用微分方程的级数解去判定稳定性, 提出之后并没有得到进一步的发展. 第二方法(统称直接方法)是在不求微分方程的解的情况下, 寻找具有某些特性的辅助函数 V (亦称 Lyapunov 函数)并计算通过微分方程的导数 $\frac{\mathrm{d}V}{\mathrm{d}t}$, 然后根据 $V(x)$ 和 $\frac{\mathrm{d}V}{\mathrm{d}t}$ 的符号性质直接判定解的稳定性. 第二方法是研究微分方程的解的稳定性的基本方法, 在科学技术中具有广泛的应用.

考虑微分系统

$$\frac{\mathrm{d}x}{\mathrm{d}t} = f(x), \quad x \in D \subseteq \mathbf{R}^n, \tag{3.14}$$

其中 D 是包含原点的某个区域, $f: D \to \mathbf{R}^n$ 是连续的, 并且满足解的唯一性条件. 此外, $f(0) = 0$, 即 $x = 0$ 是 (3.14) 的零解.

这一节中, 先介绍一些关于 V 函数的基本概念.

3.2.1　V 函数

在本章中都假设 $V(x)$ 在包含原点的某个区域 $D_0 \subseteq D$ 内有定义, $V(x)$ 在 D_0 中连

续可微并且有 $V(0) = 0$.

定义 3.6　设 D_0 为含原点的某个邻域, 则有

(1) 对任意 $x \in D_0 \setminus \{0\}$ 都有 $V(x) > 0(V(x) < 0)$, 称 $V(x)$ 为正定函数 (负定函数).

(2) 对任意 $x \in D_0$ 都有 $V(x) \geqslant 0(V(x) \leqslant 0)$, 则称 $V(x)$ 为半正定函数 (半负定函数).

(3) 如果在原点的任意小的邻域内, $V(x)$ 既可取到正值又可取到负值, 则称 $V(x)$ 为变号函数.

例如,

(a) $V(x_1, x_2, x_3) = x_1^2 + x_2^2 + 2x_3^2$ 是 $\mathbf{R}^3$ 中的正定函数.

(b) $V(x_1, x_2, x_3) = 2x_1^2 + x_2^2$ 是 $\mathbf{R}^3$ 中的半正定函数, 但不是正定函数.

(c) $V(x_1, x_2, x_3) = x_1^2 + x_2^2 - x_3^2$ 是 $\mathbf{R}^3$ 中的变号函数.

(d) $V(x_1, x_2, x_3) = 3x_1^2 + (x_2 - x_3)^2$ 是 $\mathbf{R}^3$ 中的半正定函数, 但不是正定函数, 因为 $V \geqslant 0$, 但对于满足 $x_1 = 0, x_2 = x_3$ 的一切点均有 $V = 0$.

(e) $V(x_1, x_2) = x_1^2 + x_2^2 + x_1^4 - x_2^4$ 在 $\mathbf{R}^2$ 的区域 $x_1^2 + x_2^2 < \dfrac{1}{2}$ 中是正定函数, 但在 $x_1^2 + x_2^2 < 2$ 中不是正定函数.

注 3.6　$V(x)$ 在 D_0 中是正定的, 则必定是半正定的. 此外, $V(x)$ 在 D_0 中是正定的或是半正定的, 与空间的维数和邻域 D_0 的大小有关, 例如 $V(x) = x_1^2 + 2x_2^2$ 是 $\mathbf{R}^2$ 中的正定函数, 但在 $\mathbf{R}^3$ 中是半正定的.

注 3.7　正定函数 $V(x)$ 的几何意义如下: 当 $n = 2$ 时, 对于充分小的 $c > 0$, 由关系式

$$V(x_1, x_2) = c \tag{3.15}$$

确定的曲线是一条包围原点的封闭曲线, 并且如果 $c \to 0$ 时, 封闭曲线 (3.15) 收缩向原点. 例如, $V(x_1, x_2) = 2x_1^2 + x_2^2$ 是 $\mathbf{R}^2$ 中的正定函数, 可以发现, $V(x_1, x_2) = c$ 随着 c 的变化是一系列的包围原点的椭圆, 并且当 $c \to 0$ 时, 椭圆收缩向原点.

当 $n > 2$ 时, $V(x) = c$ ($c > 0$ 足够小) 是 $\mathbf{R}^n$ 中包围原点的闭曲面 (或超曲面), 且当 $c \to 0$ 时, $V(x) = c$ 收缩向坐标原点.

注 3.8　V 函数亦称为 Lyapunov 函数. 在应用 Lyapunov 第二方法时, 一般 V 函数的符号判别非常困难, 但在实际应用中, 经常选取二次型 $x^{\mathrm{T}} A x$ 作为 V 函数. 一方面, 二次型的表达式简单, 其符号类型可以利用 A 的特征值理论来判定, 另一方面, 有些复杂的 V 函数往往是在二次型的基础上得到的.

设 $x \in \mathbf{R}^n$, $A = (a_{ij})_{n \times n}$ 是一个实对称的 $n \times n$ 矩阵, A 对应的二次型

$$V(x) = \langle Ax, x \rangle = x^{\mathrm{T}} A x = \sum_{i=1}^{n} \sum_{j=1}^{n} a_{ij} x_i x_j. \tag{3.16}$$

下面我们给出一个判定二次型的符号的一个结果.

定理 3.1　设 $\lambda_1, \lambda_2, \cdots, \lambda_n$ 为 A 的特征值，$V(x)$ 是由式 (3.16) 给出的二次型，则

(1) $V(x)$ 是正定 (负定) 的充要条件是 $\lambda_j > 0 (\lambda_j < 0)(j = 1, 2, \cdots, n)$.

(2) $V(x)$ 是半正定 (半负定) 的充要条件是 $\lambda_j \geq 0 (\lambda_j \leq 0)(j = 1, 2, \cdots, n)$.

(3) $V(x)$ 是变号的充要条件是 A 既有正的也有负的特征值.

注 3.9　如果 V 是负定函数，即 $V < 0$，则对闭曲线 (闭曲面或超曲面) $V = c$（$c < 0$ 且 $|c|$ 足够小）也有类似的结果.

3.2.2 Lyapunov 稳定性定理

为了研究自治系统 (3.14) 的零解的稳定性，除了需要考虑 $V(x)$，还需要考虑 $V(x)$ 沿着系统 (3.14) 的解对时间 t 的导数.

定义 3.7　设 $x(t) = (x_1(t), x_2(t), \cdots, x_n(t))^{\mathrm{T}}$ 是系统 (3.14) 的解，将它代入 $V(x)$ 中，并求对 t 的导数

$$
\begin{aligned}
\left. \frac{\mathrm{d}V}{\mathrm{d}t} \right|_{(3.14)} &= \frac{\partial V}{\partial x_1} \frac{\mathrm{d}x_1}{\mathrm{d}t} + \frac{\partial V}{\partial x_2} \frac{\mathrm{d}x_2}{\mathrm{d}t} + \cdots + \frac{\partial V}{\partial x_n} \frac{\mathrm{d}x_n}{\mathrm{d}t} \\
&= \sum_{K=1}^{n} \frac{\partial V}{\partial x_K} \frac{\mathrm{d}x_K}{\mathrm{d}t} = \sum_{K=1}^{n} \frac{\partial V}{\partial x_K} f_K(x),
\end{aligned}
\tag{3.17}
$$

称式 (3.17) 为 $V(x)$ 沿系统 (3.14) 的解对 t 的全导数，简记为 $\dfrac{\mathrm{d}V}{\mathrm{d}t}$ 或 $\dot{V}(x)$.

注 3.10　由式 (3.17) 可知，不需要求出自治系统 (3.14) 的解，就可以直接求出 $\dfrac{\mathrm{d}V}{\mathrm{d}t}$. Lyapunov 第二方法正是应用这一特点来判定 (3.14) 零解的稳定性，即不必求解微分方程，而直接根据选取的 V 函数及其对 t 的全导数 $\dfrac{\mathrm{d}V}{\mathrm{d}t}$ 的符号性质判定零解的稳定性.

为了更好地理解此方法的特点，先从几何上阐述自治系统的直接方法判定零解的稳定性的基本思想. 如果 $V > 0$，当 $c > 0$ 足够小时，$V(x) = c$ 是一个包围原点的闭曲面，并且当 $c \to 0$ 时，曲面收缩向原点. 若 $\dfrac{\mathrm{d}V}{\mathrm{d}t} \leq 0$，则 V 沿着 (3.14) 的解 (轨线) 不会增大. 因此，从 $V(x) = c$ 的外部进入曲面的轨线或停留在内部，或在此曲面上，这表明零解是稳定的. 若 $\dfrac{\mathrm{d}V}{\mathrm{d}t} < 0$，则 V 沿轨线只能减小，因此轨线只能从 $V(x) = c$ 的外部进入内部，并当 $t \to +\infty$ 时，它将无限地趋近于原点，这表明零解是渐近稳定的.

下面给出零解的稳定性的判定定理.

定理 3.2（Lyapunov 稳定性定理）　设 U 为含原点的邻域，如果在 U 内存在一个

自治系统稳定
性判则

正定（负定）函数 $V(x)$ 使得函数 V 沿着系统(3.14)的轨线对 t 的全导数 $\dfrac{\mathrm{d}V}{\mathrm{d}t}$ 是半负定（半正定）的，则系统(3.14)的零解是稳定的.

证明　设 $V(x)$ 正定，对于任意充分小的 $\varepsilon > 0$，使得原点的邻域 $\Omega_{\varepsilon} = \{x\,\|\,\|x\| \leqslant \varepsilon\}$ 在 U 中. 记 $m = \min\limits_{\|x\|=\varepsilon} V(x) > 0$，由 $V(x)$ 的连续性，必存在一个 $0 < \delta < \varepsilon$，使得当 $\|x\| \leqslant \delta$ 时，$V(x) < m$. 因为 $\dfrac{\mathrm{d}V}{\mathrm{d}t} \leqslant 0$，当 $\|x_0\| \leqslant \delta$，(3.14)过初值 x_0 的解 $x(t, t_0, x_0)$ 对一切的 $t \geqslant t_0$ 时，有

$$V(x(t, t_0, x_0)) \leqslant V(x_0) < m, \quad t \geqslant t_0.$$

因为 m 是函数 $V(x)$ 在 $\|x\| = \varepsilon$ 上的最小值，所以上式说明对一切 $t \geqslant t_0$，轨线 $x(t, t_0, x_0)$ 都在 Ω_{ε} 内，即有

$$\|x(t)\| < \varepsilon, \quad t \geqslant t_0,$$

从而证明了系统(3.14)的零解是稳定的.

注 3.11　自治系统的零解的稳定性和一致稳定性是等价的，因此，由定理 3.2 知，系统的零解也是一致稳定的.

例 3.7　判定系统

$$\begin{cases} \dfrac{\mathrm{d}x}{\mathrm{d}t} = y, \\[2mm] \dfrac{\mathrm{d}y}{\mathrm{d}t} = -2x \end{cases} \tag{3.18}$$

的零解的稳定性.

解　选取 Lyapunov 函数

$$V(x, y) = x^2 + \frac{1}{2}y^2.$$

显然，$V(x, y)$ 是正定函数，直接计算给出

$$\frac{\mathrm{d}V}{\mathrm{d}t} = \frac{\partial V}{\partial x}\frac{\mathrm{d}x}{\mathrm{d}t} + \frac{\partial V}{\partial y}\frac{\mathrm{d}y}{\mathrm{d}t} = 2xy - 2yx = 0.$$

它是半负定函数，由定理 3.2，系统(3.18)的零解是稳定的.

3.2.3　Lyapunov 渐近稳定性定理

定理 3.3（渐近稳定性定理）　设 U 为原点的邻域，如果在 U 内存在一个正定（负定）函数 $V(x)$ 使得函数 $V(x)$ 沿系统(3.14)的解对 t 的全导数 $\dfrac{\mathrm{d}V}{\mathrm{d}t}$ 是负定（正定）的，则系统(3.14)的零解是渐近稳定的.

证明　对 V 是正定函数和 $\dfrac{\mathrm{d}V}{\mathrm{d}t}$ 是负定的情形给出证明. 由于满足定理 3.2 的所有条件, 所以系统 (3.14) 的零解是稳定的. 为了证明 (3.14) 的零解是渐近稳定的, 只要

$$\lim_{t \to +\infty} x(t) = 0.$$

利用反证法. 假如有一个从原点的 δ 邻域内某点 x_0 出发的解 $x(t, t_0, x_0)$, 使得

$$\lim_{t \to +\infty} x(t, t_0, x_0) = \alpha \neq 0, \quad \alpha < m.$$

因为集合

$$\Omega = \{x \in \Omega_\varepsilon : \alpha \leqslant V(x) \leqslant m\}$$

是 $\Omega_\varepsilon \setminus \{0\}$ 的一个紧子集, 一定存在 $\beta > 0$ 使得

$$\max\left\{\frac{\mathrm{d}V}{\mathrm{d}t} : x \in \Omega\right\} = -\beta < 0.$$

由于轨线 $x(t, t_0, x_0)$ 始终在 Ω 内部, 因此有

$$\frac{\mathrm{d}V}{\mathrm{d}t} \leqslant -\beta, \quad t \geqslant t_0, \tag{3.19}$$

对 (3.19) 式两边同时积分得

$$V(x(t, t_0, x_0)) \leqslant V(x_0) - \beta(t - t_0). \tag{3.20}$$

(3.20) 式表明 $\lim\limits_{t \to +\infty} V(x(t, t_0, x_0)) = -\infty$, 这与 $V(x(t)) \geqslant \alpha > 0$ 矛盾, 故系统 (3.14) 的零解是渐近稳定的.

注 3.12　对于自治系统, 它的零解的渐近稳定与一致渐近稳定是等价的.

例 3.8　判定系统

$$\begin{cases} \dfrac{\mathrm{d}x}{\mathrm{d}t} = y - x(1 - x^2 - y^2), \\[2mm] \dfrac{\mathrm{d}y}{\mathrm{d}t} = -x - y(1 - x^2 - y^2) \end{cases} \tag{3.21}$$

的零解的稳定性.

解　选取 $V(x, y) = x^2 + y^2$, 它是 $\mathbf{R}^2$ 中的正定函数, 容易求得 $V(x, y)$ 沿 (3.21) 的轨线对 t 的全导数

$$\begin{aligned} \frac{\mathrm{d}V}{\mathrm{d}t} &= \frac{\partial V}{\partial x}\frac{\mathrm{d}x}{\mathrm{d}t} + \frac{\partial V}{\partial y}\frac{\mathrm{d}y}{\mathrm{d}t} \\ &= 2x(y - x(1 - x^2 - y^2)) + 2y(-x - y(1 - x^2 - y^2)) \\ &= -2(x^2 + y^2)(1 - x^2 - y^2). \end{aligned}$$

它是 $\mathbf{R}^2$ 中的以原点为中心的单位圆内 $(x^2 + y^2 < 1)$ 的负定函数. 由定理 3.3 可知, 系

统 (3.21) 的零解是渐近稳定的.

例 3.9　研究系统 $\dfrac{d^2x}{dt^2} + 2\dfrac{dx}{dt} + 2x = 0$ 零解的稳定性.

解　令 $x_1 = x$, $x_2 = \dfrac{dx}{dt}$, 则该方程的等价微分方程组是

$$\begin{cases} \dfrac{dx_1}{dt} = x_2, \\[2mm] \dfrac{dx_2}{dt} = -2x_1 - 2x_2. \end{cases} \tag{3.22}$$

若取 $V(x_1, x_2) = x_1^2 + \dfrac{1}{2}x_2^2$, 那么 $\dfrac{dV}{dt} = -2x_2^2$. 因为 $V(x_1, x_2)$ 在 $\mathbf{R}^2$ 中是正定的, $\dfrac{dV}{dt}$ 在 $\mathbf{R}^2$ 中是半负定的, 由定理 3.2 知, 系统 (3.22) 的零解是稳定的. 但是如果取 V 函数 $U(x_1, x_2) = 3x_1^2 + x_1 x_2 + x_2^2$, 它是 $\mathbf{R}^2$ 中的正定函数, 直接计算求得

$$\begin{aligned} \frac{dU}{dt} &= \frac{\partial U}{\partial x_1}\frac{dx_1}{dt} + \frac{\partial U}{\partial x_2}\frac{dx_2}{dt} \\ &= (6x_1 + x_2)x_2 + (x_1 + 2x_2)(-2x_1 - 2x_2) \\ &= -2x_1^2 - 3x_2^2. \end{aligned}$$

它是 $\mathbf{R}^2$ 中的负定函数, 由定理 3.3 知, 系统 (3.22) 的零解是渐近稳定的.

注 3.13　例 3.9 表明构造适当的 Lyapunov 函数是十分重要的. 当一个系统的零解是渐近稳定时, 可能构造出的 V 函数由定理 3.3 得到零解是渐近稳定的, 也可能构造出的 V 函数由定理 3.2 证明零解是稳定的, 也可能构造不出 V 函数, 连零解的稳定性也无法得到.

3.2.4　Lyapunov 指数稳定性定理

对系统 (3.14) 的零解的指数稳定性的判定, 给出如下的一个结果.

定理 3.4(指数稳定性定理)　设在原点的邻域 U 中存在一个函数 $V(x) \in C^1(U)$ 和正常数 a, b, c, 使得对一切 $x \in U$ 有

$$a\|x\|^2 \leqslant V(x) \leqslant b\|x\|^2, \quad \frac{dV}{dt} \leqslant -c\|x\|^2, \tag{3.23}$$

则系统 (3.14) 的零解是指数渐近稳定的.

证明　取 $\varepsilon > 0$, 使得 $B_\varepsilon = \{x \mid \|x\| < \varepsilon\} \subset U$. 对于任意的 $x_0 \in B_\varepsilon$, 记 $x(t) = x(t, t_0, x_0)$ 为以 t_0 为初始时刻过 x_0 的系统 (3.14) 的特解. 由定理的条件得

$$\frac{dV}{dt} \leqslant -c\|x\|^2 \leqslant -\frac{c}{b}V(x(t)),$$

从而有

$$V(x(t)) \leqslant V(x_0) \mathrm{e}^{-\frac{c}{b}(t-t_0)}.$$

再结合条件(3.23), 得到

$$a \| x \|^2 \leqslant V(x_0) \mathrm{e}^{-\frac{c}{b}(t-t_0)} \leqslant b \| x_0 \|^2 \mathrm{e}^{-\frac{c}{b}(t-t_0)}. \tag{3.24}$$

由(3.24)知, 对于任意 $M > 0$, 只要取 $\delta = \min\left(\sqrt{\dfrac{a}{b}}M, \varepsilon\right)$, $\alpha = \dfrac{c}{2b}$, 则当 $\| x_0 \| < \delta$ 时, 均有

$$\| x(t) \| \leqslant M \mathrm{e}^{-\alpha(t-t_0)}.$$

这表明系统(3.14)的零解是指数渐近稳定的.

注 3.14 容易发现, 满足条件(3.23)的函数 $V(x)$ 是正定的, $\dfrac{\mathrm{d}V}{\mathrm{d}t}$ 是负定的, 故亦满足定理 3.3 的条件, 从而零解是渐近稳定的.

3.2.5 Lyapunov 不稳定性定理

利用类似于定理 3.2 的证明思路, 建立下面系统(3.14)零解的两个不稳定性的判定定理.

定理 3.5 设在原点的邻域 U 中存在一个函数 $V(x)$, 它沿着(3.14)的轨线对 t 的全导数 $\dfrac{\mathrm{d}V}{\mathrm{d}t}$ 是正定(负定)的, 而函数 $V(x)$ 本身不是半负定(半正定)的, 则系统(3.14)的零解是不稳定的.

证明 对 $V(x)$ 不是半负定, $\dfrac{\mathrm{d}V}{\mathrm{d}t}$ 是正定的情形加以证明.

若(3.14)的零解是稳定的, 则对于任意的 $\varepsilon > 0$, 存在 $\delta > 0$, 使得当 $\| x_0 \| < \delta$ 时, 总有 $\| x(t, t_0, x_0) \| < \varepsilon$. 由于 $V(x)$ 不是半负定, 故存在 x_0, 有 $\| x_0 \| < \delta$, 使得 $V(x_0) > 0$, 又因为 $\dfrac{\mathrm{d}V}{\mathrm{d}t}$ 是正定的, 所以 $V(x(t, t_0, x_0))$ 随着 t 单调增加, 则有

$$V(x(t, t_0, x_0)) > V(x_0) > 0, \quad t > t_0.$$

由于 $V(x)$ 是连续的并且 $V(0) = 0$, 故必存在 $\eta > 0 \,(\eta < \varepsilon)$, 使得

$$\| x(t, t_0, x_0) \| \geqslant \eta, \quad t \geqslant t_0.$$

再结合 $\dfrac{\mathrm{d}V}{\mathrm{d}t}$ 的正定性, 一定存在 $\alpha > 0$, 使得当 $\eta \leqslant \| x \| \leqslant \varepsilon$, 有

$$\frac{\mathrm{d}V}{\mathrm{d}t} \geqslant \alpha, \quad t \geqslant t_0, \tag{3.25}$$

对(3.25)式两边同时积分可得

$$V(x(t, t_0, x_0)) = V(x_0) + \int_{t_0}^{t_1} \frac{\mathrm{d}V}{\mathrm{d}t} \mathrm{d}t$$

$$\geq V(x_0) + \alpha(t - t_0). \tag{3.26}$$

(3.26) 式表明 $\lim_{t \to +\infty} V(x(t, t_0, x_0)) = +\infty$，然而，$V(x)$ 在闭域 $\{x \| x(t, t_0, x_0) \| < \varepsilon\}$ 上连续，从而是有界的. 这个矛盾表明，系统 (3.14) 的零解是不稳定的.

注 3.15　在本定理中，如果在原点的邻域 U 中，$V(x)$ 和 $\frac{\mathrm{d}V}{\mathrm{d}t}$ 都是正定的，则在原点的充分小的邻域内，除原点外的一切轨线都是远离原点的，称这种情形下的系统 (3.14) 的零解是完全不稳定的. 但当零解是不稳定的时，仅要求在原点的任意小的邻域内有部分轨线远离原点，而不要求全部轨线都远离原点.

定理 3.6　如果在原点的邻域 U 中有函数 $V(x)$，使得它沿系统 (3.14) 的轨线对 t 的全导数满足

$$\frac{\mathrm{d}V}{\mathrm{d}t} = \lambda V(x) + W(x), \tag{3.27}$$

其中 $\lambda > 0$，$W(x) \geq 0 (W(x) \leq 0)$，而 $V(x)$ 本身不是半负定 (半正定) 的，则系统 (3.14) 的零解是不稳定的.

证明　对 $W(x) \geq 0$，且 $V(x)$ 不是半负定的情形加以证明. 用反证法，假设 (3.14) 的零解是稳定的，对于任意的 $\varepsilon > 0$，总存在 $\delta > 0 (\delta < \varepsilon)$，当 $0 < \| x_0 \| < \delta$ 时，从 x_0 出发的轨线 $x(x) = x(t, t_0, x_0)$ 有

$$\| x(t, t_0, x_0) \| < \varepsilon, \quad t \geq t_0.$$

由于 $V(x)$ 不是半负定的，总可以找到 x_0，使得

$$0 < \| x_0 \| < \delta, \quad V(x_0) > 0.$$

因为 $W(x) \geq 0$，(3.27) 式表明

$$\frac{\mathrm{d}V}{\mathrm{d}t} \geq \lambda V(x), \tag{3.28}$$

对 (3.28) 式两边同时积分可得

$$V(x(t, t_0, x_0)) \geq V(x_0) \mathrm{e}^{\lambda(t - t_0)}.$$

这表明当 $t \to +\infty$ 时，$V(x(t)) \to +\infty$. 而 $V(x)$ 在闭域 $\{x \| x(t, t_0, x_0) \| < \varepsilon\}$ 上连续，从而是有界的. 这个矛盾表明 (3.14) 的零解是不稳定的.

例 3.10　证明系统

$$\begin{cases} \dfrac{\mathrm{d}x}{\mathrm{d}t} = y, \\ \dfrac{\mathrm{d}y}{\mathrm{d}t} = -x + y - y^3 \end{cases} \tag{3.29}$$

的零解的稳定性.

解   取 $V(x,y) = 3x^2 - 2xy + 2y^2$，直接计算得

$$\frac{dV}{dt} = 2(x^2 + y^2) + 2xy^3 - 4y^4,$$

容易证明，$V(x,y)$ 和 $\dfrac{dV}{dt}$ 在原点足够小的邻域内都是正定的，由定理 3.5 知，(3.29) 的零解是不稳定的，而且是完全不稳定的.

例 3.11   证明系统

$$\begin{cases} \dfrac{dx}{dt} = 2x + xy, \\[2mm] \dfrac{dy}{dt} = -5y + y^2 \end{cases} \tag{3.30}$$

的零解的稳定性.

解   取 $V(x,y) = x^2 - y^2$，它是变号函数，故 V 在原点的任意小的邻域内取到正值. 直接计算得

$$\frac{dV}{dt} = 4x^2 + 10y^2 + 2x^2y - 2y^3.$$

它在原点足够小的邻域内是正定的. 由定理 3.5 知，(3.30) 的零解是不稳定的，但不是完全不稳定的.

例 3.12   研究系统

$$\begin{cases} \dfrac{dx}{dt} = 2x + y^2 + 3xy^2, \\[2mm] \dfrac{dy}{dt} = 2y + xy - 3x^2y \end{cases} \tag{3.31}$$

的零解的稳定性.

解   取 $V(x,y) = x^2 - y^2$，直接计算得

$$\begin{aligned} \frac{dV}{dt} &= \frac{\partial V}{\partial x}\frac{dx}{dt} + \frac{\partial V}{\partial y}\frac{dy}{dt} \\ &= 2x(2x + y^2 + 3xy^2) - 2y(2y + xy - 3x^2y) \\ &= 4(x^2 - y^2) + 12x^2y^2 = 4V + W, \end{aligned}$$

其中

$$W(x,y) = 12x^2y^2 \geqslant 0,$$

由定理 3.6 知，系统 (3.31) 的零解是不稳定的.

3.3 非自治系统零解的稳定性

考虑如下的微分系统

$$\frac{\mathrm{d}x}{\mathrm{d}t} = f(t,x), \quad t \geq t_0, \quad x \in D \subseteq \mathbf{R}^n, \tag{3.32}$$

其中 D 是包含原点的一个区域, 设向量函数 $f(t,x)$ 是连续的并且满足解的唯一性条件. 此外, $f(t,0)=0$, 表明 $x=0$ 是系统 (3.32) 的零解. 由于右端函数 f 不仅依赖于 x, 而且也与 t 有关, 所以系统 (3.32) 亦称为非自治系统.

本节将利用 Lyapunov 第二方法研究非自治系统 (3.32) 零解的稳定性. 首先我们给出显含 t 的 Lyapunov 函数 $V(t,x)$ 的一些基本概念.

3.3.1 $V(t,x)$ 的基本概念

假设 $V(t,x)$ 是定义在 $[t_0,+\infty) \times U$ ($U \subseteq D$ 是原点的某个邻域)上的连续可微的函数, 且有 $V(t,0)=0, t \geq t_0$, $W(x)$ 是 U 上的连续可微函数.

定义 3.8 如果 $V(t,x) \geq 0 (V(t,x) \leq 0)$, 则称 $V(t,x)$ 是半正定函数 (半负定函数). 半正定或半负定的函数亦称为常号函数, 不是常号的函数称为变号函数.

定义 3.9 如果 $W(x)$ 是正定函数, 使得

$$V(t,x) \geq W(x) \quad (V(t,x) \leq -W(x)),$$

则称 $V(t,x)$ 是 $[t_0,+\infty) \times U$ 上的正定 (负定) 函数.

定义 3.10 若 $V(x)$ 是 $\mathbf{R}^n$ 上的正定函数, 并且 $\lim\limits_{\|x\| \to +\infty} V(x) = +\infty$, 则称 $V(x)$ 是 $\mathbf{R}^n$ 上的无穷大正定函数.

定义 3.11 若存在正定函数 $W_1(x)$, 使得 $|V(t,x)| \leq W_1(x)$, 则称 $V(t,x)$ 具有无穷小上界. 若存在无穷大正定函数 $W_2(x)$, 使得 $V(t,x) \geq W_2(x)$, 则称 $V(t,x)$ 具有无穷大下界.

注 3.16 对于显含 t 的函数 $V(t,x)$ 和不显含 t 的函数 $V(x)$, 两者的常号性概念是一样的.

注 3.17 对于 $V(t,x)$ 和 $V(x)$, 两者在正定 (负定) 的定义上有较大差别. 事实上, 对于正定 (负定) 函数 $V(x)$, 其关键特点是当 $\|x\| \geq \eta$ 时, 有 $V(x) \geq c > 0$ ($\|x\| \geq \eta$ 时, $V(x) \leq -c < 0$). 对于 $V(t,x)$, 如果仅要求 $V(t,0)=0, V(t,x)>0, \|x\| \neq 0$, 则上述性质不一定能保持. 例如 $V(t,x) = \mathrm{e}^{-2t} \|x\|$, 它仅在 $x=0$ 时才等于零, 对于任意的 $x \neq 0$, 都有 $V(t,x)>0$, 但是 $\lim\limits_{t \to +\infty} V(t,x) = 0$, 从而不能保持上述性质, 这也正是借助 $W(x)$ 的正定性来定义 $V(t,x)$ 正定性的原因.

注 3.18　正定函数 $V(t,x)$ 的几何意义是：在相空间 $\mathbf{R}^n$ 中，考察曲面 $V(t,x)=c$，其中 t 作为参数，c 为常数. 如果 $V(t,x)$ 是正定的，对于任意给定的 t 和足够小的正数 c，$V(t,x)=c$ 是一个包围原点的封闭曲面，随着 t 的变化，就形成一个曲面族. $V(t,x) \geqslant W(x)$ 意味着不论参数 t 作任何变化，曲面族 $V(t,x)=c$ 永远包含在不动曲面 $W(x)=c$ 的内部.

注 3.19　$V(t,x)$ 具有无穷小上界的特征是当 $\|x\|$ 充分小时，$V(t,x)$ 可以充分小，即当 $V(t,x) \geqslant c > 0$ 时，必有 $\delta > 0$，使得 $\|x\| > \delta$. $V(t,x)$ 具有无穷大下界的特征是当 $\|x\|$ 充分大时，$V(t,x)$ 可以任意大. 相应的几何意义是，$V(t,x)$ 具有无穷小上界时，对于任意 t，曲面 $V = V(t,x)$ 一定在一个固定的超曲面 $W = W_1(x)$ 的下方；而 $V(t,x)$ 具有无穷大下界时，对于任意的 t，曲面 $V = V(t,x)$ 必在一个固定曲面 $W = W_2(x)$ 的上方.

例 3.13　（1）$V_1(t,x) = (1 + \sin^2 t)x_1^2 + x_2^2$，$t \in [0,+\infty)$，$(x_1,x_2) \in \mathbf{R}^2$，因为对一切的 $(t,x) \in [0,+\infty) \times \mathbf{R}^2$，均有

$$x_1^2 + x_2^2 \leqslant V_1(t,x) \leqslant 2(x_1^2 + x_2^2),$$

所以 $V_1(t,x)$ 是既有无穷小上界又有无穷大下界的正定函数.

（2）$V_2(t,x) = (1 + \mathrm{e}^{-2t})(x_1^2 + x_2^2)$，$(t,x) \in [0,+\infty) \times \mathbf{R}^2$ 是既有无穷小上界又有无穷大下界的正定函数，但是 $V_3(t,x) = \mathrm{e}^{-2t}(x_1^2 + x_2^2)$ 仅是 $[0,+\infty) \times \mathbf{R}^2$ 上的半正定的函数.

（3）$V_4(t,x) = (2x_1^2 + 2x_2^2)\sin^2 t$，$t \in [0,+\infty)$，$(x_1,x_2) \in \mathbf{R}^2$，因为

$$0 \leqslant V_4(t,x) \leqslant 2x_1^2 + 2x_2^2,$$

所以 $V_4(t,x)$ 是有无穷小上界的半正定函数.

（4）$V_5(t,x) = (1 + \mathrm{e}^t)(x_1^2 + x_2^2)$，$t \in [0,+\infty)$，$(x_1,x_2) \in \mathbf{R}^2$，因为

$$V_5(t,x) \geqslant 2(x_1^2 + x_2^2),$$

所以 $V_5(t,x)$ 是有无穷大下界，但不具有无穷小上界的正定函数.

（5）$V_6(t,x) = \mathrm{e}^{2t}x_1 x_2$，$t \in [0,+\infty)$，$(x_1,x_2) \in \mathbf{R}^2$，$V_6(t,x)$ 是变号函数且具有无穷小上界.

定义 3.12　若 $\varphi(r): \mathbf{R}^+ \to \mathbf{R}^+$ 是连续的，严格单调递增的并且 $\varphi(0)=0$，则称 $\varphi(r)$ 是 k 类函数，记为 $\varphi(r) \in K$. 如果 k 类函数 $\varphi(r)$ 还满足 $\lim\limits_{r \to +\infty} \varphi(r) = \infty$，则称 $\varphi(r)$ 是无穷大 k 类函数.

下面给出 k 类函数与正定函数，有无穷小上界的函数和无穷大下界函数之间关系的相关结果.

定理 3.7　有如下结果：

（1）$V(x)$ 是正定函数的充要条件是存在 k 类函数 $\varphi_1(r),\varphi_2(r)$，使得

$$\varphi_1(\|x\|) \leqslant V(x) \leqslant \varphi_2(\|x\|). \tag{3.33}$$

（2）对于 $V(t,x)$，若 $V(t,x) \geqslant \varphi_1(\|x\|)$，其中 $\varphi_1(r) \in K$，则 $V(t,x)$ 是正定函数.

(3) 对于 $V(t,x)$，若 $|V(t,x)| \leq \varphi_2(\|x\|)$，其中 $\varphi_2(r) \in K$，则 $V(t,x)$ 具有无穷小上界.

(4) 对于 $V(t,x)$，若 $V(t,x) \geq \varphi(\|x\|)$，其中 $\varphi(r)$ 是无穷大 k 类函数，则 $V(t,x)$ 是具有无穷大下界的正定函数.

定理 3.7 的证明作为练习，请读者自行给出证明.

定义 3.13　如果 $V(t,x)$ 是定义在 $[t_0,+\infty) \times U$（$U \subseteq D$，是原点的某个邻域）上的连续可微的函数，若 $x(t) = x(t,t_0,x_0)$ 是非自治系统（3.32）的解，将 $x(t)$ 代入 $V(t,x)$ 并对 t 求导数

$$\frac{\mathrm{d}V}{\mathrm{d}t} = \frac{\partial V}{\partial t} + \sum_{i=1}^{n} \frac{\partial V}{\partial x_i} \frac{\mathrm{d}x_i}{\mathrm{d}t} = \frac{\partial V}{\partial t} + \sum_{i=1}^{n} \frac{\partial V}{\partial x_i} f_i(t,x), \tag{3.34}$$

则称（3.34）式为 $V(t,x)$ 沿着系统（3.32）的解（即轨线）对 t 的全导数，简记为 $\dfrac{\mathrm{d}V}{\mathrm{d}t}$ 或 $\dot{V}(t,x)$.

3.3.2　非自治系统零解的稳定性定理

定理 3.8　如果在 $[t_0,+\infty) \times U$ 上存在正定（负定）函数 $V(t,x)$，使得 $V(t,x)$ 沿系统（3.32）的解对 t 的全导数 $\dfrac{\mathrm{d}V}{\mathrm{d}t}$ 是半负定（半正定）的，则系统（3.32）的零解是稳定的.

证明　仅对 $V(t,x)$ 是正定的且 $\dfrac{\mathrm{d}V}{\mathrm{d}t}$ 是半负定的情形给出证明.

由于 $V(t,x)$ 是正定函数，由定理 3.7 知，存在 k 类函数 $\varphi(r)$，使得 $\varphi(\|x\|) \leq V(t,x)$. 对于任意的 $\varepsilon > 0$，有 $\varphi(\varepsilon) > 0$，由 $V(t_0,0) = 0$ 和 $V(t,x)$ 的连续性得，存在 $\delta = \delta(t_0,\varepsilon) > 0$，使得当 $\|x_0\| < \delta$ 时，有 $V(t_0,x_0) < \varphi(\varepsilon)$. 又因为 $\dfrac{\mathrm{d}V}{\mathrm{d}t}$ 是半负定的，故当 $t \geq t_0$ 时有

$$\varphi(\|x(t,t_0,x_0)\|) \leq V(t,x(t,t_0,x_0)) \leq V(t_0,x_0) < \varphi(\varepsilon).$$

由 $\varphi(r)$ 的单调性得 $\|x(t,t_0,x_0)\| < \varepsilon$. 因此，系统（3.32）的零解是稳定的.

定理 3.9　如果在 $[t_0,+\infty) \times U$ 上存在一个具有无穷小上界的正定（负定）函数 $V(t,x)$，使得 $V(t,x)$ 沿系统（3.32）的解对 t 的全导数是半负定（半正定）的，则系统（3.32）的零解是一致稳定的.

证明　仅对 $V(t,x)$ 是正定的，$\dfrac{\mathrm{d}V}{\mathrm{d}t}$ 是半负定的情形给出证明.

因为 $V(t,x)$ 是具有无穷小上界的正定函数，由定理 3.7 知，有 k 类函数 $\varphi_1(r), \varphi_2(r)$ 使得

$$\varphi_1(\|x\|) \leq V(t,x) \leq \varphi_2(\|x\|).$$

对于任意的 $\varepsilon > 0$，取足够小的 $\delta = \delta(\varepsilon) > 0$，使得 $\varphi_2(\delta) < \varphi_1(\varepsilon)$. 当 $\| x_0 \| < \delta$ 时，取在 t_0 时刻从 x_0 出发的解为 $x(t) = x(t, t_0, x_0)$，由于 $\dfrac{\mathrm{d}V}{\mathrm{d}t}$ 是半负定的，有

$$\varphi_1 \left(\| x(t, t_0, x_0) \| \right) \leqslant V(t, x(t, t_0, x_0))$$
$$\leqslant V(t_0, x_0) \leqslant \varphi_2 \left(\| x_0 \| \right) \leqslant \varphi_2(\delta) < \varphi_1(\varepsilon),$$

因为函数 $\varphi_1(r)$ 是单调的，有 $\| x(t, t_0, x_0) \| < \varepsilon$, $t \geqslant t_0$. 故系统 (3.32) 的零解是一致稳定的.

例 3.14 研究系统

$$\begin{cases} \dfrac{\mathrm{d}x}{\mathrm{d}t} = -2x + 2y, \\ \dfrac{\mathrm{d}y}{\mathrm{d}t} = 2x\cos t - 2y \end{cases} \tag{3.35}$$

的零解的稳定性.

解 取 $V(t, x) = x^2 + y^2$，它是具有无穷小上界的正定函数. 直接计算可得

$$\frac{\mathrm{d}V}{\mathrm{d}t} = -4(x^2 + y^2) + 4xy(1 + \cos t)$$
$$= -4\left(x^2 + y^2 - 2xy\cos^2 \frac{t}{2} \right) \leqslant 0,$$

它是半负定的. 由定理 3.9 知，系统 (3.35) 的零解是一致稳定的.

3.3.3 非自治系统零解的渐近稳定性定理

定理 3.10 如果在 $[t_0, +\infty) \times U$ 上存在一个具有无穷小上界的正定（负定）函数 $V(t, x)$，使得 $V(t, x)$ 沿系统 (3.32) 的解对 t 的全导数是负定（正定）的，则系统 (3.32) 的零解是渐近稳定的.

证明 只对 $V(t, x)$ 是正定的、$\dfrac{\mathrm{d}V}{\mathrm{d}t}$ 是负定的情形给出证明. 由定理 3.9 知，系统 (3.32) 的零解且稳定的. 下面证明它是吸引的. 在此仍采用定理 3.9 中的记号，设 $x(t) = x(t, t_0, x_0)$ 为 t_0 时刻从 $x_0 \left(\| x_0 \| < \delta \right)$ 出发的解，只需证明

$$\lim_{t \to +\infty} x(t, t_0, x_0) = 0. \tag{3.36}$$

因为 $V(t, x)$ 是正定的，故 $V(t, x(t))$ 有下界，又因为 $\dfrac{\mathrm{d}V}{\mathrm{d}t}$ 是负定的，故 $V(t, x(t))$ 是单调减小的，于是极限

$$\lim_{t \to +\infty} V(t, x(t)) = \alpha \tag{3.37}$$

存在，证明 $\alpha = 0$. 用反证法，如果 $\alpha > 0$，一定存在 $\beta > 0$，使得当 $t > t_0$ 时，有

$\| x(t,t_0,x_0) \| \geq \beta$. 事实上, 由 (3.37) 式, 对 $t > t_0$ 都有

$$V(t,x(t,t_0,x_0)) \geq \alpha > 0, \tag{3.38}$$

由于 $V(t,x)$ 具有无穷小上界, 故存在 k 函数 $\varphi(r)$, 使得

$$V(t,x(t)) \leq \varphi(\| x(t) \|), \quad t > t_0.$$

结合 (3.38) 式, 有 $\alpha \leq \varphi(\| x(t) \|)$, $t > t_0$. 这表明对一切 $t > t_0$, 都有 $\| x(t) \| \geq \beta$, 其中 $\beta = \varphi^{-1}(\alpha) > 0$. 然而, 由于 $\dfrac{dV}{dt}$ 是负定的, 由定理 3.7 知, 存在 k 类函数 $\varphi_1(r)$, 使得当 $t > t_0$ 时, 有

$$\frac{dV}{dt} \leq -\varphi_1(\| x(t) \|) \leq -\varphi_1(\beta), \tag{3.39}$$

对 (3.39) 式两边同时积分有

$$V(t,x(t,t_0,x_0)) = V(t_0,x_0) + \int_{t_0}^{t} \frac{dV}{dt} dt$$
$$\leq V(t_0,x_0) - \varphi_1(\beta)(t-t_0), \tag{3.40}$$

(3.40) 式表明, 当 $t \to +\infty$ 时, $V(t,x(t)) \to -\infty$, 这与 (3.38) 式矛盾. 因此,

$$\lim_{t \to +\infty} V(t,x(t)) = 0,$$

并由 V 具有无穷小上界, 可以得出 $\lim_{t \to +\infty} x(t,t_0,x_0) = 0$. 从而系统 (3.32) 的零解是渐近稳定的.

注 3.20　由定理 3.10 的条件, 可以进一步证明系统 (3.32) 的零解是一致渐近稳定的.

例 3.15　研究系统

$$\begin{cases} \dfrac{dx}{dt} = -x - e^{-t} y, \\ \dfrac{dy}{dt} = x - y \end{cases} \tag{3.41}$$

的零解的稳定性.

解　取 $V(t,x,y) = x^2 + (1+e^{-t})y^2$, 容易得到

$$x^2 + y^2 \leq V(t,x,y) \leq x^2 + (1+e^{-t_0})y^2.$$

这说明 $V(t,x,y)$ 是具有无穷小上界的正定函数. 直接计算有

$$\frac{dV}{dt} = \frac{\partial V}{\partial t} + \frac{\partial V}{\partial x}\frac{dx}{dt} + \frac{\partial V}{\partial y}\frac{dy}{dt}$$
$$= -2\left(x^2 - xy + \left(1+\frac{3}{2}e^{-t}\right)y^2\right)$$
$$\leq -2(x^2 - xy + y^2)$$
$$= -(x^2+y^2) - (x-y)^2.$$

它是负定的, 因此由定理 3.10 得, 系统 (3.41) 的零解是一致渐近稳定的.

3.3.4　非自治系统零解的指数渐近稳定性定理

定理 3.11　如果在 $[t_0, +\infty) \times U$ 上存在一个连续可微函数 $V(t,x)$ 和正常数 α, β, γ, 使得 $V(t,x)$ 满足

$$\alpha \|x\|^2 \leqslant V(t,x) \leqslant \beta \|x\|^2, \quad \frac{\mathrm{d}V}{\mathrm{d}t} \leqslant -\gamma \|x\|^2, \tag{3.42}$$

则系统 (3.32) 的零解是指数渐近稳定的.

这个定理的证明与定理 3.4 类似, 留作习题, 请读者自行完成.

3.3.5　非自治系统零解的不稳定性定理

定理 3.12　如果在 $[t_0, +\infty) \times U$ 上存在一个具有无穷小上界的 $V(t,x)$, 且在原点的任一邻域内, 总存在 x_0 使 $V(t_0, x_0) > 0 (V(t_0, x_0) < 0)$, 此外, 函数 $V(t,x)$ 沿系统 (3.32) 的解对 t 的全导数是正定 (负定) 的, 则系统 (3.32) 的零解是不稳定的.

证明　对 $\dfrac{\mathrm{d}V}{\mathrm{d}t}$ 是正定的情形给出证明. 因为 $V(t,x)$ 有无穷小上界, 故存在一个 k 类函数 $\varphi_2(r)$, 使得在 $[t_0, +\infty) \times U$ 上有 $|V(t,x)| \leqslant \varphi_2(\|x\|)$. 又因为 $\dfrac{\mathrm{d}V}{\mathrm{d}t}$ 是正定的, 故存在一个 k 类函数 $\varphi_1(r)$, 有 $\dfrac{\mathrm{d}V}{\mathrm{d}t} \geqslant \varphi_1(\|x\|)$. 对于任意的 $\varepsilon > 0$, 使得 $B_\varepsilon = \{x \mid \|x\| < \varepsilon\} \subset U$. 由定理的条件, 不论 $\delta > 0$ 多么小, 总存在 $x_0(\|x_0\| < \delta)$, 使得 $m = V(t_0, x_0) > 0$. 记 $x(t) = x(t, t_0, x_0)$ 为系统满足初始条件 (t_0, x_0) 的解. 用反证法, 假如对一切的 $t > t_0$, 均有 $\|x(t, t_0, x_0)\| < \varepsilon$. 由 $\dfrac{\mathrm{d}V}{\mathrm{d}t}$ 是正定的, 可知 $V(t, x(t))$ 是单调增加的, 所以当 $t > t_0$ 时有

$$0 < m = V(t_0, x_0) \leqslant V(t, x(t, t_0, x_0)) \leqslant \varphi_2(\|x(t)\|).$$

这表明

$$\|x(t)\| \geqslant \varphi_2^{-1}(m) = l > 0, \quad t > t_0.$$

再由 $\|x(t)\| < \varepsilon, t > t_0$, 可得

$$\begin{aligned}
\varphi_2(\varepsilon) > \varphi_2(\|x(t)\|) &\geqslant V(t, x(t)) = V(t_0, x_0) + \int_{t_0}^{t} \frac{\mathrm{d}V}{\mathrm{d}t} \mathrm{d}t \\
&\geqslant m + \int_{t_0}^{t} \varphi_1(\|x(t)\|) \mathrm{d}t \\
&\geqslant m + \varphi_1(l)(t - t_0),
\end{aligned} \tag{3.43}$$

当 $t \to +\infty$ 时, (3.43)式右端趋向无穷大, 而左端是常数, 这是一个矛盾. 这表明系统(3.32)的零解是不稳定的.

定理 3.13　如果在 $[t_0, +\infty) \times U$ 上存在一个函数 $V(t,x)$, $V(t,0)=0$ 且在原点的任一邻域内, 总存在点 x_0 使得 $V(t_0, x_0) > 0$ $(V(t_0, x_0) < 0)$, 此外, $V(t,x)$ 沿系统(3.32)的解对 t 的全导数满足

$$\frac{\mathrm{d}V}{\mathrm{d}t} = \lambda V(t,x) + W(t,x),\tag{3.44}$$

其中 $\lambda > 0$, 函数 $W(t,x)$ 是半正定(半负定)的, 则系统(3.32)的零解是不稳定的.

本定理的证明与定理 3.6 类似, 留作习题, 请读者自行完成.

例 3.16　研究系统

$$\begin{cases} \dfrac{\mathrm{d}x}{\mathrm{d}t} = tx + \mathrm{e}^t y + x^2 y, \\ \dfrac{\mathrm{d}y}{\mathrm{d}t} = \dfrac{t+2}{t+1} x - ty + xy^2 \end{cases}\tag{3.45}$$

的零解的稳定性 $(t \geq 0)$.

解　取 $V(t,x,y) = xy$. 由于 $xy \leq \frac{1}{2}(x^2 + y^2)$, 所以 $V(t,x,y)$ 有无穷小上界, 并且 $V(t,x,y)$ 在原点任意小的邻域内部可以取到正值. 直接计算可得

$$\frac{\mathrm{d}V}{\mathrm{d}t} = \mathrm{e}^t y^2 + \frac{t+2}{t+1} x^2 + 2x^2 y^2 \geq x^2 + y^2.$$

这表明 $\dfrac{\mathrm{d}V}{\mathrm{d}t}$ 是正定函数. 由定理 3.12 知, 系统(3.45)的零解是不稳定的.

3.4　线性系统的稳定性

线性系统的稳定性是一般非线性系统稳定性的基础. 这一节我们讨论常系数和变系数线性系统的稳定性.

考虑线性非齐次系统

$$\frac{\mathrm{d}x}{\mathrm{d}t} = A(t)x + f(t),\tag{3.46}$$

其中 $A(t)$ 是一个 $n \times n$ 的矩阵, $f(t)$ 是一个 n 维列向量, 且 $A(t)$ 和 $f(t)$ 在区间 $[t_0, +\infty)$ 上是连续的.

假设 $x(t, t_0, x_0)$ 是系统(3.46)经过初始值 (t_0, x_0) 的未受扰解, 记 $\bar{x}(t, t_0, \bar{x}_0)$ 是初始值变化为 $\bar{x}_0$ 后对应的受扰解, 记

$$\varphi(t) = \bar{x}(t, t_0, \bar{x}_0) - x(t, t_0, x_0),$$

易得 $\varphi(t)$ 是系统(3.46)相应的齐次系统

$$\frac{\mathrm{d}x}{\mathrm{d}t} = A(t)x \tag{3.47}$$

的一个解. 从而, 研究非齐次系统(3.46)的受扰解 $\bar{x}(t)$ 与未受扰解 $x(t)$ 的接近程度, 转化为研究相应的齐次系统(3.47)的解 $\varphi(t)$ 与零解的接近程度. 换句话说, 非齐次系统(3.46)的任意一个给定的解的稳定性转化为相应的齐次系统(3.47)的零解的稳定性.

下面, 我们研究线性齐次系统零解的稳定性, 首先讨论常系数线性系统的稳定性.

3.4.1　自治线性系统的零解稳定性

考虑自治线性系统

$$\frac{\mathrm{d}x}{\mathrm{d}t} = Ax, \tag{3.48}$$

其中 $A = (a_{ij})_{n\times n}$ 是实矩阵, $x \in \mathbf{R}^n$.

运用 Lyapunov 第二方法研究系统(3.48)的零解的稳定性, 通常选二次型作为 V 函数. 取

$$V(x) = x^{\mathrm{T}}Bx, \quad 其中 B^{\mathrm{T}} = B. \tag{3.49}$$

直接计算 $V(x)$ 沿着系统(3.48)的轨线对 t 的全导数得

$$\frac{\mathrm{d}V}{\mathrm{d}t} = x^{\mathrm{T}}(A^{\mathrm{T}}B + BA)x = x^{\mathrm{T}}Cx, \tag{3.50}$$

其中 $C = A^{\mathrm{T}}B + BA$. 显然, C 也是实对称矩阵.

为了判别系统(3.48)零解的稳定性, 将选择适当的 B 和 C 来确定 $V(x)$ 和 $\dfrac{\mathrm{d}V}{\mathrm{d}t}$ 的符号. 应用中, 无论判定稳定还是不稳定, 总希望 $\dfrac{\mathrm{d}V}{\mathrm{d}t}$ 能定号, 所以往往是选择 C, 再由 $C = A^{\mathrm{T}}B + BA$ 来确定 B. 但是由上面等式 B 可能有唯一解, 也可能有无穷多个解, 还可能无解.

定理 3.14　若 A 的特征值 λ_i 都有 $\lambda_i + \lambda_j \neq 0$ $(i, j = 1, 2, \cdots, n)$, 则对任意的实对称矩阵 C, 由 $C = A^{\mathrm{T}}B + BA$ 可以确定唯一的实对称矩阵 B.

本定理的证明可以参考线性代数有关理论, 请读者自行完成.

利用定理 3.14 的思想, 为了判定系统(3.48)零解的稳定性, 可以先取一个实对称矩阵 C, 使得 $\dfrac{\mathrm{d}V}{\mathrm{d}t} = x^{\mathrm{T}}Cx$ 负定(或正定), 然后再求出 B, 根据二次型 $V(x) = x^{\mathrm{T}}Bx$ 的符号即可判定(3.48)零解的稳定性.

例 3.17　研究系统

$$\begin{cases} \dfrac{\mathrm{d}x}{\mathrm{d}t} = -x + y, \\[2mm] \dfrac{\mathrm{d}y}{\mathrm{d}t} = -2y \end{cases} \tag{3.51}$$

的零解的稳定性.

解　选取 $C = \begin{pmatrix} -1 & 0 \\ 0 & -1 \end{pmatrix}$，使得 $\dfrac{\mathrm{d}V}{\mathrm{d}t} = -(x^2 + y^2)$ 负定，假设 $B = \begin{pmatrix} b_{11} & b_{12} \\ b_{12} & b_{22} \end{pmatrix}$，由等式

$C = A^{\mathrm{T}}B + BA$ 得 $b_{11} = \dfrac{1}{2}$，$b_{12} = \dfrac{1}{6}$，$b_{22} = \dfrac{1}{3}$．于是有

$$V(x,y) = \frac{1}{2}x^2 + \frac{1}{3}xy + \frac{1}{3}y^2.$$

容易验证，二次型 $V(x,y)$ 是正定的．由定理 3.3 知，系统 (3.51) 的零解是一致渐近稳定的.

下面我们给出一个根据 A 的特征值实部的符号来判定系统 (3.48) 零解稳定性的结果.

定理 3.15　(1) 若 A 的所有特征值均有负实部，则系统 (3.48) 的零解是渐近稳定的.

(2) 若 A 的所有特征值均有非正实部，并且有零实部的特征值均对应单重初等因子，则系统 (3.48) 的零解是稳定的.

(3) 若 A 有正实部的特征值，或者有对应于多重初等因子的零实部特征值，则系统 (3.48) 的零解是不稳定的.

证明　系统 (3.48) 过初值 (t_0, x_0) 的解为

$$x(t) = x(t, t_0, x_0) = \mathrm{e}^{A(t-t_0)}x_0. \tag{3.52}$$

对于系数矩阵 A，存在可逆矩阵 P，使得 $P^{-1}AP = J$，其中 J 是 A 的若尔当标准形，

$$J = \begin{pmatrix} J_1 & 0 & \cdots & 0 \\ 0 & J_2 & \cdots & 0 \\ \vdots & \vdots & \ddots & \vdots \\ 0 & 0 & \cdots & J_m \end{pmatrix},$$

$J_K (K = 1, 2, \cdots, m)$ 是对应于特征值 λ_K 的若尔当块，其形式为

$$J_K = \begin{pmatrix} \lambda_K & 1 & \cdots & 0 & 0 \\ 0 & \lambda_K & \cdots & 0 & 0 \\ \vdots & \vdots & \ddots & \vdots & \vdots \\ 0 & 0 & \cdots & \lambda_K & 1 \\ 0 & 0 & \cdots & 0 & \lambda_K \end{pmatrix}.$$

因为

$$\mathrm{e}^{A(t-t_0)} = \mathrm{e}^{PJP^{-1}(t-t_0)} = P\mathrm{e}^{J(t-t_0)}P^{-1},\qquad(3.53)$$

其中

$$\mathrm{e}^{J(t-t_0)} = \begin{pmatrix} \mathrm{e}^{J_1(t-t_0)} & 0 & \cdots & 0 & 0 \\ 0 & \mathrm{e}^{J_2(t-t_0)} & \cdots & 0 & 0 \\ \vdots & \vdots & \ddots & \vdots & \vdots \\ 0 & 0 & \cdots & \mathrm{e}^{J_{m-1}(t-t_0)} & 0 \\ 0 & 0 & \cdots & 0 & \mathrm{e}^{J_m(t-t_0)} \end{pmatrix},$$

$$\mathrm{e}^{J_K(t-t_0)} = D_K(t-t_0)\mathrm{e}^{\lambda_K(t-t_0)}.$$

记

$$D_K(t-t_0) = \begin{pmatrix} 1 & (t-t_0) & \dfrac{(t-t_0)^2}{2!} & \cdots & \dfrac{(t-t_0)^{n_K-1}}{(n_K-1)!} \\ 0 & 1 & (t-t_0) & \cdots & \dfrac{(t-t_0)^{n_K-2}}{(n_K-2)!} \\ 0 & 0 & 1 & \cdots & \dfrac{(t-t_0)^{n_K-3}}{(n_K-3)!} \\ \vdots & \vdots & \vdots & \ddots & \vdots \\ 0 & 0 & 0 & \cdots & (t-t_0) \\ 0 & 0 & 0 & \cdots & 1 \end{pmatrix},$$

其中 n_K 是特征值 λ_K 的重数.

（1）当 A 的特征值都具有负实部时，取 $\beta = \min\{-\mathrm{Re}\,\lambda_K\}$，则有

$$\|x(t)\| = \|\mathrm{e}^{A(t-t_0)}x_0\| \leqslant \|P\|\,\|P^{-1}\|\,\|\mathrm{e}^{J(t-t_0)}\|\,\|x_0\|$$

$$\leqslant \|P\|\,\|P^{-1}\|\,\|x_0\|\,\mathrm{e}^{-\beta(t-t_0)}\sum_{K=1}^{m}\|D_K(t-t_0)\|.\qquad(3.54)$$

因为 $\|D_K(t-t_0)\|$ 是 $(t-t_0)$ 的多项式，则有

$$\lim_{t\to+\infty}\mathrm{e}^{-\frac{\beta}{2}(t-t_0)}\sum_{K=1}^{m}\|D_K(t-t_0)\| = 0.$$

从而一定存在 $M>0$，使得当 $t \geqslant t_0$ 时，有

$$\|P\|\,\|P^{-1}\|\sum_{K=1}^{m}\|D_K(t-t_0)\|\mathrm{e}^{-\frac{\beta}{2}(t-t_0)} \leqslant M.$$

由 (3.54) 式可得

$$\| x(t) \| \leqslant M \mathrm{e}^{-\frac{\beta}{2}(t-t_0)} \| x_0 \|,\qquad\qquad(3.55)$$

这表明系统(3.48)的零解是渐近稳定的.

(2)当 A 的所有特征值都具有非正实部且零实部的特征根对应单重初等因子时,则与零实部特征根 λ_i 所对应的

$$\mathrm{e}^{J_i(t-t_0)} = \mathrm{e}^{\lambda_i(t-t_0)} \begin{pmatrix} 1 & 0 & \cdots & 0 \\ 0 & 1 & \cdots & 0 \\ \vdots & \vdots & \ddots & \vdots \\ 0 & 0 & \cdots & 1 \end{pmatrix}.$$

由于 $|\mathrm{e}^{\lambda_i(t-t_0)}| = 1$,所以 $\| \mathrm{e}^{J_i(t-t_0)} \|$ 有界. 又因为所有负实部特征根 λ_K 对应的 $\mathrm{e}^{J_K(t-t_0)}$ 的形式不变,则一定存在 M_1 和 M_2 使得

$$\| x(t) \| \leqslant \left(M_1 + M_2 \mathrm{e}^{-\frac{\beta}{2}(t-t_0)} \right) \| x_0 \|.\qquad\qquad(3.56)$$

(3.56)式表明系统(3.48)的零解是稳定的.

(3)当 A 有正实部特征值或有对应于多重初等因子的零实部的特征值时,$\| \mathrm{e}^{J_K(t-t_0)} \| (K = 1, 2, \cdots, m)$ 必有一部分当 $t \to +\infty$ 时是无界的,从而使得 $\| x(t) \|$ 是无界的. 这表明系统(3.48)的零解是不稳定的.

注 3.21　本定理中的条件是(3.48)的零解渐近稳定、稳定和不稳定的充分条件,同时也是其必要条件.

注 3.22　由于系统是自治系统,因而(3.48)的零解的稳定性与一致稳定、渐近稳定与一致渐近稳定是等价的. 于是,本定理中的条件也是保证系统(3.48)零解一致稳定和一致渐近稳定的充分必要条件.

注 3.23　由于(3.48)是线性系统,因而 A 的所有特征值都具有负实部是(3.48)零解全局渐近稳定和全局一致渐近稳定的充分必要条件.

3.4.2　非自治线性系统的零解稳定性

给出非自治线性系统(3.47),即

$$\frac{\mathrm{d}x}{\mathrm{d}t} = A(t)x, \quad t \geqslant t_0$$

的零解稳定性的结果. 假设 $A(t)$ 在 $[t_0, +\infty)$ 上是连续的.

定理 3.16　设 $\varPhi(t)$ 是系统(3.47)的一个基本解矩阵,则关于系统(3.47)的零解 $x = 0$ 在 $[t_0, +\infty)$ 上的稳定性有如下的结果.

(1)若存在一个常数 $M_1 > 0$,使得

$$\| \varPhi(t) \| \leqslant M_1, \quad t_0 \leqslant t < +\infty,\qquad\qquad(3.57)$$

则系统(3.47)的零解是稳定的.

(2)若存在一个常数 $M_2 > 0$，使得

$$\| \Phi(t)\Phi^{-1}(s)\| \leqslant M_2, \quad t_0 \leqslant s \leqslant t < +\infty, \tag{3.58}$$

则系统(3.47)的零解是一致稳定的.

(3)若 $\Phi(t)$ 满足

$$\lim_{t \to +\infty} \| \Phi(t)\| = 0, \tag{3.59}$$

则系统(3.47)的零解是渐近稳定的.

(4)若存在常数 $M > 0, \alpha > 0$，使得

$$\| \Phi(t)\Phi^{-1}(s)\| \leqslant M e^{-\alpha(t-s)}, \quad t_0 \leqslant s \leqslant t < +\infty, \tag{3.60}$$

则系统的零解是指数渐近稳定的，也是一致渐近稳定的.

证明 　系统(3.47)经过初值 $x(t_0) = x_0$ 的解为

$$x(t) = x(t, t_0, x_0) = \Phi(t)\Phi^{-1}(t_0)x_0.$$

(1)由(3.51)，可得

$$\begin{aligned} \| x(t)\| &\leqslant \| \Phi(t)\| \| \Phi^{-1}(t_0)\| \| x_0\| \\ &\leqslant M_1 \| \Phi^{-1}(t_0)\| \| x_0\|, \end{aligned} \tag{3.61}$$

对于任意的 $\varepsilon > 0$，取 $\delta = \delta(\varepsilon, t_0) = \dfrac{\varepsilon}{M_1 \| \Phi^{-1}(t_0)\|}$，则当 $\| x_0\| < \delta$ 时，由(3.61)可得 $\| x(t)\| < \varepsilon$，因此，系统(3.47)的零解是稳定的.

(2)由(3.58)，对任意的 $\varepsilon > 0$，取 $\delta = \delta(\varepsilon) = \dfrac{\varepsilon}{M_2}$，当 $\| x_0\| < \delta$ 时，就有

$$\begin{aligned} \| x(t)\| &= \| \Phi(t)\Phi^{-1}(t_0)\| \| x_0\| \\ &\leqslant M_2 \| x_0\| < \varepsilon, \quad t \geqslant t_0, \end{aligned}$$

由于 δ 与 t_0 无关，故零解是一致稳定的.

(3)由(3.59)，则存在一个常数 $M_3 > 0$，使得 $\| \Phi(t)\| < M_3, t \geqslant t_0$，这表明系统(3.47)的零解是稳定的. 此外，还容易得到

$$\lim_{t \to +\infty} \| x(t)\| = \lim_{t \to +\infty} \| \Phi(t)\Phi^{-1}(t_0)x_0\| = 0.$$

综上，系统(3.47)的零解是渐近稳定的.

(4)由(3.60)知，系统(3.47)的零解是一致稳定的. 不妨令 $\| x_0\| < 1$，对于任意的 $\varepsilon > 0$，取 $T = -\alpha^{-1}\ln\left(\dfrac{\varepsilon}{M}\right)$，则当 $t \geqslant t_0 + T$ 时，总有

$$\begin{aligned} \| x(t)\| &= \| \Phi(t)\Phi^{-1}(t_0)x_0\| \leqslant \| \Phi(t)\Phi^{-1}(t_0)\| \| x_0\| \\ &\leqslant M e^{-\alpha(t-t_0)} \leqslant M e^{-\alpha T} = \varepsilon, \end{aligned} \tag{3.62}$$

这表明系统(3.47)的零解是一致吸引的. 因而, 零解是一致渐近稳定的. 同时, (3.62)式还表明系统(3.47)的零解是指数渐近稳定的.

注 3.24　本定理中的条件是系统(3.47)零解的稳定、一致稳定、渐近稳定和指数渐近稳定的充分条件, 也是其必要条件.

注 3.25　由证明过程, (3.59)和(3.60)式也分别是系统(3.47)零解全局渐近稳定和全局指数渐近稳定(全局一致渐近稳定)的充分必要条件.

3.4.3　周期线性系统零解的稳定性

考虑周期线性系统

$$\frac{\mathrm{d}x}{\mathrm{d}t} = A(t)x \tag{3.63}$$

零解的稳定性结果, 其中 $A(t) = (a_{ij}(t))_{n \times n}$ 连续, 并且 $A(t+T) = A(t)$.

记 $\Phi(t)$ 是(3.63)的一个基本解矩阵, 下面给出关于 $\Phi(t)$ 的一个基本结果, 这一结果在讨论(3.63)零解稳定性时有着重要的作用.

定理 3.17　对于 $\Phi(t)$, 存在非奇异可微周期矩阵 $P(t)$ 和一个常数矩阵 R, 使得 $\Phi(t) = P(t)\mathrm{e}^{Rt}$.

证明　因为 $\Phi(t)$ 是一个基本解矩阵, 有

$$\frac{\mathrm{d}\Phi(t)}{\mathrm{d}t} = A(t)\Phi(t), \tag{3.64}$$

将(3.64)中的 t 替换成 $t+T$ 可得

$$\frac{\mathrm{d}\Phi(t+T)}{\mathrm{d}(t+T)} = A(t+T)\Phi(t+T),$$

即

$$\frac{\mathrm{d}\Phi(t+T)}{\mathrm{d}t} = A(t)\Phi(t+T). \tag{3.65}$$

(3.65)式表明 $\Phi(t+T)$ 也是系统(3.63)的一个基本解矩阵. 因而, 存在一个可逆的常数矩阵 Q 使得

$$\Phi(t+T) = \Phi(t)Q.$$

令 R 是满足 $\mathrm{e}^{RT} = Q$ 的常数矩阵. 取 $P(t) = \Phi(t)\mathrm{e}^{-Rt}$, 显然, $P(t)$ 是可微的非奇异矩阵. 同时有

$$P(t+T) = \Phi(t+T)\mathrm{e}^{-R(t+T)} = \Phi(t)Q\mathrm{e}^{-RT}\mathrm{e}^{-Rt}$$

$$= \Phi(t)\mathrm{e}^{RT}\mathrm{e}^{-RT}\mathrm{e}^{-Rt} = \Phi(t)\mathrm{e}^{-Rt} = P(t),$$

这表明 $P(t)$ 是以 T 为周期的一个周期矩阵.

定理 3.18　借助于一个适当的变量代换, 可以将周期线性系统 (3.63) 转化为一个线性常系数系统.

证明　作变量代换

$$x = P(t)y = \varPhi(t)\mathrm{e}^{-Rt}y \,,$$

于是有

$$A(t)x(t) = A(t)P(t)y = \frac{\mathrm{d}x}{\mathrm{d}t} = \frac{\mathrm{d}P(t)}{\mathrm{d}t}y + P(t)\frac{\mathrm{d}y}{\mathrm{d}t}$$

$$= A(t)P(t)y - \varPhi(t)\mathrm{e}^{-Rt}Ry + P(t)\frac{\mathrm{d}y}{\mathrm{d}t}.$$

简化上式可得

$$P(t)\frac{\mathrm{d}y}{\mathrm{d}t} = \varPhi(t)\mathrm{e}^{-Rt}Ry = P(t)Ry \,,$$

即

$$\frac{\mathrm{d}y}{\mathrm{d}t} = Ry \,. \tag{3.66}$$

注 3.26　定理 3.18 表明, 周期线性系统 (3.63) 的零解稳定性可以转化为常系数线性系统 (3.66) 的零解的稳定性问题.

定理 3.19　对系统 (3.63) 零解的稳定性, 有如下的结果.

(1) 如果系统 (3.66) 中的系数矩阵 R 的所有特征值都具有负实部, 则系统 (3.63) 零解是渐近稳定的.

(2) 如果 R 的所有特征值都具有非正实部, 并且零实部的特征值对应单重初等因子, 则系统 (3.63) 零解是稳定的.

(3) 如果 R 至少存在一个正实部的特征值, 或有对应多重初等因子的零实部的特征值, 则系统 (3.63) 零解是不稳定的.

由定理 3.18 和定理 3.15, 容易推导出定理 3.19 的结果.

例 3.18　研究系统

$$\begin{cases} \dfrac{\mathrm{d}x}{\mathrm{d}t} = (-1 + \lambda\cos^2 t)x + (1 - \lambda\sin t\cos t)y, \\[2mm] \dfrac{\mathrm{d}y}{\mathrm{d}t} = (-1 - \lambda\sin t\cos t)x + (-1 + \lambda\sin^2 t)y \end{cases} \tag{3.67}$$

的零解的稳定性.

解　取 $t_0 = 0$, 记 $x(t) = x(t,0,x_0)$ 为系统 (3.67) 过初始值 $x(0) = x_0$ 的解. 直接计算可得系统 (3.67) 的一个基本解矩阵为

$$\Phi(t) = \begin{pmatrix} \mathrm{e}^{(\lambda-1)t}\cos t & \mathrm{e}^{-t}\sin t \\ -\mathrm{e}^{(\lambda-1)t}\sin t & \mathrm{e}^{-t}\cos t \end{pmatrix},$$

则有 $x(t,0,x_0) = \Phi(t)x_0$. 由 $\Phi(t)$ 的表达式知

当 $\lambda < 1$ 时, 有 $\lim\limits_{t \to +\infty} \|\Phi(t)\| = 0$, 则系统 (3.67) 零解是渐近稳定的.

当 $\lambda = 1$ 时, 存在常数 M_1, 使得 $\|\Phi(t)\| \leqslant M_1$, 则系统 (3.67) 的零解是稳定的.

当 $\lambda > 1$ 时, $\|\Phi(t)\|$ 是无界的. 因此, 对于任意给定的 $B_\varepsilon = \{x \mid \|x\| < \varepsilon\}$, 从初值 $x(0) = x_0$ 出发的解 $x(t)$ 必然会在某个时刻 t_1 离开 B_ε, 从而系统 (3.67) 的零解是不稳定的.

3.5　自治的拟线性系统的稳定性

如果自治系统 (3.14) 可写成

$$\frac{\mathrm{d}x}{\mathrm{d}t} = Ax + g(x), \quad x \in \mathbf{R}^n, \tag{3.68}$$

其中 A 是一个 $n \times n$ 常数矩阵, $g(x)$ 在原点的邻域内连续且满足解的存在唯一性条件, 还满足

$$\lim_{\|x\| \to 0} \frac{\|g(x)\|}{\|x\|} = 0, \tag{3.69}$$

则称系统 (3.68) 为拟线性系统. 另外, 称常系数线性系统

$$\frac{\mathrm{d}x}{\mathrm{d}t} = Ax \tag{3.70}$$

为系统 (3.68) 在 $x = 0$ 处的线性近似系统. 这种忽略高阶项 $g(x)$ 的方法称为非线性系统的线性化.

本节研究在怎样的条件下, 拟线性系统 (3.68) 与对应的线性近似系统 (3.70) 的零解有同样的稳定性态.

定理 3.20　如果线性近似系统 (3.70) 的系数矩阵 A 的所有特征值都有负实部, 则拟线性系统 (3.68) 的零解是渐近稳定的.

证明　取负定二次型 $W(x) = -\|x\|^2$, 由定理 3.15 知, 一定存在正定二次型 $V(x) = x^{\mathrm{T}}Bx$, 使得 $V(x)$ 沿线性近似系统 (3.70) 的轨线对 t 的导数为 $W(x)$, 即

$$\left. \frac{\mathrm{d}V}{\mathrm{d}t} \right|_{(3.70)} = -\|x\|^2.$$

下面利用 $V(x) = x^{\mathrm{T}}Bx$ 去证明拟线性系统 (3.68) 零解的渐近稳定性. 计算 $V(x)$ 沿系统 (3.68) 的轨线对 t 的全导数,

$$\frac{dV}{dt}\bigg|_{(3.68)} = x^{\mathrm{T}}(A^{\mathrm{T}}B + BA)x + 2x^{\mathrm{T}}Bg(x)$$

$$= -\|x\|^2 + 2x^{\mathrm{T}}Bg(x), \tag{3.71}$$

因为 $\|2x^{\mathrm{T}}Bg(x)\| \leqslant 2\|x\|\|B\|\|g(x)\|$，又因为 $g(\|x\|) = o(\|x\|)$，所以 $\|2x^{\mathrm{T}}Bg(x)\| = o(\|x\|^2)$．这表明当 $\|x\|$ 足够小时，由 (3.71)，只要取原点足够小的邻域，能够使 $\frac{dV}{dt}\bigg|_{(3.68)}$ 与 $W(x) = -\|x\|^2$ 有相同的符号，即有 $\frac{dV}{dt}\bigg|_{(3.68)}$ 是负定的．又因为 $V = x^{\mathrm{T}}Bx$ 是正定的，由定理 3.3 知，系统 (3.68) 的零解是渐近稳定的.

定理 3.21　如果线性近似系统 (3.70) 的系数矩阵 A 至少有一个特征值有正实部，则拟线性系统 (3.68) 的零解是不稳定的.

证明　由于 A 至少有一个特征值具有正实部，则系统 (3.70) 的零解是不稳定的，取正定二次型 $W(x) = \|x\|^2$，一定存在 $\lambda > 0$ 和不是半负定的二次型 $V(x)$，使得 $V(x)$ 沿着系统 (3.70) 的解对 t 的全导数

$$\frac{dV}{dt}\bigg|_{(3.70)} = \lambda V + W(x). \tag{3.72}$$

事实上，因为 A 有正实部的特征值 λ_0，则存在常数 $\lambda > 0$，使得 $A - \frac{\lambda}{2}E$ 也具有正实部的特征值 λ_1，并且 $A - \frac{\lambda}{2}E$ 的特征值满足定理 3.14 的条件，所以由定理 3.14 知，对单位矩阵 E（对应的二次型为 $W(x) = x^{\mathrm{T}}Ex = \|x\|^2$），必有唯一的 B，使得

$$\left(A - \frac{\lambda}{2}E\right)^{\mathrm{T}}B + B\left(A - \frac{\lambda}{2}E\right) = E,$$

即

$$(A^{\mathrm{T}}B + BA) - \lambda B = E.$$

由此得到的二次型 $V(x) = x^{\mathrm{T}}Bx$ 即满足 (3.72)．直接计算 $V(x)$ 沿着 (3.68) 的解对 t 的全导数

$$\frac{dV}{dt}\bigg|_{(3.68)} = x^{\mathrm{T}}(A^{\mathrm{T}}B + BA)x + 2x^{\mathrm{T}}Bg(x)$$

$$= \lambda x^{\mathrm{T}}Bx + x^{\mathrm{T}}x + 2x^{\mathrm{T}}Bg(x).$$

又由 (3.69) 知，$\|2x^{\mathrm{T}}Bg(x)\| = o(\|x\|^2)$，则对于任意的 $\varepsilon > 0$，存在 $\delta > 0$，当 $\|x\| < \delta$ 时，有

$$\|2x^{\mathrm{T}}Bg(x)\| < \varepsilon\|x\|^2.$$

因此，在原点的足够小的邻域内，使得 $\|x\|^2 + 2x^{\mathrm{T}}Bg(x)$ 是正定的．由定理 3.6 知，拟

线性系统 (3.68) 的零解是不稳定的.

注 3.27　　如果拟线性系统 (3.68) 的零解的稳定性完全由其线性近似系统决定,而与高阶项 $g(x)$ 无关,称此情形为非临界情形. 定理 3.20 和定理 3.21 都属于这种情形. 相反, 如果 (3.68) 零解的稳定性不能由线性近似系统决定, 而由高阶项 $g(x)$ 决定, 称为临界情形.

下面给出临界情形下的一个结果.

定理 3.22　　如果线性近似系统 (3.70) 的系数矩阵 A 无正实部的特征值, 但是有实部为零的特征值, 则拟线性系统 (3.68) 的零解的稳定性由高阶项 $g(x)$ 决定, 此时 (3.68) 的零解可能稳定, 也可能不稳定.

本定理涉及的情况复杂, 此处不作详细讨论. 读者可参看有关文献.

例 3.19　　研究系统

$$\begin{cases} \dfrac{\mathrm{d}x}{\mathrm{d}t} = -2x + y - z + x^2 \mathrm{e}^y, \\[2mm] \dfrac{\mathrm{d}y}{\mathrm{d}t} = \sin x - y + 2x^2 y + z^4, \\[2mm] \dfrac{\mathrm{d}z}{\mathrm{d}t} = x + y - z - \mathrm{e}^x(\cos z - 1) \end{cases} \tag{3.73}$$

的零解稳定性.

解　　系统 (3.73) 在原点的线性近似系统的系数矩阵为

$$A = \begin{pmatrix} -2 & 1 & -1 \\ 1 & -1 & 0 \\ 1 & 1 & -1 \end{pmatrix},$$

A 的特征方程为

$$P(\lambda) = |\lambda E - A| = \lambda^3 + 4\lambda^2 + 5\lambda + 3 = 0.$$

由赫尔维茨 (Hurwitz) 判据 (参看本章习题 28) 知, A 的所有的特征值都具有负实部, 因此由定理 3.20 知, 系统 (3.73) 的零解是渐近稳定的.

例 3.20　　研究系统

$$\begin{cases} \dfrac{\mathrm{d}x}{\mathrm{d}t} = -x - y + z + 2xyz, \\[2mm] \dfrac{\mathrm{d}y}{\mathrm{d}t} = x - 2y + 2z + 4x^2 + xy, \\[2mm] \dfrac{\mathrm{d}z}{\mathrm{d}t} = x + 2y + z + xyz + y^3 \end{cases} \tag{3.74}$$

的零解的稳定性.

解　　系统 (3.74) 在原点的线性近似系统的系数矩阵为

$$A = \begin{pmatrix} -1 & -1 & 1 \\ 1 & -2 & 2 \\ 1 & 2 & 1 \end{pmatrix},$$

其特征方程为

$$P(\lambda) = |\lambda E - A| = \lambda^3 + 2\lambda^2 - 5\lambda - 9 = 0 .$$

由于 $P(0) = -9,\ P(4) = 67 > 0$，因此特征方程在 $(0,4)$ 内至少存在一个正根. 由定理 3.21 知，系统 (3.74) 的零解是不稳定的.

例 3.21　研究系统

$$\begin{cases} \dfrac{\mathrm{d}x}{\mathrm{d}t} = y + \lambda x^5, \\ \dfrac{\mathrm{d}y}{\mathrm{d}t} = -x + \lambda y^5 \end{cases} \tag{3.75}$$

的零解的稳定性，其中 $\lambda \in \mathbf{R}$.

解　系统 (3.75) 在原点的线性近似系统的系数矩阵为

$$A = \begin{pmatrix} 0 & 1 \\ -1 & 0 \end{pmatrix},$$

A 的特征根为 $\lambda_1 = \mathrm{i}, \lambda_2 = -\mathrm{i}$，这属于临界情形. 显然，线性近似系统的零解是稳定的，但不是渐近稳定的. 这里，非线性系统 (3.75) 的零解的稳定性由高阶项来决定.

当 $\lambda = 0$ 时，系统 (3.75) 即为线性近似系统.

当 $\lambda \neq 0$ 时，取 $V(x,y) = \dfrac{1}{2}(x^2 + y^2)$，它是正定函数，直接计算可以得到 V 沿着系统 (3.75) 的解对 t 的全导数

$$\left. \frac{\mathrm{d}V}{\mathrm{d}t} \right|_{(3.75)} = \lambda(x^6 + y^6) .$$

由此可见，当 $\lambda < 0$ 时，$\dfrac{\mathrm{d}V}{\mathrm{d}t}$ 是负定的，所以系统 (3.75) 的零解是渐近稳定的. 当 $\lambda > 0$ 时，$\dfrac{\mathrm{d}V}{\mathrm{d}t}$ 是正定的，系统 (3.75) 的零解是不稳定的.

综合以上可知，应用线性化方法去处理非线性系统的零解的稳定性时，在非临界情形下是适合的，但是对临界情形则不宜用线性化方法.

3.6　动力系统的基本概念

考虑微分方程组

$$\frac{\mathrm{d}x}{\mathrm{d}t} = f(t,x), \quad t \in \mathbf{R}, \quad x \in \mathbf{R}^n, \tag{3.76}$$

其中 $f: D \subseteq \mathbf{R}^{n+1} \to \mathbf{R}^n$ 连续且满足解的唯一性条件. 记 $x(t) = x(t, t_0, x_0)$ 为方程 (3.76) 满足初始条件 $x(t_0) = x_0$ 的唯一解.

如果右端向量场 $f(t, x)$ 与 t 无关, 即为 (3.76) 的一种的特殊情形

$$\frac{\mathrm{d}x}{\mathrm{d}t} = f(x), \quad t \in \mathbf{R}, \quad x \in \mathbf{R}^n, \tag{3.77}$$

从物理上说, 当用方程组 (3.76) 或 (3.77) 描述质点的运动时, 把 t 看成时间, x 作为质点的位置, 则 $\dfrac{\mathrm{d}x}{\mathrm{d}t}$ 为质点运动的速度向量. 称 x 取值的空间 $\mathbf{R}^n$ 为相空间. (t, x) 取值的空间为广义相空间. 这样, 方程 (3.76) 或 (3.77) 的解 $x(t, t_0, x_0)$ 代表质点的一个运动. 解 $x(t) = x(t, t_0, x_0)$ 在广义相空间的运动轨迹称为系统的积分曲线, 而在相空间的图形 (以 t 为参数) 称为轨线. 显然, 轨线就是广义相空间内的积分曲线在相空间的投影.

方程 (3.77) 在相空间 $\mathbf{R}^n$ 上定义的速度场 $f(x)$ 与时间 t 无关, 仅取决于点的位置, 称 (3.77) 为自治系统. 而方程 (3.76) 中的速度场 $f(t, x)$ 不仅与点的位置有关, 与时间 t 有关, 称 (3.76) 为非自治系统.

自治系统在实际生活中有广泛的应用. 此外, 任何 n 维的非自治系统 (3.76), 通过引进新的变量 $x_{n+1}(t) = t$, 就可以转化为 $n+1$ 维自治系统

$$\begin{cases} \dfrac{\mathrm{d}x_i}{\mathrm{d}t} = f_i(x_1, x_2, \cdots, x_{n+1}) \quad (i = 1, 2, \cdots, n), \\ \dfrac{\mathrm{d}x_{n+1}}{\mathrm{d}t} = 1. \end{cases}$$

因此, 在微分方程定性研究中, 对自治系统的研究占有很重要的地位. 下面给出自治系统的解的有关性质.

3.6.1　自治系统的基本性质

自治系统 (3.77) 的解有下面的三条基本性质.

性质 3.1　若 $x(t, t_0, x_0)$ 是系统 (3.77) 过初始值 (t_0, x_0) 的解, 则 $x(t + c, t_0, x_0)$ 也是系统 (3.77) 的解, 它过初始值 $(t_0 - c, x_0)$, 其中 c 为任一常数.

证明　只需证明

$$\frac{\mathrm{d}x(t + c, t_0, x_0)}{\mathrm{d}t} = f(x(t + c, t_0, x_0)). \tag{3.78}$$

因为 $x(t, t_0, x_0)$ 是 (3.77) 的解, 故有

$$\frac{\mathrm{d}x(t, t_0, x_0)}{\mathrm{d}t} = f(x(t, t_0, x_0)).$$

将上式中的 t 换成 $s+c$，则有

$$\frac{\mathrm{d}x(s+c,t_0,x_0)}{\mathrm{d}(s+c)} = f(x(s+c,t_0,x_0)),$$

又因为

$$\frac{\mathrm{d}x(s+c,t_0,x_0)}{\mathrm{d}(s+c)} = \frac{\mathrm{d}x(s+c,t_0,x_0)}{\mathrm{d}s},$$

所以

$$\frac{\mathrm{d}x(s+c,t_0,x_0)}{\mathrm{d}s} = f(x(s+c,t_0,x_0)).$$

这表明 (3.78) 式成立.

注 3.28　性质 3.1 表明，自治系统的积分曲线 $x(t)$ 在广义相空间 $\mathbf{R}^{n+1}$ 中沿 t 轴平移后仍然是该系统的积分曲线. 它们在相空间有相同的轨线. 但是，非自治系统不具备此性质.

性质 3.2　对相空间中的每一点，只有一条轨线通过，也即自治系统的任何两条不同的轨线不可能相交.

证明　假设对点 x_0，自治系统 (3.77) 有两条轨线 Γ_1 和 Γ_2 通过. 不妨设它们对应的解 $x=\varphi(t)$ 和 $x=\psi(t)$，分别在 T_1 和 T_2 时刻，$T_1 \neq T_2$，使得

$$\varphi(T_1) = \psi(T_2) = x_0.$$

由性质 3.1 知，$\psi(t-T_1+T_2)$ 也是系统的积分曲线，并且与 $x=\psi(t)$ 有相同的轨线. 又因为

$$\varphi(T_1) = \psi(T_1-T_1+T_2) = x_0,$$

这表明 $\varphi(t)$ 和 $\psi(t-T_1+T_2)$ 满足相同的初值 (T_1,x_0)，由解的唯一性定理知

$$\varphi(t) = \psi(t-T_1+T_2).$$

所以 $x=\varphi(t)$ 和 $x=\psi(t)$ 表示同一轨线.

这个性质表明自治系统在相空间的轨线由初始位置 x_0 完全确定，而与初始时刻 t_0 无关.

注 3.29　由性质 3.2 可以得出，自治系统的两个不同的解所对应的轨线如果不相交，则它们必完全重合.

性质 3.3　若将自治系统 (3.77) 过 $(0,x_0)$ 的解 $\varphi(t,0,x_0)$ 简记为 $x=\varphi(t,x_0)$，则有

$$\varphi(t_2,\varphi(t_1,x_0)) = \varphi(t_1+t_2,x_0). \tag{3.79}$$

证明　由性质 3.1 知，$\varphi(t,\varphi(t_1,x_0))$ 和 $\varphi(t+t_1,x_0)$ 都是系统 (3.77) 的解. 又因为它们在 $t=0$ 都经过 $x_1=\varphi(t_1,x_0)$，故由解的唯一性知，对任意的 t 有

$$\varphi(t,\varphi(t_1,x_0)) = \varphi(t+t_1,x_0).$$

当取 $t = t_2$ 时，即有 (3.79) 式成立.

例 3.22　对方程

$$\begin{cases} \dfrac{\mathrm{d}x}{\mathrm{d}t} = y, \\ \dfrac{\mathrm{d}y}{\mathrm{d}t} = -x, \end{cases} \tag{3.80}$$

它满足初始条件 $x(0) = 0$，$y(0) = 1$ 的解为

$$x = \sin t, \quad y = \cos t, \quad t \in \mathbf{R}.$$

系统 (3.80) 的积分曲线在广义相空间 (t,x,y) 是过 $(0,0,1)$ 的空间圆柱螺旋线，在相空间 (x,y) 内相应的轨线为圆心在坐标原点的单位圆，它也就是空间圆柱螺旋线在相空间 (x,y) 上的投影.

例 3.23　对于非自治系统

$$\begin{cases} \dfrac{\mathrm{d}x}{\mathrm{d}t} = x, \\ \dfrac{\mathrm{d}y}{\mathrm{d}t} = tx, \end{cases} \tag{3.81}$$

容易求得

$$x = \mathrm{e}^t, \quad y(t) = t\mathrm{e}^t - \mathrm{e}^t$$

是系统 (3.81) 的一个解，但是 $y'(t+c) = (t+c)\mathrm{e}^{t+c} \neq tx(t+c)$（除非 $c = 0$）. 这表明 $y(t+c)$ 不是非自治系统 (3.81) 的解. 故非自治系统一般情况下不满足性质 3.1.

3.6.2　动力系统的基本概念

从物理上说，系统 (3.77) 描述了质点的运动规律，记 $\varphi(t,x_0)$ 为过点 x_0 的一个运动，设它的存在区间为 $(-\infty,+\infty)$. 如果 x_0 固定，$\varphi(t,x_0)$ 在相空间中表示一条轨线，在广义相空间表示一条解曲线. 如果 t 固定，则 $\varphi_t(x_0) \triangleq \varphi(t,x_0)$ 可以看成是从相空间 $\mathbf{R}^n$ 到自身的映射，也称变换. 从而对一切 $t \in \mathbf{R}$，这些变换的全体所构成的集合记为

$$F = \{\varphi_t(x_0) \equiv \varphi(t,x_0), t \in \mathbf{R}\}. \tag{3.82}$$

在集合 (3.82) 上定义乘法运算

$$\varphi_{t_1}(x_0) \circ \varphi_{t_2}(x_0) = \varphi(t_2,\varphi(t_1,x_0)).$$

由性质 3.3 知

$$\varphi_{t_1}(x_0) \circ \varphi_{t_2}(x_0) = \varphi_{t_1+t_2}(x_0).$$

容易得出, 变换集合(3.82)对定义的乘法运算封闭, 满足结合律

$$(\varphi_{t_1}(x_0) \circ \varphi_{t_2}(x_0)) \circ \varphi_{t_3}(x_0) = \varphi_{t_1}(x_0) \circ (\varphi_{t_2}(x_0) \circ \varphi_{t_3}(x_0)),$$

并且存在单位元 $\varphi_0(x_0)$, 同时对任一个变换 $\varphi_{t_0}(x_0)$, 均存在逆变换 $\varphi_{-t_0}(x_0)$, 则 F 对乘法运算构成一个乘法群, 又因为 F 对乘法运算满足交换律, 而且由解对初值的连续性知, $\varphi(t, x_0)$ 在有限区间关于 (t, x_0) 是连续的, 称单参数可交换的连续变换群 $F = \{\varphi_t(x_0), t \in \mathbf{R}\}$ 为一个动力系统. 这个概念由伯克霍夫(Birkhoff, 1884～1944)提出, 它形象地描述了微分方程的力学背景. 如果 $\varphi(t, x_0)$ 对 t 还是可微的, 则称它为微分动力系统.

3.6.3　奇点与闭轨

下面介绍自治系统的轨线的类型. 自治系统的一个解对应的轨线可以分自身相交和自身不相交两种情形. 这里, 我们考虑自身相交的类型. 设 $x = \varphi(t)$ 是系统(3.77)的一个解, 假定有不同的时刻 t_1 和 t_2, 使得 $\varphi(t_1) = \varphi(t_2)$, 则轨线有以下两种可能的形状.

情形一　如果 $x(t) \equiv x_0, t \in \mathbf{R}$, 则称 $x(t) \equiv x_0$ 为系统(3.77)的一个平衡解. 该解的积分曲线是广义相空间 (t, x) 中平行于 t 轴的直线 $x = x_0$, 其轨线是相空间 $\mathbf{R}^n$ 中的一点 x_0. 显然, $f(x_0) = 0$, 因而 x_0 亦称为奇点(平衡点, 临界点). 从物理上说, 奇点对应运动系统的静止不动的状态.

情形二　若存在 $T > 0$, 有 $\varphi(t + T) = \varphi(t)$, $t \in \mathbf{R}$, 则称 $x = \varphi(t)$ 是系统(3.77)的一个周期解, T 是周期. 显然, 平衡解是以任意正数为周期的周期解, 它没有最小正周期, 称为平凡周期解. 任何不是平凡周期解的周期解称为非平凡周期解, 它有最小的正周期. 该结论留作习题, 请读者自行证明.

从几何上说, 非平凡周期解对应的积分曲线是广义相空间中一条螺距等于最小周期的螺旋线, 它所对应的轨线是一条闭曲线, 称为闭轨. 从物理上说, 周期解对应系统的周期运动.

综合以上的讨论可知, 自治系统(3.77)的轨线只可能是以下三种情形之一: ①奇点; ②闭轨; ③自身不相交的非闭轨线.

在动力系统的研究中, 奇点和闭轨有着特别重要的作用, 下面给出奇点的一些相关结果.

定理 3.23　设 $\bar{x}$ 是自治系统(3.77)的奇点, 且 $x_0 \neq \bar{x}$, 则
(1)如果 $\lim_{t \to \beta} x(t, t_0, x_0) = \bar{x}$, 则 $\beta = +\infty$ 或 $\beta = -\infty$.
(2)$\lim_{t \to \infty} x(t, t_0, x_0) = \bar{x}$, 则 $\bar{x}$ 为(3.77)的奇点, 即 $f(\bar{x}) = 0$.

证明　(1)如果 β 是一个有限数, 则有 $x(\beta, t_0, x_0) = \bar{x}$. 容易看出, 过 $(\beta, \bar{x})$ 有两条轨线 $x = x(t, t_0, x_0)$ 与 $x = \bar{x}$, 这与自治系统的性质 3.2 矛盾.

(2) 由于 $x(t, t_0, x_0)$ 是系统 (3.77) 的解, 所以

$$\frac{\mathrm{d}x(t, t_0, x_0)}{\mathrm{d}t} = f(x(t, t_0, x_0)),$$

对两边取极限, 可得

$$\lim_{t \to +\infty} \frac{\mathrm{d}x(t, t_0, x_0)}{\mathrm{d}t} = \lim_{t \to +\infty} f(x(t, t_0, x_0)) = f(\overline{x}). \tag{3.83}$$

如果 $f(\overline{x}) \neq 0$, 则至少存在 f 的一个分量 $f_i(\overline{x}) \neq 0$, 假设 $f_i(\overline{x}) > 0$, 由 (3.83) 知, 存在 $T > 0$, 当 $t > T$ 时有

$$\frac{\mathrm{d}x_i(t, t_0, x_0)}{\mathrm{d}t} > \frac{f_i(\overline{x})}{3} > 0.$$

这表明 $\lim\limits_{t \to +\infty} x_i(t, t_0, x_0) = \infty$. 该结果与条件矛盾, 因而 $f(\overline{x}) = 0$.

注 3.30　结论 (1) 说明非奇点的轨线不能在有限时刻到达奇点, 而只能在无穷的时刻趋向奇点. 结论 (2) 表明过非奇点的轨线在无限时刻趋近的点一定是奇点.

定理 3.24　系统 (3.77) 的奇点集合是闭集.

证明　设 Ω 是系统 (3.77) 的所有奇点组成的集合. 若 Ω 是空集或有限点集, 则 Ω 是闭集. 如果 Ω 是一个无限点集, 则 x^* 是 Ω 的一个聚点, 则由点列 $\{x_k\} \in \Omega$, 使得 $\lim\limits_{k \to \infty} x_k = x^*$. 又因为 f 是连续的, 所以

$$\lim_{k \to \infty} f(x_k) = f(x^*) = 0.$$

这表明 $x^* \in \Omega$. 因而 Ω 是闭集.

关于系统的闭轨的内容, 我们将在 3.8 节中进一步讨论.

3.7　平面自治系统的奇点

考虑平面自治系统

$$\begin{cases} \dfrac{\mathrm{d}x}{\mathrm{d}t} = P(x, y), \\ \dfrac{\mathrm{d}y}{\mathrm{d}t} = Q(x, y), \end{cases} \tag{3.84}$$

其中 $P(x, y)$ 和 $Q(x, y)$ 在 $\mathbf{R}^2$ 上连续可微, 假定 $O(0, 0)$ 是系统 (3.84) 的孤立奇点 (即存在原点为中心的某个邻域, 在此邻域中除原点外再无系统的奇点), 且 (3.84) 在原点附近能写成如下形式:

$$\begin{cases} \dfrac{\mathrm{d}x}{\mathrm{d}t} = ax + by + M(x, y), \\ \dfrac{\mathrm{d}y}{\mathrm{d}t} = cx + dy + N(x, y), \end{cases} \tag{3.85}$$

其中 $M(x,y)$ 和 $N(x,y)$ 连续可微, 并且有 $M, N = o(r)$, $r = \sqrt{x^2 + y^2}$.

在 (3.85) 中, 记 $A = \begin{pmatrix} a & b \\ c & d \end{pmatrix}$, 如果

$$\det A = \begin{vmatrix} a & b \\ c & d \end{vmatrix} \neq 0,$$

则称 $(0,0)$ 是 (3.85) 的初等奇点; 否则称为高阶奇点.

本节中, 我们研究 (3.85) 的轨线在奇点 $O(0,0)$ 邻域内的定性结构. 首先, 分析 (3.85) 的近似线性方程组

$$\begin{cases} \dfrac{\mathrm{d}x}{\mathrm{d}t} = ax + by, \\ \dfrac{\mathrm{d}y}{\mathrm{d}t} = cx + dy \end{cases} \quad \text{或} \quad \frac{\mathrm{d}}{\mathrm{d}t}\begin{pmatrix} x \\ y \end{pmatrix} = A\begin{pmatrix} x \\ y \end{pmatrix} \tag{3.86}$$

在奇点 $O(0,0)$ 附近的轨线分布. 其次, 考察 (3.85) 的轨线在 $O(0,0)$ 附近的轨线状态.

3.7.1　平面线性自治系统的奇点

考察系统 (3.86), 由 $\det A \neq 0$ 知, $O(0,0)$ 是系统 (3.86) 的唯一奇点. 由于线性齐次常系数系统的通解完全由它的系统矩阵 A 的特征值以及若尔当标准形确定, 下面就根据 A 的特征值和若尔当标准形的各种情形去讨论奇点的性质.

由线性代数的理论知, 存在可逆矩阵 T, 使 $T^{-1}AT = J$, 其中 J 是 A 的若尔当标准形, 利用非奇异的坐标线性变换

$$\begin{pmatrix} x \\ y \end{pmatrix} = T\begin{pmatrix} u \\ v \end{pmatrix} \tag{3.87}$$

将系统 (3.86) 转化为

$$\frac{\mathrm{d}}{\mathrm{d}t}\begin{pmatrix} u \\ v \end{pmatrix} = T^{-1}AT\begin{pmatrix} u \\ v \end{pmatrix} = J\begin{pmatrix} u \\ v \end{pmatrix}. \tag{3.88}$$

若尔当标准形 J 有下列四种可能的形式

$$\begin{pmatrix} \lambda_1 & 0 \\ 0 & \lambda_2 \end{pmatrix}, \quad \begin{pmatrix} \lambda_1 & 0 \\ 1 & \lambda_1 \end{pmatrix}, \quad \begin{pmatrix} \lambda_1 & 0 \\ 0 & \lambda_1 \end{pmatrix}, \quad \begin{pmatrix} \alpha & \beta \\ -\beta & \alpha \end{pmatrix},$$

其中 λ_1 和 λ_2 是矩阵 A 的两个不同的特征值, 即特征方程

$$L(\lambda) \triangleq \begin{vmatrix} a-\lambda & b \\ c & d-\lambda \end{vmatrix} = \lambda^2 + p\lambda + q = 0$$

的两个不同的实根, 记 $p = -(a+d)$, $q = \det A = ad - bc$, $\alpha \pm \mathrm{i}\beta$ 是特征方程的一对共轭复根.

下面我们分五种情形讨论奇点 $O(0,0)$ 的类型.

(1) $q > 0$，$p^2 - 4q > 0$，A 有两个不同的实特征值 λ_1 和 λ_2 且同号. 此时，(3.88) 的形式为

$$\begin{cases} \dfrac{\mathrm{d}u}{\mathrm{d}t} = \lambda_1 u, \\[2mm] \dfrac{\mathrm{d}v}{\mathrm{d}t} = \lambda_2 v, \end{cases} \tag{3.89}$$

其通解为

$$u = c_1 \mathrm{e}^{\lambda_1 t}, \quad v = c_2 \mathrm{e}^{\lambda_2 t}. \tag{3.90}$$

故 (3.89) 的全部轨线是

$$v = c \left| u \right|^{\frac{\lambda_2}{\lambda_1}} \quad \text{和} \quad u = 0. \tag{3.91}$$

当 $p > 0$ 时，有 $\lambda_1 < 0$，$\lambda_2 < 0$，可知系统的奇点（零解）是渐近稳定的. 当 $p < 0$，有 $\lambda_1 > 0$，$\lambda_2 > 0$，系统的零解是不稳定的.

此外，由 (3.91) 可知，当 $\dfrac{\lambda_2}{\lambda_1} > 1$ 时，系统 (3.89) 的轨线除了 v 轴上的轨线外，其他轨线均于原点与 u 轴相切；当 $\dfrac{\lambda_2}{\lambda_1} < 1$，除了 u 轴上的轨线，其他轨线均于原点与 v 轴相切. 此种奇点 $O(0,0)$ 称为两向结点（正常结点），如图 3.3.

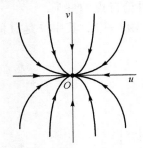 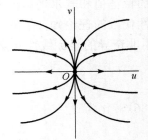

(a) 稳定的两向结点 ($\lambda_2 < \lambda_1 < 0$)　　　　　　　(b) 不稳定的两向结点 ($\lambda_1 > \lambda_2 > 0$)

图 3.3　两向结点

(2) $q > 0$，$p^2 - 4q = 0$，A 有两个相同的实根 $\lambda_1 = \lambda_2$.

如果 (3.88) 的形式为

$$\begin{cases} \dfrac{\mathrm{d}u}{\mathrm{d}t} = \lambda_1 u, \\[2mm] \dfrac{\mathrm{d}v}{\mathrm{d}t} = \lambda_2 v, \end{cases} \tag{3.92}$$

则系统 (3.92) 的所有轨线可以写成

$$v = cu \quad \text{和} \quad u = 0.$$

这表明轨线族是由原点和自原点出发但不包括原点的全体射线组成的. 当 $\lambda_1 < 0$ 时, 系统的零解是渐近稳定的; 当 $\lambda_1 > 0$ 时, 零解是不稳定的. 此种奇点称为星型结点 (临界结点), 如图 3.4.

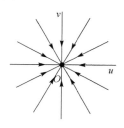 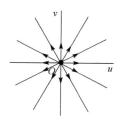

(a) 稳定的星型结点 ($\lambda_1 < 0$)　　　　　　　(b) 不稳定的星型结点 ($\lambda_1 > 0$)

图 3.4　星型结点

但是, 如果 (3.88) 的形式为

$$\begin{cases} \dfrac{\mathrm{d}u}{\mathrm{d}t} = \lambda_1 u, \\ \dfrac{\mathrm{d}v}{\mathrm{d}t} = u + \lambda_1 v, \end{cases} \tag{3.93}$$

则系统 (3.93) 的通解是

$$u = c_1 \mathrm{e}^{\lambda_1 t}, \quad v = (c_1 t + c_2) \mathrm{e}^{\lambda_1 t}.$$

因而系统 (3.93) 的所有轨线可以表示为

$$v = cu + \frac{u}{\lambda_1} \ln |u| \quad \text{和} \quad u = 0.$$

由此可得

$$\lim_{u \to 0} v(u) = 0 \quad \text{和} \quad \lim_{u \to 0} \frac{\mathrm{d}v}{\mathrm{d}u} = \begin{cases} +\infty, & \lambda_1 < 0, \\ -\infty, & \lambda_1 > 0. \end{cases}$$

这表明系统的任一条轨线都在原点与 v 轴相切. 当 $\lambda_1 > 0$ 时, 系统的零解是不稳定的; 当 $\lambda_1 < 0$ 时, 零解是稳定的. 此种奇点 $O(0,0)$ 称为单向结点 (亦称退化结点), 如图 3.5 所示.

(3) $q > 0$, $p^2 - 4q < 0$, λ_1 和 λ_2 是一对共轭复根.

此时, 系统 (3.88) 的形式为

$$\begin{cases} \dfrac{\mathrm{d}u}{\mathrm{d}t} = \alpha u + \beta v, \\ \dfrac{\mathrm{d}v}{\mathrm{d}t} = -\beta u + \alpha v, \end{cases} \tag{3.94}$$

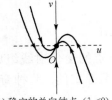

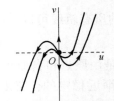

(a) 稳定的单向结点 ($\lambda_1 < 0$)　　　　　　　(b) 不稳定的单向结点 ($\lambda_1 > 0$)

图 3.5　单向结点

利用变换 $u = r\cos\theta$，$v = r\sin\theta$，将 (3.94) 转化为

$$\begin{cases} \dfrac{\mathrm{d}r}{\mathrm{d}t} = \alpha r, \\[2mm] \dfrac{\mathrm{d}\theta}{\mathrm{d}t} = -\beta, \end{cases} \tag{3.95}$$

其通解为

$$r = c_1 \mathrm{e}^{\alpha t}, \quad \theta = -\beta t + c_2, \quad c_1 > 0.$$

当 $\alpha < 0$ 时，每一条轨线都随 $t \to +\infty$ 时盘旋地趋近于原点，零解是渐近稳定的；当 $\alpha > 0$ 时，轨线都随 $t \to +\infty$ 时盘旋地远离原点，零解是不稳定的. β 的符号决定了轨线的盘旋方向. 此种奇点 $O(0,0)$ 称为焦点，如图 3.6 所示.

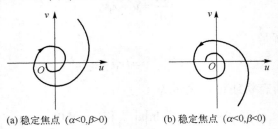

(a) 稳定焦点 ($\alpha < 0, \beta > 0$)　　　　　　　(b) 稳定焦点 ($\alpha < 0, \beta < 0$)

图 3.6　焦点

(4) $q > 0$，$p = 0$，A 的特征值是一对共轭的纯虚根.

此时，系统 (3.88) 的形式为

$$\begin{cases} \dfrac{\mathrm{d}u}{\mathrm{d}t} = \beta v, \\[2mm] \dfrac{\mathrm{d}v}{\mathrm{d}t} = -\beta u, \end{cases} \tag{3.96}$$

其通解为

$$r(t) = c_1, \quad \theta(t) = -\beta t + c_2, \quad c_1 > 0.$$

因此，系统 (3.96) 的所有的轨线是以原点 $O(0,0)$ 为中心的同心圆族，零解是稳定的，但不是渐近稳定的. 此种奇点 $O(0,0)$ 称为中心, 如图 3.7 所示.

(5) $q < 0$, A 有两个异号的实特征值 λ_1 和 λ_2.

此时, 系统(3.88)的形式仍为(3.89). 类似于(1)的讨论, 除了 $u = 0$ 和 $v = 0$ 是系统的轨线外, 其他的轨线可以写成

$$v = c|u|^{\frac{\lambda_2}{\lambda_1}}, \quad \frac{\lambda_2}{\lambda_1} < 0 .$$

显然, 这些轨线均以 u 轴和 v 轴为其渐近线. 此种奇点 $O(0,0)$ 称为鞍点, 如图 3.8 所示.

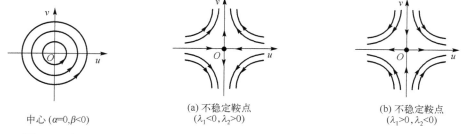

中心 ($\alpha = 0, \beta < 0$)

图 3.7 中心

(a) 不稳定鞍点
($\lambda_1 < 0, \lambda_2 > 0$)

(b) 不稳定鞍点
($\lambda_1 > 0, \lambda_2 < 0$)

图 3.8 鞍点

综合以上的分析, 给出判定平面线性自治系统初等奇点类型的结果.

定理 3.25 平面线性自治系统初等奇点的类型如下:

(1) 当 $q > 0$, $p^2 - 4q > 0$, 奇点 $O(0,0)$ 是两向结点.

(2) 当 $q > 0$, $p^2 - 4q = 0$, 奇点 $O(0,0)$ 是星型结点或单向结点.

(3) 当 $q > 0$, $p^2 - 4q < 0$, 奇点 $O(0,0)$ 是焦点.

(4) 当 $q > 0$, $p = 0$, 奇点 $O(0,0)$ 是中心.

(5) 当 $q < 0$, 奇点 $O(0,0)$ 是鞍点.

进一步有, 在情形(1)~(3)中, 当 $p > 0$ 时, 零解是稳定的; 当 $p < 0$ 时, 零解是不稳定的.

定理 3.25 解的类型如图 3.9 所示.

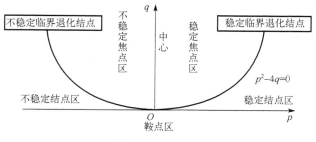

图 3.9 解的类型

注 3.31　实际上, $u = 0$ 包括系统的三条轨线: v 轴的正半轴 $(u = 0, v > 0)$, 原点 $(u = 0, v = 0)$ 和 v 轴的负半轴 $(u = 0, v < 0)$. 为了简单, 在文中, 我们总说 $u = 0$ 是系统 (3.88) 的轨线.

注 3.32　对于稳定(不稳定)的两向结点、稳定(不稳定)的临界结点和退化结点、稳定(不稳定)的焦点, 它们有相同的拓扑结构, 亦称它们是拓扑同胚的(可以通过双方单值连续的变换, 即拓扑变换, 实现相互转化). 于是 pOq 平面可分成下面的三个区域:

①$q > 0$, $p > 0$, 稳定的焦点、结点区;

②$q > 0$, $p < 0$, 不稳定的焦点、结点区;

③$q < 0$, 鞍点区.

当系统 (3.86) 的系数矩阵 A 对应的 (p, q) 属于同一区域时, 相应奇点附近的轨线的拓扑结构相同.

当点 (p, q) 位于上述三个区域的某一个内部时, 参数 p, q 作微小扰动后仍在该区域内部, 因而扰动后奇点附近的轨线的拓扑结构不变, 在此意义下, 系统 (3.86) 对于线性扰动是结构稳定的. 但当 (p, q) 位于上述三个区域的某条边界时, 即当 $q = 0$ 或 $p = 0$, $q > 0$ 时, 无论对系数 p 和 q 作多么微小的扰动, 都可能使系统的奇点附近轨线的拓扑结构改变, 此时, 称系统 (3.86) 对线性扰动是结构不稳定的.

注 3.33　虽然稳定结点和稳定焦点有相同的拓扑结构, 但是它们附近的轨线分布有很大差别. 在结点情形, 除了奇点以外, 其他轨线都是沿某个确定方向趋近或远离奇点, 而在焦点情形, 除奇点外, 其他轨线都是无限盘旋地趋近或远离奇点的. 在此意义下, 称它们有不同的定性结构. 容易得到, 位于 $p^2 - 4q = 0$ 上的 (p, q) 所对应的系统的轨线的定性结构是不稳定的.

注 3.34　非奇异的线性变换 (3.87) 是一个同胚, 所以变换前后的系统 (3.86) 和系统 (3.88) 有相同的拓扑结构, 也有相同的定性结构. 但是, 在变换 (3.87) 的作用下, 系统的轨线有一定的变形, 两点之间的距离和两曲线的夹角一般会发生变化.

综合以上讨论, 为了画出系统 (3.86) 在奇点 $O(0, 0)$ 附近轨线的定性图(相图), 首先借助若尔当标准型在 uOv 平面上画出奇点 $O(0, 0)$ 附近轨线的相图, 然后利用变换 (3.87) 的逆变换求出 $u = 0$ 和 $v = 0$ 分别在 xOy 平面上所对应的直线, 从而画出系统 (3.86) 的相图.

下面, 我们给出一种画出系统 (3.86) 的相图的直接方法.

这种方法是先用定理 3.25 判定奇点的类型及其稳定性, 然后应用下面两个特征, 可以直接作出相图.

(1) 当 $t \to +\infty$ (或 $-\infty$) 时, 有的轨线沿某一确定的直线 $y = kx$ 趋向奇点 $O(0, 0)$, 称这个直线的走向为一个特殊方向. 显然, 两向结点和鞍点有两个特殊方向, 单向结点有一个特殊方向, 临界结点有无穷个特殊方向, 而焦点和中心没有特殊方向, 且当直线 $y=kx$ 给出系统的一个特殊方向时, 该直线被奇点分割的两个射线都是系统的轨线.

(2) 线性系统 (3.86) 在相平面上给出的向量场关于原点 $O(0,0)$ 是对称的.

例 3.24　判定系统

$$\begin{cases} \dfrac{\mathrm{d}x}{\mathrm{d}t}=y, \\[2mm] \dfrac{\mathrm{d}y}{\mathrm{d}t}=-2x-3y \end{cases} \tag{3.97}$$

的奇点的类型, 并画出相图.

解　系统 (3.97) 有唯一的奇点 $O(0,0)$. 直接计算可得 $p=3>0$, $q=2>0$, $p^2-4q=1>0$. 点 (p,q) 落在 pOq 平面上的两向结点区, 因此奇点 $O(0,0)$ 是系统 (3.97) 的稳定的两向结点.

在两向结点情形, 除了奇点以外, 其他轨线都是沿着某个确定方向, 确切地说, 是与某些特定直线相切着趋近于奇点.

考虑系统 (3.97) 的轨线所满足的微分方程

$$\frac{\mathrm{d}y}{\mathrm{d}x}=\frac{-2x-3y}{y}, \tag{3.98}$$

于是有

$$k=\frac{-2-3k}{k},$$

从而求得 $k_1=-1$, $k_2=-2$. 所以 (3.97) 的轨线趋近于奇点 $O(0,0)$ 所切的直线为

$$y=-x \quad \text{和} \quad y=-2x.$$

由两向结点的特征, 在一对方向有无穷条轨线切入, 另一对方向仅各有一条轨线切入. 容易发现系统 (3.97) 的水平等斜线为

$$\varGamma: -2x-3y=0.$$

在第二象限位于 $y=-x$ 的下方, 当轨线水平穿过 $\varGamma$ 后, 不能与 $y=-x$ 相交, 故只能沿着 $y=-x$ 趋近于奇点. 再由对称性, 可以画出系统 (3.97) 的相图 (图 3.10).

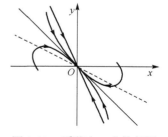

图 3.10　系统 (3.97) 的相图

例 3.25　判定系统

$$\begin{cases} \dfrac{\mathrm{d}x}{\mathrm{d}t}=x-2y, \\[2mm] \dfrac{\mathrm{d}y}{\mathrm{d}t}=-x+y \end{cases} \tag{3.99}$$

的奇点 $O(0,0)$ 的类型, 并画出系统 (3.99) 的相图.

解　系统 (3.99) 有唯一的奇点 $O(0,0)$. 直接计算 $q = -1 < 0$, 因而奇点 $O(0,0)$ 是系统 (3.99) 的鞍点. 显然 $x = 0$ 不是特殊方向, 设特殊方向为直线 $y = kx$ 所指的方向, 其中 k 为常数. 因此, 我们有

$$\frac{\mathrm{d}y}{\mathrm{d}x} = \frac{-x - y}{x - 2y} = \frac{-1 - \dfrac{y}{x}}{1 - 2\dfrac{y}{x}},$$

即

$$k = \frac{-1 - k}{1 - 2k},$$

由此推出

$$2k^2 - 2k - 1 = 0,$$

其根为 $k_1 = \dfrac{1 + \sqrt{3}}{2}$, $k_2 = \dfrac{1 - \sqrt{3}}{2}$. 容易计算出向量场在 $(1,0)$ 点处的向量为 $(1,-1)$.

再由鞍点的结构和向量场的连续性, 可以确定系统 (3.99) 的相图, 见图 3.11.

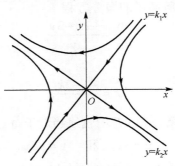

图 3.11　系统 (3.99) 的相图

3.7.2　平面非线性自治系统的奇点

考虑形如 (3.85) 的非线性自治系统, 我们不加证明地给出如下的结果.

定理 3.26(佩龙 (Perron) 第一定理)　如果系统 (3.85) 中的 $M(x,y)$ 与 $N(x,y)$ 满足条件

(1) $M(x,y)$ 和 $N(x,y)$ 是连续可微的;

(2) $M(x,y) = o(r)$, $N(x,y) = o(r)$, $r = \sqrt{x^2 + y^2}$,

则如果奇点 $O(0,0)$ 是对应线性系统 (3.86) 的焦点、两向结点或鞍点, 那么 $O(0,0)$ 也是非线性系统 (3.85) 的同类型奇点.

定理 3.27(Perron 第二定理)　如果系统 (3.85) 中的 $M(x,y)$ 与 $N(x,y)$ 满足条件

(1) $M(x,y)$ 和 $N(x,y)$ 是连续可微的;

(2) $M(x,y)=o(r^{1+\varepsilon})$, $N(x,y)=o(r^{1+\varepsilon})$, 其中 $\varepsilon>0$,

则如果 $O(0,0)$ 是对应线性系统 (3.86) 的临界或退化结点时, 那么 $O(0,0)$ 也是非线性系统 (3.85) 的同类型奇点.

例 3.26　研究系统

$$\begin{cases} \dfrac{\mathrm{d}x}{\mathrm{d}t}=-y, \\[2mm] \dfrac{\mathrm{d}y}{\mathrm{d}t}=-x(4-x^2)-6y \end{cases} \tag{3.100}$$

的奇点的类型.

解　容易发现系统 (3.100) 的三个奇点 $O(0,0)$, $A(2,0)$, $B(-2,0)$.

(1) 原点 $O(0,0)$, 在点 O 处的线性近似系统对应的特征方程为

$$\lambda(\lambda+6)-4=0 ,$$

其根为两个异号的实根, 从而 $O(0,0)$ 是鞍点.

(2) 点 $A(2,0)$, 在 A 点处的线性近似系统对应的特征方程为

$$\lambda(\lambda+6)+8=0 ,$$

其根为 $\lambda_1=-2$, $\lambda_2=-4$, 则点 A 为稳定的两向结点.

(3) 点 $B(-2,0)$, 类似 (2) 的讨论, 奇点 $B(-2,0)$ 也是系统 (3.100) 的稳定的两向结点. 系统 (3.100) 的相图见图 3.12.

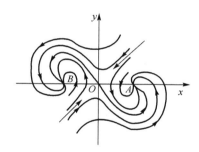

图 3.12　系统 (3.100) 的相图

3.8　平面自治系统的极限环

在平面系统的全局结构研究中, 除奇点之外, 闭轨的研究也是很重要的. 它不仅在研究轨线的定性结构中扮演着重要角色, 而且有广泛的实际应用, 反映了现实世界中大量的周期运动现象. 本节将在引入极限环概念的基础上, 介绍平面自治系统的极限环存在与不存在的一些结果.

考虑平面自治系统

$$\begin{cases} \dfrac{\mathrm{d}x}{\mathrm{d}t}=M(x,y), \\[2mm] \dfrac{\mathrm{d}y}{\mathrm{d}t}=N(x,y), \end{cases} \tag{3.101}$$

假定 $M(x,y)$ 与 $N(x,y)$ 在 $\mathbf{R}^2$ 上连续且满足初值问题解的存在性与唯一性的条件.

3.8.1　极限环的有关概念

定义 3.14　若 Γ 是系统 (3.101) 的闭轨, 如果存在 $\delta > 0$, 使得系统 (3.101) 从 Γ 的双侧邻域 $U(\Gamma, \delta)$ 内出发的一切轨线均当 $t \to +\infty$ (或 $-\infty$) 时, 无限盘旋地趋近 Γ, 则称闭轨 Γ 是系统 (3.101) 的一个极限环.

显然, 极限环是系统的一个孤立闭轨.

定义 3.15　假定仅在 Γ 的一侧 (内侧或外侧) 满足定义 3.14 的要求, 则称 Γ 是单侧极限环.

定义 3.16　如果 Γ 是系统 (3.101) 的一个极限环, 若存在 $\delta > 0$, 使得从 Γ 的双侧邻域 $U(\Gamma, \delta)$ 出发的一个轨线, 当 $t \to +\infty$ (或 $-\infty$) 时无限盘旋地趋近于 Γ, 则称 Γ 是稳定 (不稳定) 的极限环.

定义 3.17　假定仅在 Γ 的单侧邻域满足定义 3.16 的要求, 则称 Γ 是单侧稳定 (不稳定) 的. 有时, 若 Γ 的一侧稳定, 另一侧不稳定, 则称 Γ 是半稳定的.

图 3.13 给出了不同类型的极限环.

(a) 稳定极限环　　　　(b) 不稳定极限环　　　　(c) 半稳定极限环

图 3.13　不同类型的极限环

例 3.27　考虑非线性系统

$$\begin{cases} \dfrac{\mathrm{d}x}{\mathrm{d}t} = -y - x(x^2 + y^2 - 1), \\[2mm] \dfrac{\mathrm{d}y}{\mathrm{d}t} = x - y(x^2 + y^2 - 1). \end{cases} \tag{3.102}$$

由于方程中有 $x^2 + y^2$ 出现, 引进极坐标 (r, θ), 其中

$$x = r\cos\theta, \quad y = r\sin\theta,$$

于是系统 (3.102) 转化为

$$\begin{cases} \dfrac{\mathrm{d}r}{\mathrm{d}t} = -r(r^2 - 1), \\[2mm] \dfrac{\mathrm{d}\theta}{\mathrm{d}t} = 1, \end{cases} \tag{3.103}$$

容易求得系统 (3.103) 的通解为

$$\begin{cases} r(t) = \dfrac{r_0}{(r_0^2 + (1-r_0^2)\mathrm{e}^{-2t})^{\frac{1}{2}}}, \\ \theta(t) = t + \theta_0, \end{cases} \tag{3.104}$$

其中 $r_0 = r(0), \theta_0 = \theta(0)$. 此外, 系统 (3.103) 还有两个特解

$$\begin{cases} r = 0, \\ \theta = \theta_0 + t \end{cases} \quad \text{和} \quad \begin{cases} r = 1, \\ \theta = \theta_0 + t, \end{cases}$$

分别对应系统 (3.103) 的奇点 $O(0,0)$ 和闭轨线 $x^2 + y^2 = 1$. 如果 $r_0 \neq 1$, 形如 (3.104) 的轨线不是闭轨线, 当 $r_0 < 1$ 时, 位于闭轨线 $x^2 + y^2 = 1$ 内部的轨线, 当 $t \to +\infty$ 时无限盘旋地接近 $x^2 + y^2 = 1$, 当 $r_0 > 1$ 时, 位于 $x^2 + y^2 = 1$ 外侧的轨线, 当 $t \to +\infty$ 时也盘旋地趋近 $x^2 + y^2 = 1$, 这表明闭轨线 $x^2 + y^2 = 1$ 是系统的一个稳定极限环, 如图 3.14 所示.

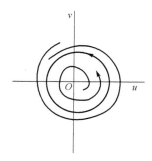

图 3.14　系统的一个稳定极限环

3.8.2　平面极限环存在的判别准则

定理 3.28（庞加莱-本迪克松 (Poincaré-Bendixson) 环域定理）　假定由闭曲线 Γ_1 与 Γ_2 ($\Gamma_1 \supset \Gamma_2$) 所构成的环域 Ω 内及其边界上不含奇点. 若平面自治系统 (3.101) 与 Ω 的边界 $\partial\Omega$ 相交的轨线当 $t \to +\infty$ 时均穿入 (出) 环域 Ω, 则在 Ω 内至少存在系统 (3.101) 的一个外稳定 (不稳定) 的极限环和一个内稳定 (不稳定) 的极限环, 二者可能重合为一个极限环.

注 3.35　环域 Ω 的内边界线可以缩成一个不稳定 (稳定) 的奇点 $O(0,0)$. 此时, 在点 O 的足够小的邻域内作闭曲线 Γ_2, 必可使系统的轨线当 $t \to +\infty$ 时穿入 (出) 环域 Ω.

注 3.36　如果 $M(x,y)$ 和 $N(x,y)$ 在环域 Ω 和边界线 Γ_1 和 Γ_2 上是解析的, 则 Ω 内的闭轨线都是极限环, 进一步有, 若 Ω 内仅存在唯一的闭轨线 Γ, 则 Γ 是一稳定 (不稳定) 的极限环.

注 3.37　Poincaré-Bendixson 环域定理不能简单地推广到相空间是三维以上的动力系统.

这里, 我们不给出定理 3.28 的证明, 仅举一个例子去表明定理的重要性.

例 3.28　考虑系统

$$\begin{cases} \dfrac{\mathrm{d}x}{\mathrm{d}t} = y, \\ \dfrac{\mathrm{d}y}{\mathrm{d}t} = -x + (1 - 2x^2 - 3y^2)y. \end{cases} \tag{3.105}$$

如果 $(x(t), y(t))$ 是系统 (3.105) 的任意一个解，则有

$$\frac{\mathrm{d}}{\mathrm{d}t}(x^2(t) + y^2(t)) = 2x\frac{\mathrm{d}x}{\mathrm{d}t} + 2y\frac{\mathrm{d}y}{\mathrm{d}t} = 2(1 - 2x^2 - 3y^2)y^2.$$

由于 $1 - 2x^2 - 3y^2$ 在区域 $x^2 + y^2 < \dfrac{1}{3}$ 内是正的，而在区域 $x^2 + y^2 > \dfrac{1}{2}$ 内是负的，所以

函数 $x^2(t) + y^2(t)$ 在区域 $x^2 + y^2 < \dfrac{1}{3}$ 内是单调递增的，但在区域 $x^2 + y^2 > \dfrac{1}{2}$ 内是递减

的. 因此，若系统 (3.105) 的一个解 $(x(t), y(t))$ 在 $t = t_0$ 时刻从环域 $D: \dfrac{1}{3} < x^2 + y^2 < \dfrac{1}{2}$ 出

发，则轨线 $(x(t), y(t))$ 在 t_0 后始终在环域内. 显然，在环域上 D 上没有系统 (3.105) 的
奇点. 由 Poincaré-Bendixson 环域定理，系统 (3.105) 的解 $(x(t), y(t))$ 必定无限盘旋地
趋近于一个系统的闭轨.

3.8.3　平面闭轨不存在的判别准则

下面给出系统不存在闭轨，当然更没有极限环的两个判别准则.

定理 3.29（Bendixson 准则）　假定 $M(x, y)$ 和 $N(x, y)$ 在单连通区域 D 上有连续
偏导数，若

$$\frac{\partial M}{\partial x} + \frac{\partial N}{\partial y}$$

在 D 内保持常号，且不在 D 的任何一个子区域中恒等于零，则系统 (3.101) 在 D 中无
闭轨.

证明　设系统 (3.101) 在 D 内有闭轨 Γ，其所围区域 $D_0 \subset D$，由格林 (Green) 公
式知

$$\iint\limits_{D_0} \left(\frac{\partial M}{\partial x} + \frac{\partial N}{\partial y} \right) \mathrm{d}x\mathrm{d}y = \oint_{\Gamma} M\mathrm{d}y - N\mathrm{d}x. \tag{3.106}$$

因为 Γ 是系统 (3.101) 的轨线，故在 Γ 上有

$$M\mathrm{d}y - N\mathrm{d}x = (MN - NM)\mathrm{d}t = 0,$$

从而 (3.106) 的右端积分为零. 然而，由条件可知，左端的积分不为零. 这个矛盾表
明 (3.101) 在 D 内没有闭轨.

定理 3.30（杜拉克 (Dulac) 准则）　假定 $M(x, y)$ 和 $N(x, y)$ 在单连通区域 D 上有连
续偏导数，且存在一个连续可微的函数 $B(x, y)$ 使得

$$\frac{\partial(BM)}{\partial x} + \frac{\partial(BN)}{\partial y}$$

保持常号，且不在 D 的任何一个子区域中恒为零，则系统 (3.101) 在 D 中没有闭轨.

证明　在定理 3.29 中, 将 $M(x,y)$ 和 $N(x,y)$ 分别用 $B(x,y)M(x,y)$ 和 $B(x,y)N(x,y)$ 代替, 则可以证明本定理.

注 3.38　取 $B(x,y)\equiv 1$ 时, Dulac 准则即为 Bendixson 准则, 可见, 前者是后者的一种特殊情形. 但是, 在判定系统不存在闭轨时, Bendixson 准则仅用到系统自身的信息, 而不需要额外的辅助函数 $B(x,y)$, 因此, 它仍有独特的优势.

例 3.29　考虑系统

$$\begin{cases} \dfrac{\mathrm{d}x}{\mathrm{d}t} = y^2, \\ \dfrac{\mathrm{d}y}{\mathrm{d}t} = -x - \beta y - y^3, \end{cases} \quad (x,y)\in \mathbf{R}^2, \quad \beta \in \mathbf{R}. \tag{3.107}$$

当 $\beta = 0$ 时, 方程 (3.107) 化为

$$\begin{cases} \dfrac{\mathrm{d}x}{\mathrm{d}t} = y^2, \\ \dfrac{\mathrm{d}y}{\mathrm{d}t} = -x - y^3. \end{cases} \tag{3.108}$$

因为

$$\frac{\partial M}{\partial x} + \frac{\partial N}{\partial y} = -3y^2 \leqslant 0, \quad (x,y)\in \mathbf{R}^2,$$

且它在 $\mathbf{R}^2$ 上的任何一个子区域上不恒等于零. 由 Bendixson 准则, 系统 (3.108) 在 $\mathbf{R}^2$ 上没有闭轨.

当 $\beta \neq 0$ 时, 取 $B(x,y) = \mathrm{e}^{ax+by}$, 其中 a,b 是两个待定常数, 由于

$$\frac{\partial(BM)}{\partial x} + \frac{\partial(BN)}{\partial y} = \mathrm{e}^{ax+by}[-\beta - bx - \beta by + (a-3)y^2 - by^3],$$

于是选取 $a=3, b=0$, 也即 $B(x,y) = \mathrm{e}^{3x}$, 则有

$$\frac{\partial(BM)}{\partial x} + \frac{\partial(BN)}{\partial y} = -\beta \mathrm{e}^{3x}.$$

这表明 $\dfrac{\partial(BM)}{\partial x} + \dfrac{\partial(BN)}{\partial y}$ 在 $\mathbf{R}^2$ 上保持常号, 由 Dulac 准则, 系统 (3.107) 在 $\mathbf{R}^2$ 上没有闭轨.

>> **阅读材料**

微分方程在弹簧振动中的应用

微分方程是 17 世纪和微积分同时诞生的一门理论性极强又有广泛应用的数学

中心学科之一. 微分方程是连接自然科学乃至社会科学与数学科学的主要桥梁, 它吸收数学各个分支的成果又带动数学各分支的发展, 是一门综合性极强的数学分支. 从 1676 年莱布尼茨第一次提出微分方程的概念到 1937 年庞特里亚金提出了结构稳定性概念, 在这 200 多年的发展史中, 微分方程经历了四个重要阶段, 这些阶段倾注了莱布尼茨、伯努利、欧拉、泰勒、黎卡提、刘维尔、柯西、庞加莱、李雅普诺夫、伯克霍夫等一大批数学家的心血, 体现了他们对数学科学孜孜不倦的探索和勇于钻研的奋进精神.

机械振动是指物体或质点在其平衡位置附近所做的有规律的往复运动. 振动的强弱用振动量来衡量, 振动量可以是振动体的位移、速度或加速度. 振动量如果超过允许范围, 机械设备将产生较大的动载荷和噪声, 从而影响其工作性能和使用寿命, 严重时会导致零部件的早期失效. 例如, 透平叶片因振动而产生的断裂, 可以引起严重事故. 由于现代机械结构日益复杂, 运动速度日益提高, 振动的危害更为突出. 反之, 利用振动原理工作的机械设备, 则应能产生预期的振动. 在机械工程领域中, 除固体振动外还有流体振动, 以及固体和流体耦合的振动. 空气压缩机的喘振, 就是一种流体振动.

1656~1657 年, 荷兰的 C. 惠更斯首次提出物理摆的理论, 并创制了单摆机械钟. 1921 年, 德国的 H. 霍尔泽提出解决轴系扭转振动的固有频率和振型的计算方法. 20 世纪 30 年代, 机械振动的研究开始由线性振动发展到非线性振动. 20 世纪 50 年代以来, 机械振动的研究从规则的振动发展到要用概率和统计的方法才能描述其规律的不规则振动——随机振动. 由于自动控制理论和电子计算机的发展, 过去认为甚感困难的多自由度系统的计算, 已成为容易解决的问题. 振动理论和实验技术的发展使振动分析成为机械设计中的一种重要工具. 通过了解这些背景知识, 学生可以体验到在认识自然和改造自然过程中数学发挥的重要基础作用.

只有在已知机械设备的动力学模型、外部激励和工作条件的基础上, 才能分析研究机械设备的动态特性. 动态分析包括: ①计算或测定机械设备的各阶固有频率、模态振型、刚度和阻尼等固有特性. 根据固有特性可以找出产生振动的原因, 避免共振, 并为进一步动态分析提供基础数据. ②计算或测定机械设备受到激励时有关点的位移、速度、加速度、相位、频谱和振动的时间历程等动态响应, 根据动态响应考核机械设备承受振动和冲击的能力, 寻找其薄弱环节和浪费环节, 为改进设计提供依据. 还可建立用模态参数表示的机械系统的运动方程, 称为模态分析. ③分析计算机械设备的动力稳定性, 确定机械设备不稳定, 即产生自激振动的临界条件. 保证机械设备在充分发挥其性能的条件下不产生自激振动, 并能稳定地工作.

由质量、刚度和阻尼各元素以一定形式组成的系统, 称为机械系统. 实际的机械结构一般都比较复杂, 在分析其振动问题时往往需要把它简化为由若干个"无弹性"的质量和"无质量"的弹性元件所组成的力学模型, 这就是一种机械系统, 称为弹簧质量系统. 弹性元件的特性用弹簧的刚度来表示, 它是弹簧每缩短或伸长单位长度所需施加的力. 例如, 可将汽车的车身和前、后桥作为质量, 将板簧和轮胎作为弹性元件, 将具有耗散振动能量作用的各环节作为阻尼, 三者共同组成了研究汽车振动的一种机械系统.

单自由度系统　确定一个机械系统的运动状态所需的独立坐标数, 称为系统的自由度数. 分析一个实际机械结构的振动特性时需要忽略某些次要因素, 把它简化为动力学模型, 同时确定它的自由度数. 简化的程度取决于系统本身的主要特性和所要求分析计算结果的准确程度, 最后再经过实测来检验简化结果是否正确. 最简单的弹簧质量系统是单自由度系统, 它是由一个弹簧和一个质量组成的系统, 只用一个独立坐标就能确定其运动状态. 根据具体情况, 可以选取线位移作为独立坐标, 也可以选取角位移作为独立坐标. 以线位移为独立坐标的系统的振动, 称为直线振动. 以扭转角位移为独立坐标的系统的振动, 称为扭转振动.

多自由度系统　不少实际工程振动问题, 往往需要把它简化成两个或两个以上自由度的多自由度系统. 例如, 只研究汽车垂直方向的上下振动时, 可简化为以线位移描述其运动的单自由度系统. 而当研究汽车上下振动和前后摆动时, 则应简化为以线位移和角位移同时描述其运动的 2 自由度系统. 2 自由度系统一般具有两个不同数值的固有频率. 当系统按其中任一固有频率自由振动时, 称为主振动. 系统做主振动时, 整个系统具有确定的振动形态, 称为主振型. 主振型和固有频率一样, 只决定于系统本身的物理性质, 与初始条件无关. 多自由度系统具有多个固有频率, 最低的固有频率称为第一阶固有频率, 简称基频. 研究梁的横向振动时, 就要用梁上无限多个横截面在每个瞬时的运动状态来描述梁的运动规律. 因此, 一根梁就是一个无限多个自由度的系统, 也称连续系统. 弦、杆、膜、板、壳的质量和刚度与梁相同, 具有分布的性质. 因此, 它们都是具有无限多个自由度的连续系统, 也称分布系统.

机械振动有不同的分类方法. 按产生振动的原因可分为自由振动、受迫振动和自激振动; 按振动的规律可分为简谐振动、非谐周期振动和随机振动; 按振动系统结构参数的特性可分为线性振动和非线性振动; 按振动位移的特征可分为扭转振动和直线振动.

单自由系统的弹簧振动问题微分方程模型.

在日常生活和工程技术中, 很多机械振动问题可归结为弹性振动的研究, 如单摆, 汽车上的减震器, 重型机械中的后座装置等. 下面介绍弹簧振动的例子.

设有一弹簧, 上端固定, 下端挂一个质量为 m 的物体, 当物体处于静止状态时, 作用在物体上的重力与弹力大小相等、方向相反. 这个位置就是物体的平衡位置.

当物体处于平衡位置时, 受到向下的重力 mg, 弹簧向上的弹力 $k\Delta l$ 的作用, 其中 k 是弹簧的弹性系数, Δl 是弹簧受到重力作用后向下拉伸的长度, 即

$$k\Delta l = mg .$$

为了研究物体的运动规律，选取平衡位置为坐标原点，取 x 轴垂直向下，从而当物体处于平衡位置时，有 $x = 0$，但当物体受到外力 $F(t)$ 作用时，从平衡位置开始运动，$x(t)$ 代表物体在 t 时的位置，当物体开始运动时，受到下面四个力的作用：

物体的重力，设为 $W = mg$，方向向下，与坐标轴的方向一致；

弹簧的弹力，设为 R，当 $\Delta l + x > 0$ 时，弹力与 x 轴方向相反，取 $R = -k(\Delta l + x)$. 当 $\Delta l + x < 0$ 时，弹力与 x 轴方向相同，取 $R = -k(\Delta l + x)$. 因此，弹簧的弹力总有

$$R = -k(\Delta l + x) .$$

空气阻力设为 D，物体在运动过程中总会受到空气或其他介质的阻力作用，使振动逐渐减弱，阻力的大小与物理的运动速度成正比，方向与运动方向相反，该阻力系数设为 c，在 t 时刻物体运动速度为 $\dfrac{\mathrm{d}x}{\mathrm{d}t}$，因此

$$D = -c\frac{\mathrm{d}x}{\mathrm{d}t} .$$

物体在运动时还受到随时间变化的外力作用 $F(t)$，方向可能是向上，也可能是向下，依赖于 $F(t)$ 的正负.

根据上述受力分析，由牛顿第二定律得

$$m\frac{\mathrm{d}^2 x}{\mathrm{d}t^2} = W + R + D + F = mg - k(\Delta l + x) - c\frac{\mathrm{d}x}{\mathrm{d}t} + F(t) = -kx - c\frac{\mathrm{d}x}{\mathrm{d}t} + F(t) .$$

因此，物体的运动满足二阶线性微分方程

$$m\frac{\mathrm{d}^2 x}{\mathrm{d}t^2} + c\frac{\mathrm{d}x}{\mathrm{d}t} + kx = F(t) . \tag{1}$$

(1)无阻尼振动　首先研究没有空气阻力和外力作用的弹簧振动，此时方程(1)变为

$$m\frac{\mathrm{d}^2 x}{\mathrm{d}t^2} + kx = 0 \quad 或 \quad \frac{\mathrm{d}^2 x}{\mathrm{d}t^2} + {\omega_0}^2 x = 0, \tag{2}$$

这里 ${\omega_0}^2 = \dfrac{m}{k}$，方程(1)的通解为

$$x(t) = c_1 \cos \omega_0 t + c_2 \sin \omega_0 t , \tag{3}$$

其中 c_1，c_2 为常数，为了使物理意义明确，令

$$\sin\theta = \frac{c_1}{\sqrt{c_1^2 + c_2^2}}, \quad \cos\theta = \frac{c_2}{\sqrt{c_1^2 + c_2^2}},$$

因此，若取 $A = \sqrt{c_1^2 + c_2^2}$，$\theta = \arctan \dfrac{c_1}{c_2}$，则 (3) 可改写为

$$x(t) = \sqrt{c_1^2 + c_2^2} \left(\frac{c_1}{\sqrt{c_1^2 + c_2^2}} \cos \omega_0 t + \frac{c_2}{\sqrt{c_1^2 + c_2^2}} \sin \omega_0 t \right) \tag{4}$$

$$= A(\sin \theta \cos \omega_0 t + \cos \theta \sin \omega_0 t) = A \sin(\omega_0 t + \theta).$$

从 (4) 可以看出，物体的运动是周期振动，周期为 $T = \dfrac{2\pi}{\omega_0}$，这种运动称之为简谐运动，振幅是 A，θ 是初相位，振幅和初相位都依赖于初始条件的选择.

(2) 有阻尼振动

现在我们考虑有空气阻力而无外力作用的弹簧振动，此时，方程 (1) 变为

$$m \frac{\mathrm{d}^2 x}{\mathrm{d}t^2} + c \frac{\mathrm{d}x}{\mathrm{d}t} + kx = 0. \tag{5}$$

上面方程 (5) 的特征方程为 $m\lambda^2 + c\lambda + k = 0$，特征根为

$$\lambda_1 = \frac{-c + \sqrt{c^2 - 4km}}{2m}, \quad \lambda_2 = \frac{-c - \sqrt{c^2 - 4km}}{2m}.$$

下面分三种情形考虑方程 (5) 的解：

(a) $c^2 - 4km > 0$，λ_1 和 λ_2 是两个不同的负实数，因此，方程 (5) 的通解为

$$x(t) = c_1 \mathrm{e}^{\lambda_1 t} + c_2 \mathrm{e}^{\lambda_2 t}.$$

(b) $c^2 - 4km = 0$，方程 (5) 的通解为

$$x(t) = (c_1 + c_2) \exp\left(-\frac{c}{2m} t \right).$$

(c) $c^2 - 4km < 0$，方程 (5) 的通解为

$$x(t) = \exp\left(-\frac{c}{2m} t \right) [c_1 \cos \mu t + c_2 \sin \mu t],$$

$$\mu = \frac{\sqrt{4km - c^2}}{2m}.$$

情形 (a) 称为大阻尼情形，情形 (b) 称为临界阻尼情形，(c) 称为小阻尼情形. 对于情形 (c)，类似于无阻尼自由振动，可把方程 (5) 的通解写成

$$x(t) = A \exp\left(-\frac{c}{2m} t \right) \sin(\mu t + \theta),$$

其中，A，θ 为任意常数.

在有阻尼的情况下,弹簧振动已经不是周期的,振动的最大偏离 $A\exp\left(-\dfrac{c}{2m}t\right)$ 随着时间的增加而不断减小, 最后趋于平衡位置 $x(t)=0$.

当然, 还有很多其余的类型和理论, 读者可以参考相应的参考文献.

习　题　3

1. 考察系统

$$\frac{\mathrm{d}x}{\mathrm{d}t}=-x^3$$

的零解是一致渐近稳定的, 但不是指数渐近稳定的.

2. 证明方程

$$\frac{\mathrm{d}x}{\mathrm{d}t}=-x+x^2$$

的零解是指数渐近稳定的, 但不是全局渐近稳定的.

3. 证明如果微分方程 (3.1) 的解 $x(t,t_0,x_0)$ 对初始时刻 t_0 是稳定(渐近稳定)的, 则对任何初始时刻 $t_1>t_0$, 这个解也是稳定(渐近稳定)的.

4. 证明对于微分方程

$$\frac{\mathrm{d}x}{\mathrm{d}t}=f(t,x),\quad x\in\mathbf{R}^n,$$

如果 $f(t,x)$ 与 t 无关, 或者 $f(t,x)$ 是 t 的周期函数, 即存在 T , 使得 $f(t+T,x)=f(t,x)$, 则有如下结论成立:

(1)方程的零解 $x=0$ 是稳定的, 则它必定是一致稳定的.

(2)方程的零解 $x=0$ 是渐近稳定的, 则它必定是一致渐近稳定的.

5. 讨论微分系统

$$\begin{cases}\dfrac{\mathrm{d}x}{\mathrm{d}t}=x-2,\\[2mm]\dfrac{\mathrm{d}y}{\mathrm{d}t}=-y,\end{cases}\quad (x,y)\in\mathbf{R}^2$$

的平衡解 $x=2$, $y=0$ 的稳定性.

6. 研究系统

$$\begin{cases}\dfrac{\mathrm{d}x}{\mathrm{d}t}=x^5+y^3,\\[2mm]\dfrac{\mathrm{d}y}{\mathrm{d}t}=x^3+y^5\end{cases}$$

的零解的稳定性.

7. 研究系统

$$
\begin{cases}
\dfrac{\mathrm{d}x}{\mathrm{d}t} = y, \\[2mm]
\dfrac{\mathrm{d}y}{\mathrm{d}t} = -x + (1-x^2)y
\end{cases}
$$

的零解的稳定性.

8. 研究系统

$$
\begin{cases}
\dfrac{\mathrm{d}x}{\mathrm{d}t} = 2y(z-1), \\[2mm]
\dfrac{\mathrm{d}y}{\mathrm{d}t} = -x(z-1), \\[2mm]
\dfrac{\mathrm{d}z}{\mathrm{d}t} = -x^2 y^2 z
\end{cases}
$$

的零解的稳定性.

9. 研究系统

$$
\begin{cases}
\dfrac{\mathrm{d}x}{\mathrm{d}t} = y - xy^2, \\[2mm]
\dfrac{\mathrm{d}y}{\mathrm{d}t} = -x^3
\end{cases}
$$

的零解的稳定性.

10. 证明定理 3.2 中 V 函数是负定的且 $\dfrac{\mathrm{d}V}{\mathrm{d}t}$ 是半负定的情形.

11. 在定理 3.3, 对 V 是负定函数和 $\dfrac{\mathrm{d}V}{\mathrm{d}t}$ 是正定的情形给出证明.

12. 如果在 $\mathbf{R}^n$ 中, 存在 $V(x) \in C^1(\mathbf{R}^n)$ 和正常数 a, b, c, 使得对一切 $x \in \mathbf{R}^n$ 有

$$
a\|x\|^2 \leqslant V(x) \leqslant b\|x\|^2, \quad \frac{\mathrm{d}V}{\mathrm{d}t} \leqslant -c\|x\|^2,
$$

证明系统 (3.14) 的零解是全局指数稳定的.

13. 研究系统

$$
\begin{cases}
\dfrac{\mathrm{d}x}{\mathrm{d}t} = -y + kx(x^2 + y^2), \\[2mm]
\dfrac{\mathrm{d}y}{\mathrm{d}t} = x + ky(x^2 + y^2)
\end{cases}
$$

的零解的稳定性, 其中 $k \in \mathbf{R}$.

14. 证明定理 3.7.

15. 对于定理 3.8, 证明 $V(t,x)$ 是负定的且 $\dfrac{\mathrm{d}V}{\mathrm{d}t}$ 是半正定的情形.

16. 在定理 3.10 的条件下, 证明系统(3.32)的零解是一致渐近稳定的.

17. 证明定理 3.11.

18. 证明定理 3.13.

19. 研究系统

$$\begin{cases} \dfrac{\mathrm{d}x}{\mathrm{d}t} = y, \\[2mm] \dfrac{\mathrm{d}y}{\mathrm{d}t} = -(2+\sin t)x - y \end{cases}$$

的零解的稳定性.

20. 研究系统

$$\begin{cases} \dfrac{\mathrm{d}x}{\mathrm{d}t} = y, \\[2mm] \dfrac{\mathrm{d}y}{\mathrm{d}t} = -\mathrm{e}^{-t}x - \mathrm{e}^{t}y \end{cases}$$

的零解的稳定性.

21. 研究系统

$$\begin{cases} \dfrac{\mathrm{d}x}{\mathrm{d}t} = (-2+\sin^2 t)x + y, \\[2mm] \dfrac{\mathrm{d}y}{\mathrm{d}t} = x\cos t - y \end{cases}$$

的零解的稳定性.

22. 证明系统

$$\begin{cases} \dfrac{\mathrm{d}x}{\mathrm{d}t} = -a(t)x - by, \\[2mm] \dfrac{\mathrm{d}y}{\mathrm{d}t} = bx - c(t)y \end{cases}$$

的零解是全局渐近稳定的, 其中 b 为实数, $a(t)$ 和 $c(t)$ 是连续函数, 且对 $t \geqslant t_0$ 有 $a(t) \geqslant \delta > 0$, $c(t) \geqslant \delta > 0$.

23. 在定理 3.15 中, 证明相应的条件也是系统(3.48)零解渐近稳定、稳定和不稳定的必要条件.

24. 在定理 3.16 中, 证明条件(3.57)~(3.60)分别是系统(3.47)零解稳定、一致稳定、渐近稳定和指数渐近稳定的必要条件.

25. (格朗沃尔(Gronwall)不等式) 设一元函数 $g(t)$ 和 $\varphi(t)$ 在区间 $[a,b]$ 上连续, $g(t) \geqslant 0$, $\lambda \geqslant 0$, $\beta \geqslant 0$. 若

$$\varphi(t) \leqslant \lambda + \int_a^t (g(s)\varphi(s) + \beta)\mathrm{d}s,$$

证明

$$\varphi(t) \leqslant (\lambda + \beta(b-a))\exp\left(\int_{t_0}^t g(s)\mathrm{d}s\right), \quad a \leqslant t \leqslant b.$$

26. 考虑线性方程

$$\frac{\mathrm{d}x}{\mathrm{d}t} = Ax + B(t)x,$$

其中 $B(t)$ 为 $n \times n$ 的连续矩阵，A 是一个 $n \times n$ 的常数矩阵. 如果 A 的所有特征值都具有非正实部，实部为零的特征值是互不相同的，且

$$\int_{t_0}^{+\infty} \| B(t) \| \mathrm{d}t$$

是有界的，证明系统的零解是稳定的.

27. 仍然考虑第 26 题中的非自治系统，如果 A 的所有特征根都具有负实部，且

$$\lim_{t \to +\infty} \| B(t) \| = 0,$$

证明系统的零解是渐近稳定的.

28. (Hurwitz 判据) 考虑方程

$$\lambda^n + a_1\lambda^{n-1} + a_2\lambda^{n-2} + \cdots + a_{n-1}\lambda + a_n = 0,$$

求证方程所有根具有负实部的充要条件是

$$H_k = \begin{vmatrix} a_1 & a_3 & a_5 & \cdots & a_{2k-1} \\ 1 & a_2 & a_4 & \cdots & a_{2k-2} \\ 0 & a_1 & a_3 & \cdots & a_{2k-3} \\ 0 & 1 & a_2 & \cdots & a_{2k-4} \\ \vdots & \vdots & \vdots & & \vdots \\ 0 & 0 & 0 & \cdots & a_k \end{vmatrix} > 0, \quad k = 1, 2, \cdots, n, \text{ 其中 } j > n \text{ 时，有 } a_j = 0.$$

29. 讨论系统

$$\begin{cases} \dfrac{\mathrm{d}x}{\mathrm{d}t} = -2x + y - z, \\[2mm] \dfrac{\mathrm{d}y}{\mathrm{d}t} = x - y, \\[2mm] \dfrac{\mathrm{d}z}{\mathrm{d}t} = x + y - z \end{cases}$$

的零解的稳定性.

30. 研究系统

$$\begin{cases} \dfrac{\mathrm{d}x}{\mathrm{d}t} = y - x^3, \\ \dfrac{\mathrm{d}y}{\mathrm{d}t} = -x - y + 2y^5 \end{cases}$$

的零解的稳定性.

31. 研究系统

$$\begin{cases} \dfrac{\mathrm{d}x}{\mathrm{d}t} = -x - y + z + x^3, \\ \dfrac{\mathrm{d}y}{\mathrm{d}t} = x - 2y + 2z + xyz, \\ \dfrac{\mathrm{d}z}{\mathrm{d}t} = x + 2y + z + xz + y^2 \end{cases}$$

的零解的稳定性.

32. 证明系统(3.77)的非平凡的周期解一定存在最小正周期.

33. 判定下列系统的奇点 $O(0,0)$ 的类型, 并作出奇点附近的相图.

(1) $\begin{cases} \dfrac{\mathrm{d}x}{\mathrm{d}t} = x + 3y, \\ \dfrac{\mathrm{d}y}{\mathrm{d}t} = -6x - 5y; \end{cases}$
(2) $\begin{cases} \dfrac{\mathrm{d}x}{\mathrm{d}t} = 3x + y, \\ \dfrac{\mathrm{d}y}{\mathrm{d}t} = -x + y; \end{cases}$

(3) $\begin{cases} \dfrac{\mathrm{d}x}{\mathrm{d}t} = -2x - 5y, \\ \dfrac{\mathrm{d}y}{\mathrm{d}t} = 2x + 2y; \end{cases}$
(4) $\begin{cases} \dfrac{\mathrm{d}x}{\mathrm{d}t} = -x + 4y, \\ \dfrac{\mathrm{d}y}{\mathrm{d}t} = -9x + y. \end{cases}$

34. 判定下列平面系统的所有奇点的类型及其稳定性.

(1) $\begin{cases} \dfrac{\mathrm{d}x}{\mathrm{d}t} = x(1 - x - y), \\ \dfrac{\mathrm{d}y}{\mathrm{d}t} = \dfrac{1}{4}y(2 - 3x - y); \end{cases}$
(2) $\begin{cases} \dfrac{\mathrm{d}x}{\mathrm{d}t} = 1 - x^2 - y^2, \\ \dfrac{\mathrm{d}y}{\mathrm{d}t} = 2x. \end{cases}$

35. 判定下列非线性系统奇点 $O(0,0)$ 的类型, 并作出该奇点附近的相图.

(1) $\begin{cases} \dfrac{\mathrm{d}x}{\mathrm{d}t} = 2x + y + xy^2, \\ \dfrac{\mathrm{d}y}{\mathrm{d}t} = x + 2y + x^2 + y^2; \end{cases}$
(2) $\begin{cases} \dfrac{\mathrm{d}x}{\mathrm{d}t} = 2x + 4y + \sin y, \\ \dfrac{\mathrm{d}y}{\mathrm{d}t} = x + y + \mathrm{e}^y - 1. \end{cases}$

36. 讨论系统

$$\begin{cases} \dfrac{\mathrm{d}x}{\mathrm{d}t} = ax + by, \\ \dfrac{\mathrm{d}y}{\mathrm{d}t} = cy \end{cases}$$

的奇点的类型, 其中 a, b, c 为常数, 且 $ac \neq 0$.

37. 证明平面线性自治系统不可能存在极限环.

38. 求出下列系统的所有极限环.

$(1)\begin{cases}\dfrac{\mathrm{d}x}{\mathrm{d}t}=-y, \\[2mm] \dfrac{\mathrm{d}y}{\mathrm{d}t}=x+y(x^2+y^2-1);\end{cases}$

$(2)\begin{cases}\dfrac{\mathrm{d}x}{\mathrm{d}t}=-y-x(x^2+y^2-16)^2, \\[2mm] \dfrac{\mathrm{d}y}{\mathrm{d}t}=x-y(x^2+y^2-16)^2.\end{cases}$

39. 证明下列系统不存在闭轨线.

$(1)\begin{cases}\dfrac{\mathrm{d}x}{\mathrm{d}t}=x-xy^2+y^3, \\[2mm] \dfrac{\mathrm{d}y}{\mathrm{d}t}=3y-x^2y+x^3,\end{cases}\qquad D=\{(x,y):x^2+y^2<4\}\ ;$

$(2)\begin{cases}\dfrac{\mathrm{d}x}{\mathrm{d}t}=-4x+x(x^2+y^2), \\[2mm] \dfrac{\mathrm{d}y}{\mathrm{d}t}=y+y(x^2+y^2).\end{cases}$

40. 证明系统

$$\begin{cases}\dfrac{\mathrm{d}x}{\mathrm{d}t}=2x-2y-x(x^2+y^2), \\[2mm] \dfrac{\mathrm{d}y}{\mathrm{d}t}=2x+2y-y(x^2+y^2)\end{cases}$$

存在闭轨线.

41. 讨论系统

$$\begin{cases}\dfrac{\mathrm{d}x}{\mathrm{d}t}=x+y-x(x^2+y^2), \\[2mm] \dfrac{\mathrm{d}y}{\mathrm{d}t}=-x+y-y(x^2+y^2)\end{cases}$$

在全平面 $\mathbf{R}^2$ 上极限环的存在唯一性.

第 4 章　生物数学导论

没有经过实践检验的理论，不管它多么漂亮，都会失去分量，不会为人所承认；没有以有分量的理论作基础的实践一定会遭到失败.　　　　——门捷列夫

渔业生产作业

作为一种人类最古老的产业，渔业活动一直是人类获取食物的重要手段. 随着科技发展，渔业已从单一的捕捞业发展到养殖业以及水产品加工业. 为适应渔业生产的需要，对渔业活动进行管理是十分必要的. 试回答以下问题：

1. 如何根据现实中的渔业生产活动建立相应的数学模型？
2. 在保持渔业产量的前提下，鱼群持续生存的最长时间是多少？
3. 如何安排渔业生产才能获取最大的经济收益？

生物数学是生物学与数学相互融合的交叉学科, 近年来受到众多研究领域学者的重视. 种群动力学是生物数学研究领域最为经典的领域之一. 随着种群生物学中实用数学模型的研究日益增多, 无论研究的是年龄分布的人口、濒危物种的数量, 还是细菌或病毒的增长等方面, 都在帮助理解其所涉及的动态过程和实际预测方面发挥着重要作用.

生态学中的物种与所处环境之间的相互关系是一个巨大的研究领域, 如捕食者-猎物之间的相互作用、可再生资源管理、杀虫剂抗性菌株的进化、害虫的生态和基因工程控制、多物种社会、植物-食草动物系统等等. 该研究的应用十分广泛, 包括稳定性理论、分支理论①等, 该领域内各种相关研究的书籍数量也在不断增长.

单种群是组成整个生态系统的基本单元, 相关模型的建立和分析是探究复杂生态系统的基础, 为研究复杂模型的动态行为和一般规律提供条件, 能够帮助我们分析相互作用的多种群模型的动力学性质. 按照构建模型过程中变量的类型, 单种群模型可分为连续模型和离散模型. 在本章中, 我们将分别对单种群的连续和离散模型进行介绍.

4.1　单种群连续模型

连续单种群模型是比较容易分析的模型, 基本数学模型都是微分方程, 利用微分方程的有关理论可以分析其动力学性态. 本节介绍几个单种群模型, 通过数形结合法来分析其动力学性质.

4.1.1　连续增长模型

单种群模型与实验室研究尤其相关, 在现实世界中, 它也可以反映影响种群动态的各种效应. 设 $N(t)$ 为 t 时刻种群的数量, 则变化率为

单种群连续模型

$$\frac{\mathrm{d}N}{\mathrm{d}t} = 出生 - 死亡 + 迁入 , \tag{4.1}$$

这就是种群数量的守恒方程.

对表 4.1 的数据进行建模, 所得的最简单的模型, 没有考虑迁入, 同时出生和死亡与 N 成正比, 即

表 4.1　联合国对 21 世纪人口中位数的预测

数据	17世纪中期	19世纪早期	1918~1927	1960	1974	1987	2000	2050	2100
人口(10亿)	0.5	1	2	3	4	5	6.3	10	11.2

---

① **分支理论**(bifurcation theory), 也称为分岔理论或分歧理论, 是数学中研究一族曲线在本质或是拓扑结构上的改变. 这一族曲线可以是向量场内的积分曲线, 也可以是一组微分方程的解.

$$\frac{dN}{dt} = bN - dN \Rightarrow N(t) = N_0 e^{(b-d)t},$$

其中, b, d 是正常数, 初始条件为 $N(0) = N_0$. 因此, 如果 $b > d$, 种群将呈指数增长; 如果 $b < d$, 种群将灭绝. 这种现象是不切合实际的. 然而, 当我们回顾过去并预测 17 世纪至 21 世纪世界总人口的增长估计数, 这个现象就变得合理了, 如表 4.1 所示, 自 1900 年以来, 人口数已实现了成倍增长.

尽管人口数有这样的增长率, 统计学家们仍担心未来的人口数. 1975 年, 约有 18% 的世界人口生活在生育率处于或低于更替水平的国家(每名妇女约有 2.1 个子女), 而 1997 年这一数字为 44%, 据《世界人口展望 2022》, 目前约 2/3 的世界人口生活在生育率低于更替水平的国家或地区.

从长远来看, 必须对人口的这种指数增长率做出适当调整. 比利时学者韦吕勒 (Verhulst)[①]于 1838 年提出, 当种群数量过大时, 种群会有一个自我限制的过程, 并提出了著名的刻画种群增长的逻辑斯谛(Logistic)模型[②]:

$$\frac{dN}{dt} = rN\left(1 - \frac{N}{K}\right), \tag{4.2}$$

其中 r 和 K 为正常数, 分别表示种群的内禀增长率(出生率减去死亡率)和环境容纳量(通常由现有的可持续资源量决定).

模型 (4.2) 有两个平衡态, 即 $N = 0$ 和 $N = K$. 平衡态 $N = 0$ 是不稳定的, 因为由它的线性化方程可得 $dN / dt \approx rN$, 因此 N 从任意小的初始值开始近似呈指数增长 (与 N 相比, N^2 被忽略). 平衡态 $N = K$ 是稳定的, 它的线性化方程为 $d(N-K)/dt \approx -r(N-K)$, 故当 $t \to \infty$ 时, $N \to K$. 承载能力 K 决定了稳定后的种群大小, r 决定了种群趋于稳定时的速率, 可以通过 t 从到 rt 的变换将其纳入时间. 因此, $1/r$ 是模型对种群变化响应的代表性时间尺度.

如果 $N(0) = N_0$, (4.2) 的解可表示为

$$N(t) = \frac{N_0 K e^{rt}}{[K + N_0(e^{rt} - 1)]}. \tag{4.3}$$

如图 4.1 所示. 对于 (4.2), 如果 $N_0 < K$, $N(t)$ 将单调地增加到 K; 如果 $N_0 > K$, 那么 $N(t)$ 将单调地减少到 K. 在前一种情况下, 如果 $N_0 < K / 2$, $N(t)$ 的曲线形状具有典

---

① 韦吕勒 (Pierre-Francois Verhulst, 1804~1849), 比利时社会学家、数学家. 他致力于社会统计学研究. 1846 年, 他经过分析给出论证, 推断阻碍人口增长的因素正比于 "过剩" 人口对总人口的比率, 进而推算出比利时人口的上极限为 94 万人. 他的这一工作为现代人口理论的研究提供了大量有价值的材料.

② 逻辑斯谛函数 (logistic function) 或逻辑斯谛曲线(英语: logistic curve) 是一种常见的 S 形函数, 它是 Verhulst 在 1844 年或 1845 年在研究它与人口增长的关系时命名的. 一个简单的 Logistic 函数可用下式表示: $P(t) = \dfrac{1}{1 + e^{-t}}$.

型的 S 形特征. 当 $N_0 > K$ 时, 意味着人口出生率为负. 当然, 其真正意义为, 在 (4.1) 中, 出生加迁入少于死亡. 对于模型 (4.2), 它更像是一类具有密度依赖调节机制的人口模型, 这是一种过度拥挤的补偿效应, 不能过于字面上理解为控制人口动态的方程.

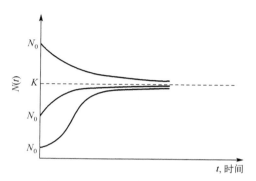

图 4.1　Logistic 人口增长模型

一般来说, 我们可认为人口增长满足如下方程:

$$\frac{\mathrm{d}N}{\mathrm{d}t} = f(N),\tag{4.4}$$

其中, $f(N)$ 是 N 的非线性函数. 显然, (4.4) 的平衡解 N^* 是 $f(N) = 0$ 的解. 当 $f'(N^*) < 0$ 时, 该平衡解对小扰动是线性稳定的, $f'(N^*) > 0$ 时, 则是不稳定的. 这可通过 N^* 的线性化证得, 即令

$$n(t) \approx N(t) - N^*, \quad |n(t)| \ll 1,$$

代入 (4.4) 可得

$$\frac{\mathrm{d}n(t)}{\mathrm{d}t} = f(N^* + n) \approx f(N^*) + nf'(N^*) + \cdots,$$

其中, 由 $n(t)$ 的一阶形式可以得到

$$\frac{\mathrm{d}n(t)}{\mathrm{d}t} = nf'(N^*) \Rightarrow n(t) \propto \exp[f'(N^*)t].\tag{4.5}$$

因此, 当 $f'(N^*) > 0$ 或 $f'(N^*) < 0$ 时, $n(t)$ 也会相应地增长或减少.

下面, 我们将用图解法绘制 $f(N)$ 与 N 的关系, 也可快速得到 (4.4) 的平衡点, 平衡点即为 $f(N)$ 穿过 N 轴的点. 每个平衡点 N^* 处的梯度 $f'(N^*)$ 决定了该平衡点的线性稳定性. 例如, 若 $f(N)$ 如图 4.2 所示, 在 $N = 0$ 和 $N = N_2$ 处的梯度 $f'(N^*)$ 值为正, 所以这两个平衡点是不稳定的; 而在 $N = N_1$, N_3 处, 这两个平衡点是稳定的: 箭头象征着系统解的变化趋势. 值得注意的是, 若在平衡态 N_1 附近施加一个小扰动, 使 $N(t)$ 在 $N_2 < N(t) < N_3$ 的范围内, 那么 $N(t) \to N_3$ 而不是返回 N_1. 从 N_3 到

$0 < N(t) < N_2$ 范围内的类似扰动会导致 $N(t) \to N_1$，即存在一个扰动阈值，在这个扰动下，平衡点是稳定的，这个阈值依赖于 $f(N)$ 的完全非线性形式．

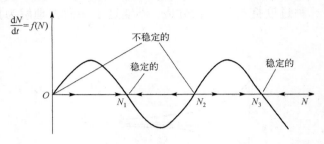

图 4.2　多平衡点的种群动力学模型 $\dfrac{\mathrm{d}N}{\mathrm{d}t} = f(N)$；平衡点处 $f'(N)$ 的正负决定该点的稳定性

4.1.2　昆虫爆发模型：云杉蚜虫

最典型的具有两个正平衡点的单种群模型实例是云杉蚜虫增长模型，云杉蚜虫可以严重损害一种名为胶冷杉的树木，该虫的治理成为加拿大的一个难题．路德维希(Ludwig)等于 1978 年提出如下模型：

$$\frac{\mathrm{d}N}{\mathrm{d}t} = r_B N\left(1 - \frac{N}{K_B}\right) - p(N),$$

这里 r_B 是云杉蚜虫的线性增长率，K_B 是环境的承载能力，与树木上可用的树叶(食物)的密度有关，$p(N)$ 表示鸟类捕食云杉蚜虫数量的功能响应，其定性形式很重要，如图 4.3 所示．捕食过程通常在足够大的 N 下饱和，并且存在一个近似的阈值 N_c，低于该阈值时捕食量较小，高于该阈值时捕食量接近饱和值：这种函数形式就像一个开关，N_c 是临界开关值．对于较小的种群密度 N，鸟类倾向于在别处觅食，因此捕食项 $p(N)$ 下降得更快，而不是与 N 成正比的线性速率．具体来说，我们采用 Ludwig 等于 1978 年提出的 $p(N)$ 形式，即 $BN^2/(A^2 + N^2)$，其中 A 和 B 是正常数，此时 $N(t)$ 由下式决定

$$\frac{\mathrm{d}N}{\mathrm{d}t} = r_B N\left(1 - \frac{N}{K_B}\right) - \frac{BN^2}{A^2 + N^2}. \tag{4.6}$$

这个方程有四个参数，r_B，K_B，B 和 A，其中 A 和 K_B 的维数与 N 相同，r_B 的单位为 $(\text{time})^{-1}$，即每单位时间的增长率；B 的单位为 $N(\text{time})^{-1}$，即每单位时间的捕食率，A 是对"打开"捕食的阈值的度量，即图 4.3 中的 N_c．如果 A 很小，则"阈值"很小，但效果同样显著．

通过无量纲化方法[①]，定义

[①]　**无量纲化**(nondimensionalize)是指通过一个合适的变量替代，将一个涉及物理量的方程的部分或全部的单位移除，以求达到简化实验或者计算的目的，是科学研究中一种重要的处理思想．

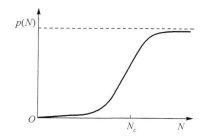

图 4.3　云杉蚜虫增长模型中捕食的功能响应形式; 图形为 S 形字符[①]

$$u = \frac{N}{A}, \quad r = \frac{Ar_B}{A}, \quad q = \frac{K_B}{A}, \quad \tau = \frac{B}{A}, \tag{4.7}$$

代入(4.6), 得

$$\frac{\mathrm{d}u}{\mathrm{d}t} = ru\left(1 - \frac{u}{q}\right) - \frac{\tau u^2}{1 + u^2}. \tag{4.8}$$

注意它只有两个参数 r 和 q, 它们是纯数, 当然还有 u 和 τ. 例如, 若 $u \ll 1$, 则 $N \ll A$. 实际上这意味着在这个种群范围内, 捕食是可以忽略不计的. 在模型中, 通常有几种不同的无量纲化方法, 例如, 我们还可以设

$$u = \frac{N}{K_B}, \quad \tau = \frac{t}{r_B},$$

由此得到不同于(4.8)的无量纲化方程的形式. 要选择的无量纲化分组取决于要研究的方面, 对于模型的分析没有本质的不同.

对于无量纲化方程(4.8), 其平衡点满足

$$f(u,r,q) = 0 \Rightarrow ru\left(1 - \frac{u}{q}\right) - \frac{u^2}{1 + u^2} = 0. \tag{4.9}$$

显然, $u=0$ 是一个解, 如果存在其他解, 则应满足

$$r\left(1 - \frac{u}{q}\right) = \frac{u}{1 + u^2}. \tag{4.10}$$

如图 4.4(a)所示, 用图解法确定(4.10)中解的存在性是很方便的. 记(4.10)中的左边是函数 $g(u)$, (4.10)中右边函数为 $h(u)$, 图中两函数的交点即为平衡点. 首先固定 q, 随着 r 增大时, 方程(4.10)中或存在一个、两个或三个解, 如图 4.4(a)所示. 类似地, 对于固定的 r, 当 q 变化时, 方程(4.10)中解的个数也有类似结论. 当 r 在适当范围内时, 由平衡点的个数与 q 及 $f(u,r,q)$ 的表达式决定, 如图 4.4(b)所示. 方程的无量

---

① 总体值 N_c 是近似值. 当 $N < N_c$ 时, 捕食很小; 而当 $N > N_c$ 时, 则"打开"捕食.

纲化减少了参数的个数, 只有两个参数出现在图 4.4(a) 中的直线, 这一点极大地简化了分析过程, 这也就是 (4.7) 式中引入的无量纲化的动机. 通过观察, $u=0$, $u=u_2$ 是线性不稳定的, 因为在 $u=0$, $u=u_2$ 时, $\dfrac{\partial f}{\partial u}>0$, 而 $u=u_1, u=u_3$ 是稳定的平衡点, 因为在这些点处有 $\dfrac{\partial f}{\partial u}>0$. 在 r, q 参数空间中存在一个区域, 在这个区域中方程 (4.10) 有三个根 (详见图 4.5).

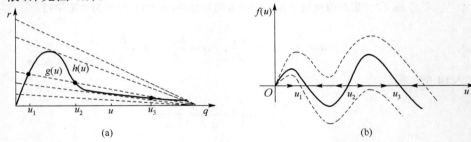

图 4.4　云杉蚜虫增长模型的平衡点. 平衡点由直线 $r(1-u/q)$ 和 $u/(1+u^2)$ 的交点给出 (a) 两曲线的交点即为平衡点, (b) 函数 $f(u,r,q)$ 的形式

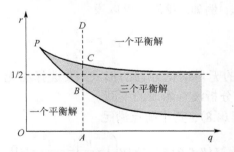

图 4.5　不同参数区域中方程 (4.8) 中平衡点的个数

单种群连续
模型——时滞模型

4.1.3　时滞模型

形如方程 (4.4) 的单种群模型有一个缺点, 其认为出生是瞬时发生的. 而考虑个体出生需要一个妊娠时间、新生个体到性成熟需要一个成熟时间, 时滞的作用不可避免. 因此, 我们通过考虑时滞微分方程模型来探究单种群的增长

$$\frac{\mathrm{d}N(t)}{\mathrm{d}t} = f(N(t), N(t-T)), \qquad (4.11)$$

其中, 时滞 $T>0$ 是一个参数. 刻画单种群增长的最经典的时滞微分方程模型为 Logistic 模型 (4.2) 的推广模型

$$\frac{\mathrm{d}N}{\mathrm{d}t} = rN(t)\left[1 - \frac{N(t-T)}{K}\right], \qquad (4.12)$$

其中, r、K 和 T 均为正常数. 这意味着影响种群密度增长的种群内调控取决于 $t-T$ 时刻的种群密度, 而不是 t 时刻的种群密度. 方程 (4.12) 是一个具时滞效应的微分方程, 此类具有时滞量的方程通常也称为泛函微分方程[①]. 过去某个时刻的种群密度对当前的种群增长产生影响较好理解, 值得注意的是, 所谓的 "过去某个时刻" 有时应该是 "过去所有时刻" 的种群密度. 因此, 比 (4.12) 更精确的模型是具有卷积形式的时滞积分方程

$$\frac{\mathrm{d}N}{\mathrm{d}t} = rN(t)\left[1 - \frac{1}{K}\int_{-\infty}^{t} \omega(t-s)N(s)\mathrm{d}s\right], \tag{4.13}$$

其中, $\omega(t)$ 是一个加权因子, 表示 t 时刻前的早期阶段的人口密度对于 t 时刻的资源可用性影响的权重大小. 实际上, 在 t 趋于正无穷或负无穷时, $\omega(t)$ 均趋于零. $\omega(t)$ 的值可能在某时刻 T 处有一个最大值, 通常 $\omega(t)$ 如图 4.6 所示. 如果 $\omega(t)$ 的图像更尖锐, 其函数值只在 t 附近的区域大于零, 其余时刻的函数值均为零, 那么在极限情况下, 我们认为 $\omega(t)$ 是狄拉克 (Dirac) 函数 $\delta(t-T)$ 的近似函数, 因为 Dirac 函数 $\delta(t-T)$ 满足

$$\int_{-\infty}^{+\infty} \delta(t-T)f(t)\mathrm{d}t = f(T),$$

$$\int_{-\infty}^{t} \delta(t-T-s)N(s)\mathrm{d}s = N(t-T).$$

因此, 方程 (4.13) 可简化为方程 (4.12).

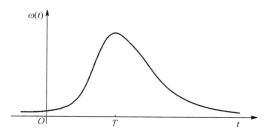

图 4.6 时滞积分方程模型 (4.13) 中的加权函数 $\omega(t)$ 的示例

　　对于泛函微分方程 (4.12), 解的性质和初值条件与方程 (4.2) 有很大不同. 即使看似简单, 方程 (4.12) 中一般的解也须通过数值模拟来找到. 若要计算 $t > 0$ 时的解, 初值需要给出 $t \in [-T, 0]$ 时的所有的初始值 $N(t)$. 通过下面推导, 我们可以对方程 (4.12) 中的解有更好的认识.

[①] **泛函微分方程** (functional differential equation) 是带有各种时滞量的微分方程、各种具有复杂变元的微分方程、带有滞后量的积分微分方程等一类方程的概括和抽象. 苏联数学家克拉索夫斯基和日本数学家加藤敏夫等对于泛函微分方程理论都有重要贡献.

　　由图 4.7, 设当 $t = t_1$ 时, 有 $N(t_1) = K$, 且当 t 属于 t_1 的一个左邻域内时, $N(t - T) < K$. 那么由方程 (4.12), 可知 $1 - N(t - T) / K > 0$, 即 $dN / dt > 0$, 因此在 t_1 时刻, $N(t)$ 的值依然会增加. 当 $t = t_1 + T$ 时, 有 $N(t - T) = N(t_1) = K$, 即 $dN / dt = 0$; 当 $t_1 + T < t < t_2$ 时, $N(t - T) > K$, 有 $dN / dt < 0$, 此时 $N(t)$ 开始减小直到 $t = t_2 + T$, 之后再次得到 $dN / dt = 0$. 因此, 方程存在振荡行为的可能性. 例如, 简单的线性时滞方程

$$\frac{dN}{dt} = -\frac{\pi}{2T} N(t - T) \Rightarrow N(t) = A \cos \frac{\pi t}{2T},$$

其中, A 是常数. 显然易见, 这个方程的解就是周期振荡的.

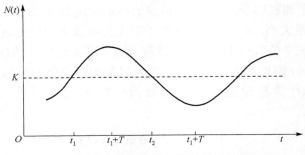

图 4.7　时滞微分方程中周期解的示意图

　　实际上, 当出生率 r 和时滞 T 的乘积 rT 较大时, (4.12) 的解可以表现出稳定的极限循环周期解. 如果 t_p 为周期, 则对于所有的 t 满足 $N(t + t_p) = N(t)$. 关于稳定极限环解的要点是, 如果施加扰动, 则其解会随着时间 $t \to \infty$ 又返回到原来的周期解, 尽管可能有相移. 同时这种周期行为也与任何初始值无关.

　　根据图 4.7 和上面的启发式论证, 极限环周期解的周期可以预期为 $4T$ 量级. 从数值计算来看, 这是大范围 rT 的情况. 事实上, 若令 $N^* = \dfrac{N}{K}$, $t^* = rt$, $T^* = tT$, 方程 (4.12) 的无量纲形式变为

$$\frac{dN^*}{dt^*} = N^*(t^*)[1 - N^*(t^* - T^*)],$$

振荡的幅度随 rT 变化而变化: 当 $rT = 1.6$ 时, 周期为 $t_p \approx 4.03T$, $N_{\max} / N_{\min} \approx 2.56$; 当 $rT = 2.1$ 时, 周期为 $t_p \approx 4.54T$, $N_{\max} / N_{\min} \approx 42.3$; 当 $rT = 2.5$ 时, 周期为 $t_p \approx 5.36T$, $N_{\max} / N_{\min} \approx 2930$. 对于较大的 rT 值, 周期的变化也会较大.

　　需要指出的是, 不含时滞的人口增长模型 (如 $dN / dt = f(N)$) 不能表现出极限环行为. 假设这个方程有周期为 T 的周期解, 即 $N(t - T) = N(t)$. 将方程乘以 dN / dt, 并且从 t 到 $t + T$ 积分得到

$$\int_t^{t+T}\left(\frac{\mathrm{d}N}{\mathrm{d}t}\right)^2\mathrm{d}t=\int_t^{t+T}f(N)\frac{\mathrm{d}N}{\mathrm{d}t}\mathrm{d}t=\int_{N(t)}^{N(t+T)}f(N)\mathrm{d}N.$$

由 $N(t+T)=N(t)$ 知，上式右端为零，又因为 $(\mathrm{d}N/\mathrm{d}t)^2$ 不为零，上式左侧的积分是正的，故矛盾．因此方程 $\mathrm{d}N/\mathrm{d}t=f(N)$ 不可能有周期解.

4.1.4　时滞人口模型的线性分析: 周期解

上一节探讨了时滞微分方程模型 (4.12) 产生周期解的机理．周期解存在意味着平衡点开始出现振荡行为．系统产生的周期解是否稳定呢？这里我们考虑 (4.12) 关于平衡点 $N=0$ 和 $N=K$ 的线性稳定性．由于初值在 $N=0$ 附近的解近似满足 $\mathrm{d}N/\mathrm{d}t\approx rN$，这表明 $N=0$ 呈现不稳定的指数增长．因此，只需要考虑关于稳态和 $N=K$ 的扰动.

借助如下参数变换，

$$N^*=\frac{N(t)}{K},\quad t^*=rt,\quad T^*=rT$$

可得方程 (4.12) 的无量纲化方程，为了简单起见，去掉星号，有

$$\frac{\mathrm{d}N(t)}{\mathrm{d}t}=N(t)[1-N(t-T)],\tag{4.14}$$

令 $N(t)=1+n(t)$，故在 $N=1$ 处的线性化方程为

$$\frac{\mathrm{d}n(t)}{\mathrm{d}t}\approx -n(t-T).\tag{4.15}$$

进而可得

$$n(t)=c\mathrm{e}^{\lambda t},\quad t>T\tag{4.16}$$

和

$$\lambda=-\mathrm{e}^{-\lambda T},\quad T>0,\tag{4.17}$$

其中 c 是一个常数，特征值 λ 满足 (4.17).

要找到 (4.16) 的解析解并不容易．从稳定性的角度来看，我们想知道的是 (4.16) 是否存在 $\mathrm{Re}\,\lambda>0$ 的解，因为这时 $n(t)$ 随时间的增长而呈指数增长，即特征值实部大于零意味着解是不稳定的.

令 $\lambda=\mu+\mathrm{i}\omega$，则一定存在某个实数 μ_0，使 (4.17) 中的解 λ 满足 $\mathrm{Re}\,\lambda=\mu<\mu_0$．这是因为 $|\lambda|=\mathrm{e}^{-\mu T}$，当 $\mu\to+\infty$ 时，$|\lambda|\to+\infty$ 且 $|-\mathrm{e}^{-\mu T}|\to 0$．这与方程 (4.17) 矛盾．因此，$\mathrm{Re}\,\lambda$ 有上界 μ_0．如果设 $z=1/\lambda$，$\omega(z)=1+z\mathrm{e}^{-Tz}$，则 $\omega(z)$ 在 $z=0$ 时有一个奇点．根据皮卡 (Picard) 定理，在 $z=0$ 的邻域中，$\omega(z)=0$ 有无穷多个复根．因此方程 (4.17) 有无穷多个根 λ.

现设 (4.12) 中超越方程①的实部和虚部, 即

$$\mu = -\mathrm{e}^{-\mu T} \cos \omega T, \quad \omega = \mathrm{e}^{-\mu T} \sin \omega T. \tag{4.18}$$

首先确定 T 的范围使 $\mu < 0$. 即我们要找到 $\mathrm{Re}\,\lambda$ 的上极限为负的条件. 考虑特征值为实数, 即 λ 是实的, 也就是 $\omega = 0$. 由 (4.18) 知, $\omega = 0$ 满足第二个方程, 第一个方程变为 $\mu = -\mathrm{e}^{-\mu T}$. 若 $\mathrm{e}^{-\mu T} > 0$, 则没有正根 $\mu > 0$. 也可将 (4.18) 中左式的两边绘制为 μ 的函数, 显然只在 $\mu < 0$ 时, 两个函数才会在 $T > 0$ 相交.

现在考虑 $\omega \neq 0$. 如果 ω 是 (4.18) 的一个解, 那么 $-\omega$ 也是 (4.18) 的一个解. 不失一般性, 可假设 $\omega > 0$. 因为对于所有的 μT 满足 $-\mathrm{e}^{-\mu T} < 0$, 由 (4.18) 的第一个式子可知, $\mu > 0$ 需要 $\pi/2 < \omega T < 3\pi/2$. 原则上 (4.18) 定义了 $\mu(T), \omega(T)$. 我们对 $\mu(T)$ 从 $\mu < 0$ 到 $\mu > 0$ 的 T 值感兴趣. 如果 T 从零开始增长, 当 $\omega T = \pi/2$ 时, 有 $\mu = 0$. 从 (4.18) 我们可以看出 $\mu = 0$ 时, 第二个方程给出的唯一解 $\omega = 1$ 出现在 $T = \pi/2$. 这是因为, 随着 T 增加, μ 开始等于零, 由此得到分支值 $T = T_c = \pi/2$. 另一种推导方法是, 从 (4.18) 可以看出, $\mu = 0$ 时 $\mu(T)$ 的梯度, 也就是 $(\partial \mu / \partial T)_{T=\pi/2} > 0$. 预测得, 当 $T > \pi/2$ 有 $\omega < 1$, 又 $(\partial \omega / \partial T)_{T=\pi/2} < 0$. 综上可知

$$0 < T < \frac{\pi}{2} \tag{4.19}$$

是 (4.16) 的解稳定的条件.

现在回到有量纲量, 可得 $0 < rT < \pi/2$ 时, 平衡点 $N = K$ 是稳定的, 在 $rT > \pi/2$ 时不稳定. 在后一种情况下, 我们期望得到解的稳定振荡行为. 事实上, 临界值 $rT = \pi/2$ 就是分支值, 此时方程 (4.12) 解的性质突然改变, 从稳定的平衡点到周期振荡的解. 模型中的时滞往往会增加不稳定的可能性, 当 T 增加到超过分岔值 $T_c = \pi/2r$ 时, 平衡点开始变得不稳定.

4.1.5 生理学中的时滞模型: 疾病的周期性动态

在许多急性生理疾病中, 最初的症状表现为控制系统的改变或不规则 (通常是周期性的), 或是在迄今为止没有振荡的过程中出现振荡.

1. Cheyne-Stokes 呼吸②

潮式呼吸 (Cheyne-Stokes respiration), 是一种人类呼吸系统疾病, 表现为正常呼吸模式的改变. 在这里, 呼吸模式的振幅, 直接与呼吸量有关, 通气量有规律地随

---

① 超越方程是一类包含未知数的超越函数的方程. 超越函数是指不能表示为有限次加、减、乘、除和开方运算的函数.

② 潮式呼吸 (Cheyne-Stokes respiration), 又称陈-施呼吸, 特点是呼吸逐步减弱以至停止和呼吸逐渐增强两者交替出现, 周而复始, 呼吸呈潮水涨落样, 多见于中枢神经病、脑循环障碍和中毒等患者. 潮式呼吸周期可长达 30 秒到 2 分钟, 暂停期可持续 5~30 秒.

呼吸暂停时间的间隔而增减, 即每次呼吸量降低.

Cheyne-Stokes 呼吸的发病机理如下: 动脉二氧化碳的水平由受体监测, 受体决定了通气水平. 据悉, 二氧化碳敏感受体位于脑干, 故在呼吸水平的整体控制系统中存在固有的时滞 T. 众所周知, 通风对二氧化碳的影响曲线呈 S 形. 假设通风量 V 对二氧化碳水平量 c 的依赖性可以用希尔(Hill)函数来描述

$$V = V_{\max} \frac{c^m(t-T)}{a^m + c^m(t-T)}, \tag{4.20}$$

其中, $V_{\max}$ 为最大可能通风量, 参数 a 和 Hill 系数 m 为正常数, 由具体实验数据确定. 假设血液中二氧化碳的清除量与通气量和血液中二氧化碳的水平成正比. 设 p 为人体内二氧化碳的恒定产生率, 二氧化碳水平的动态模型如下

$$\frac{dc(t)}{dt} = p - bVc(t) = p - bV_{\max} c(t) \frac{c^m(t-T)}{a^m + c^m(t-T)}, \tag{4.21}$$

其中 b 是一个正参数, 也由实验数据确定; 时滞 T 是血液在肺部充氧和脑干化学感受器监测之间的时间. 显然, 这个一阶时滞微分方程模型显示了正常和异常呼吸的定性特征.

要分析方程(4.21), 我们引入无量纲量

$$x = \frac{c}{a}, \quad t^* = \frac{pt}{a}, \quad T^* = \frac{pT}{a}, \quad \alpha = \frac{abV_{\max}}{p}, \quad V^* = \frac{V}{V_{\max}}, \tag{4.22}$$

方程(4.21)变成

$$x'(t) = 1 - \alpha x(t) \frac{x^m(t-T)}{1 + x^m(t-T)} = 1 - \alpha x V\big(x(t-T)\big), \tag{4.23}$$

为了简单起见, 我们省略了(4.22)中 t 和 T 上的星号.

如前所述, 通过研究方程(4.23)的平衡点 x_0 的线性稳定性, 得到解的动态行为特征

$$1 = \alpha \frac{x_0^{m+1}}{1 + x_0^m} = \alpha x_0 V(x_0) = \alpha x_0 V_0, \tag{4.24}$$

其中, V_0 由最后一个方程定义, 是无量纲化的通风量. 用 $1/\alpha x_0$ 和 $V(x_0)$ 作为 x_0 函数的简单曲线图表明存在唯一的正平衡点. 如果考虑关于稳态 x_0 的小扰动, 我们令 $u = x - x_0$, 并考虑 $|u|$ 很小. 代入方程(4.23), 只保留线性项, 结合方程(4.24), 可得

$$u' = -\alpha V_0 u - \alpha x_0 V_0' u(t-T) \; 1 = \alpha \frac{x_0^{m+1}}{1 + x_0^m} = \alpha x_0 V(x_0) = \alpha x_0 V_0, \tag{4.25}$$

其中, $V_0' = dV(x_0)/dx_0$ 为正. 类似于上一节的分析, 我们在以下形式中分析

$$u(t) \propto e^{\lambda t} \Rightarrow \lambda = -\alpha V_0 - \alpha x_0 V_0' e^{-\lambda T}, \tag{4.26}$$

如果(4.26)中 λ 的最大实部为负数, 则平衡点稳定. 由于我们关注的是疾病的振荡性质, 故对平衡点不稳定的参数范围感兴趣, 特别是使得方程解具有振荡行为的参数范围. 因此, 我们需要确定参数的分支值, 比如 $\text{Re}\,\lambda = 0$.

与上一节的讨论类似, 假设 $\lambda = \mu + i\omega$, 很容易证明实数 μ_0 的存在性, 使得对于 (4.26) 的所有解, 都有 $\text{Re}\,\lambda < \mu_0$. 为简单起见, 我们把超越方程(4.26)写成

$$\lambda = -A - Be^{-\lambda T}, \quad A = \alpha V_0 > 0, \quad B = \alpha x_0 V_0' > 0. \tag{4.27}$$

分离方程中的实部和虚部, 可得

$$\mu = -A - Be^{-\mu T}\cos\omega T, \quad \omega = Be^{-\mu T}\sin\omega T. \tag{4.28}$$

这个方程同时含有 A, B 和 T. 我们感兴趣的是当 $\mu = 0$ 时的情形, 所以考虑在这种情况下的参数范围. 当 $\mu = 0$ 时, 令 $s = \omega T$, 由(4.28)式得

$$\cot s = -\frac{AT}{s} \Rightarrow \frac{\pi}{2} < s_1 < \pi. \tag{4.29}$$

对于有限的 $AT > 0$ 成立. 在绘制两个 s 的函数 $\cot s$ 和 AT / s 的图像后发现, 存在一个解 s_1 满足方程(4.29). 同时, 对于 $m = 1, 2, \cdots$, 在 $[(2m+1)\pi / 2, (m+1)\pi]$ 范围内, 该方程还有其他解 s_m. 但是我们只需要考虑最小的正解 s_1, 因为它给出了最小临界 $T > 0$ 的分支. 现在须确定具体参数范围, 由于 $\mu = 0$, s_1 被替换回(4.28)时, 解存在. 也就是说, 对 A, B 和 T, 满足

$$0 = -A - B\cos s_1, \quad s_1 = BT\sin s_1,$$

这意味着

$$BT = \left[(AT)^2 + s_1^2\right]^{1/2}\cot s = -\frac{AT}{s} \Rightarrow \frac{\pi}{2} < s_1 < \pi. \tag{4.30}$$

如果确定 s_1 的 A, B 和 T 不能满足(4.30), 则不存在 $\mu = 0$ 的解.

由于 A 和 B 是正的, 在极限情况 $T = 0$ 时, 有 $\text{Re}\,\lambda = \mu = -A - B < 0$, 因此解是稳定的. 现考虑(4.28) T 从 0 开始增加的情形. 从(4.28)和(4.29)可以看出, 如果

$$BT < [(AT)^2 + s_1^2]^{1/2}, \quad s_1\cot s_1 = -AT, \quad \frac{\pi}{2} < s_1 < \pi. \tag{4.31}$$

由 T 的连续性知, $\mu < 0$. 因此, $\mu = 0$ 的分支条件是(4.30). 换句话说, 若(4.31)成立, 那么(4.23)的稳态解是线性的, 实际上也是全局稳定的. 根据(4.27)中的原始无量纲变量, 条件为

$$\alpha x_0 V_0' T < [(\alpha V_0 T)^2 + s_1^2]^{1/2}, \quad s_1\cot s_1 = -\alpha V_0 T. \tag{4.32}$$

如果现在 A 和 B 是固定的, 则分支值 T_c 由(4.31)中的第一个式子给出.

2. 造血调节

设 $c(t)$ 是循环血液中细胞的浓度; c 的单位是细胞 $/\text{mm}^3$. 假设细胞以与其浓度

成比例的速率死亡, 比如 gc, 其中参数 g 的单位为 $(\text{day})^{-1}$. 当血液中的细胞减少后, 骨髓释放出更多的细胞来补充缺陷大约需要 6 天. 因此, 我们假设进入血流的细胞流量 λ 取决于前期某时刻的细胞浓度 $c(t-T)$, 其中 T 是时滞. 由上述假设可建立一个造血调节模型:

$$\frac{\mathrm{d}c(t)}{\mathrm{d}t} = \lambda(c(t-T)) - gc(t) . \tag{4.33}$$

1977 年, Mackey 和 Glass 提出了函数 $\lambda(c(t-T))$ 的两种可能形式, 我们这里考虑如下形式:

$$\frac{\mathrm{d}c}{\mathrm{d}t} = \frac{\lambda a^m c(t-T)}{a^m + c^m(t-T)} - gc , \tag{4.34}$$

其中, λ, a, m, g 和 T 均为正常数. 可借助与方程 (4.21) 相同的方式分析, 通过无量纲化方法, 寻找平衡点, 研究平衡点的线性稳定性以及确定平衡点不稳定的条件.

4.1.6　带捕获的单种群模型

在经济生产过程中, 无论是动物、鱼类或者是植物以及其他可收获的资源, 制定一个生态上可接受的策略, 以达到持续收获的目的, 通过最少的努力获得最大的可持续产量, 使得资源可以持久地被利用.

大多数物种的种群的数量, 与环境的承载能力 K 有关, 种群数量变化的快慢取决于种群增长率, 而增长率和死亡率大致相等. 捕获或者采伐会导致种群数量的减少, 相当于增大了死亡率. 如果捕获不过度, 种群会调整并稳定到一个新的平衡状态 N_h, 满足 $N_h < K$. 利益最大化对应的问题是, 如何确定捕获量使得种群增长能持续达到产量的最大化.

首先我们讨论一个基本模型, 它由 Logistic 模型 (4.2) 推广得到, 在这个推广模型中, 由于捕获的存在, 死亡率增加了一个与种群密度 N 成比例的项:

$$\frac{\mathrm{d}N}{\mathrm{d}t} = rN\left(1 - \frac{N}{K}\right) - EN = f(N) , \tag{4.35}$$

这里 r, K 和 E 是正常数, EN 是单位时间的捕获量, E 为捕获过程中所耗费努力的度量. K 和 r 分别为自然承载量和内禀增长率. (4.35) 中平衡点为

$$N_h(E) = K\left(1 - \frac{E}{r}\right) > 0 , \quad \text{若 } E < r . \tag{4.36}$$

因此, 由捕获产生的收益可记为

$$Y(E) = EN_h(E) = EK\left(1 - \frac{E}{r}\right) . \tag{4.37}$$

显然, 如果捕获量足够大, 以至于在种群数量较低时捕获量大于种群的增长量, 种

群就会灭绝. 即, 如果 $E > r$, 唯一的平衡点是 $N = 0$. 如果 $E < r$, 如 20 世纪 70 年代早期的捕鲸, 持续捕获产量和由捕捞产生的新平衡点分别为 (4.37) 和 (4.36), 显然最大捕获量与平衡点为

$$Y_M = Y(E)\big|_{E=r/2} = \frac{rK}{4}, \quad N_h\big|_{Y_M} = \frac{K}{2}. \tag{4.38}$$

图 4.8 绘制了 (4.35) 中的增长率 $f(N)$ 作为 N 的函数. 方程 (4.35) 在 $N_h(E)$ 处的线性化方程为

$$\frac{\mathrm{d}(N - N_h)}{\mathrm{d}t} \approx f'(N_h(E))(N - N_h) = (E - r)(N - N_h). \tag{4.39}$$

如果 $E < r$, 则表示 $N_h(E)$ 是线性稳定的. 图 4.8 中箭头表示稳定性或不稳定性.

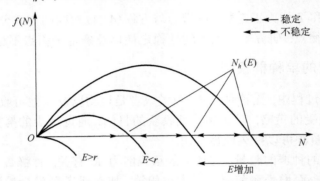

图 4.8　具收获的 Logistic 模型 (4.37) 中的增长函数 $f(N)$ 的图像
平衡点 $N_h(E)$ 随着 E 的增加而减小, 最终随着 $E \to r$ 而趋于零

我们可以借助捕获后恢复的时间尺度来考虑模型的动力学性质. 如果 $E = 0$, 由 (4.37) 知, 恢复时间 $T = O(1/r)$, 这是从小扰动后 N 恢复到其承载量 K 的时间量级. 因为对于 $N(t) - K$ 和 $N_h(0) = K$, (4.39) 可以表示为

$$\frac{\mathrm{d}(N - K)}{\mathrm{d}t} \approx -r(N - K) \Rightarrow N(t) - K \propto \mathrm{e}^{-rt}.$$

如果 $E \neq 0$, 且 $0 < E < r$, 则捕获后的恢复时间为

$$T_R(E) = O\left(\frac{1}{r - E}\right),$$

所以

$$\frac{T_R(E)}{T_R(0)} = O\left(\frac{1}{1 - \dfrac{E}{r}}\right). \tag{4.40}$$

因此, 对于固定的 r, 较大的 E 增加了种群重新达到平衡点的恢复时间, 因为 $T_R(E)/T_R(0)$ 随 E 而增加. 当 $E = r/2$ 时, 有最大的持续捕获产量 Y_M 的值 $T_R(E) = O(2T_R(0))$.

恢复时间的通常定义是将扰动从平衡状态减少一个因子的时间. 然后, 借助线性化系统

$$T_R(0) = \frac{1}{r}, \ T_R(E) = \frac{1}{r-E} \ \Rightarrow \ T_R\left(E = \frac{r}{2}\right) = 2T_R(0). \tag{4.41}$$

因为记录的是产量 Y, 在 (4.39) 中用 Y 来求解 E, 即得

$$\frac{T_R(Y)}{T_R(0)} = \frac{2}{1 \pm \left[1 - \dfrac{Y}{Y_M}\right]^{1/2}}. \tag{4.42}$$

作为另一种替代的捕获策略, 假设以恒定产量 Y_0 为目标进行收割, 这是 Brauer 和 Sanchez 研究的模型. 此时的模型方程为

$$\frac{\mathrm{d}N}{\mathrm{d}t} = rN\left(1 - \frac{N}{K}\right) - Y_0 = f(N; r, K, Y_0). \tag{4.43}$$

相应模型的动力学性质也可研究, 此处不再详述.

4.2　单物种的离散种群模型

4.2.1　简单模型简介

离散单种群模型

微分方程模型, 无论是常微分方程模型、时滞微分方程模型、偏微分方程模型还是随机微分方程模型, 都意味着代际的连续重叠. 值得注意的是, 许多物种在后代之间没有任何重叠, 种群增长是以离散的步骤进行的. 对于原始生物来说, 这个过程可能很短, 在这种情况下, 连续 (时间) 模型可以作为离散步骤的一个合理近似. 然而, 根据物种的不同, 离散步长的变化范围较大, 可能短则几秒, 长达数天. 如, 果蝇从蛹中出来是一天, 对细胞来说可能需要几个小时, 而对于细菌和病毒来说则要少得多. 在本章后面讨论的模型中, 我们将时间步长缩放为 1. 因此, 模型必须将 $t+1$ 时刻的总体 (用 N_{t+1} 表示) 与 t 时刻的总体 N_t 相关联. 这就得到了如下形式的差分方程, 也称离散方程模型

$$N_{t+1} = N_t F(N_t) = f(N_t), \tag{4.44}$$

其中 $f(N_t)$ 一般是 N_t 的非线性函数. 形式 $N_{t+1} = N_t F(N_t)$ 通常用来表示零平衡点的存在性. 形如 (4.44) 的方程通常不可能求得解析解, 但我们仍可在得不到解析解的

情况下研究种群的动力学性质.

从实际的角度来看, 如果我们知道 $f(N_t)$ 的形式, 借助 (4.44) 通过简单地递归来评估 N_{t+1} 及其后代是一件很简单的事情. 无论 $f(N_t)$ 的形式如何, 我们只对非负的种群数量感兴趣.

模拟特定种群动力学性质的关键在于确定适当的 $f(N_t)$ 形式, 以反映对应物种的已知事实或现象. 要达到这样的目的, 我们必须了解 $f(N_t)$ 及其参数的变化对模型中解的影响. 对应的数学问题本质上是一个映射问题, 在给定初始值 $N_0 > 0$ 的情况下寻找非线性映射的轨道或轨迹. 需要注意的是, 差分方程模型与可能出现的连续微分方程模拟之间没有简单的联系.

假设函数 $F(N_t) = r > 0$, 也就是说, 后一步的总体与当前总体成正比. 由 (4.44) 递推可得

$$N_{t+1} = rN_t \Rightarrow N_t = r^t N_0. \tag{4.45}$$

因此, 种群的增长或灭绝取决于 $r > 1$ 还是 $r < 1$; 这里 r 是净繁殖率. 这个简单的模型对于大多数种群来说都不太切合实际, 即使如此, 它也常被用于某些细菌生长的早期阶段. 对该模型做适当修改引入拥挤效应

$$N_{t+1} = rN_S, \quad N_S = N_t^{1-b},$$

其中 b 是常数, N_S 为存活下来繁殖的种群数量. 由于存活下来的繁殖者不会多于它们所在组的种群数量, 因此必须对 b 加以限制, 使得 $N_S < N_t$, 否则存活下来的繁殖者将多于它们所在种群的数量.

斐波那契数列[①]　在繁殖季节开始时, 用一对尚未成熟的雄性和雌性的兔子开始繁殖, 在一个繁殖季节结束后, 继续产生一对雄性和雌性幼兔, 之后父母停止繁殖. 然后它们的每一对后代会继续产生一对雄性和雌性幼兔, 以此类推. 现在的问题是, 如何确定每个繁殖期的兔子对数. 如果我们用 N_t 表示兔子对(一只雄兔和一只雌兔)的数量, 将繁殖期的时间长度看作 1 个单位, 那么在第 t 个繁殖期, 有

$$N_{t+1} = N_t + N_{t-1}, \quad t = 2,3,\cdots, \tag{4.46}$$

在 $N_0 = 1$ 的情况下, 这就是所谓的斐波那契数列, 即

$$1, 1, 2, 3, 5, 8, 13,\cdots,$$

序列中的每项都是前两项的总和. 方程 (4.46) 是一个线性差分方程, 我们可以通过寻找形式的解来求解它,

---

① **斐波那契数列**(Fibonacci sequence), 又称黄金分割数列, 因数学家莱昂纳多·斐波那契(Leonardo Fibonacci)以兔子繁殖为例而引入, 故又称为"兔子数列", 指的是这样一个数列: 1,1,2,3,5,8,13,21,34,···. 在数学上, 斐波那契数列可以用递推的方法定义. 斐波纳契数列在现代物理、准晶体结构、化学等领域都有直接的应用.

$$N_t \propto \lambda^t,$$

$$\lambda^2 - \lambda - 1 \Rightarrow \lambda_{1,2} = \frac{1}{2}\left(1 \pm \sqrt{5}\right).$$

因此，当 $N_0 = 1$，$N_1 = 1$ 时，(4.46) 的解为

$$N_t = \frac{1}{2}\left(1 + \frac{1}{\sqrt{5}}\right)\lambda_1^t + \frac{1}{2}\left(1 - \frac{1}{\sqrt{5}}\right)\lambda_2^t,$$

$$\lambda_1 = \frac{1}{2}(1 + \sqrt{5}), \quad \lambda_2 = \frac{1}{2}(1 - \sqrt{5}). \tag{4.47}$$

因为 $\lambda_1 > \lambda_2$，对于足够大的 t，有

$$N_t \approx \frac{1}{2}\left(1 + \frac{1}{\sqrt{5}}\right)\lambda_1^t.$$

方程 (4.46) 考虑了年龄对于再生产的影响，从模型中可直观地看到年龄结构. 如果我们取连续斐波那契数列中相邻数的比值，对于足够大的 t，有 $N_t / N_{t+1} \approx (\sqrt{5} - 1)/2$，这就是黄金分割比.

在叶序分支的情况下，如果将许多植物和树木的分支投影到平面上，则连续分支之间的角度基本上是恒定的，接近 137.5°. 为将其与斐波那契级数联系起来，将 360°乘以上面斐波那契数比率的极限数 $(\sqrt{5} - 1)/2$，可得到 222.5°. 我们认为角度是小于 180°，故从 360°减去 222.5°，得到 137.5°，这就是斐波那契角.

磁流体之间的时间间隔影响了其产生的螺旋线以及它们到达周界时的最终角度，在足够大的运行次数后发现，角度基本上是斐波那契角，而螺旋线的数量是斐波那契数列中的一个数.

一般来说，由于拥挤效应以及自我调节，我们预计 (4.44) 中的 $f(N_t)$ 在 N_m 处会有最大值. 例如，当 $N_t > N_m$ 时，$f(N_t)$ 随 N_t 减小；图 4.9 即为 $f(N_t)$ 的一种典型形式.

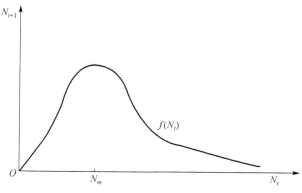

图 4.9　模型 $N_{t+1} = f(N_t)$ 中的典型形式

生态学中的 Verhulst 模型描述如下:

$$N_{t+1} = rN_t\left(1 - \frac{N_t}{K}\right), \quad r > 0, \quad K > 0, \tag{4.48}$$

这可看作是连续 Logistic 模型的一种离散模拟,但其与连续 Logistic 模型又有区别,如平衡点不是 $N = K$. 此外,两个方程的解对于参数 r 的依赖性也是非常不同的. 模型 (4.48) 的一个明显的缺点是,如果 $N_t > K$,那么 $N_{t+1} < 0$. 从连续的 Logistic 方程推导离散型方程的更合适的方法是用时间步长为 1 的差分形式代替导数 $\mathrm{d}N/\mathrm{d}t$,从而得到

$$N(t+1) - N(t) = rN(t)\left[1 - \frac{N(t)}{K}\right] \Rightarrow N(t+1) = N(t)\left[1 + r - \frac{r}{K}N(t)\right]. \tag{4.49}$$

现在令 $N(t) = ((1+r)/r)Kx(t)$, $1 + r = r'$,可得 (4.49) 中的右式与 (4.45) 相同,为

$$x(t+1) = r'x(t)[1 - x(t)]. \tag{4.50}$$

一个更理想的模型应该是这样的: 对于比较大的种群数量 N_t,种群增长率应该有所下降,但是 N_{t+1} 应是非负的,后面图 4.10 中 $f(N_t)$ 的形式就是一个例子. 一个被称为里克 (Ricker) 曲线的常用模型是

$$N_{t+1} = N_t \exp\left[r\left(1 - \frac{N_t}{K}\right)\right], \quad r > 0, \quad K > 0. \tag{4.51}$$

我们可以把该方程看作是 (4.45) 的修正,其中有一个死亡率因子 $\exp(-rN_t/K)$,此时对于比较大的种群数量 N_t,种群增长率是有所下降的,并且当 $N_0 > 0$ 时,对所有的 t 均有 $N_t > 0$.

鉴于 t 是以离散的步长递增,在某种意义上,人口中存在一种固有的时滞来记录变化. 因此,可以将这些差分方程与 4.1 节中讨论的时滞微分方程联系起来,随着时滞的变化,这些差分方程也可能具有振荡解. 由于我们在一般形式 (4.44) 中将时间步长缩放为 1,因此我们应该选择其他参数作为决定解是否为周期振荡的控制因素. 对于方程 (4.48) 和 (4.51),分支参数可选为 r,因为参数 K 可以借助变量代换 N_t/K 并入 N_t 来分析.

4.2.2　蛛网图: 求解的图形化程序

我们可以通过图形法探究人口的动态变化. 考虑 (4.44) 和 $f(N_t)$,如图 4.10 所示. 平衡点是下式中的解 N^*:

$$N^* = f(N^*) = N^*F(N^*) \Rightarrow N^* = 0 \ \text{或} \ F(N^*) = 1. \tag{4.52}$$

在表示方程的平衡点时,通常只用 (4.52) 中的第一种形式; (4.52) 中的第二种形式便于理解 $N^* = 0$ 始终是一个平衡点. 如图 4.10 (a) 所示,平衡点是曲线 $N_{t+1} = f(N_t)$ 和

直线 $N_{t+1} = N_t$　的交点，在 N_m 处曲线 $N_{t+1} = f(N_t)$ 的最大值 $N_m > N^*$. 方程 (4.44) 的解 N_t 的动态变化过程可用图形表示如下. 假设从图 4.10 (a) 中的 N_0　开始，沿着 N_{t+1} 轴移动，直到与曲线 $N_{t+1} = f(N_t)$ 相交，得到 $N_1 = f(N_0)$. 现在使用 $N_{t+1} = N_t$ 重新开始，用 N_1 代替 N_0，然后按照前面的步骤得到 N_2，N_3，N_4 等. 箭头显示的是路径序列. 路径就是直线 $N_{t+1} = N_t$ 上的一系列反射线段，可以看到当 $t \to \infty$ 时，N_t 是单调的趋于 N^*，如图 4.10 (b) 所示.

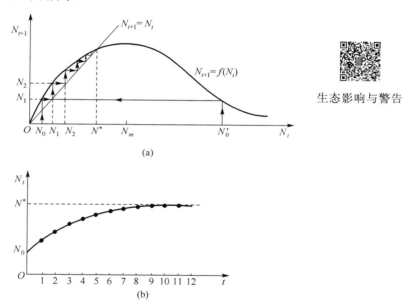

生态影响与警告

图 4.10　 (a) 平衡点的图解法和 N_t 趋于 N^* 的演示；(b) 借助 (a) 计算种群增长的动态演化

如果从图 4.10 (a) 中某个大于 N^* 的 N_0' 开始，N_t 也将单调地趋于 N^*. 注意到，$f'(N^*)$ 的值是一个重要的参数. 我们将说明，它是系统在平衡点 N^* 时的特征值. 因为任何关于 N^* 的小扰动都会衰减到零，所以 N^* 是一个线性稳定的平衡点.

$$0 < \left[\frac{\mathrm{d} f(N_t)}{\mathrm{d} N_t} \right]_{N_t = N^*} = f'(N^*) < 1. \tag{4.53}$$

假设 $f(N_t)$ 如图 4.11 所示，平衡点 $N^* > N_m$. 模型的动态行为主要取决于 N^* 处曲线相交的几何形状，如图 4.11 (a)、(b) 和 (c) 中的放大图所示：这些曲线分别满足 $-1 < f'(N^*) < 0$，$f'(N^*) = -1$ 和 $f'(N^*) < -1$. 解 N_t 在 N^* 附近振荡时，如果振荡幅度减小且 $N_t \to N^*$，则 N^* 是稳定的，如图 4.11 (a) 所示；如果 N_t 在 N^* 附近的振荡图 4.11 (c) 所示，则 N^* 不稳定；图 4.11 (b) 中所示的 N_t 的振荡为周期性的，这表明方程 $N_{t+1} = f(N_t)$ 的周期解是可能存在的. 如果 N_t 在 N^* 附近的小扰动不趋于零，则平衡点是严格不稳定的. 图 4.12 对应给出了图 4.11 中三种情况下的人口动态行为.

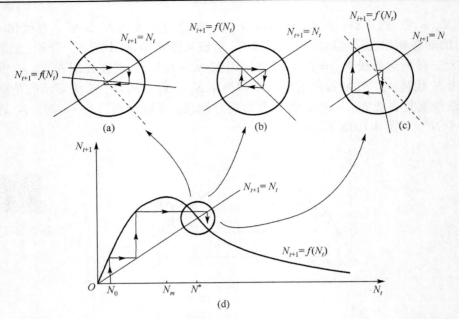

图 4.11　在 $f'(N^*) < 0$ 的平衡点附近 N_t 的局部行为. (a) $-1 < f'(N^*) < 0$，N^* 稳定；(b) $f'(N^*) = -1$，模型存在周期解；(c) $f'(N^*) < -1$，N^* 不稳定；(d) N_{t+1} 与 N_t 的关系

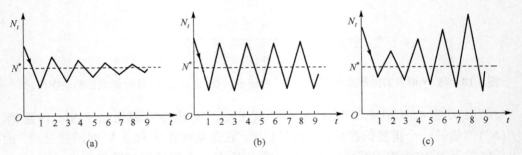

图 4.12　(a)、(b) 和 (c) 分别对应于图 4-11 (a)、(b) 和 (c) 中所示情况：(a) 是稳定的情况；(b) 周期为 2 的周期解；(c) 是不稳定的情况

参数 $\lambda = f'(N^*)$ 是 $N_{t+1} = f(N_t)$ 在平衡点 N^* 处的特征值，它决定了平衡点的局部稳定性．当 $0 < \lambda < 1$、$-1 < \lambda < 0$ 和 $\lambda < 1$ 时，解的行为是非常明确的．如果 $-1 < \lambda < 1$，则平衡点是稳定的，分支值 $\lambda = \pm 1$ 是解 N_t 改变其行为特征的临界点．当 $\lambda = 1$ 时，曲线 $N_{t+1} = f(N_t)$ 在平衡点处与 $N_{t+1} = N_t$ 相切，$f'(N^*) = 1$，因此称为切线分支．$\lambda = -1$ 的情况称为叉式分支，也称为倍周期分支.

从图 4.11～图 4.13 中可以看出，模型的解趋于平衡点的过程中出现了"蛛网状"的特征，这很有趣也很有用，形象地说明了方程 (4.44) 中解 N_t 的动态行为．虽然我们主要研究平衡点附近解的局部行为，事实上也定量地给出了解的全局行为. 如果平衡点是不稳定的，那么这类方程的解可能表现出其他的特殊行为. 例如，设 $\lambda = f'(N^*) < -1$，不稳定的平衡点 N^* 附近的局部行为如图 4.12 中 (c) 所示. 如果现在 仍用蛛网来研究这样的情况，就会遇到如图 4.13 所示的情况，解的轨迹不再趋向于 N^*. 另一方面，在图 4.13 (a) 中，种群必须以 $N_{\max}$ 为界，因为系统无法承载更大的 N_t，此时，模型的解是全局有界的，但并不趋于平衡点. 事实上，如果我们把它看 作是图 4.13 (b) 中时间的函数，它似乎以一种看似随机的方式徘徊，这种现象称 为混沌.

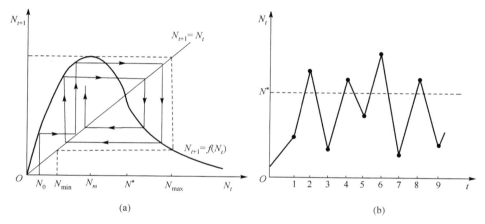

图 4.13 (a) 蛛网图表示 $N_{t+1} = f(N_t)$，其中特征值 $\lambda = f'(N^*) < -1$；
(b) 相应的人口数量随时间变化的函数

对于模型 (4.44) 的不同类型的解，如蛛网图所示，结合特征值 λ 的特殊临界值暗 示的敏感性，在研究这些方程的过程中，图解法的结果对于分析有很大的帮助.

4.2.3 离散 Logistic 模型与混沌

考虑一个具体的例子，对于离散的非线性 Logistic 模型：

$$u_{t+1} = ru_t(1-u_t), \quad r > 0. \tag{4.54}$$

假设 $0 < u_0 < 1$，我们只对 $u_t \geq 0$ 的解感兴趣. 结合连续微分方程 Logistic 模型的实际 意义，此处模型中的"r"严格地说是"$1+r$". 模型的平衡点和对应的特征值 λ 分 别为

$$
\begin{aligned}
u^* &= 0, \quad \lambda = f'(0) = r, \\
u^* &= \frac{r-1}{r}, \quad \lambda = f'(u^*) = 2-r.
\end{aligned}
\tag{4.55}
$$

当 r 从零开始增加，但 $0 < r < 1$ 时，唯一非负的平衡点是 $u^* = 0$，它在 $0 < r < 1$ 时是

稳定的. 从 $0 < r < 1$ 时 (4.54) 的蛛网图或者从方程 (4.54) 的解析解中也可以清楚地看出, 对于所有 t, 有 $u_t < u_0 < 1$ 以及 $u_{t+1} < u_t$, 这意味着当 $t \to \infty$ 时, u_t 趋于零.

当 $r = 1$ 时模型出现第一次分支, 因为当 $r > 1$ 时, $u^* = 0$ 变得不稳定. 相应地, 正平衡点 $u^* = (r-1)/r > 0$ 在 $1 < r < 3$ 的范围内是稳定的. 第二个分支点出现在 $r = 3$ 处, 这里 $f(u^*) = -1$, 即此时正平衡点 u^* 处的特征值 $\lambda = -1$. 因此, 在 u^* 附近, 我们有图 4.12 (b) 中的情况, 它显示了系统存在一个周期解.

为了解 r 通过分支值 $r = 3$ 时系统会发生什么, 我们先了解一下迭代过程的符号

$$\begin{cases} u_1 = f(u_0), \\ u_2 = f(f(u_0)) = f^2(u_0), \\ \quad\cdots\cdots \\ u_t = f^t(u_0). \end{cases} \tag{4.56}$$

在模型 (4.54) 中, 第一次迭代就是等式 (4.54), 而第二次迭代是

$$u_{t+2} = f^2(u_t) = r\big[ru_t(1-u_t)\big]\big[1 - ru_t(1-u_t)\big]. \tag{4.57}$$

图 4.14 (a) 说明了 r 的变化对第一次迭代的影响, 特征值 $\lambda = f'(u^*)$ 随着 r 的增加而减小, 当 $r = 3$ 时, $\lambda = -1$. 我们现在看第二次迭代 (4.57) 并探究它是否达到平衡, 即 $u_{t+2} = u_t = u_2^*$ 是否成立. u_2^* 满足

$$u_2^*\big[ru_2^* - (r-1)\big]\big[r^2 u_2^{*2} - r(r+1)u_2^* + (r+1)\big] = 0, \tag{4.58}$$

对应解为

$$u_2^* = 0 \quad \text{或} \quad u_2^* = \frac{r-1}{r} > 0, \quad \text{若} r > 1;$$

$$u_2^* = \frac{(r+1) \pm \big[(r+1)(r-3)\big]^{1/2}}{2r} > 0, \quad \text{若} r > 3. \tag{4.59}$$

我们可以看到, 如果 $r > 3$, 在 (4.54) 的 $f(u_t)$ 中, 有两个正平衡点 $u_{t+2} = f^2(u_t)$, 这对应于图 4.14 (b) 中的情况, 其中 A, B 和 C 是正平衡点 u_2^*, B 等于 $(r-1)/r$, 位于 (4.59) 中 u_2^* 在 $r > 3$ 时存在的两个平衡点之间.

我们可以把 (4.57) 看作是模型中的第一次迭代, 其中迭代的时间步长为 2. 平衡点 A, B 和 C 处的特征值 λ 均可计算. 从图 4.14 (b) 中可得 $\lambda_B = f'(u_B^*) > 1$, 其中 u_B^* 表示 B 处的平衡点 u_2^*, 对于 A 和 C, 情况类似. 对于 $r > 3$ 且距离 3 较近时, $-1 < \lambda_A < 1$ 和 $-1 < \lambda_C < 1$, 借助方程 (4.57) 及方程 (4.59) 中后两个解 u_A^* 和 u_C^* 得到 $\partial f^2(u_t)/\partial u_t$. 因此, 第二次迭代 (4.57) 的稳态 u_A^* 和 u_C^* 是稳定的. 这意味着二次迭代 (4.57) 有稳定的平衡点, 即方程 (4.54) 存在稳定的周期为 2 的周期解. 如果从 A 开始, 我们在 2 次迭代后回到它, 即 $u_{A+2}^* = f^2(u_A^*)$, 但是 $u_{A+1}^* = f^2(u_A^*) \neq u_A^*$. 实际上 $u_{A+1}^* = u_C^*$, $u_{C+1}^* = u_A^*$.

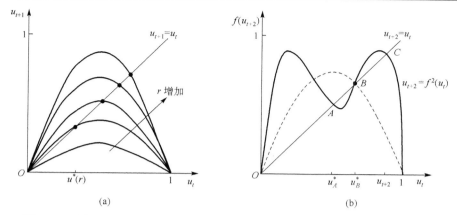

图 4.14　(a) 对于 $u_{t+1} = ru_t(1-u_t)$，作为 r 函数的第一次迭代：$u_1 = ru_0(1-u_0)$；

(b) 第二次迭代 $u_{t+2} = f^2(u_t)$ 的草图，作为 $r=3+\varepsilon$ 的函数，其中 $0 < \varepsilon \ll 1$，

虚线再现了 u_{t+1} 的第一次迭代曲线，作为 u_t 的函数；

它穿过不稳定的稳态 B，曲线关于 $u_t = 1/2$ 对称

　　随着 r 继续增大，图 4.14(b) 中 A 和 C 处的特征值 λ 通过 $\lambda = -1$，因此这些 2 周期解变得不稳定. 此时，我们再看第 4 次迭代，发现作为 u_t 函数的 u_{t+4} 将有四个驼峰，而图 4.14(b) 中有两个驼峰，并且出现了一个周期为 4 的周期解. 因此，当 r 通过一系列分支值时，解的性质 u_t 会产生一系列分支，这里是双周期的周期解，分支情况如图 4.15(a) 所示. 当 $\lambda = -1$ 时，这些分支最初被称为叉式分支，从图 4.15(a) 中生成的图片来看，原因显而易见. 然而，从两个周期的观点来看，它只是一个叉子，所以现在也称之为倍周期分支. 例如，如果 $3 < r < r_4$，其中 r_4 是 4 周期解的分支值，周期解位于图 4.15(a) 中的两个 u^* 之间，这两个 u^* 是穿过 r 值的垂直线与平衡状态曲线的交点. 图 4.15(b) 是一个 4 循环周期解的例子，即 $r_4 < r < r_8$，实际 u_t 由平衡状态曲线与穿过 r 值的垂直线的 4 个交点给出.

　　当 r 通过连续分支点增加时，每个偶数的 p 周期解分支成 $2p$ 周期解，当 r 使得 p 周期解的特征值通过 -1 时，就会发生这种情况. r 空间中分支点之间的距离越来越小，因为高阶迭代意味着更多的驼峰（与图 4.14(b) 相比），所有这些驼峰都拟合在同一区间 (0,1) 内. 因此，对于每一个 n，有一个周期 2^n 的解的结构，且与每个周期相关联的是它稳定的参数区间. 对于周期为 2^n 的所有周期解，存在一个极限值 r_c，在该值处，所有初始的 2^n 周期都是不稳定的，这种情况相当复杂. 当 $r > r_c$ 时，开始出现奇数循环，当 $r \approx 3.828$ 时，最终出现一个简单的 3 循环，且局部吸引周期为 $k, 2k, 4k$，此处 k 是奇数. 例如，当 $r \approx 3.96$ 时，另一个稳定的 4 周期解出现.

　　在模型 (4.54) 中，临界参数值 r_c 是奇数周期解的时候，当三次迭代有 3 个与线

$u_{t+3} = u_t$ 相切的稳态, 在这些稳态 $u_{t+3} = f^3(u_t)$ 处的特征值 $\lambda = 1$, 我们有一个 3-循环. 这种情况如图 4.16 所示. 对于模型 (4.54), 临界 $r \approx 3.828$.

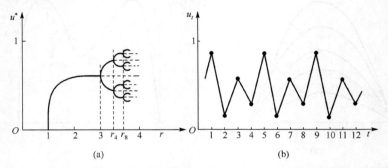

图 4.15　(a) 当 r 通过分支点时, 模型 (4.54) 的稳定解示意图. 在每个分支点处, 解变得不稳定, 稳定解的序列具有周期 $2, 2^2, 2^3, \cdots$; (b) 一个 4 周期解的例子, 其中 $r_4 < r < r_8$, r_4, r_8 分别是 4 周期解和 8 周期解的分支值

　　1964 年, 萨可夫斯基 (Sarkovskii) 发表了一篇关于一维地图的论文, 这篇论文结果非常有趣, 与图 4.14 中的情况非常类似. 他证明了如果 r_3 存在奇数 ($\geqslant 3$) 周期的解, 那么 $r > r_3$ 存在非周期解或者混沌解, 这样的解只是以明显的随机方式振荡. 在 r_3 处的分支称为切线分支, 其名称如图 4.15 所示的情形. 图 4.16 说明了各种 r 的模型方程 (4.47) 的一些解, 包括图 4.17 (d) 和 (f) 中的混沌例子.

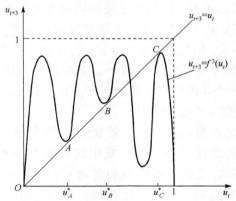

图 4.16　在 $r = r_c$ 时 (4.54) 中第三次迭代 $u_{t+3} = f^3(u_t)$ 的示意图, 三个稳态解 A、B 和 C 均具有特征值 $\lambda = 1$, 曲线关于 $u_t = 1/2$ 对称

　　1977 年, 斯特藩 (Stefan) 进一步扩展了 Sarkovskii 定理, 即如果存在周期 3 的解, 那么对所有的 $n \geqslant 1$, 周期 n 的解都存在, 这是 Sarkovskii 定理的一个特例.

　　虽然我们只讨论了模型 (4.54) 的性质, 但这种现象是所有类似 (4.44) 的差分方程模型的典型现象, 如图 4.10 所示; 即, 这些模型都将表现出向更高周期解的分支,最终导致混沌.

图 4.17(d)～(f)给出了通向混沌的一个有趣的方面. 当 r 开始增加, 首先得到图 4.17(d)中的非周期解; 随着 r 继续增加, 再次得到周期解, 如图 4.17(e)所示; 对于较大的 r, 非周期解再次出现, 如图 4.17(f)所示. 因此, 当 r 增加到混沌首次出现的时候, 就会出现参数的临界值, 此时解成为周期解. 此外, 图 4.18 显示了一个典型的混沌图, 以几千次迭代的顺序运行, 当迭代映射在长时间运行之后, 然后再运行更多的迭代, 在此期间绘制了值 u_t.

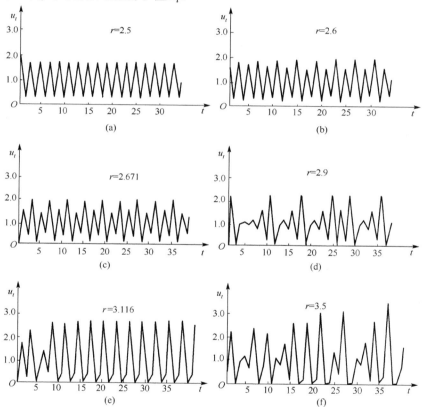

图 4.17　模型的解 $u_{t+1} = u_t \exp[r(1-u_t)]$, 适用于各种 r. 在这里, 解的第一次分支发生在 $r=2$. 参数 r 越大, 解的振幅越大. (a)、(b)和(c)展示了 2, 4 和 8 周期的周期解; (d)和(f)展示了混沌现象, (e)为 3 周期解

对于 $r_2 < r < r_4$, 解 u_t 只是在两点之间振荡, 例如 A 和 B. 对于 $r_4 < r < r_8$, u_t 显示了一个 4 周期的解, 如图所示. 对于 $r_c < r < r_p$ 的值, 解是混沌的. 对于大于 r_p 的 r 值, 解再次表现出周期性, 随着 r 的增大解又变成非周期的. 之后重复这种非周期性—周期性—非周期性的顺序. 如果观察这个小矩形的放大图, 就会看到同样的分支序列在分形意义上重复出现.

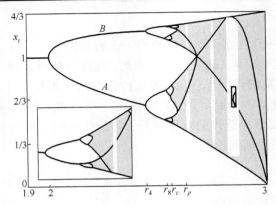

图 4.18 　离散方程 $x_{t+1} = x_t + rx_t(1-x_t)$ 的长时间渐近迭代（$1.9 < r < 3$）

　　人们对混沌现象的兴趣与日俱增，大量的研究与混沌相关，与之相关的理论也被称为混沌理论或新的非线性理论. 当然, 混沌理论并不只在离散模型中出现. 对于混沌的研究已产生了许多有趣的结果，这些结果均与所讨论的模型有关, 即那些表现出周期倍增的模型. 例如, 如果 r_2, r_4, $\cdots$, r_{2n}, $\cdots$ 是倍周期分支点序列. 1978 年, 费根鲍姆（Feigenbaum）证明了

$$\lim_{n \to \infty} \frac{r_{2(n+1)} - r_{2n}}{r_{2(n+2)} - r_{2(n+1)}} = \delta = 4.66920\cdots.$$

他证得 δ 是一个通用常数, 即它是形为 $u_{t+1} = f(u_t)$ 的一般迭代映射的相邻倍化分支点间的距离比, 其中 $f(u_t)$ 的最大值与图 4.10 中的最大值相似, 也表现出了倍周期特点.

　　1982 年, 李天岩等给出了一种更实用更快速的方法来分析混沌的存在性. 他们证得, 若对于某个 u_t 和任意的 $f(u_t)$, 存在一个奇数 n, 使得

$$f^n(u_t; r) < u_t < f(u_t; r),$$

则存在一个奇数周期解, 这意味着出现混沌现象. 例如

$$u_{t+1} = f(u_t; r) = u_t \exp[r(1-u_t)].$$

如果 $r=3$ 和 $u_0=0.1$, 计算前几项得

$$u_7 = f^5(u_2) < u_2 < f(u_2) = u_3,$$

这表明, 在上述不等式中, $n = 5$, $r = 3$ 时的 $f(u_t; r)$ 是混沌的.

4.2.4 　稳定性、周期解和分支

　　所研究的人口模型中至少含有一个参数. 从上面的讨论可知, 由于参数的变化, 一般模型的解会发生变化. 如模型

$$u_{t+1} = f(u_t; r), \tag{4.60}$$

通常会在 r 增加时发生分支. 此处产生的分支可能是周期解, 周期解的周期会随着 r 增加而增大, 当 r 大于一有限临界值 r_c 时系统最终产生混沌解. 从图形来看, 特征值 λ 穿过 $\lambda=1$ 或 $\lambda=-1$ 时, 会产生这种分支. 在这里我们讨论一些相关结果. 为简便起见, 我们用 $f(u_t;r)$ 来表示 $f(u_t)$, 函数中的 r 可理解为模型对参数的依赖性. 函数 $f(u_t;r)$ 的性质与图 4.10 所示的相似.

模型 (4.60) 的平衡点 (或称不动点) 满足

$$u^* = f(u^*;r) \Rightarrow u^*(r). \tag{4.61}$$

为研究 u^* 的线性稳定性, 做变量代换如下:

$$u_t = u^* + v_t, \quad |v_t| \ll 1, \tag{4.62}$$

将其代入 (4.60) 并对较小的 v_t 进行泰勒 (Taylor) 展开, 可得

$$u^* + v_{t+1} = f(u^* + v_t) = f(u^*) + v_t f'(u^*) + O(v_t^2), \quad |v_t| \ll 1.$$

由于 $u^* = f(u^*)$, 因此模型在 u^* 处的线性方程为

$$v_{t+1} = v_t f'(u^*) = \lambda v_t, \quad \lambda = f'(u^*),$$

其中, λ 是不动点 u^* 处第一次迭代的特征值. 求解可得, 当 $|\lambda| < 1$ 时, 随着 t 趋于无穷, v_t 趋于零; 当 $|\lambda| > 1$ 时, 随着 t 趋于无穷, v_t 也趋于正无穷大或负无穷大, 因此,

$$u^* 为 \begin{cases} \text{稳定的,} & \text{当 } 0 < |f'(u^*)| < 1 \text{ 时,} \\ \text{不稳定的,} & \text{当 } |f'(u^*)| > 1 \text{ 时,} \end{cases} \tag{4.63}$$

如果 u^* 是稳定的, 则该平衡点附近的任何小扰动都会衰减到零, 若 $0 < f(u^*) < 1$, 这种衰减是单调的; 如果 $-1 < f(u^*) < 0$, 这种衰减是振荡的. 另一方面, 如果 u^* 是不稳定的, 当 $f(u^*) > 1$ 时, 任何扰动都呈单调增长的; 如果 $f(u^*) < -1$, 任何扰动都会单调增长, 这与之前用图解法得出的结论一致.

经基本方法变换后的方程 (4.51) 可变形为

$$u_{t+1} = u_t \exp[r(1-u_t)], \quad r > 0. \tag{4.64}$$

平衡点满足

$$u^* = 0 \quad \text{或} \quad u^* = 1. \tag{4.65}$$

$u^* = 0$ 处的特征值为

$$\lambda_{u^*=0} = f'(0) = e^r > 1,$$

因此 $u^* = 0$ 是不稳定的. 又

$$\lambda_{u^*=1} = f'(1) = 1 - r. \tag{4.66}$$

故当 $0 < r < 2$ 时, $u^* = 1$ 是稳定的; 当 $1 < r < 2$ 时, 会振荡地达到平衡点; 当 $r > 2$ 时,

$u^* = 1$ 是不稳定的. 因此 $r = 2$ 是第一个分支值. 在此基础上, 我们期望得到 r 穿过分支值 $r = 2$ 时从 $u^* = 1$ 分支出的周期解. 对于较小的 $|1 - u_t|$, 方程 (4.64) 变为

$$u_{t+1} \approx u_t[1 + r(1 - u_t)],$$

这正是后面的图 4.19 中模拟的形式. 我们把它写成如下形式:

$$U_{t+1} = (1 + r)U_t[1 - U_t],$$

其中 $U_t = \dfrac{ru_t}{1+r}$, 由此得到与 Logistic 模型 (4.54) 相同的结果. 我们可以发现在第一个分支点处出现了一个周期为 2 的稳定周期解. 在 (4.64) 中, 在 $r = r_4 \approx 2.45$ 处发生了一个 4 周期的周期解, 在 $r = r_6 \approx 2.54$ 处会产生一个 6 周期的分支周期解, 在 $r > r_c \approx 2.57$ 处产生非周期或混沌现象. 在这个模型中, 解对大于 2 的 r 的微小变化的敏感度是相当严重的: 在大多数情况下, 对大于前几个分支值的 r 来说如此. u_0 经过 $u_t = f^t(u_0)$ 的 t 次迭代后, 使用 (4.56) 中定义的符号, 由 u_0 生成的轨迹是一列点 $\{u_0, u_1, u_2, \cdots\}$, 其中

$$u_{i+1} = f(u_i) = f^{i+1}(u_0), \quad i = 0, 1, 2, \cdots.$$

我们称一个点是 m 周期的周期解是指

$$\begin{aligned} f^m(u_0; r) &= u_0, \\ f^i(u_0; r) &\neq u_0. \end{aligned} \tag{4.67}$$

在 (4.67) 中映射 f^m 的不动点 u_0 是 (4.60) 中映射 f 的 m 周期不动点. 点 $u_0, u_1, \cdots, u_{m-1}$ 形成 m 环. 对于不动点的稳定性, 我们需要判断特征值的大小; 对于平衡态 u^*, 它只是 $f'(u^*)$. 现在把这个定义推广到点 $u_0, u_1, \cdots, u_{m-1}$. 为方便起见, 引入

$$F(u; r) = f^m(u; r), \quad G(u; r) = f^{m-1}(u; r).$$

当 $i = 0, \cdots, m-1$ 时, 将 m 环的特征值 λ_m 定义为

$$\begin{aligned} \lambda_m &= \left. \frac{\partial f^m(u; r)}{\partial u} \right|_{u^*} = F'(u_i; r) = f'(G(u_i; r)) G'^{(u_i; r)} \\ &= f'(u_{i-1}; r) G'^{(u_i; r)} = f'(u_{i-1}; r) \left. \frac{\partial f^{m-1}(u; r)}{\partial u} \right|_{u=u_i}, \end{aligned} \tag{4.68}$$

所以

$$\lambda_m = \prod_{i=0}^{m=1} f'(u_i; r), \tag{4.69}$$

这表明形式 (4.68) 与 i 无关.

　　综上所述, 如果 $r < r_0$ 和 $r > r_0$ 时解的动力学性质发生了本质的变化, 则系统在

参数值 r_0 处发生了分支. 根据上面的讨论, 我们现在期望这个分支是从一个周期解分支到另一个周期解. 当偶数周期序列分支到奇数周期序列时, Sarkovskii 定理认为每个整数周期都存在循环, 这意味着混沌. $\lambda=-1$ 时的分支是倍周期分支, 而 $\lambda=1$ 时的分支是切线分支.

使用目前可用的几个执行代数操作的计算机软件, 可以很容易地计算出每次迭代的特征值 λ, 借助 (4.68) 或 (4.69) 生成分支点序列.

4.2.5 离散时滞

到目前为止, 我们讨论的所有离散模型都是基于这样的假设, 即在 $t+1$ 时刻, 物种的每个成员都对 $t+1$ 时刻的种群有贡献, 这由方程 (4.44) 或 (4.60) 决定. 如, 大多数虫口模型都是这样的. 但其他许多动物却不满足这个特点, 如具有较长性成熟时间的动物. 在这种情况下, 种群模型必须包含时滞效应, 在某种意义上来说, 就像在种群建模过程中纳入了一个年龄结构. 如果这个成熟时滞, 时间步长为 T, 那么我们要研究离散型时滞种群模型为

$$u_{t+1} = f(u_t, u_{t-T}). \tag{4.70}$$

像我们将要研究的须鲸模型中, 时滞 T 的时间维度是数年.

为说明此类模型的线性稳定性相关理论, 获得对时滞方程的更深刻理解, 我们首先考虑如下有实际意义的简单模型:

$$u_{t+1} = u_t \exp[r(1-u_{t-1})], \quad r > 0. \tag{4.71}$$

这是 (4.64) 的带时滞项的推广. 模型平衡点仍为 $u^* = 0$ 和 $u^* = 1$. 显然, 平衡点 $u^* = 0$ 是不稳定的, 这可借助模型在 $u^* = 0$ 处的线性化方程算得.

将模型 (4.71) 的解在 $u^* = 1$ 做如下变量代换:

$$u_t = 1 + v_t, \quad |v_t| \ll 1.$$

由 (4.71) 可得

$$1 + v_{t+1} = (1+v_t)\exp[-rv_{t-1}] \approx (1+v_t)(1-rv_{t-1}),$$

整理后, 得

$$v_{t+1} - v_t + rv_{t-1} = 0. \tag{4.72}$$

首先寻找这个差分方程的形式解, 令

$$v_t = z^t \Rightarrow z^2 - z + r = 0.$$

通过计算可得关于 z 的一元二次方程的两个根 z_1 和 z_2, 为

$$z_1, z_2 = \frac{1}{2}[1 \pm (1-4r)^{1/2}], \quad r < \frac{1}{4}; \quad z_1, z_2 = \rho e^{\pm i\theta}, \quad r > \frac{1}{4}, \tag{4.73}$$

其中

$$\rho = r^{1/2}, \quad \theta = \arctan(4r-1)^{1/2}, \quad r > \frac{1}{4}.$$

因此, (4.72) 的解满足

$$v_t = Az_1^t + Bz_2^t, \tag{4.74}$$

其中 A 和 B 是任意常数.

如果 $0 < r < 1/4$, z_1 和 z_2 是实的, 且 $0 < z_1 < 1$, $0 < z_2 < 1$, 由 (4.74) 知, 当 $t \to \infty$ 时, $v_t \to 0$, 因此 $u^* = 1$ 是线性稳定的平衡点, 且方程初始值在该平衡点附近扰动时, 解最终将呈单调形式回到该平衡点.

如果 $r > 1/4$, 则 z_1 与 z_2 满足 $z_2 = \bar{z}_1$, 同时, $z_1 z_2 = |z_1|^2 = \rho^2 = r$. 因此, 对于 $\frac{1}{4} < r < 1$ 时, $|z_1||z_2| < 1$. 此时 (4.72) 的解满足 $v_t = Az_1^t + B\bar{z}_1^t$, 且为实数, 有 $B = A$. 又因

$$v_t = 2|A|\rho^t \cos(t\theta + \gamma), \quad \gamma = \arg A, \quad \theta = \arctan(4r-1)^{1/2}, \tag{4.75}$$

故当 $r \to 1$ 时, $\theta \to \arctan\sqrt{3} = \pi/3$.

当 r 通过临界值 $r_c = 1$ 时, $|z_1| > 1$, 因此 v_t 随 $t \to \infty$ 无限增长, u^* 是不稳定的. 由于 $r \approx 1$ 和 $v_t \approx 2|A|\cos(t\pi/3 + \gamma)$ 的周期为 6, 故 (4.71) 的解在 r 略大于 r_c (≈ 1) 的情况下表现出周期为 6 的周期解. 图 4.19 显示了 $r > 1$ 的三个值时方程的数值解. 在图 4.19(b) 中可发现, 模型仍有周期为 6 的周期解, 但该解是不规则的. 在图 4.19(c) 中, 周期为 6 的周期解丢失, 解变得更加尖锐, 这通常是混沌的早期迹象.

在上一节中, 我们分析了连续性方程中时滞对平衡点稳定性的影响. 从图 4.18 和图 4.19 中的 r 值可以看出, 在离散模型中, 也有类似的时滞导致的不稳定现象. 在图 4.18 中, 临界值 $r_c = 2$ 且解可分支出 2 周期解. 在图 4.19 中, 临界值 $r_c = 1$ 且分支为 6 周期解. 同样地, 时滞越大, 对平衡点的不稳定的影响越大. 这也是时滞差分方程建模和分析引起学者们高度关注的重要原因.

国际捕鲸委员会所用的须鲸模型是 t 时刻成熟的鲸鱼种群数量 N_t 的离散时滞模型

$$N_{t+1} = (1-\mu)N_t + R(N_{t-T}), \tag{4.76}$$

这里 $0 < \mu < 1$, $(1-\mu)N_t$ 是一年后的存活鲸鱼数量, $R(N_{t-T})$ 是 $t-T$ 时刻出生至 t 时刻仍存活且成熟的鲸鱼数量. 时滞 T 是从幼鲸出生到性成熟所需的时间, 大约为 5～10 年. 该模型假设鲸鱼雌雄性别比为 1, 不同性别的死亡率相同. 该模型的关键是选取合适的函数 $R(N)$, 有些模型中 $R(N)$ 函数为

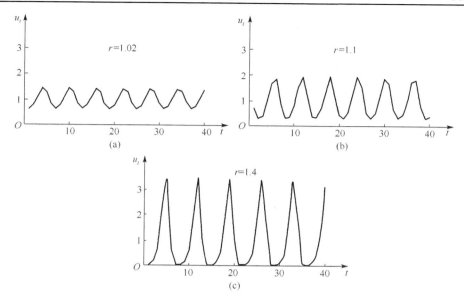

图 4.19　对于 $r > r_c = 1$ 的三个值，时滞差分方程(4.71)解的图像. (a) $r = 1.02$; (b) $r = 1.1$,
表明在 $r > r_c$ 时方程产生周期为 6 的解；(c) $r = 1.4$，周期为 6 的解消失

$$R(N) = \frac{1}{2}(1 - \mu)^T N \left\{ P + Q \left[1 - \left(\frac{N}{K} \right)^z \right] \right\}, \tag{4.77}$$

其中，K 是未经调查的制约密度，P 是 $N = K$ 时雌鲸的平均生育能力，Q 是当种群密度
下降到较低水平时，生育能力可能增加的最大值，z 是衡量制约密度严重程度的量度.
$1 - \mu$ 是新生鲸鱼每年存活的概率，因此 $(1 - \mu)^T$ 是 T 年后仍存活至成年的鲸鱼比例，
$1/2$ 是指鲸鱼中的雌性比例，雌鲸的繁殖力再乘以 N. 1976 年，克拉克对这一特定模
型进行了详细研究. (4.76)和(4.77)中的 μ，T 和 P 是相互制约的，模型平衡点满足

$$N^* = N_{t+1} = N_t = N_{t-T} = K \Rightarrow \mu = \frac{1}{2}(1 - \mu)^T P = h. \tag{4.78}$$

正如 h 的定义一样，将生育能力 P 与死亡率 μ 和时滞 T 联系起来. 如果我们现在用
$u_t = N_t / K$ 将模型(4.76)按比例调整，得

$$u_{t+1} = (1 - \mu)u_t + hu_{t-T}[1 + q(1 - u_{t-T}^z)], \tag{4.79}$$

式中 h 即为(4.78)中定义，$q = Q / P$. 再令 $u_t = 1 + v_t$，在平衡点 $u^* = 1$ 附近对 v_t 进行线
性化，得到的扰动方程为

$$v_{t+1} = (1 - \mu)v_t + h(1 - qz)v_{t-T}. \tag{4.80}$$

设 $v_t \propto s$,

$$s^{T+1} - (1-\mu)s^T + h(qz-1) = 0, \tag{4.81}$$

即为特征方程. 当 $|s|>1$ 时, 平衡点变得不稳定. 特征方程 (4.81) 中有 4 个参数 μ, T, h 和 qz, 此时需借助参数仔细分析 (4.81) 中根的分布. 分析过程相对较复杂, 但我们可通过判别条件来确定参数的条件, 如 $|s|<1$. 判定条件是实多项式系数必须满足的不等式, 根的模小于 1. 对于阶数大于 4 的多项式来说, 此类条件处理非常困难. 当 $|s|>1$ 时, 方程 (4.76) 的解表现为周期解, 最终导致混沌.

4.2.6 混沌

混沌, 顾名思义, 描述的是比较杂乱的状态, 数学上常用来研究确定性方程的解的复杂状态. 当我们试图用一个简单的模型来研究一些复杂的数据时, 产生复杂数据的潜在的机制应当是比较简单的. 因此, 在面对真实的数据时, 重要的是, 要知道随机性的产生是源于真实的随机性还是确定性意义上的混沌, 这是一个困难和有争议的问题. 虽然我们会有一些生物学上的见解, 但仍不能非常确定地表述出来, 什么机制有可能控制着过程和数据的产生.

为理解这个问题, 假设有一些数据点, 如在离散的 t 时刻测量一些人口, 根据 N_t 绘制 N_{t+1}, 可以得到一条相对平滑的曲线, 这时借助这条曲线可以建立一个合理的模型, 如会产生确定性混沌的模型. 换句话说, 我们在 (4.44) 中找到了 $f(N_t)$ 的定性形式. 如果没有给出任何合理的曲线, 就不能推断出潜在的机制是不确定的. 例如, 在本节中, 我们看到时滞可以很自然地包含在种群交替的过程中. 在这种情况下, 也可以用 N_{t-1} 和 N_t 对 N_{t+1} 曲线进行绘制研究. 如果图像是一个相对平滑的函数, 那么这可能是一个确定的机制. 如果曲线在这个空间中给出一个随机的点, 也未必指向一个随机的模型, 因为 N_t 和 N_{t+1} 之间的关系, 或者 N_{t-1} 或任何其他早期的总体值, 可能关联到一个更复杂的离散模型或模型中包含多于一个的时滞. 所以若试图从数据确定模型时, 可选的模型太多了.

当然, 对生物学有充分的了解后, 建模过程中模型的可选性会减少很多. 因此, 有一种选择是, 尝试先验地确定一个大概的模型, 如果只有 N_t 和 N_{t+1} 的数据, 那么可以先确定 N_t 和 N_{t+1} 之间的关系 (或函数). 例如, Gottman 是婚姻关系领域的杰出心理学家, 提出了健全关系等理论.

4.3 多种群模型

多种群模型是研究在同一环境中两种或两种以上的生物种群数量的变化规律, 不同生物种群之间是相互作用的, 存在着各种各样的关系, 例如: 竞争关系、捕食关系、互惠关系、寄生关系等.

4.3.1　Lotka-Volterra 竞争模型

　　意大利生物学家 D'Ancona 曾致力于鱼类种群相互制约关系的研究, 他从第一次世界大战期间地中海各港口捕获的几种鱼类捕获量百分比的资料中, 发现鲨鱼等的比例有明显的增加(表 4.2), 而供其捕食的食用鱼的百分比却明显下降, 显然战争使捕鱼量下降, 食用鱼增加, 鲨鱼等也随之增加, 但为何鲨鱼的比例大幅增加呢?

表 4.2　意大利阜姆港所收购的鲨鱼比例的具体数据

年份	1914	1915	1916	1917	1918
百分比	11.9	21.4	22.1	21.2	36.4
年份	1919	1920	1921	1922	1923
百分比	27.3	16.0	15.9	14.8	19.7

　　他无法解释这个现象, 于是求助其岳父, 著名的意大利数学家沃尔泰拉 (V.Volterra), 希望建立一个捕食-被捕食系统的数学模型, 定性或定量地回答这个问题. 为了刻画上述数据变化规律, 先给出两个基本假设:

　　(1) 食饵由于捕食者的存在使增长率降低, 假设降低的程度与捕食者数量成正比;

　　(2) 捕食者由于食饵为它提供食物的作用使其死亡率降低或使之增长, 假定增长的程度与食饵数量成正比.

　　根据假设可以得到洛特卡-沃尔泰拉(Lotka-Volterra)模型

$$\begin{cases} \dfrac{\mathrm{d}x}{\mathrm{d}t} = ax - bxy, \\[2mm] \dfrac{\mathrm{d}y}{\mathrm{d}t} = cxy - dy, \end{cases}$$

其中 $a, b, c, d > 0$, x 和 y 分别代表食饵和捕食者的数量. 该模型反映了在没有人工捕获的自然环境中食饵与捕食者之间的制约关系, 没有考虑食饵和捕食者自身的阻滞作用, 是 Volterra 提出的最简单的模型. 由于种群变化呈周期性, 所以计算每个种类鱼群在一个周期内的平均量. Volterra 微分方程组对应初值问题 $x(0) > 0, y(0) > 0$ 的解 $x(t), y(t)$ 是周期函数, 且解的周期平均值为

$$\bar{x} = \frac{1}{T} \int_0^T x(t)\mathrm{d}t = \frac{d}{c}, \quad \bar{y} = \frac{1}{T} \int_0^T y(t)\mathrm{d}t = \frac{a}{b}.$$

　　现在假设食饵和捕食者的捕获力系数分别为 p 和 q, 捕捞的影响或捕捞作用强度用 E 表示, 则 Volterra 方程变为

$$\begin{cases} \dfrac{\mathrm{d}x}{\mathrm{d}t} = ax - bxy - pEx, \\[2mm] \dfrac{\mathrm{d}y}{\mathrm{d}t} = cxy - dy - qEy, \end{cases} \tag{4.82}$$

该方程组有两个稳态, 一个零平衡点 $(0,0)$ 和内部平衡点 (x^*, y^*), 其中

$$x^* = \frac{qE + d}{c}, \quad y^* = \frac{a - pE}{b}.$$

当 $E < \dfrac{a}{p}$ 时, 捕捞会使食饵平衡点增大, 进而导致捕食者平衡点减小. 假设系统稳定在 (x^*, y^*) 处, 则捕捞到的食饵鱼和捕食者鱼的比例可以表示成

$$p = \frac{qEy^*}{pEx^*} = \frac{qc(a - pE)}{pb(qE + d)},$$

该式是关于捕获作用强度 E 的减函数, 当 E 减小 (如在第一次世界大战) 时, 捕获到的捕食者鱼比例就相应增加了. 图 4.20 给出了 Lotka-Volterra 捕食与被捕食系统 (4.82) 的一些数值解.

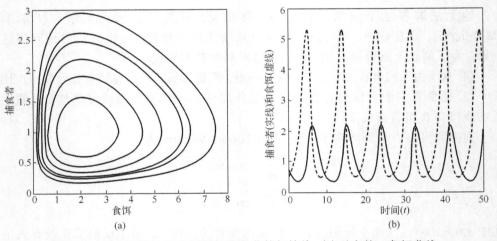

图 4.20　(a) 模型 (4.8) 从不同初值出发的相轨线; (b) 对应的一条解曲线

图 4.20 在 x-y 坐标面内的闭曲线就可以解释在自然环境中掠肉鱼与食用鱼的数量变化规律. 当食用鱼数量减少时掠肉鱼的食物就不足, 导致 y 减少; 当掠肉鱼的数目减少, 对食用鱼的捕食压力就会减少, 进而导致食用鱼的数量增加; 食用鱼数量较大时就可以促进掠肉鱼数量的增加; 掠肉鱼增加到一定数量时对食肉鱼数量的增加又会有抑制作用, 导致食用鱼数量减少. 如此循环下去, 两种群数量的相对比例按周期性变化, 这就是自然环境中捕食与被捕食系统的振荡规律.

4.3.2　功能性反应函数

为考虑捕食者对食饵的饱和因素, 需要把 Lotka-Volterra 模型改进为具有功能性反应的模型, 考虑如下形式:

$$\begin{cases} \dfrac{\mathrm{d}x}{\mathrm{d}t} = x(r_1 - a_1 x) - \phi(x)y, \\[2mm] \dfrac{\mathrm{d}y}{\mathrm{d}t} = k\phi(x)y - y(r_2 + b_2 y), \end{cases} \tag{4.83}$$

其中 $\phi(x)$ 称为功能性反应函数, k 称为转化系数. 1965 年, 霍林 (Holling) 在实验和分析的基础上提出了三类适应于不同生物的功能性反应函数 (图 4.21).

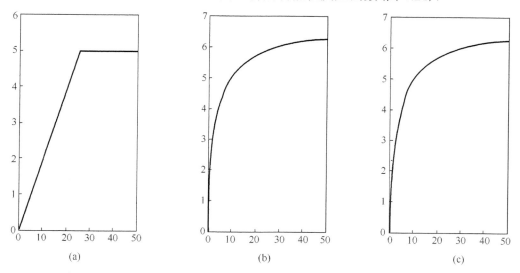

图 4.21　三类功能性反应函数示意图. (a)第一类; (b)第二类; (c)第三类

第一类功能性反应函数形式为

$$\phi(x) = \begin{cases} b_1 x, & 0 \leqslant x < x_0, \\ b_1 x_0, & x \geqslant x_0, \end{cases} \tag{4.84}$$

它适用于藻类、细胞和低等生物.

第二类功能性反应函数形式为

$$\phi(x) = \frac{b_1 x}{1 + cx}, \tag{4.85}$$

它适用于无脊椎动物.

第三类功能性反应函数形式为

$$\phi(x) = \frac{b_1 x^2}{1 + cx^2}, \tag{4.86}$$

它适用于脊椎动物.

这里介绍一个具有第二类功能性反应函数的捕食-被捕食模型, 模型如下:

$$\begin{cases} \dfrac{\mathrm{d}x}{\mathrm{d}t} = x\left[r\left(1-\dfrac{x}{K}\right) - \dfrac{ky}{x+D}\right], \\ \dfrac{\mathrm{d}y}{\mathrm{d}t} = y\left[s\left(1-\dfrac{hy}{x}\right)\right], \end{cases} \tag{4.87}$$

其中 r, k, K, D, s, h 是常数. 为方便讨论, 我们首先对模型进行无量纲化变换, 这里考虑去掉环境容纳量参数 K, 即

$$u(\tau) = \frac{x(t)}{K}, \quad v(\tau) = \frac{hy(t)}{K}, \quad \tau = rt, \quad a = \frac{k}{hr}, \quad b = \frac{s}{r}, \quad d = \frac{D}{K},$$

则模型变形为

$$\begin{cases} \dfrac{\mathrm{d}u}{\mathrm{d}\tau} = u(1-u) - \dfrac{auv}{u+d} = f(u,v), \\ \dfrac{\mathrm{d}v}{\mathrm{d}\tau} = bv\left(1-\dfrac{v}{u}\right) = g(u,v), \end{cases} \tag{4.88}$$

系统的平衡点 u^*, v^* 是方程 $\dfrac{\mathrm{d}u}{\mathrm{d}\tau} = 0$, $\dfrac{\mathrm{d}v}{\mathrm{d}\tau} = 0$ 的解, 即

$$u^*(1-u^*) - \frac{au^*v^*}{u^*+d} = 0, \quad bv^*\left(1-\frac{v^*}{u^*}\right) = 0, \tag{4.89}$$

这里仅考虑正平衡点, 满足

$$v^* = u^*, \quad u^{*2} + (a+d-1)u^* - d = 0,$$

所以, 唯一的正平衡点为

$$u^* = \frac{(1-a-d) + \{(1-a-d)^2 + 4d\}^{1/2}}{2}, \quad v^* = u^*.$$

该平衡点的稳定性可以通过线性化方程得到雅可比 (Jacobian) 矩阵, 特征根都为负根时, 平衡点稳定. 具体步骤如下:

$$x(\tau) = u(\tau) - u^*, \quad y(\tau) = v(\tau) - v^*,$$

将该式代入 (4.88), 利用平衡点满足的方程 (4.89) 可得到线性化方程

$$\begin{pmatrix} \dfrac{\mathrm{d}x}{\mathrm{d}\tau} \\ \dfrac{\mathrm{d}y}{\mathrm{d}\tau} \end{pmatrix} = A\begin{pmatrix} x \\ y \end{pmatrix}, \tag{4.90}$$

其中

$$A = \begin{pmatrix} \dfrac{\partial f}{\partial u} & \dfrac{\partial f}{\partial v} \\ \dfrac{\partial g}{\partial u} & \dfrac{\partial g}{\partial v} \end{pmatrix}_{u^*, v^*} = \begin{pmatrix} u^*\left[\dfrac{au^*}{(u^*+d)^2} - 1\right] & \dfrac{-au^*}{u^*+d} \\ b & -b \end{pmatrix},$$

A 为 Jacobian 矩阵, 对应的特征方程满足

$$|A - \lambda I| = 0 \Rightarrow \lambda^2 - (\mathrm{tr}A)\lambda + \det A = 0, \tag{4.91}$$

平衡点线性化稳定的充要条件是

$$\mathrm{tr}A < 0 \Rightarrow u^* \left[\frac{au^*}{(u^* + d)^2} - 1 \right] < b,$$

$$\det A > 0 \Rightarrow 1 + \frac{a}{u^* + d} - \frac{au^*}{(u^* + d)^2} > 0, \tag{4.92}$$

进而得到由三个参数 a, b 和 d 所确定的稳定性条件, 再根据量纲化变换就可以得到原始模型中参数 r, k, K, D, s, h 的稳定性条件. 图 4.22 给出了模型的数值解, 值得注意的是, 平衡点在一组给定的参数下稳定, 但在这个参数空间之外, 平衡点就变得不稳定 (因为 (4.92) 式中至少有一个不等式不成立).

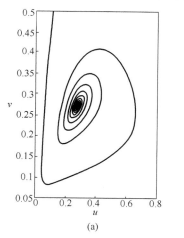 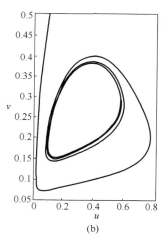

　　　　　　(a) 　　　　　　　　　　　　(b)

图 4.22　模型 (4.88) 的数值解. (a) $a = 1, b = 0.3, d = 0.1$; (b) $a = 1, b = 0.2, d = 0.1$

4.3.3　种间关系

　　竞争指的是生活在一起的两种生物由于在生态系统中的生态位重叠发生争夺生态资源而进行斗争的现象. 各种动植物为了获取生存所需的资源, 如食物、水和栖息地等展开竞争. 例如, 不同物种的植物会争夺阳光和土壤中的营养物质. 共居同一地两种群中若存在竞争, 大多数的情况是对一方有利, 另一方被淘汰, 一方替代另一方. 高斯有一个关于草履虫的著名实验, 在实验中将大草履虫和双核小草履虫放在一起培养, 16 天后观察到实验环境中仅剩后者. 该实验说明具有相同需要的两个不同的生物种群, 不能永久地生活在同一环境中, 这种同一生态位中一方终要取

代另一方的现象称作竞争排斥原理.

首先假设甲乙两个种群都生活在同一个自然环境中, 其数量变化服从 Logistic 规律, 于是对种群甲有

$$\dot{x}_1(t) = r_1 x_1 \left(1 - \frac{x_1}{N_1}\right),$$

这里因子 $1 - x_1/N_1$ 反映由于甲对有限资源的消耗导致的对其本身增长的阻滞作用, x_1/N_1 可理解为相对于 N_1 而言, 数量为 x_1 时供养甲的食物量(设食物总量为 1). 进一步有, 当两个种群在同一自然环境中生存时, 考虑乙消耗同一资源对甲增长的影响, 在因子 $1 - x_1/N_1$ 中再减去一项, 该项与种群乙的数量 x_2 (相对于 N_2 而言)成正比, 于是对种群甲有

$$\dot{x}_1(t) = r_1 x_1 \left(1 - \frac{x_1}{N_1} - \sigma_1 \frac{x_2}{N_2}\right),$$

这里 σ_1 的意义是: 单位数量的乙(相对于 N_2 而言)消耗的供养甲的食物量为单位数量的甲(相对于 N_1)消耗的供养甲的食物量的 σ_1 倍, 类似地写出乙的方程, 即得以下模型:

$$\begin{cases} \dot{x}_1(t) = r_1 x_1 \left(1 - \dfrac{x_1}{N_1} - \sigma_1 \dfrac{x_2}{N_2}\right), \\ \dot{x}_2(t) = r_2 x_2 \left(1 - \sigma_2 \dfrac{x_1}{N_1} - \dfrac{x_2}{N_2}\right), \end{cases} \tag{4.93}$$

这里 σ_1, σ_2 一般是相互独立的. 在某些特殊的情形下, 有 $\sigma_1 \sigma_2 = 1$. 当 $\sigma_1 \sigma_2 \neq 1$ 时, 令

$$f(x_1, x_2) = r_1 x_1 \left(1 - \frac{x_1}{N_1} - \sigma_1 \frac{x_2}{N_2}\right) = 0,$$

$$g(x_1, x_2) = r_2 x_2 \left(1 - \sigma_2 \frac{x_1}{N_1} - \frac{x_2}{N_2}\right) = 0, \tag{4.94}$$

得到 4 个平衡点:

$$P_1(N_1, 0), \quad P_1(0, N_2), \quad P_3\left(\frac{N_1(1 - \sigma_1)}{1 - \sigma_1 \sigma_2}, \frac{N_2(1 - \sigma_2)}{1 - \sigma_1 \sigma_2}\right), \quad P_4(0, 0),$$

其中的第三个平衡点是在 $\sigma_1, \sigma_2 < 1$ 或 $\sigma_1, \sigma_2 > 1$ 的情形下才会得到, 按照判断平衡点的稳定性方法, 给出 Jacobian 矩阵

$$J = \begin{pmatrix} r_1\left(1 - \dfrac{2x_1}{N_1} - \sigma_1 \dfrac{x_2}{N_2}\right) & -r_1 \sigma_1 \dfrac{x_1}{N_2} \\ -r_2 \sigma_2 \dfrac{x_2}{N_1} & r_2\left(1 - \sigma_2 \dfrac{x_1}{N_1} - \dfrac{2x_2}{N_2}\right) \end{pmatrix},$$

因此 $p = -(f_{x_1} + g_{x_2})|_{P_i}$，$q = \det J|_{P_i}$，$i = 1, 2, 3, 4$，由此可得平衡点的稳定性如表 4.3.

表 4.3　平衡点的局部稳定性

平衡点	p	q	稳定条件
$P_1(N_1, 0)$	$r_1 - r_2(1 - \sigma_2)$	$-r_1 r_2(1 - \sigma_2)$	$\sigma_2 > 1$
$P_2(0, N_2)$	$-r_1(1 - \sigma_1) + r_2$	$-r_1 r_2(1 - \sigma_1)$	$\sigma_1 > 1$
$P_3\left(\dfrac{N_1(1-\sigma_1)}{1-\sigma_1\sigma_2}, \dfrac{N_2(1-\sigma_2)}{1-\sigma_1\sigma_2}\right)$	$\dfrac{r_1(1-\sigma_1) + r_2(1-\sigma_2)}{1 - \sigma_1\sigma_2}$	$\dfrac{r_1 r_2(1-\sigma_1)(1-\sigma_2)}{1 - \sigma_1\sigma_2}$	$\sigma_1 < 1$ $\sigma_2 < 1$
$P_4(0, 0)$	$-(r_1 + r_2)$	$r_1 r_2$	不稳定

注意到平衡点的定义，我们可以看出，它是一个局部的性质. 对于非线性方程 (4.93) 所描述的种群竞争，我们更关心的是平衡点的全局稳定性，即不论初值如何，平衡点都是稳定的，这需要在上面得到的局部稳定性的基础上辅之以相轨线分析.

将 $\varphi(x_1, x_2) = 1 - \dfrac{x_1}{N_1} - \sigma_1 \dfrac{x_2}{N_2}$，$\psi(x_1, x_2) = 1 - \sigma_2 \dfrac{x_1}{N_1} - \dfrac{x_2}{N_2}$，则有

$$\begin{cases} \dot{x}_1(t) = r_1 x_1 \left(1 - \dfrac{x_1}{N_1} - \sigma_1 \dfrac{x_2}{N_2}\right) = r_1 x_1 \varphi(x_1, x_2), \\ \dot{x}_2(t) = r_2 x_2 \left(1 - \sigma_2 \dfrac{x_1}{N_1} - \dfrac{x_2}{N_2}\right) = r_2 x_2 \psi(x_1, x_2). \end{cases} \tag{4.95}$$

下面我们根据 σ_1, σ_2 的不同取值范围，直线 $\varphi = 0, \psi = 0$ 的相对位置，讨论情况如图 4.23. 这里我们给出平衡点 P_1 的结果解释，$\sigma_1 < 1$ 意味着对供养甲的资源的竞争中乙弱于甲，$\sigma_2 > 1$ 意味着在对供养乙的资源的竞争中甲强于乙，于是乙终将灭绝，种群甲将趋于最大容量，于是将趋于平衡点 P_1.

互利共生是指两种生物生活在一起，彼此有利，两者分开以后双方的生活都要受到很大影响，甚至不能生活而死亡. 互利共生的例子: 小丑鱼与海葵、豆科植物与根瘤菌、犀牛和犀牛鸟、海葵和寄居蟹、白蚁和肠内鞭毛虫.

假设种群甲可以独立存在，服从 Logistic 规律增长，种群乙的存在有助于甲的增长，因此甲的数量 $x_1(t)$ 满足

$$\dot{x}_1(t) = r_1 x_1 \left(1 - \frac{x_1}{N_1} + \sigma_1 \frac{x_2}{N_2}\right),$$

假设种群乙离开了甲便不能独立存在，设其死亡率为 r_2，于是其独立存在时的数量 $x_2(t)$ 满足

$$\dot{x}_2(t) = -r_2 x_2.$$

现在甲为乙提供食物，于是甲对乙的增长有促进作用，故

$$\dot{x}_2(t) = r_2 x_2 \left(-1 + \sigma_2 \frac{x_1}{N_1} \right),$$

在 $\sigma_2 \dfrac{x_1}{N_1} > 1$ 的情况下, 乙的数量会增长, 当其数量比较大时, 必须考虑增加 Logistic 项, 于是

$$\dot{x}_2(t) = r_2 x_2 \left(-1 + \sigma_2 \frac{x_1}{N_1} - \frac{x_2}{N_2} \right),$$

因此可得模型

$$\begin{cases} \dot{x}_1(t) = r_1 x_1 \left(1 - \dfrac{x_1}{N_1} + \sigma_1 \dfrac{x_2}{N_2} \right), \\ \dot{x}_2(t) = r_2 x_2 \left(-1 + \sigma_2 \dfrac{x_1}{N_1} - \dfrac{x_2}{N_2} \right). \end{cases} \tag{4.96}$$

同样地, 我们可以令右边的方程为 0, 得到其平衡点, 并利用 Jacobian 矩阵, 得到平衡点的稳定性, 这里不再赘述.

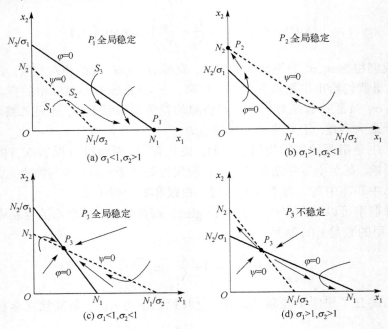

图 4.23　平衡点的稳定性分析

植物和传粉者也是典型的生物种群间互利共生的例子, 例如, 蜜蜂是花朵的传粉者, 它们在采集花蜜和花粉的过程中, 会将花粉带到其他花朵上, 从而促进了花

朵的繁殖, 而花朵则提供了蜜蜂所需的食物和栖息地.

植物与传粉者模型 P 和 A 分别是植物和传粉者的丰度, 考虑以下模型:

$$
\begin{aligned}
\frac{\mathrm{d}P}{\mathrm{d}t} &= \alpha P - \beta P^2 + \frac{r_P A}{1 + hr_P A}P + \mu, \\
\frac{\mathrm{d}A}{\mathrm{d}t} &= \alpha A - \beta A^2 - \kappa A + \frac{r_A P}{1 + hr_A P}A + \mu,
\end{aligned}
\tag{4.97}
$$

参数 α, β, r, h, μ 均为正常数. 当 $\dfrac{\mathrm{d}P}{\mathrm{d}t}=0, \dfrac{\mathrm{d}A}{\mathrm{d}t}=0$ 时, 可以得到该方程组的稳态解, 令 A' 和 P' 分别是传粉者和植物丰度的稳态, 则稳态解处的 Jacobian 矩阵是

$$
J = \begin{pmatrix}
\alpha - 2P'\beta + \dfrac{hr_P A'}{1 + hr_P A'} & -\dfrac{h^2 r_P^2 A'P'}{(1 + hr_P A')^2} + \dfrac{hr_P P'}{1 + hr_P A'} \\[4mm]
-\dfrac{h^2 r_A^2 A'P'}{(1 + hr_A P')^2} + \dfrac{hr_A A'}{1 + hr_A P'} & \alpha - 2A'\beta - \kappa + \dfrac{hr_A P'}{1 + hr_A P'}
\end{pmatrix}.
\tag{4.98}
$$

我们解 (4.97) 得到

$$
P' = \frac{1}{-2\beta}\left[-\left(\alpha + \frac{r_P A'}{1 + hr_P A'}\right) \pm \left(\left(\alpha + \frac{r_P A'}{1 + hr_P A'}\right)^2 + 4\beta\mu\right)^{1/2} \right],
$$

$$
A' = \frac{1}{-2\beta}\left[-\left(\alpha - \kappa + \frac{r_A P'}{1 + hr_A A'}\right) \pm \left(\left(\alpha + \frac{r_A A'}{1 + hr_A A'}\right)^2 + 4\beta\mu\right)^{1/2} \right].
$$

P' 和 A' 的有物理意义的解具有正值, 设置参数 $|\alpha| \gg \mu = 0.0001$, 有

$$
\beta\mu \ll \left|\alpha + \frac{r_P A'}{1 + hr_P A'}\right| \quad \text{或} \quad \left|\alpha - \kappa + \frac{r_A P'}{1 + hr_A P'}\right|.
$$

P' 和 A' 的渐近解如下:

$$
\begin{aligned}
P' &\approx \frac{1}{-2\beta}\left[-\left(\alpha + \frac{r_P A'}{1 + hr_P A'}\right) \pm \left(\left|\alpha + \frac{r_P A'}{1 + hr_P A'}\right| + 2\beta\mu\right) \right], \\
A' &\approx \frac{1}{-2\beta}\left[-\left(\alpha - \kappa + \frac{r_A P'}{1 + hr_A P'}\right) \pm \left(\left|\alpha - \kappa + \frac{r_A P'}{1 + hr_A P'}\right| + 2\beta\mu\right) \right].
\end{aligned}
\tag{4.99}
$$

对于 $\alpha + (r_P A' / (1 + hr_P A')) > 0$, 有以下两个关于 P' 的近似解:

$$
\begin{aligned}
P_1' &\approx -\mu, \\
P_2' &\approx \frac{1}{\beta}\left(\alpha + \frac{r_P A'}{1 + hr_P A'}\right).
\end{aligned}
$$

其中 P_1' 对应 (4.99) 中 +sign 的结果, P_2' 对应 –sign, 进而可以得到 A_1' 和 A_2'.

对于 $\alpha + (r_P A' / (1 + h r_P A')) < 0$ 有

$$P_1' \approx \frac{1}{\beta}\left(\alpha + \frac{r_P A'}{1 + h r_P A'}\right),$$

$$P_2' \approx \mu.$$

对于 $\alpha - \kappa + (r_A P' / (1 + h r_A P')) > 0$, 有

$$A_1' \approx -\mu,$$

$$A_2' \approx \frac{1}{\beta}\left(\alpha - \kappa + \frac{r_A P'}{1 + h r_A P'}\right).$$

对于 $\alpha - \kappa + (r_A P' / (1 + h r_A P')) < 0$ 有

$$A_1' \approx \frac{1}{\beta}\left(\alpha - \kappa + \frac{r_A P'}{1 + h r_A P'}\right),$$

$$A_2' \approx \mu.$$

寄生–宿主模型是一种对抗关系, 是指一种小型生物生活在另一种较大型生物的体内或体表, 以另一种微生物为生活基质, 在其中进行生长繁殖, 并对后者带来或强或弱的危害作用. 两种生物共同生活, 其中一方受益, 另一方受害. 受害者提供营养物质和居住场所给受益者, 这种关系称为寄生关系, 受益者称为寄生物, 受害者称为寄主或者宿主. 例如, 蛔虫、猪肉绦虫和血吸虫等寄生在人和其他动物的体内; 虱和蚤寄生在其他动物的体表; 小麦线虫寄生在小麦籽粒中等. 这里介绍尼科尔森-贝利 (Nicholson-Bailey) 模型, 记 H_n 为世代 n 宿主的数量, P_n 为世代 n 寄生者的数量, r 为宿主的基本再生率, 即在没有寄生虫的条件下, 宿主的平均生产数, c 表示能存活到下次生育的单个宿主上的成年寄生虫卵的平均数, $f(H, P)$ 表示未被寄生虫寄生的宿主比例.

在世代的起始对成年寄生虫和将要被寄生的宿主进行统计, 寄生发生后, 未被寄生的宿主数量记为 $Hf(H, P)$, 则被寄生的宿主数量为 $H(1 - f(H, P))$, 进而得到寄生宿主模型的一般形式

$$\begin{cases} H_{n+1} = rH_n f(H_n, P_n), \\ P_{n+1} = cH_n (1 - f(H_n, P_n)). \end{cases} \tag{4.100}$$

这里假设宿主的动态行为不受密度依赖的影响, 那么宿主在未被寄生之前, 以指数方式增长 ($r > 1$), 模型 (4.10) 就仅适用于宿主种群数量受到寄生种群制约的那些寄生宿主关系.

设该模型有一个平衡点 (H^*, P^*), 由第一个方程得到 $rf^* = 1$, 该平衡点的稳定性由模型线性化部分的特征值决定, 即

$$J^* = \begin{pmatrix} r(f^* + H^* f_H^*) & rH^* f_P^* \\ c(1 - f^* - H^* f_H^*) & -cH^* f_P^* \end{pmatrix}$$

决定. 矩阵 J^* 的迹和行列式

$$\beta = trJ^* = rf^* + rH^* f_H^* - cH^* f_P^*, \quad \gamma = \det J^* = -rH^* c f_P^*.$$

根据朱利 (Jury) 判据, 如果不等式

$$|\beta| < \gamma + 1, \quad \gamma < 1$$

成立, 则此平衡点是稳定的.

考虑一个具体的函数 $f(H_n, P_n) = \exp(-aP_n)$, 则方程 (4.100) 变为

$$\begin{cases} H_{n+1} = rH_n \exp(-aP_n), \\ P_{n+1} = cH_n(1 - \exp(-aP_n)). \end{cases} \tag{4.101}$$

该模型存在零平衡点 $(0,0)$ 和正平衡点 $\left(\dfrac{r}{ac(r-1)}\ln r, \dfrac{1}{a}\ln r\right)$, 平衡点的稳定性可通过 Jocabian 矩阵判断,

$$J = \begin{pmatrix} re^{-aP^*} & -arH^* e^{-aP^*} \\ c(1 - e^{-aP^*}) & acH^* e^{-aP^*} \end{pmatrix}.$$

该方程中宿主的增长不受其密度的限制, 可以无限增大, 不符合现实情况, 因此可以加入一个关于宿主的密度依赖项而得到模型

$$\begin{cases} H_{n+1} = H_n\left[r\left(1 - \dfrac{H_n}{K}\right) - aP_n \right], \\ P_{n+1} = N_n(1 - \exp(-aP_n)), \end{cases} \tag{4.102}$$

当 $P_n = 0$ 时方程变成了单种群模型, 并且当 $0 < r < 2$ 时该单种群模型有一个稳定的平衡点 $N^* = K$, 而当 $r > 2$ 时, 它会产生振动现象并有周期解.

>> 阅读材料

渔业管理模型

渔业管理模型

离散模型在渔业管理中的应用已有相当长的时间, 已被证明具有有效性. 这些模型还可以评估各种收获策略, 以期优化经济产量. 以下模型原则上适用于任何被收获的可再生资源, 详细的分析适用于任何可以用离散模型描述其动态的种群.

假设在没有捕获的情况下, 种群密度由 $N_{t+1} = f(N_t)$ 控制. 如果我们令 h_t 表示 t

时刻从种群中捕获的量，那么种群在 $t+1$ 时刻的密度的动力学模型为

$$N_{t+1} = f(N_t) - h_t. \tag{1}$$

我们想研究的问题是

(i) 最大持续生物产量是多少？(ii) 最大经济收益率是多少？

种群密度达到平衡状态时，$N_t = N^* = N_{t+1}$，$h_t = h^*$. 由方程 (1) 知

$$h^* = f(N^*) - N^*. \tag{2}$$

所以种群的最大持续产量 Y_M 为 $N^* = N_M$ 时，其中

$$\frac{\partial h^*}{\partial N^*} = 0 \Rightarrow f'(N^*) = 1, \quad Y_M = f(N_M) - N_M. \tag{3}$$

我们想要研究 $Y_M \geq 0$ 时的情况.

我们期望得到这样的管理策略，既可以维持种群的数量，又可以获得最大产量 Y_M. 因为很难知道实际的鱼类数量是多少，这一点很难达成. 我们能知道的是实际收益率以及为获得收益所付出的劳力. 因此，我们将从获得产量和付出劳力的角度来研究这个优化问题.

假设每单位捕捞劳力可以从种群 N 获得收获量 cN. 常数 c 是"可捕"参数，与种群密度 N 无关. 由捕捞劳力 E_M 提供的收益为

$$Y_M = f(N_M) - N_M, \quad E_M = \sum_{N_i = N_M}^{f(N_M)} (cN_i)^{-1},$$

如果 cN 比 1 个单位大，我们可以用积分来近似上面后一个方程的和，即

$$E_M \approx \frac{1}{c} \int_{N_M}^{f(N_M)} N^{-1} \mathrm{d}N = \frac{1}{c} \ln\left\{ \frac{f(N_M)}{N_M} \right\}. \tag{4}$$

方程 (3) 和 (4) 给出了 N_M 中 E_M 和 Y_M 的关系.

例如，假设未观测到的动力学性质由 $N_{t+1} = f(N_t) = bN_t / (a + N_t)$ 控制，其中 $0 < a < b$，则

$$N_M : 1 = f'(N_M) = \frac{ab}{(a + N_M)^2} \Rightarrow N_M = a^{1/2}(b^{1/2} - a^{1/2}).$$

将其代入 (3) 和 (4) 得到

$$Y_M = \frac{bN_M}{(a + N_M)} - N_M, \quad E_M = \frac{1}{c} \ln\left[\frac{b}{(a + N_M)} \right]. \tag{5}$$

在此示例中，我们可以在消除 N_M 时获得 Y_M 和 E_M 之间的显式关系，为

$$Y_M = [b \exp(-cE_M) - a][\exp(cE_M) - 1]. \tag{6}$$

图 4.24(a)说明了收益-劳力关系. 借助这一点, 管理策略的一个重要方面是要意识到, 如果增加劳力反而会降低产量, 也就会超过最大的持续产量, 这时必须减少劳力, 以使得种群增长能恢复.

随后, 通过重新调整劳力, 以实现图 4.24(a)中 E_c 的 Y_c, 这两个都可从(6)式中计算, 此分析是针对最大持续生物产量. 最大经济产量必须包括收获的价格和劳力的成本. 我们可以将其纳入经济收益率 $R = pY_M - kE_M$ 的表达式中, 其中 p 是单位产量的价格, k 是单位劳力的成本. 对于 $Y_M(N_M)$ 和 $E_M(N_M)$, 借助方程(4.86)即可得到 $R(N_M)$, 因此, 就得到了最大收益 R 随捕获劳力 E 的函数关系曲线, 如图 4.24(b)所示.

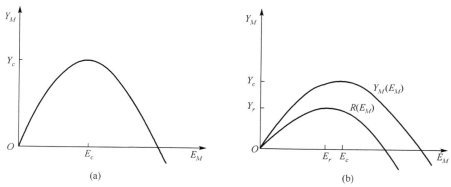

图 4.24　(a)最大持续收益的收益-劳力关系示意图, 模型为 $N_{t+1} = bN_t(a + N_t)$;
(b)与 Y_M-E_M 曲线相比, 最大收益 R 作为捕获劳力 E 的函数

除非有实际实验数据的支持, 否则这种"模型"的结果未必非常真实. 即便如此, 此类模型仍可以提供一些重要的指标. 对于模型的分析是基于收获的种群有一个稳定的状态. 对于渔业生产中常见的鱼类, 其平均增长率很高, 在详细模型中, 该稳定的状态与参数 r 有关. 因此, 我们预计模型中鱼类种群也会呈现周期性波动, 这也的确是众所周知的情况. 有时, 种群增长率可能足够高, 以致模型或会处于混乱状态. 鉴于捕获在某种意义上也是一种有效地降低种群繁殖率的方法, 因此捕获或会使模型的解变得可控, 如从混沌到周期解甚至到达稳定状态.

第5章　网络动力学

科学的灵感，决不是坐等可以等来的．如果说，科学上的发现有什么偶然的机遇的话，那么这种"偶然的机遇"只能给那些学有素养的人，给那些善于独立思考的人，给那些具有锲而不舍的精神的人，而不会给懒汉．
　　　　　　　　　　　　　　　　　　　　　　　　　　　　　　——华罗庚

生态系统

在自然界中，每种生物都不是孤立存在的，它们需要以其他生物为食或是成为其他生物的食物，当然不同生物之间也可能存在合作关系．那么就产生了以下问题：

1. 如何以数学的形式说明不同物种之间存在联系？
2. 如何从数学的角度区分捕食-被捕食、竞争、互惠等不同种类的联系？
3. 如何根据生态网络来描述不同物种之间的协同变化？

5.1　复杂网络的图论基础

图论是复杂网络研究的基础, 复杂网络模型是依据图结构建立的, 复杂网络的研究特别是网络动力学的研究离不开图理论的进步, 因此在研究复杂网络之前, 我们应当具备一定的图论基础.

5.1.1　图的基本概念

图是由**点**(也称为顶点或节点)组成的, 这些点之间通过**线**(也称为边或弧)连接. 在复杂网络中, 一般称之为**节点和边**. 如果, 图中的每条边都对应一定的数值(权重), 则我们称该图为**加权图**(图 5.1).

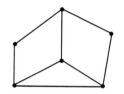 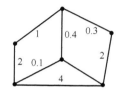

图 5.1　图与加权图

考虑图 $\mathcal{G}$, 它包含 n 个节点 $v_1, v_2, \cdots, v_n$, 称集合 $V = \{v_1, v_2, \cdots, v_n\}$ 为图 $\mathcal{G}$ 的**节点集**, 图 的 边 记 为 (v_i, v_j) $(1 \leqslant i, j \leqslant n)$ 表 示 节 点 v_i 和 v_j 之 间 存 在 连 接, 称 集 合 $\mathcal{E} = \{(v_i, v_j)\} \in V \times V$ 为图 $\mathcal{G}$ 的**边集**. 特别地, 如果存在节点 v_i 和 v_i 之间的连接, 则称该连接为**自边**, 记为 (v_i, v_i). 对于图 $\mathcal{G}'$, 如果图 $\mathcal{G}'$ 的节点集 V' 满足 $V' \subset V$, 并且图 $\mathcal{G}'$ 的边集 $\mathcal{E}'$ 满足 $\mathcal{E}' \subset \mathcal{E}$, 则称图 $\mathcal{G}'$ 为图 $\mathcal{G}$ 的**子图**. 经过图 $\mathcal{G}$ 的节点 v_i 的边的数量定义为**节点 v_i 的度**, 记为 $\deg(v_i)$,

$$\deg(v_i) = \sum_{j=1}^{n} (v_i, v_j),$$

对于加权图, 节点 v_i 的度定义为经过图 $\mathcal{G}$ 的节点 v_i 的边的权重的加和.

如果节点 v_i 可以通过图中的一系列边到达 v_j, 称之为节点 v_i 到 v_j 的**线路**. 如果该线路没有重合的边, 则称该线路为**轨迹**. 如果线路中不包含任何自边, 则称该线路为**路径**. 节点 v_i 与 v_j 之间的**最短路径**的长度称为节点 v_i 与 v_j 的**距离**, 记为 $d(v_i, v_j)$. 网络中所有节点之间距离的最大值称为网络的**直径**, 记为 $d_{\max} = \{d(v_i, v_j): i, j = 1, 2, \cdots, n\}$. 从节点 v_i 到 v_i 并且没有其他顶点被访问一次以上的线路称为**环**. 长度为 1 的环, 即边 (v_i, v_i) 也称为**自环**, 而包含了所有节点的环称为**哈密顿(Hamilton)环**. 如果节点 v_i 与 v_j 之间存在至少一条路径, 则称**节点 v_i 与 v_j 是连**

通的, 进一步, 如果图 $\mathcal{G}$ 中的任一节点对是连通的, 则称**图 $\mathcal{G}$ 是连通的**. 如果图 $\mathcal{G}$ 不包含任何自环 ($\forall i \in V$, $(v_i, v_i) \notin \mathcal{E}$), 并且连接任何一对节点的边不超过一条, 则称图 $\mathcal{G}$ 为**简单图**, 如图 5.2 所示.

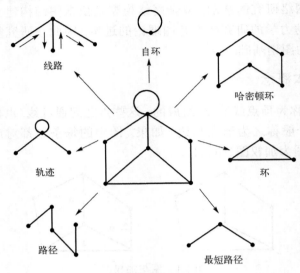

图 5.2 一个连通图与其子图

如果我们为图 $\mathcal{G}$ 中的每一条边赋予方向, 即边 $\overrightarrow{(v_i, v_j)}$ 表示从节点 v_i 到 v_j 的边, 而边 $\overrightarrow{(v_j, v_i)}$ 表示从节点 v_j 到 v_i 的边, 则图 $\mathcal{G}$ 为**有向图** (图 5.3), 否则为无向图. 类似地, 我们可以将无向图中线路、路径、直径、环、连通性等概念拓展到有向图上. 在有向图上, 线路要求边是首尾相接的, 即节点 v_i 到 v_j 的线路应该是 $\overrightarrow{(v_i, v_{k_1})} \to \overrightarrow{(v_{k_1}, v_{k_2})} \to \cdots \to \overrightarrow{(v_{k_n}, v_j)}$. 如果有向图 $\mathcal{G}$ 中的任一节点对是连通的, 则称图 $\mathcal{G}$ 是**强连通的**.

最后, 我们回顾几类特殊类型的图 (图 5.3 和图 5.4).

树 不包含任何环的连通图.

生成树 包含所有节点的子图, 同时也是树.

完全图 每个节点都通过一条边与其他节点直接相连的图.

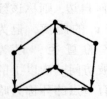 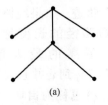 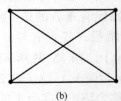

(a) (b)

图 5.3 有向图 图 5.4 (a) 树或是图 5.2 中图的一个生成树; (b) 节点数为 4 的一个完全图

5.1.2　图的矩阵表示

仅通过上述概念还不足以将图和数学模型紧密地联系起来, 邻接矩阵才是将图与数学模型联系起来的关键. **邻接矩阵** $A = [a_{ij}]_{n \times n}$ 是图的一种数学表现形式, 矩阵中第 i 行第 j 列的元素 a_{ij} 表示节点 v_i 与 v_j 之间是否存在边, 即

$$a_{ij} = \begin{cases} 1, & (v_i, v_j) \in \mathcal{E}, \\ 0, & \text{其他}, \end{cases}$$

如以下矩阵为无向图的邻接矩阵:

$$\begin{pmatrix} 0 & 1 & 0 & 1 & 0 & 1 \\ 1 & 0 & 1 & 0 & 0 & 0 \\ 0 & 1 & 0 & 1 & 1 & 0 \\ 1 & 0 & 1 & 1 & 0 & 0 \\ 0 & 0 & 1 & 1 & 0 & 1 \\ 1 & 0 & 0 & 0 & 1 & 0 \end{pmatrix}.$$

在加权图中, 对应矩阵为**距离矩阵**, 距离矩阵中第 i 行第 j 列的元素 a_{ij} 表示节点 v_i 与 v_j 之间边的权重. 通过图 $\mathcal{G}$ 的节点集 V、边集 $\mathcal{E}$ 和邻接矩阵 A 可以完全地重构对应的图 $\mathcal{G}$, 因此图 $\mathcal{G}$ 一般也表示为 $\mathcal{G}(A) = (V, \mathcal{E}, A)$.

根据邻接矩阵的定义可知, 节点 v_i 的度等于矩阵 A 的第 i 行元素之和, 即

$$\deg(v_i) = \sum_{j=1}^{n} a_{ij},$$

进一步, 可以定义图 $\mathcal{G}$ 的**度矩阵** D, 它是一个对角矩阵, 其第 i 个对角元定义为节点 v_i 的度,

$$D = \begin{pmatrix} v_1 & 0 & \cdots & 0 \\ 0 & v_2 & \cdots & 0 \\ \vdots & \vdots & \ddots & \vdots \\ 0 & 0 & \cdots & v_n \end{pmatrix}.$$

通过图 $\mathcal{G}$ 的邻接矩阵 A 和度矩阵 D, 可以得到图的拉普拉斯 (Laplace)[①] 矩阵

[①] 拉普拉斯(Laplace, 1749~1827), 法国分析学家、概率论学家和物理学家, 法国科学院院士. 拉普拉斯在研究天体问题的过程中, 创造和发展了许多数学的方法, Laplace 变换、Laplace 定理和 Laplace 方程等在科学技术的各个领域都有着广泛的应用.

$L = D - A$，即

$$L = \begin{pmatrix} \sum\limits_{j=1}^{n} a_{1j} & -a_{12} & \cdots & -a_{1n} \\ -a_{21} & \sum\limits_{j=1}^{n} a_{2j} & \cdots & -a_{2n} \\ \vdots & \vdots & \ddots & \vdots \\ -a_{n1} & -a_{n2} & \cdots & \sum\limits_{j=1}^{n} a_{nj} \end{pmatrix}.$$

根据 Laplace 矩阵的定义，可知矩阵 $L = [l_{ij}]_{n \times n}$ 的任一行元素之和为 0，即

$$\sum_{j=1}^{n} l_{ij} = 0.$$

对于无向图，邻接矩阵和 Laplace 矩阵都是对称矩阵，因此其特征值均为实数. 图的 Laplace 矩阵的特征值的性质在网络动力学的研究中发挥了关键作用，记 Laplace 矩阵的特征值为 $\lambda_i(L)$ ($\lambda_1 \leqslant \lambda_2 \leqslant \cdots \leqslant \lambda_n$)，我们简单回顾 Laplace 矩阵的特征值的几个重要性质：

(1) $\lambda_1(L)$ 对应的特征向量为单位向量 $\mathbf{1} = \{1, 1, \cdots, 1\}^{\mathrm{T}}$，即 Laplace 矩阵是半正定的.

(2) 如果图 $\mathcal{G}$ 是连通的，当且仅当 Laplace 矩阵 L 的秩为 $n-1$，即 $\lambda_2(L) > 0$. $\lambda_2(L)$ 也称为图的**代数连通度**.

(3) 对于任意实向量 $x \in \mathbf{R}^n$，$\min\limits_{\substack{x \neq 0, \\ \mathbf{1}^{\mathrm{T}} x = 0}} \dfrac{x^{\mathrm{T}} L x}{\|x\|^2} = \lambda_2(L)$.

(4) Laplace 矩阵 L 的最大特征值 $\lambda_n(L)$ 满足 $\lambda_n(L) \leqslant \max\{\deg(v_i)\}, i = 1, 2, \cdots, n$.

5.2　复杂网络简史

5.2.1　Euler 图论

自然界中存在的大量复杂系统可以通过形形色色的网络加以描述. 一个典型的网络是由许多节点与连接两个节点之间的一些边组成的，其中节点用来表示真实系统中不同的个体；而边则用来表示个体间的关系，如果两个节点之间具有某种特定的关系则二者间连一条边，反之则不连边. 有边相连的两个节点在网络上可以看作是相邻的. 例如：神经系统可以看作大量神经细胞通过神经纤维相互连接而成的网络；计算机网络可以看作是自主工作的计算机通过通信介质如光缆、双绞线、同轴电缆等相互连接而成的网络. 类似还有电力网络、社会关系网、交通网络等. 数学

家和物理学家在考虑网络的时候，往往只关心节点之间有没有连边，至于节点到底在什么位置，边是长还是短，是弯曲还是平直，有没有相交等等他们都是不在意的.在这里，我们把不依赖于节点的具体位置和边的具体形态就能表现出来的性质叫做网络的拓扑性质，相应的结构叫做网络的拓扑结构.那么，什么样的拓扑结构比较适合来描述真实网络呢？

实际网络的图表示方法可以追溯到18世纪伟大的数学家欧拉(Euler)①对著名的哥尼斯堡(Konigsberg)"七桥问题"的研究.Konigsberg 是东普鲁士的首都，今俄罗斯加里宁格勒市，普莱格尔河横贯其中.18 世纪在这条河上建有七座桥，这七座桥将河中间的两个岛和河岸连接起来.人们闲暇时经常在桥上散步，有人提出：能不能每座桥都只走一遍，最后又回到原来的位置？这个看起来很简单也很有趣的问题吸引了很多人去尝试各种各样的走法，然而无数次的尝试都没有成功，谁也没有做到.事实上，要得到一个明确、理想的答案并非那么容易.1736 年，有人带着这个问题找到了当时的大数学家 Euler，Euler 经过一番思考后，很快就用一种独特的方法给出了解答.首先，Euler 把这个问题简化，他把两座小岛和河的两岸分别看作四个点，而把七座桥看作这四个点之间的连线，如图 5.5 右下所示，A，B，C，D 表示陆地.这个问题就简化成，能不能用一笔就把这个图形画出来.经过进一步的分析，Euler 得出结论——不可能每座桥都走一遍最后回到原来的位置.此外，Euler 给出了所有能够一笔画出来的连通图的充分必要条件是图中所有节点的度必须都为偶数.显然七

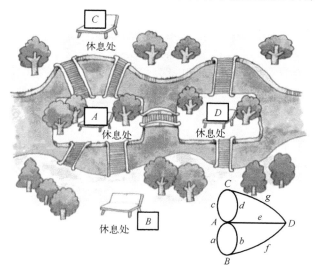

图 5.5　Konigsberg 七桥问题的图示

---

① 欧拉(Euler, 1707～1783)是一位著名的数学家和物理学家，一生创作了32部著作和许多富有创造性的数学和科学论文.他的全部创作在整个物理学和许多工程领域里都有着广泛的应用.在1736年，Euler 对七桥问题的抽象和论证思想，是最早运用图论和拓扑学的典范.此外，他的数学物理成果有着无限广阔的应用领域.

桥问题中节点的度均为奇数, 所以它是无解的. 这是拓扑学的"先声", 这项工作使 Euler 成为图论(及拓扑学)的创始人. 事实上, 今天人们关于复杂网络的研究与 Euler 当年关于七桥问题的研究在某种程度上是一脉相承的, 即网络结构与网络性质密切相关.

5.2.2　随机图论

随机图(random graph), 顾名思义, 是由随机过程产生的图, 具有不确定性. 这一理论处于图论和概率论的交汇点上, 主要研究经典随机图的性质. 从任一节点出发, 按不经过重复节点的规则, 可随机走遍所有节点的图称为随机哈密顿图; 从任一节点出发, 按不经过重复边的规则, 可随机走遍所有边而回到出发点的图称为随机可迹图[1]. 简单理解, 随机图是使用一些规则而随机产生的图. 在数学上, 如果没有指明是哪一种随机图, 通常就是指 ER 随机图模型. 对随机图的正式研究可追溯至 1959 年, 两位来自匈牙利的著名数学家 Erdös[2]和 Rényi[3]在 20 世纪 60 年代首次建立了著名的随机图理论. 在他们提出的模型中, 在给定节点和连边情况下产生出任意一种图形的概率是相同的. 他们最重要的发现是 ER 随机图中许多重要性质都是随着网络规模的增大而突然涌现的. Erdös 创立的 ER 随机图理论为图类的阈函数和巨大分支涌现的相变等提供了一种研究网络的重要数学理论. 几乎在同时期, 埃德加·吉尔伯特(Edgar Gilbert)独立地提出了另外一个模型, 即每个连边存在与否有着固定的概率, 与其他连边无关. 在概率方法中, 这两种模型可用来证明满足各种性质的图的存在性, 也为几乎所有图的性质提供严格的定义. 事实上, 用图论的语言和符号可以精确简洁地描述各种网络, 图论不仅为数学家和物理学家提供了描述网络的共同语言和研究平台, 而且图论的许多研究成果、结论和方法技巧至今仍然能够自然地应用到复杂网络的研究中去, 成为网络研究的有力方法和工具之一.

5.2.3　现代网络理论

一直到 1998 年, 首先冲破 ER 理论框架的人是美国康奈尔(Cornell)大学理论和应用力学系的博士生 Watts[4]及其导师 Strogatz[5], 其在 *Nature* 杂志上发表的题为

---

① 随机哈密顿图和随机可迹图的区别为随机哈密顿图不经过重复节点, 而随机可迹图不经过重复边.
② 埃尔德什(Erdös)是 20 世纪最杰出的数学家之一, 获 1983—1984 年度沃尔夫奖, 被称为 20 世纪的 Euler. 他的研究领域十分广泛, 涉及数学的许多领域, 包括数论、集合论、组合数学、图论、概率论及其应用.
③ 瑞利(Rényi)一生致力于概率论方面的研究. 此外, 他还涉及统计学, 信息论, 组合论, 图论,数论和分析等领域.
④ 沃茨(Watts)曾为微软研究院 Microsoft Research(MSR)首席研究员, MSR-NYC 实验室创始人之一, 哥伦比亚大学社会学教授和集体动力学研究组负责人, 主要研究方向是社会学、网络科学.
⑤ 斯特罗加茨(Strogatz)的主要成就是 WS 小世界模型、动力系统理论、网络理论. 根据谷歌学术搜索, 他在 1998 年发表于 *Nature* 的关于"小世界"网络的论文已经被引用了 4 万多次.

《"小世界"网络的群体动力行为》的论文中，提出了小世界网络模型. 实际上这是 20 世纪 60 年代美国哈佛大学的心理学家 Milgram 曾经做过的著名的小世界实验的一种拓广. 人们常有这种经历，当参加国内外会议或访问或旅游，与遇到的一些新朋友交谈时，很快就会发现: 他认识你的朋友，你认识他的朋友的朋友，于是大家不约而同地脱口而出: 这个世界真小啊! 这就是"小世界效应(现象)"，这里包含了"六度分离"概念的基本思想.

1999 年，美国圣母(Notre Dame)大学物理系的巴拉巴西(Barabási)[①]教授及其博士生阿尔伯特(Albert)[②]在 *Science* 杂志上发表了题为《随机网络中标度的涌现》的文章，他们提出了一个无标度网络模型，并且发现了复杂网络的无标度性质. 此外，他们还与 Watts 共同编辑了题为《网络的结构与动力学》的专著，该书在国际上产生了广泛的影响，引起了全世界的高度重视，标志着复杂网络研究进入了网络科学的新时代，由此也诞生了一门崭新的科学: 网络科学. 复杂网络的两大发现，以及随后许多真实网络的实证研究表明，真实世界网络既不是规则网络，也不是随机网络，而是兼具小世界和无标度特性、具有与规则网络和随机图完全不同的统计特性的网络. 这在全世界学术界激起了千层浪，有关复杂网络的文章铺天盖地，网络科学的综述和专著不断涌现. 从物理学到生物学，从社会科学到技术网络，从工程技术到经济管理等众多领域，网络科学受到了人们空前的关注和重视.

5.2.4　复杂网络直观理解

什么是复杂网络? 对普通人而言，在媒体上看到复杂网络，首先想到的是互联网，实际上网络已经成为互联网的代名词. 从只有几个节点的简单的网络发展到今天，互联网的用户已经数以亿计，即使不考虑终端用户，路由器的用户也是几万人，的确是复杂的网络，但是对互联网我们缺少统一的行政管理机构，可以说到今天已经没有任何一个人能够知道互联网上所有的路由器到底是怎么连接在一起的，即没有一张连接很完整的清晰的互联网地图.

除了互联网以外，复杂网络的例子在我们生活中比比皆是，比如一条江河里面各种生物构成的食物链可以看作是网络，甚至大型软件系统都可以看成是小的对象通过互相调用构成的复杂网络. 此外，我们人体当中也有各种各样的复杂网络，比如我们大脑中的神经网络，实际上就是由数量高于十次方以上的

---

① **巴拉巴西(Barabási)**，美国物理学会院士，匈牙利科学院院士，欧洲科学院院士. 他在 1999 年介绍了无标度网络的概念，并提出了 Barabási-Albert 模型来解释它们在自然、技术和社会系统中的广泛出现，从蜂窝电话到互联网与社交网络，是网络科学学会的创始人.

② **阿尔伯特(Albert)**，巴比什-博雅依大学理学学士、硕士，圣母大学博士，Albert 与 Barabási 共同创建了 Barabási-Albert 算法，该算法通过优先连接生成无标度随机图. 其工作从广义上讲涉及网络，目前的研究重点是生物网络和系统生物学的动态建模.

大量的神经元互相连接在一起的网络. 不仅如此, 我们人体还有各种各样的新陈代谢网络.

在网络理论的研究中, 复杂网络是由数量巨大的节点和节点之间错综复杂的关系共同构成的网络结构. 用数学语言来说, 就是一个有着足够复杂的拓扑结构特征的图. 复杂网络具有简单网络(如晶格网络、随机图等结构)所不具备的特性, 而这些特性往往出现在真实世界的网络结构中. 复杂网络的研究是现今科学研究中的一个热点, 与现实中各类高复杂性系统, 如互联网网络、神经网络和社会网络的研究有着密切关系.

5.2.5　复杂网络的特征

复杂网络的复杂性到底表现在哪些方面?

(1)结构复杂: 表现在节点数目巨大, 任意两个或两个以上的节点之间存在连边, 网络结构呈现多种特征.

(2)网络进化: 表现在节点或连接的产生与消失, 节点元素与连线关系不是永久存在的, 任何一个节点元素消失都会导致与之相关联的连接消失, 并且每增加一个节点, 就会增加相应的连接. 以互联网而言, 我们可以说路由器是不断增加的, 路由器与路由器之间的连接也是不断增加的.

(3)连接多样性: 节点之间的连接权重存在差异, 且有可能存在方向性. 权重代表该关系的重要程度, 方向代表信息传递的方向. 就像人类的朋友关系网, 朋友也有亲密和疏远之分.

(4)节点多样性: 复杂网络中的节点可以代表任何事物. 在同一个模型或不同的模型中, 节点代表不同的元素, 每个元素都是不同的事物.

5.3　复杂网络的基本概念

5.3.1　平均路径长度

网络中**平均路径长度** L 定义为网络中所有节点对之间距离的平均值, 即

$$L = \frac{2}{N(N-1)} \sum_{i=1}^{N-1} \sum_{j=i+1}^{N} d(i,j), \tag{5.1}$$

其中 N 为网络节点数, 不考虑自身的距离. 例如: 对于图 5.6 所示的一个包含 6 个节点和 5 条边的网络, 我们有直径 $D=4$, 平均路径 $L=2.13$. 网络的平均路径长度 L 又称为**特征路径长度**(characteristic path length), 它描述了网络中节点间的分离程度. 网络的平均路径长度 L 和直径 D 主要用来衡量网络的传输效率. 研究发现, 尽管许

多实际网络的节点规模很大, 但其平均路径程度却小得惊人, 具有所谓的 "小世界" 效应.

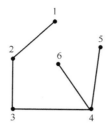

图 5.6　　一个简单无向图的直径和平均路径长度

5.3.2　聚类系数

聚类系数 (clustering coefficient) 是用来描述网络中节点聚集程度的系数, 特别是在社会朋友关系中, 聚类系数可以理解为朋友的朋友也是朋友的可能. 假设网络中的一个节点 i 有 k_i 条边将它与其他节点相连, 这 k_i 个节点称为节点 i 的邻居节点, 它们之间最多可能有 $\dfrac{k_i(k_i-1)}{2}$ 条边. 节点 i 的聚类系数定义为 k_i 个节点之间实际存在的边数 N_i 与可能存在边数的最大值的比值, 记为 C_i, 即

$$C_i = \frac{2N_i}{k_i(k_i-1)}. \tag{5.2}$$

例如, 假定节点 i 有 5 个邻居节点, 如果这 5 个邻居都互不相连, 则节点 i 的聚类系数为 0; 但如果这 5 个邻居全都两两连接, 则节点 i 的聚类系数为 1[①]. 进一步地, 整个网络的聚类系数定义为网络中所有节点 i 的聚类系数 C_i 的平均值, 记为 C, 即

$$C = \frac{1}{N}\sum_{i=1}^{N} C_i. \tag{5.3}$$

显然, $0 \leqslant C \leqslant 1$. $C=0$ 当且仅当所有的节点均为孤立节点, 即没有任何连边; $C=1$ 当且仅当网络是全局耦合网络, 即网络中任意两个节点都直接相连.

5.3.3　度与度分布

网络中某个节点 i 的度 k_i 定义为与该节点连接的其他节点的数目, 即该节点的邻居数目. 在有向网络中一个节点的度分为**出度** (out degree) 和**入度** (in degree). 节点的出度是指从该节点指向其他节点的边的数目; 节点的入度是指其他节点指向该

---

① 当节点 i 的 5 个邻居都互不相连时, $N_i=0$; 当 5 个邻居全都两两连接时, $N_i = \dfrac{k_i(k_i-1)}{2}$.

节点的边的数目①. 节点度是描述节点个体特征的一个基本参数. 通常情况下, 网络中不同节点的度并不相同, 一个节点的度越大, 意味着此节点在某种意义上也越"重要". 所有节点的度的平均值称为网络的**平均度**(average degree), 记为 L, 即

$$L = \frac{1}{N} \sum_{i=1}^{N} k_i. \tag{5.4}$$

网络中节点度的分布情况可以用一个分布函数 $P(k)$ 来刻画, $P(k)$ 定义为网络中随机选定一个节点度恰好为 k 的概率, 度分布函数 $P(k)$ 直观地反映了网络中度为 k 的节点在整个网络中所占的比例. 根据不同类型的度分布, 可以把网络分为均匀网络或异质网络. 均匀网络包括规则网络、完全随机网络、小世界网络等, 而许多实际网络属于异质网络.

5.3.4　介数

网络中节点 i 的**介数中心性**(betweeness centrality)定义为网络中所有的最短路径中经过节点 i 的路径的数目占最短路径总数的比例. 介数中心性简称**介数**(BC), 即

$$B_i = \sum_{m,n} \frac{g_{min}}{g_{mn}}, \quad m, n \neq i, \quad m \neq n, \tag{5.5}$$

其中, g_{mn} 为节点 m 和 n 之间的最短路径数, g_{min} 为节点 m 与 n 之间经过节点 i 的最短路径数. 介数是网络拓扑结构的一个全局特征量, 反映了相应的节点或者边在整个网络中的作用和影响力, 可以衡量网络中节点对网络连通性的贡献度. 具有最高介数值的节点被称作网络的**中心节点**.

除了以上几个特征量外, 还有其他刻画网络结构特征的度量, 如度相关性、模块性等, 这里不一一介绍.

5.4　复杂网络的基本模型及性质

人们在对不同领域中大量实际网络进行广泛地实证研究后发现: 真实网络系统往往表现出小世界特性、无标度特性和高聚集特性. 为了解释这些现象, 人们构造了各种各样的网络模型, 以便从理论上揭示网络行为与网络结构之间的关系, 进而考虑改善网络的行为. 本节介绍几类基本的网络模型.

5.4.1　规则网络

规则网络(regular network)指的是具有规则拓扑结构的一类网络, 常见的规则网络有三种: 全局耦合网络、最近邻耦合网络和星型网络, 如图 5.7 所示.

---

① 在有向网络中, 虽然单个节点的入度和出度可能是不相同的, 但是网络的平均入度和平均出度是相同的.

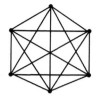
(a) 全局耦合网络

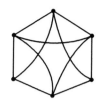
(b) 最近邻耦合网络

(c) 星型网络

图 5.7　三种典型的规则网络

对含有 N 个节点的**全局耦合网络**: 网络中任意两个节点都相互直接连接, 即网络中含有 $\dfrac{N(N-1)}{2}$ 条边, 且平均路径长度 $L=1$, 聚类系数 $C=1$[①]. 可见全局耦合网络可以反映实际网络的大聚类和小世界特性. 另外由于大部分真实网络都是稀疏的, 因此对全局耦合网络的研究比较少. 一类得到大量研究的稀疏的规则网络是如图 5.7(b) 所示的**最近邻耦合网络**: 网络中的每个节点 i 都与它周围的 K(K 是偶数) 个邻居节点相连接. 对于固定的 K 值, 最近邻耦合网络的平均路径长度为

$$L \approx \frac{N}{2K} \to \infty, \quad N \to \infty. \tag{5.6}$$

由此可见该网络不能反映实际网络的小世界特性. 然而, 最近邻耦合网络可以反映实际网络的大聚类特性和稀疏性. 对于较大的 K 值, 最近邻耦合网络的聚类系数为

$$C = \frac{3(K-2)}{4(K-1)} \approx \frac{3}{4}. \tag{5.7}$$

最后, 在规则网络中有一类比较特殊的网络是如图 5.7(c) 所示的**星型网络**: 有一个中心节点, 其余的节点都与此中心节点相连, 且它们之间彼此不连接. 星型网络的平均路径长度为

$$L = 2 - \frac{2(N-1)}{N(N-1)}, \quad N \to \infty. \tag{5.8}$$

网络的聚类系数为

$$C = \frac{N-1}{N} \to 1, \quad N \to \infty. \tag{5.9}$$

在本书中, 我们定义如果一个节点只有一个邻居, 那么该节点的聚类系数为 1[②].

[①] 在所有由相同节点数构成的网络中, 全局耦合网络具有最多的边数、最小的平均路径长度和最大的聚类系数.
[②] 有些文献中定义只有一个邻居节点的聚类系数为 0, 若以此定义, 则星型网络的聚类系数为 0.

5.4.2　随机网络

1959 年, 匈牙利数学家 Erdös 和 Rényi 提出用随机网络理论来分析网络的拓扑复杂性, 并给出了经典的 **(ER) 随机网络模型**. 该模型的具体构造方法是: 假设网络有 N 个节点, 任意两个节点之间存在连边的概率是 p, 那么就会得到一个具有大约 $pN(N{-}1)$ 条连边的随机网络. 具有 10 个节点, 连边概率分别为 $p{=}0$, 0.1, 0.25, 0.5 的 4 个随机网络如图 5.8 所示.

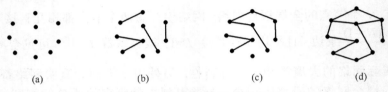

图 5.8　随机网络的演化示意图

ER 随机网络模型具有如下基本特性.

1. 涌现或相变

Erdös 和 Rényi 系统性地研究了当 $N \to \infty$ 时, ER 随机网络的性质与概率 p 之间的关系. 他们得出随机网络具有涌现或相变性质的结论, 即: 对于任一给定的连边概率 p, 要么几乎每一个图都具有某个性质 Q, 要么几乎每个图都不具有该性质. 如果当 $N \to \infty$ 时产生一个具有性质 Q 的随机网络的概率为 1, 那么就称几乎每一个随机网络都具有性质 Q.

2. 度分布

对一个给定连边概率为 p 的随机网络, 若网络的节点数 N 充分大, 则网络的度分布接近泊松 (Poisson) 分布,

$$P(k) = \mathrm{C}_{N-1}^{k} p^{k} (1-p)^{N-1-k} \approx \frac{\langle k \rangle^{k}}{k!} \mathrm{e}^{-\langle k \rangle}, \tag{5.10}$$

其中, $\langle k \rangle = p(N-1) \approx pN$ 表示 ER 随机网络的平均度, 如图 5.9 所示.

3. 平均路径长度

假定网络的平均路径长度为 L, 即从网络的一端走到网络的另一端, 总步数大概为 L. 由于 ER 随机网络的平均度为 $\langle k \rangle$, 对于任意一个节点, 其一阶邻居的数目为 $\langle k \rangle$, 二阶邻居的数目为 $\langle k \rangle^{2}$, 以此类推, 当经过 L 步后遍历了网络的所有节点. 因此, 对于网络规模为 N 的节点, 有 $\langle k \rangle^{L} = N$. 由此可以得到网络的平均路径长度为

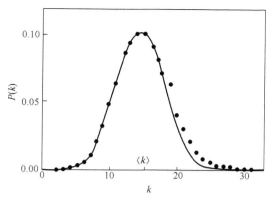

图 5.9　随机网络的度分布

$$L = \frac{\ln N}{\ln(pN)} = \frac{\ln N}{\ln \langle k \rangle}. \tag{5.11}$$

如图 5.10 所示, 网络规模 N 越大, $\ln N$ 的增长速率越慢, 这就使得即使是规模很大的随机网络也可以具有很小的平均路径长度, 这体现了典型的小世界特征.

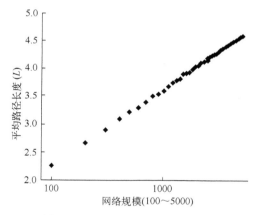

图 5.10　随机网络的平均路径长度和网络规模的关系

4. 聚类系数

在随机网络中, 由于任意两个节点之间连边概率均为 p, 所以其聚类系数为

$$C = p = \frac{\langle k \rangle}{N-1} \ll 1. \tag{5.12}$$

显然, 当网络规模 N 固定时, 聚类系数随着网络节点平均度 $\langle k \rangle$ 的增加而增加; 当网络节点平均度 $\langle k \rangle$ 固定时, 聚类系数会随着网络规模 N 的增加而下降, 如图 5.11 所示, 当 N 较大时, 随机网络的聚类系数很小.

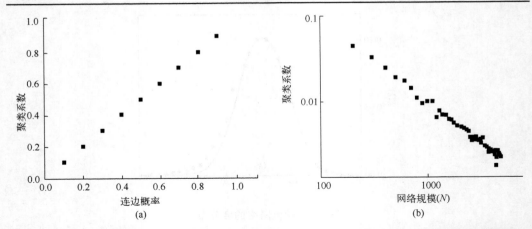

图5.11　　(a)随机网络的聚类系数和连边概率的关系（$N=10^4$）；(b)随机网络的聚类系数和网络规模的关系（p=0.0015）

　　随机网络模型的优点是可以反映实际网络的小世界特性，但是并不能反映实际网络的大聚类特性.

5.4.3　小世界网络

　　复杂网络研究中一个重要的发现是绝大多数大规模真实网络的平均路径长度比想象的小得多，我们把这个发现称为"**小世界现象**"，或称"**六度分离**"（six degrees of separation）. 所谓小世界现象，是来自社会网络（social networks）中的基本现象，即每个人只需要很少的中间人（平均 6 个）就可以和全世界的人建立起联系. 在这一理论中，每个人可看作是网络的一个节点，并有大量路径连接着他们，相连接的节点表示互相认识的人. 1998 年，Watts 和 Strogatz 引入了一个介于规则网络和完全随机网络之间的单参数的小世界网络模型，称为 WS 小世界模型，该模型较好地体现了社会网络的小平均路径长度和大聚类系数两种现象. WS 网络模型的构造算法是：从具有 N 个节点的最近邻耦合网络出发，将网络中的每一条边以概率 p 断开再重新连接到其他节点上去，不考虑自边和重边的情况. 图 5.12 展示了当概率 p 从 0 增加到 1 时，网络结构的演化过程. 当 p=0 时，网络为最近邻耦合网络；随着 p 值的不断增加，网络中出现一些"捷径"，从而导致网络的平均路径长度明显减小，由于大多数边仍然连接到其临近节点，因此网络的聚类系数还是很大. 我们把这种具有较小平均路径长度和较大聚类系数的网络称为小世界网络. 当 p=1 时，我们得到随机网络[①].

---

① 从严格意义上讲，当 p=1 时，通过使用这种算法得到的 WS 小世界模型与由相同节点数和边数构成的 ER 随机图是有不同之处的：在 WS 小世界模型中每个节点的度至少为 $K/2$，K 为偶数，然而在随机网络中对单个节点的度的最小值没有任何限制.

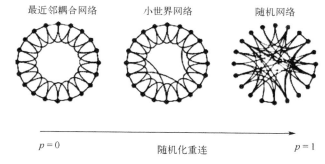

图 5.12　WS 小世界网络模型

　　由于 WS 小世界模型随着随机化重连概率 p 的增加，网络中可能会出现一些孤立的节点或社团，因此在 WS 小世界模型提出不久，Newman 和 Watts 提出了另一种基于随机化加边的小世界模型（NW 小世界模型），其构造算法如下：从具有 N 个节点的最近邻耦合网络出发，不破坏网络中原有的连边，而是以概率 p 向网络中随机加边，同样也不考虑自边和重边的情况[①]. 对于 NW 网络模型，当 $p=0$ 时，网络为最近邻耦合网络；当 $p=1$ 时，网络为在最近邻耦合网络的基础上再叠加一个随机网络，如图 5.13 所示. 近年来的大量研究证明，许多真实网络如万维网、电话网络、朋友关系网、电力网络等，都具有小世界网络特性.

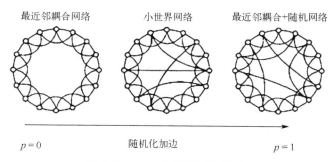

图 5.13　NW 小世界网络模型

小世界网络模型具有如下基本特性.

1. 聚类系数

WS 小世界网络的聚类系数为

$$C(p) = \frac{3(K-2)}{4(K-1)}(1-p)^3 + O(1/N) . \tag{5.13}$$

NW 小世界网络的聚类系数为

---

① 当 p 足够小而 N 足够大时，我们可以认为 NW 与 WS 小世界模型是等价的.

$$C(p) = \frac{3(K-2)}{4(K-1) + 4Kp(p+2)}. \tag{5.14}$$

2. 平均路径长度

迄今为止, 还没有人得到关于 WS 小世界网络模型的平均路径长度的精确解析表达式, Newman、Moore 和 Watts 分别用重整化群和序列展开方法得到如下近似公式:

$$L(p) = \frac{N}{K} f(NKp), \tag{5.15}$$

其中, $f(u)$ 为一普适标度函数. 目前为止, 还没有 $f(u)$ 的精确表达式, Newman 等基于平均场方法给出了如下的近似表达式:

$$f(x) \approx \frac{2}{\sqrt{x^2 + 4x}} \operatorname{arctan} h \sqrt{\frac{x}{x+4}}.$$

3. 度分布

对于 WS 小世界模型, 当 $k \geqslant \frac{K}{2}$ 时有

$$P(k) = \sum_{n=0}^{\min\left(k - \frac{K}{2}, \frac{K}{2}\right)} C_n^{\frac{K}{2}} (1-p)^n p^{\frac{K}{2} - n} \frac{\left(\frac{pK}{2}\right)^{k - \frac{K}{2} - n}}{\left(k - \frac{K}{2} - n\right)!} e^{-\frac{pK}{2}}, \tag{5.16}$$

当 $k < \frac{K}{2}$ 时, $P(k) = 0$.

对于 NW 小世界网络, 每个节点的度至少为 K, 因此当 $k \geqslant K$ 时, 一个随机选取的节点的度为 k 的概率是

$$P(k) = C_{k-K}^N \left(\frac{Kp}{N}\right)^{k-K} \left(1 - \frac{Kp}{N}\right)^{N-k+K}, \tag{5.17}$$

当 $k < K$ 时, $P(k) = 0$.

由此可以看到, ER 随机网络、WS 小世界网络和 NW 小世界网络的度分布都可以近似用 Poisson 分布来表示, 该分布在度的平均值 $\langle k \rangle$ 处有一峰值, 然后按指数衰减. 这类网络被称为均匀网络或者指数网络.

5.4.4 无标度网络

1999 年, Barabási 和 Albert 在对互联网的研究中发现了无标度网络, 使人类对于复杂网络系统有了全新的认识. 过去, 人们习惯于将所有复杂网络看作是随机网络,

但 Barabási 和 Albert 发现互联网实际上是由少数高连接性的页面组织起来的，80%以上页面的链接数不到 4 个. 只占节点总数的不到万分之一的极少数节点，却有 1000 个以上的链接[①]. 这种网页的链接分布遵循"幂次"定律：任何一个节点拥有连接的概率与 $\frac{1}{k}$ 成正比. 它不像钟形曲线那样具有一个集中度很高的峰值，而是一条连续递减的曲线. 如果取双对数坐标系来描述"幂次"定律，得到的是一条直线. **Scale-free 网络**指的是节点的度分布符合幂律分布的网络，由于其缺乏一个描述问题的特征尺度而被称为无尺度网络，即无标度网络、BA 无标度模型. 在其后的几年中，研究者们在许多不同的领域中都发现了无标度网络. 从生态系统到人际关系，从食物链到代谢系统，处处可以看到无标度网络.

为什么随机网络模型与实际不相符合呢？Barabási 和 Albert 在深入分析了随机网络模型之后，发现问题在于随机网络模型讨论的网络是一个既定规模的、不会继续扩展的网络. 然而现实当中的网络往往具有不断成长的特性，例如期刊杂志上每天都会有大量的科研文章发表；万维网上每天也会有许多新网页的出现. 此外，网页中早进入的节点（"老节点"）获得连接的概率更大，那么当网络扩张到一定规模以后，这些"老节点"很容易成为拥有大量连接的集散节点，这就是网络的**"增长性"**.

其次，在随机网络模型中，每个节点与其他节点是否连接是完全随机确定的，而且节点间建立连接的概率是相同的. 也就是说，网络中所有的节点都是平等的. 这一情况与实际也不相符. 例如，新成立的网站选择与其他网站链接时，自然是在人们所熟知的网站中选择一个进行链接；新发表的文章更倾向于引用那些已被广泛引用的重要文献；新的个人主页上的超文本链接更有可能指向一些著名的站点，由此，那些熟知的网站将获得更多的链接. 我们把这种新节点更倾向与那些具有较高连接度的节点相连的特性称为**"择优连接"**，也称为**"马太效应"**[②](Matthew effect) 或 **"富者更富"**（richget richer）. "成长性"和"择优连接"这两种机制解释了网络中集散节点的存在性. BA 无标度模型的关键在于，它把实际复杂网络的无标度特性归结为增长和优先连接这两个非常简单的机制. 其构造算法为：从具有 m_0 个节点的全连通的网络出发，在以后的每个时间间隔都向原有网络中新增加一个度为 $m\,(m \leqslant m_0)$ 的节点，即从该新增加的节点向原来网络中的 m 个节点连接 m 条边，但是这些边并不是随机地连接到已有节点上，而是以概率 $p_i = k_i \left/ \sum_{r=1}^{N} k_r \right.$ 与节点 i 相连接.

BA 无标度网络模型具有如下基本特性.

---

① 在无标度网络中，大多数节点拥有较少的连接，极少数节点拥有较多的连接，称拥有较多连接的节点为**枢纽节点** (hub).

② **马太效应**是一种强者愈强、弱者愈弱的现象，广泛应用于社会心理学、教育、金融以及科学领域. 马太效应是社会学家和经济学家们常用的术语，它反映着富者更富、穷者更穷，一种两极分化的社会现象.

1. 平均路径长度

BA 无标度网络的平均路径长度为

$$L \propto \frac{\ln N}{\ln\ln N}. \tag{5.18}$$

上式说明 BA 无标度网络也具有小世界特性.

2. 聚类系数

BA 无标度网络的聚类系数为

$$C = \frac{m^2(m+1)^2}{4(m-1)}\left[\ln\left(\frac{m+1}{m}\right) - \frac{1}{m+1}\right]\frac{[\ln(t)]^2}{t}. \tag{5.19}$$

与 ER 随机网络类似,当网络规模充分大时,BA 无标度网络不具有明显的聚类特性.

3. 度分布

BA 无标度网络的度分布计算方法主要有三种: ①平均场理论; ②主方程法; ③速率方程法. 三种方法得到的渐近结果相同. 通过计算分析可得

$$P(k) = \frac{2m(m+1)}{k(k+1)(k+2)} \propto 2m^2 k^{-3}. \tag{5.20}$$

这表明 BA 无标度网络的度分布可以由幂指数为–3 的函数来进行描述. 图 5.14 展示了网络规模为 $N = t + m_0 = 3\times10^5$ 的 BA 无标度网络的度分布,并分别考虑 4 个不同的 m_0 值.

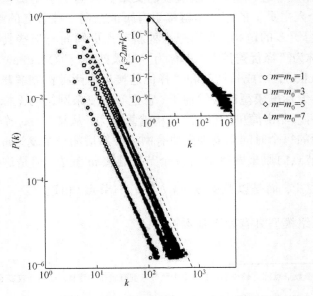

图 5.14　BA 无标度网络的度分布($N = 3\times10^5$)

为了更好地比较各种不同类型网络的性质, 表 5.1 给出了规则网络、ER 随机网络、WS 小世界网络、BA 无标度网络和部分真实网络的主要结构特征. 从表中可以看出, WS 小世界网络和 BA 无标度网络更接近于真实网络. 因此, 迄今为止, 人们仍然普遍使用这两种网络模型来研究复杂网络.

表 5.1 各种网络的主要结构特征

网络类型	平均路径长度	聚类系数	度分布
规则网络	大	大	Delta 函数
ER 随机网络	小	小	Poisson 函数
WS 小世界网络	小	大	指数分布
BA 无标度网络	小	小	幂律分布
部分真实网络	小	大	近似幂律分布

5.5 复杂网络动力学

5.5.1 网络动力学

复杂网络往往是动态演化的, 人们研究其动态行为主要包括复杂网络上的动力学行为、复杂网络本身的动力学、复杂网络同步、复杂网络上的博弈论等.

复杂网络上的动力学行为主要描述复杂系统的动态性质, 现实生活真实网络上的动态现象, 公共卫生领域的传染病, 在社会关系网络中的新技术新产品病毒式营销传播, 复杂网络自组织临界现象与节点故障引发的级联崩溃等都属于复杂网络上的动力学行为, 理解复杂网络上的动力学行为的内部机制, 可以设计有效的控制策略和资源配置方案.

复杂网络本身的动力学行为主要研究不同的网络拓扑结构对网络演化的影响, 可以更好地理解和解释复杂网络本身的演化行为, 探索网络拓扑结构与系统动力学行为之间相互作用、相互影响的关系, 从变化的性质来分析, 包含两种情况, 一种是复杂网络本身拓扑结构不变, 但以网络为载体的信息如知识、谣言是变化的, 第二种网络结构本身也是动态演化的, 适应性和动态连接是复杂网络的特性.

复杂网络的同步是自然界中常见的一类非常重要的非线性现象. 譬如 1665 年荷兰物理学家惠更斯发现并排挂在墙上的两个钟摆在一段时间后会出现同步摆动的现象; 1680 年荷兰旅行家肯普弗在泰国旅行时观察到停在同一棵树上的萤火虫同时熄灭或闪光. 从科学的角度看, 如果系统中元素的状态是周期性变化的, 可以将每个元素抽象为一个动力学系统, 元素与元素之间存在某种耦合关系.

复杂网络上的博弈论在经济学、军事学、政治学等复杂系统领域有典型的应用.

复杂网络是社会系统研究的主要工具之一, 本身是刻画复杂系统的工具, 因而, 复杂网络与博弈论的结合是复杂网络动力学的研究方向之一.

5.5.2　动力系统

动力系统的状态(由一些变量表示)按照某些特定的规则或方程随时间而改变. 动力系统包括连续和离散时间变量, 既可以是确定性的, 又可以是随机性的. 许多实际过程或实际过程的简化模型都能表示成网络动力系统. 生态系统中的种群进化、细胞的新陈代谢、道路交通方面的交通流以及科学上感兴趣的许多其他系统, 都可以最佳地等效为某种发生在一种适当网络中的动态过程.

本节的讨论主要集中于具有随连续时间 t 变化的连续实值变量的确定性系统. 连续动力系统的一个简单例子是由单个实值变量描述的系统, 实值变量 $x(t)$ 由以下一阶微分方程确定:

$$\frac{\mathrm{d}x}{\mathrm{d}t} = f(x),$$

其中, $f(x)$ 是关于 x 的给定函数. 通常还给出一个初始条件, 即指定在初始时刻 t_0, x 的取值为 x_0.

另外还有常见的双变量动力系统

$$\frac{\mathrm{d}x}{\mathrm{d}t} = f(x, y), \quad \frac{\mathrm{d}y}{\mathrm{d}t} = g(x, y).$$

同时, 能够拓展到更多变量的情形. 当开始考虑网络中的系统时, 将对网络的每个个体赋予单独的变量值. 因此, 研究形如上述系统方程覆盖了科学研究领域中较为广阔的范围.

5.5.3　复杂网络群集动力学

复杂网络群集动力学研究的是群体中的每个个体的状态随时间的演变. 这里状态既可以是位置、方向、速度等外在表现, 也可以是观点等内在属性.

考虑由 N 个个体组成的复杂网络, 记个体 i 的状态为 $x_i(t) \in \mathbf{R}^n$. 复杂网络中个体状态的演化模型可以描述为

$$\dot{x}_i = f(x_i) + c \sum_{j=1}^{N} a_{ij}(H(x_j) - H(x_i)), \quad i = \{1, \cdots, N\}, \tag{5.21}$$

其中, $f(\cdot)$: $\mathbf{R}^n \to \mathbf{R}^n$ 为个体自身的动力学行为. c 为网络中不同个体之间的耦合强度, a_{ij} 表示个体 j 到个体 i 的信号输入, 表明个体 j 的信号可传输到个体 i, 否则 $a_{ij} = 0$. $H(x_i)$: $\mathbf{R}^n \to \mathbf{R}^n$ 是个体之间的耦合函数. 当函数 f 和 H 均为线性函数时,

模型(5.21)称为线性复杂网络模型, 否则称为非线性复杂网络模型.

利用 Laplace 矩阵定义, 模型(5.21)可以改写为

$$\dot{x}_i = f(x_i) - c\sum_{j=1}^{N} l_{ij} H(x_j), \quad i = \{1, \cdots, N\}. \tag{5.22}$$

记 $x = (x_1^T, \cdots, x_N^T)^T$, $F(x) = (f(x_1)^T, \cdots, f(x_N)^T)^T$, $\hat{H} = (H(x_1)^T, \cdots, H(x_N)^T)^T$, 则模型(5.22)可以简化为矩阵形式

$$\dot{x} = f(x) - cL\hat{H}(x). \tag{5.23}$$

在群集动力学中最受关注的是同步现象. 复杂网络同步的定义如下.

定义 5.1　若对于任意初始状态, 存在 $x^* \in \mathbf{R}^n$ 使得

$$\lim_{t \to \infty} \left\| x_i(t) - x^*(t) \right\| = 0, \quad \forall i \in \{1, \cdots, N\},$$

则称复杂网络(5.25)实现了**同步**, 称 $x^*(t)$ 为**同步状态**,

$$x_1(t) = \cdots = x_N(t) = x^*(t)$$

为对应的**同步流形**. 根据耗散耦合条件, 同步状态必然满足 $\mathrm{d}x^*(t) = f(x^*(t))$, 当然 $x^*(t)$ 可能是孤立节点的平衡点, 也可能是周期轨道抑或是混沌轨道.

线性化方法是研究复杂网络同步的常用方法. 令 $x_i = x^* + \xi_i$, 可以得到模型 (5.21)在 x^* 处的线性变分方程

$$\dot{\xi}_i = \mathrm{D}f(x^*)\xi_i - c\sum_{j=1}^{N} l_{ij} \mathrm{D}H(x^*)\xi_i, \quad i = 1, \cdots, N, \tag{5.24}$$

这里 $\mathrm{D}f(x^*)$ 和 $\mathrm{D}H(x^*)$ 分别为 f 和 H 在 x^* 处的 Jacobian 行列式. 进而可以化为矩阵形式:

$$\dot{\xi}_i = I_N \otimes \mathrm{D}f(x^*)^T \xi - cI_N \otimes \mathrm{D}H(x^*)\xi = [I_N \otimes \mathrm{D}f(x^*)^T - I_N \otimes \mathrm{D}H(x^*)]\xi,$$

这里 $\xi = (\xi_1^T, \cdots, \xi_N^T)^T$, I_N 为 N 维单位矩阵, $\otimes$ 表示克罗内克积. 于是我们可以通过计算矩阵 $[I_N \otimes \mathrm{D}f(x^*)^T - I_N \otimes \mathrm{D}H(x^*)]$ 的特征值来判断系统是否实现同步. 若其所有特征值的实部均小于 0, 则系统可以实现同步, 否则系统无法实现同步.

Lyapunov 函数方法是研究复杂网络同步的另一种常用方法. 这里我们以线性复杂网络模型为例简述复杂网络同步的证明过程. 一种经典的线性复杂网络模型为

$$\dot{x}_i = c\sum_{j=1}^{N} a_{ij}(x_j - x_i), \quad i = 1, \cdots, N. \tag{5.25}$$

在证明复杂网络同步之前, 首先要给出研究复杂网络同步时的一些常用结论.

引理 5.1　记复杂网络对应的拓扑为 $\mathcal{G}(A)$. 如果图 $\mathcal{G}(A)$ 是强连通的, 则其

Laplace 矩阵 L_A 具有一个 0 特征值，其余特征值均有正实部，且特征值 0 的代数重数为 1，对应特征向量为 $[1,1,\cdots,1]^{\mathrm{T}}$. 如果 $\mathcal{G}(A)$ 是无向的，则

$$x^{\mathrm{T}} L_A x = \frac{1}{2} \sum_{i,j=1}^{N} a_{ij} (x_j - x_i)^2 .$$

引理 5.2　假设函数 φ 满足 $\varphi(x_i, x_j) = -\varphi(x_j, x_i)$, $i, j \in \mathbf{N}$, $i \neq j$，则对于任意无向图 $\mathcal{G}(A)$ 和一组数 $y_1, y_2, \cdots, y_N$ 有

$$\sum_{i=1}^{N} \sum_{j \in N_i} a_{ij} y_i \varphi(x_j, x_i) = -\frac{1}{2} \sum_{i,j \in N_i} a_{ij} (y_j - y_i) \varphi(x_j, x_i) .$$

引理 5.3　设 A 是 N 维实对称方阵，其所有特征值定义为 $\lambda_1 \leqslant \lambda_2 \leqslant \cdots \leqslant \lambda_N$，则对任意的 $x \in \mathbf{R}^n$，有 $\lambda_1 x^{\mathrm{T}} x \leqslant x^{\mathrm{T}} A x \leqslant \lambda_N x^{\mathrm{T}} x$. 另外，若 u_1 是 A 关于特征值 λ_1 的右特征向量，有

$$\min_{x \neq 0, x \perp \mu_1} \frac{x^{\mathrm{T}} A x}{x^{\mathrm{T}} x} = \lambda_2 .$$

引理 5.4　如果 $\mathcal{G}(A)$ 为无向图，则 $\sum_{i=1}^{N} x_i(t)$ 为微分不变量，即 $\sum_{i=1}^{N} \dot{x}_i(t) = 0$.

下面的定理给出了线性复杂网络实现同步的必要条件.

定理 5.1　设图 $\mathcal{G}(A)$ 为无向连通图，则线性复杂网络模型 (5.25) 可以渐近地实现同步.

证明　由引理 5.4 可知，$\sum_{i=1}^{N} x_i(t)$ 是时不变的，即如复杂网络可以实现同步，则同步状态必为 $x^* = 1/N \sum_{i=1}^{N} x_i$. 令 $e_i = x_i - x^*$，记 $e = (e_i^{\mathrm{T}}, \cdots, e_N^{\mathrm{T}})^{\mathrm{T}}$ 为误差向量. 则有误差动力系统：

$$\dot{e}_i = c \sum_{j=1}^{N} a_{ij} (e_j - e_i), \quad i = 1, \cdots, N . \tag{5.26}$$

考虑如下 Lyapunov 函数：

$$V = \sum_{i=1}^{N} e_i^{\mathrm{T}} e_i . \tag{5.27}$$

其关于时间的导数为

$$\dot{V} = 2c \sum_{i=1}^{N} \sum_{j=1}^{N} a_{ij} e_i^{\mathrm{T}} (e_j - e_i),$$

根据引理 5.1 和引理 5.2,

$$\dot{V} = -c\sum_{i=1}^{N}\sum_{j=1}^{N}a_{ij}(e_j - e_i)^{\mathrm{T}}(e_j - e_i) = -ce^{\mathrm{T}}L\otimes I_N e.$$

进一步利用引理 5.3 得到

$$\dot{V} \leqslant -\lambda_2(L\otimes I_N)e^{\mathrm{T}}e = -\lambda_2(L\otimes I_N)V.$$

由于 $\mathcal{G}(A)$ 是连通的, 因此 $\lambda_2(L\otimes I_N) > 0$. 这意味着线性复杂网络模型 (5.25) 将渐近收敛.

上述证明过程表明, 线性复杂网络模型在拓扑结构连通的情况下可以达到同步, 并且收敛速度由 Laplace 矩阵的第二小特征值(**代数连通度**)决定. 这意味着网络的拓扑结构一定程度上决定了网络的收敛速度, 即可以通过改变网络拓扑来加快系统的收敛速度. 需要注意的是, 网络渐近实现同步意味着网络达到完全同步的时间是无穷大的. 而现实应用中往往需要网络系统在有限的时间内实现同步, 即**有限时间同步**. 因此对系统施加一定的控制是有必要的, 有限时间控制技术是控制系统实现有限时间同步的常用方法. 关于利用有限时间控制技术控制网络系统实现同步的详细过程将在第 7 章中进一步拓展. 此外, 我们在本节中给出的只是同步的一种最常见的形式. 网络系统也包含很多不同类型的同步, 如聚类同步、爆炸同步、反同步、相位同步、频率同步和外部同步(两个网络之间的同步)等.

5.5.4 网络传播动力学

在传统的流行病动力学研究中通常忽略个体之间的联系. 如果我们将每一个人抽象为一个节点, 人与人之间的联系抽象为节点之间的连边, 便会得到一个社会网络, 可以在网络上研究流行病的传播. 结合网络理论的流行病动力学研究正有效的促进人类对于大规模流行病传播机制的认识. 传统的流行病理论认为只有在有效传播速度大于一个正的临界值时, 才有可能大规模传播. 而基于网络理论的流行病动力学研究表明, 在网络规模趋于无穷大时, 无标度网络的临界值趋于 0. 这表明即便是很微小的传染源也会导致流行病在网络上的大规模暴发.

下面, 以流行病传播为例介绍网络上的传播动力学.

在经典的流行病学研究中, 个体根据所处的状态划分为: **易感状态** (S)、**感染状态** (I) 和**恢复状态** (R). 通常可以根据状态之间的转换过程来命名相应的传播模型. 易染者被感染, 然后恢复健康同时获得免疫能力的模型称为 SIR 模型. 若易染者被感染后, 还会回到易染状态, 则称之为 SIS 模型. 基于这些节点动力学模型, 人们充分地研究了流行病在复杂网络中传播的临界值性质.

均匀网络上的传播 考虑人口总数为 N 的均匀网络. 记时刻 t 的易感人数和已

感人数为 $S(t)$ 和 $I(t)$. 假设 $t = 0$ 时, 所有人都是易感者而非感染者, 即 $S(0) = N$ 且 $I(0) = 0$. 设在单位时间内每个人可接触对象为 $\langle k \rangle$ 个, 且疾病传播概率为 β.

在上述假设下, 已感染者接触易感染者的概率为 $S(t)/N$, 也就是说他将在单位时间内接触 $\langle k \rangle S(t)/N$ 个易感染者. 而在时刻 t, 共有 $I(t)$ 个已感染者, 其传播疾病的概率为 β. 因此, 对于均匀网络的易感-已感 (SI) 模型, $I(t)$ 随时间的变化可以表示为

$$\frac{\mathrm{d}I(t)}{\mathrm{d}t} = \beta \langle k \rangle \frac{S(t)I(t)}{N}.$$

进一步, 记 $s(t) = S(t)/N$, $i(t) = I(t)/N$. 上述方程可以改写为

$$\frac{\mathrm{d}i(t)}{\mathrm{d}t} = \beta \langle k \rangle s(t)i(t) = \beta \langle k \rangle (1 - i(t))i(t),$$

这里 $\beta \langle k \rangle$ 也称为传播率.

在给定的初始条件 $i(0) = i_0$ 下, 可以得到已感者所占比例 i 随时间的变化:

$$i = \frac{i_0 e^{\beta \langle k \rangle t}}{1 - i_0 + i_0 e^{\beta \langle k \rangle t}},$$

这一结果表明已感者比例随时间呈指数增加. 这是因为已感者在早期接触个体以易感者为主, 这使得病原体很容易传播. 易感者比例下降到初始值的 $1/e$ 所需的特征时间 (非准确时间) 为

$$\tau = \frac{1}{\beta \langle k \rangle},$$

即传播率的倒数. 随着时间的增加, 已感者接触到的易感者越来越少. 因此当 t 较大时, 已感者比例的增加开始变慢. 最终, 所有个体将感染疾病, 传播过程结束, 此时 $\lim\limits_{t \to \infty} i = 1$ 且 $\lim\limits_{t \to \infty} s = 0$.

在上述讨论中, 我们忽略了疾病被治疗的可能性, 即已感者被治愈重新成为易感者的情况. 下面, 我们考虑这一情形, 即均匀网络的易感-已感-易感 (SIS) 模型. 假设已感者以概率 μ 恢复并成为易感者, 类似 SI 模型, SIS 模型的动力学方程为

$$\frac{\mathrm{d}i(t)}{\mathrm{d}t} = \beta \langle k \rangle (1 - i(t))i(t) - \mu i(t),$$

这里称 μ 为康复率, μi 为总体的康复率. 在给定的初始条件 $i(0) = i_0$ 下, 求解上述公式可以得到已感者所占比例 i 随时间的变化:

$$i = \left(1 - \frac{\mu}{\beta\langle k\rangle}\right)\frac{Ce^{(\beta\langle k\rangle - \mu)t}}{1 + Ce^{(\beta\langle k\rangle - \mu)t}},$$

其中 $C = i_0 / (1 - i_0 - \mu / \beta\langle k\rangle)$.

这意味着 SIS 模型有两种可能的最终状态.

"地方病"平衡点 $(\mu < \beta\langle k\rangle)$

由于 $\mu < \beta\langle k\rangle$ 意味着康复率较低, 因此已感者所占比例 i 随时间的变化服从 Logistic 曲线, 但是并非所有个体最终会感染, 即 $\lim\limits_{t\to\infty} i < 1$. 在达到平衡点时, 新增已感者数量等于新增康复者, 我们可以得到最终的已感者比例为

$$\lim_{t\to\infty} i = 1 - \frac{\mu}{\beta\langle k\rangle}.$$

"无病"平衡点 $(\mu > \beta\langle k\rangle)$

在康复率较高时, 已感者所占比例 i 随时间负增长, 即已感者所占比例 i 随时间指数下降, 直到灭绝. 简而言之, 单位时间的治愈者多于已感者, 最终所有已感者得到治愈, 疾病消失.

SIS 模型表明一些疾病可以在人群中持续存在而另一些将消失. 其特征时间为

$$\tau = \frac{1}{\mu(R_0 - 1)},$$

其中 $R_0 = \beta\langle k\rangle / \mu$. R_0 被称为基本再生数, 表示易感者被已感者感染的平均数. 若 $R_0 \geq 1$, 特征时间为正, 传播过程将收敛到 "地方病" 平衡点, 并且 R_0 越大传播越快. 反之, 特征时间为负, 流行病将消失.

接下来我们考虑一类特殊流行病, 这些疾病一旦治愈将获得免疫成为免疫者而非易感者, 非典型性肺炎、天花、鼠疫都是这类流行病. 记免疫者占比为 $r(t)$, 则均匀网络上的易感-已感-免疫 (SIR) 模型可以表示为

$$\frac{ds}{dt} = -\beta\langle k\rangle i[l - r - i],$$

$$\frac{di}{dt} = -\mu i + \beta\langle k\rangle i[l - r - i],$$

$$\frac{dr}{dt} = \mu i.$$

不同于前两种模型, 我们无法得到 SIR 模型的闭式解, 但是可通过模型的演化过程来判断流行病是否暴发, 由于免疫者的存在, 模型的已感者占比最终都将收敛到 0, 即 $\lim\limits_{t\to\infty} i = 0$. 同时, 可以得到均匀网络上 SIR 模型的基本再生数为 $R_0 = 1$.

非均匀网络上的传播　　由于个体之间的差异, 每个人只能接触与自己有关的人,

同时每个人接触到的其他人的数量是不同的. 基于个体差异, 应当对流行病传播模型进行修正. 这里, 我们介绍一种基于节点度的传播模型. 记 $i_k(t)$ 为 t 时刻度为 $i_k(t)$ 的已感者占所有 N_k 个度为 k 的个体的比例, $s_k(t)$ 和 $r_k(t)$ 的定义也是类似的, 则所有已感者占比为

$$i = \sum_k p_k i_k,$$

这里 $p_k = N_k / N$, 为度为 k 的节点的比例.

于是可以得到对应的 SI 模型:

$$\frac{\mathrm{d} i_k}{\mathrm{d} t} = \beta(1 - i_k)k\Theta_k,$$

这里密度函数 Θ_k 是度为 k 的易感者的邻居中已感者的比例. 注意在非均匀网络中, Θ_k 是随时间变化的.

在度不相关假设下, Θ_k 的取值与 k 无关, 可以写成

$$\Theta_k = \frac{\sum_{k'}(k'-1)p_k i_{k'}}{\langle k \rangle} = \Theta.$$

对上式求微分得到

$$\frac{\mathrm{d}\Theta}{\mathrm{d} t} = \sum_k \frac{(k-1)p_k}{\langle k \rangle}\frac{\mathrm{d} i_k}{\mathrm{d} t}.$$

结合 SI 模型可以得到

$$\frac{\mathrm{d}\Theta}{\mathrm{d} t} = \beta\sum_k \frac{(k-1)p_k}{\langle k \rangle}[1 - i_k]\Theta.$$

在流行病传播早期, 已感者占比远小于 1, 因此可忽略上式中的 i_k 高阶项, 得到

$$\frac{\mathrm{d}\Theta}{\mathrm{d} t} = \beta\left(\frac{\langle k^2 \rangle}{\langle k \rangle} - 1\right)\Theta.$$

解得

$$\Theta(t) = C\mathrm{e}^{t/\tau},$$

其中,

$$\tau = \frac{\langle k \rangle}{\beta(\langle k^2 \rangle - \langle k \rangle)}.$$

此外, C 由初始状态决定, 若 $\forall k$, $i_k(0) = i_0$, 则

$$\Theta(t=0) = C = i_0 \frac{\langle k \rangle - 1}{\langle k \rangle}.$$

我们知道均匀网络的特征时间为

$$\tau = \frac{1}{\beta \langle k \rangle},$$

则当 $\langle k^2 \rangle > \langle k \rangle (\langle k \rangle + 1)$，非均匀网络有着更小的特征时间，即具有这一性质的非均匀网络可以加速流行病传播.

接下来，考虑非均匀网络上的 SIS 模型，其模型如下：

$$\frac{\mathrm{d}i_k}{\mathrm{d}t} = \beta(1 - i_k)k\Theta_k(t) - \mu i_k,$$

根据前文中给出 Θ 的并忽略高阶项可以得到特征时间

$$\tau = \frac{\langle k \rangle}{\beta \langle k^2 \rangle - \langle k \rangle \mu}.$$

上述特征时间表明，在 μ 足够大时，特征时间为负，即已感者比例呈指数下降，流行病终将消失. 此外流行病是否消失还取决于通过 $\langle k \rangle$ 和 $\langle k^2 \rangle$ 网络结构. 定义传播率

$$\lambda = \frac{\beta}{\mu}.$$

它取决于病原体的生物特征(传播概率和康复概率)，并且当 λ 超过阈值 λ_c 时，流行病才能够暴发.

对于无标度网络而言，令 $\tau = 0$，得到传播阈值

$$\lambda_c = \frac{\langle k \rangle}{\langle k^2 \rangle}.$$

当 $N \to \infty$ 时，无标度网络的 $\langle k^2 \rangle$ 发散，此时网络的阈值趋于零. 这意味着即使流行病的传播率很小，它也能在人群中长期存在.

▶▶ **阅读材料**

观点动力学在社会科学上的应用

观点动力学

社会网络是由人组成的，而人群的共有行为体现在社会网络上便是社会的群体行为. 群体行为决定了社会是否能够发展进步. 群体行为取决于许多因素，而隐藏

于其背后驱动行为的最关键因素是人的观点和信念. 因此, 理解观点的演化过程是解释人类群体行为的关键. 观点动力学旨在理解观点的演化观点. 观点动力学是社会科学的一个重要分支, 研究的是观点通过个体间的相互作用在网络上传播. 个体之间的局部相互作用将使整个系统产生有趣的动力学行为. 观点动力学通常包括几个基本要素: 观点的**表达形式**(连续/离散、有界/无界)、**融合规则**(观点演化所依照的规则)以及观点动力学**环境**(社会网络、同侪压力等).

　　观点动力学模型可以分为两类: 宏观模型和微观模型. 宏观模型主要使用统计物理方法建立观点动力学模型, 并利用概率统计知识分析观点演变, 包括投票模型、大多数模型、伊辛(Ising)模型和 Sznajd 模型. 宏观模型的优势在于刻画大规模网络上的观点动力学, 特别是在解释复杂的舆论现象时能对网络进行适当的简化和抽象. 从社会个体的角度来描述个人观点演变的模型称为微观模型. 微观模型主要包括赫格塞尔曼-克劳泽(Hegselmann-Krause)模型、弗里德金-约翰逊(Friedkin-Johnsen)模型、德格罗(DeGroot)模型等. 与宏观模型相比, 基于个体的微观模型不仅可以建模大规模社会网络, 也可以描述小型社会网络, 尤其是微观模型对网络中个体的相互作用和个体之间观点耦合的刻画显然优于宏观模型. 基于这些数学模型, 研究者对许多社会现象进行了严格的数学分析, 观点的一致性、观点分裂、观点分化等. 接下来, 我们重点关注微观的观点动力学模型.

DeGroot 模型

　　观点动力学中一个最经典的微观模型为 DeGroot 在 1974 年提出的 Degroot 模型. DeGroot 模型刻画了一组个体通过在社会网络中交流自身的观点继而在某个共同的话题上达到一致的过程. 在一个包含 N 个个体的社会网络 $\mathcal{G} = \{\mathcal{V}, \mathcal{E}, \mathcal{W}\}$ 中, 记个体 i 在 k 时刻的观点为 $o_i(t)$, 这里 k 为正整数. 于是个体 i 在 $k+1$ 时刻的观点由自身及邻居个体在 k 时刻观点的加权平均决定, 即

$$o_i(k+1) = \sum_{j=1}^{N} w_{ij} o_j(k),$$

这里 w_{ij} 为加权邻接矩阵 W 中的元素, 并且规定 $\sum_{j=1}^{N} w_{ij} = 1$.

　　记 $o(k) = (o_1(k), \cdots, o_N(k))^{\mathrm{T}} \in \mathbf{R}^N$ 表示模型中所有个体的观点组成的现象, 可以得到模型的矩阵形式

$$o(k+1) = Wo(k),$$

这里 W 为行和为 1 的非负矩阵, 即随机矩阵. 在上述模型中, $\mathcal{G}$ 描述了个体间的相互作用, 因此被称为社会影响网络. 并且, DeGroot 模型假设 $\mathcal{G}$ 是不随时间变化的.

总之, DeGroot 模型是一个具有同质个体、不变影响网络以及加权决策的简单的观点动力学模型, 也使之成为最经典的观点动力学模型之一.

观点的融合是观点动力学关注的重点问题, 这里我们给出观点一致性的定义以及 DeGroot 模型一致性的相关结果.

定义　在模型中, 如果对于任意的初始观点 $o(0)$, 存在实数 o^* 使得

$$\lim_{k\to\infty} o_i(k) = o^*, \quad \forall i \in 1, \cdots, N,$$

则称观点动力学系统实现了一致性.

在给定的初始状态 $o(0)$ 时, DeGroot 模型可以简化为

$$o(k) = W^k o(0),$$

这说明系统在任意时刻的观点向量由加权影响网络 $\mathcal{G}$ 确定. 因为 W 为随机矩阵, 模型可以视为离散时间马尔可夫(Markov)链的状态转移方程. 可以利用 Markov 链的相关知识, 分析 DeGroot 模型达成一致性的条件. 下面对于 DeGroot 模型一致性的结果进行总结.

定理　对于观点动力学模型, 以下结论是等价的.

(1)模型能够实现一致性;

(2)存在唯一的非负向量 $w \in \mathbf{R}^N$, 它是随机矩阵 W 的特征值 1 对应的左特征向量, 并且 $\sum_{i=1}^{N} w_i = 1$, 使得 $\lim_{k\to\infty} W^k = 1_N w^{\mathrm{T}}$;

(3)特征值 1 的重数为 1, 且为矩阵 W 唯一的最大模特征值;

(4)可以找到正整数 l, 使得矩阵 W^l 至少存在一列元素全为正;

(5)$\mathcal{G}$ 只有一个非周期的独立强分支;

(6)$\mathcal{G}$ 包含生成树, 并且至少存在一个所有的回路的长度互质的根节点;

(7)当 W 为 Markov 链对应的状态转移矩阵时, 这一 Markov 链只有一个正常返并且非周期的不可约闭集;

(8)$o^* = w^{\mathrm{T}} o(0)$ 当且仅当 i 是 $\mathcal{G}$ 的根节点时, $w_i > 0$. 若 $\mathcal{G}$ 强连通, 则 $\forall i \in 1, \cdots, N, w_i > 0$.

上述定理表明 DeGroot 模型的一致性由网络结构决定, 而非边的权重. 可以认为假如社会网络中存在一些能够将其观点扩散到整个网络的个体(即有向图中的根节点), 所有个体的观点会一致收敛到这些个体初始观点的凸组合.

Friedkin-Johnsen 模型

DeGroot 模型假设网络中所有个体是同质的, 即所有个体均以加权的方式进行演化. 而实现个体的认知过程往往更加复杂, 且受到自身条件的限制, 认知能力也

各不相同. 在日常交流中, 我们可以发现这样一类人: 他们热衷于交流观点但是从不会因为与其他交流者的观点不同而完全改变自身观点, 总是对自身初始观点保留一定的执着. 这类人群在观点动力学中被称为固执者. 1999 年, Friedkin 和 Johnsen 在 DeGroot 模型中考虑了**固执个体**, 提出了著名的 Friedkin-Johnsen (F-J) 模型. 他们假设模型中不同个体对自身初始观点的固执程度不同. 记个体 i 对外部影响的敏感程度为 $\xi_i \in [0,1]$, 矩阵 $\Xi = \mathrm{diag}(\xi_1, \cdots, \xi_N)$ 为敏感程度矩阵. 当 $\xi_i = 1$ 时, 个体将完全按照邻居的观点演化称为非固执个体; 当 $0 < \xi_i < 1$ 时, 个体将部分按照邻居的观点演化称为部分固执个体; 而当 $\xi_i = 0$ 时, 个体将始终保持自身的初始观点称为完全固执个体. 因此, F-J 模型可以表示为

$$o(k+1) = \Xi W o(k) + (I - \Xi) o(0).$$

注意, 当 $\Xi = I_N$ 时, 不再存在固执个体, F-J 模型就退化为了 DeGroot 模型. 此外, 令 $\hat{o}(k) = [o(0)^{\mathrm{T}} o(k)^{\mathrm{T}}]^{\mathrm{T}}$, 可以得到 F-J 模型的增广形式:

$$\hat{o}(k+1) = \hat{W}\hat{o}(k),$$

其中

$$\hat{W} = \begin{pmatrix} I_{N \times N} & 0 \\ (I - \Xi) & \Xi W \end{pmatrix}.$$

这说明 F-J 模型可以视为 DeGroot 模型的一种特殊形式, F-J 模型也具有类 DeGroot 模型的收敛性.

然而, F-J 模型要实现一致性是十分困难的. DeGroot 模型无法实现一致性的原因是观点无法通过网络充分扩散. 而在 F-J 模型中个体的固执性会阻碍观点的融合, 使系统无法实现一致性. 但是社会学研究也表明, 在包含固执个体的群体连续讨论一系列相关问题或重复出现的相似问题时, 群体的观点很可能达到一致. 基于路径依赖理论, 北京大学王龙教授等研究了 F-J 模型在问题序列和时间序列上演化时观点的一致性, 从数学的角度证明了这一现象.

Hegselmann-Krause 模型

在 F-J 模型中, 固执性被表现为个体对自身初始观点的执着程度 ξ_i. 而在现实世界中, 固执性也可以表现为个体对于与其观点差异过大的观点的排斥性, 即个体只和与自身观点相近的个体进行交流. 在心理学中, 这一行为被称为**选择性暴露**. 从数学的角度来说, 每个个体都有以自身观点为中心的信任区间, 个体只与在其信任区间内的个体有相互影响. 这意味着, 群体观点不同社会影响网络也可能发生变化, 随着时间的变化社会影响网络也可能发生变化.

基于具有信任边界的个体, Hegselmann 和 Krause 提出了 Hegselmann-Krause

(H-K)模型以研究具有信任边界的个体的观点演化. 记 ε 为个体的信任边界, 则 H-K 模型可以写成

$$o_i(k+1) = \frac{1}{|\mathcal{N}_i(k)|} \sum_{j \in \mathcal{N}_i(k)} o_j(k),$$

这里 $\mathcal{N}_i(k) = \{j \in \{1, \cdots, N\} : |o_j(k) - o_i(k)| < \varepsilon\}$. 根据 $\mathcal{N}_i(k)$ 的定义可知, 同质 H-K 模型的拓扑是无向的. 相比于 DeGroot 模型和 F-J 模型这类现象观点动力学模型, $\mathcal{N}_i(k)$ 也决定了 H-K 模型是非线性的, 这意味着理论分析是复杂的. 同时, 由于 H-K 模型中网络结构既由个体的观点决定, 又影响个体观点的演化, 因此对于 H-K 模型进行理论分析是十分艰难的. 目前理论分析已经取得了一些成果, 如: H-K 模型的有限时间收敛性、H-K 模型达到一致性的充分必要条件等. 除了理论分析外, 研究者还致力于改进 H-K 模型, 如: 时滞 H-K 模型、具有同侪压力的 H-K 模型、受大众媒体影响的 H-K 模型等. 此外, H-K 模型的一致性控制也是 H-K 模型研究的重要方向, 研究者提出了多种方法控制 H-K 模型实现一致性. 领导者控制一致性以及噪声诱导一致性是控制 H-K 模型实现一致性的常用方法. 对于观点控制的研究将为现实中的舆论管控提供借鉴, 有利于社会的和谐稳定. 必须指出, 上述研究均是在同质的 H-K 模型中进行的, 如果考虑个体具有不同的信任边界, 那么 H-K 模型理论分析的难度将大幅度增加. 由于理论分析的困难性, 目前关于异质 H-K 模型的理论分析非常稀少.

习　题　5

1. 有图 5.15 所示的两个网络:

网络(a)是无向网络, 网络(b)是有向网络.

请写出:

(1) 网络(a)和网络(b)的邻接矩阵;

(2) 网络(b)的度矩阵;

(3) 网络(a)和网络(b)的直径;

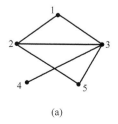

(a)

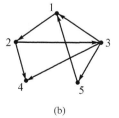

(b)

图 5.15

(4) 网络 (a) 和网络 (b) 的图 Laplace 矩阵.

2. 证明一个图是连通的当且仅当其邻接矩阵是不可约的.

3. 一群人用一根足够长的不允许剪断的绳子构造一个完全图, 每个人为一个顶点, 任意两个人之间通过一段绳子相连.

(1) 请说明只有当节点数为奇数时, 才有可能构造出一个符合上述要求的完全图;

(2) 假设共有 N 个人, 分别位于边长为 1 米的包含 N 个顶点的正多边形的 N 个顶点上, 如果要用一根绳子构成完全图, 请估算所需要绳子的长度.

4. 考虑随机网络 $G(N,p)$, 其中给定 $N = 2000$ 和 $p = 0.003$. 请计算度值 $k > 2\langle k \rangle$ 的节点数量的期望值.

5. 考虑无向网络中顶点 s 到顶点 t 的所有路径集合, 其中无向网络的邻接矩阵为 A. 令每条路径的权重为 α^r, r 是路径长度. 证明从 s 到 t 的所有路径权重的和 Z_{st} 等于矩阵 $Z = (I - \alpha A)^{-1}$ 中第 s 行第 t 列元素的值, 其中 I 是单位矩阵.

6. 令 A 是一个无向网络的邻接矩阵, $\mathbf{1}$ 是一个单位列向量, 其元素均为 1. 根据以上条件写出下列表达式:

(1) 向量 k, 其元素为顶点的度 k_i;

(2) 网络的边数 m;

(3) 矩阵 N, 该矩阵的元素值 N_{ij} 等于顶点 i 和 j 的公共邻居顶点数;

(4) 网络中三角形的数量, 三角形由 3 个相互连接的顶点构成.

7. 根据小世界网络和随机网络的定义, 利用 MATLAB 软件, 分别绘制具有 100 个节点且平均度为 40 的小世界网络和随机网络, 比较分析两个网络的特点与区别.

8. 考虑具有平均度为 c 的随机网络 $G(n,p)$.

(1) 证明当 n 趋于无穷大时, 网络中三角形数量的期望值是 $\frac{1}{6}c^3$. 这表示三角形的数量是常数, 当 n 趋于无穷大时, 三角形既不增长也不消失.

(2) 计算聚类系数 $C\left(C = \dfrac{\text{三角形数} \times 3}{\text{连通三元组数}}\right)$, 并证明对于充分大的 n, 其与 $C = \dfrac{c}{n-1}$ 得出的值相同.

9. 构造一个具有聚类结构或传递性的简单随机图模型如下: 取 n 个顶点, 在其中任选 3 个顶点, 一共有 $\dbinom{n}{3}$ 种选法, 以独立概率 p 把 3 个顶点互相连接形成一个三角形, 这里选择 $p = c \Big/ \dbinom{n-1}{2}$, 其中 c 是常数.

(1) 证明该模型网络中顶点的度的均值为 $2c$;

(2) 证明度分布为 $p_k = \begin{cases} e^{-c}c^{k/2}/(k/2)!, & k \text{是偶数}, \\ 0, & k \text{是奇数}; \end{cases}$

(3) 证明聚类系数为 $C = \dfrac{1}{2c+1}$.

10. 考虑 k 正则网络(每个顶点都有相同的度 k)的动力系统,满足 $\dfrac{\mathrm{d}x_i}{\mathrm{d}t} = f(x_i) + \sum_j A_{ij} g(x_i, x_j)$,且每个顶点的初始条件都一致,即对于所有的 i,都有 $x_i(0) = x_0$.

(1) 证明对于所有的 i,都有 $x_i(t) = x(t)$,其中 $\dfrac{\mathrm{d}x}{\mathrm{d}t} = f(x) + kg(x,x)$,因此只要求解一个方程即可得到动力系统的解;

(2) 证明系统在不动点 $x_i = x^*$(对于所有的 i)附近稳定的条件为

$$\frac{1}{k} > -\frac{1}{f'(x^*)}\left[\left(\frac{\partial}{\partial u} + \frac{\partial}{\partial v}\right)g(u,v)\right]_{u=v=x^*}.$$

11. 考虑无向网络中的动力系统,且假设每个顶点只有一个变量,服从 $\dfrac{\mathrm{d}x_i}{\mathrm{d}t} = f(x_i) + \sum_j A_{ij}[g(x_i) - g(x_j)]$,假设系统中有一个对称不动点,即对于所有的 i 都有 $x_i = x^*$. 假设 $f(x) = rx(1-x)$ 且 $g(x) = ax^2$,其中 r 和 a 均为正常数. 证明该系统具有两个对称不动点,且其中一个不动点总是不稳定的.

12. 考虑一个由 N 个节点组成的连通的无权无向网络. 假设节点 i 的状态演化方程为

$$\dot{x}_i = \sum_{i=1}^{N} a_{ij}(x_j - x_i), \quad i = 1, 2, \cdots, N,$$

其中 $A = (a_{ij})$ 为邻接矩阵. 证明,对于任意给定的初始状态 $x(0) = [x_1(0), \cdots, x_N(0)]^{\mathrm{T}}$ 有

$$x_i(t) \to \frac{1}{N}\sum_{j=1}^{N} x_j(0), \quad i = 1, 2, \cdots, N.$$

第6章 随机分析基础

一滴水，用显微镜看，也是一个大世界.
　　　　　　　　　　　　　　　　　　　　　　　——鲁迅

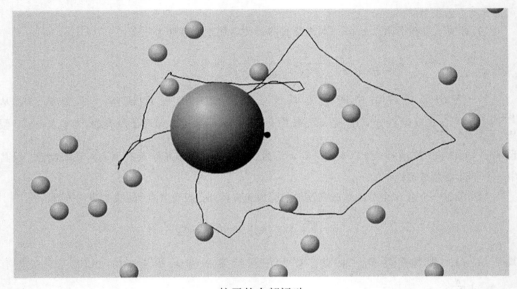

粒子的布朗运动

1827 年，英国植物学家布朗(Brown)在观察水中花粉粒时，发现花粉粒会产生连续但不规则的移动，并将其命名为"Brownian 运动". 试回答以下问题:

1. 如何从概率统计的角度描述 Brownian 运动?
2. 如何定义基于随机变量的空间?
3. 如何描述随机变量随时间的变化过程?

在这一章中，我们将介绍随机分析中的一些基础概念和经典结果. 需要注意的是，本章不是对随机分析的完整叙述，而是提供基本的概念集合和一些必要的、常用的结论. 本章将使用测度论的语言来叙述，包括勒贝格(Lebesgue)[①]测度等.

6.1　随机变量概念及性质

本节介绍随机变量的基本概念和主要结论，其内容可以在介绍随机分析的基础教材中找到详尽内容，此处做了一些概括.

6.1.1　概率空间

随机试验的所有可能出现的随机结果的集合称为样本空间，用 Ω 表示. Ω 的子集代表结果的组合，称其为事件，事件的集合记为 $\mathcal{F}$.

定义6.1　称 $\mathcal{F}$ 是 Ω 的一个 σ-代数，若 $\mathcal{F}$ 满足以下条件:

(1) $\Omega \in \mathcal{F}$ 且 $\varnothing \in \mathcal{F}$（ $\varnothing$ 为空集）；

(2) 若 $A \in \mathcal{F}$，有 $\Omega \setminus A = A^c \in \mathcal{F}$，即 A 的补集也在 Ω 中；

(3) 任意 $A_i \in \mathcal{F}$，$\bigcup_{i=1}^{\infty} A_i \in \mathcal{F}$.

集合 σ-代数 $\mathcal{F}$ 中的所有事件，确保通过对 $\mathcal{F}$ 的元素执行可数的初等集合操作（ $\bigcup, \bigcap, {}^c$ ）后，再次得到 $\mathcal{F}$ 中的元素（封闭性），称 $(\Omega, \mathcal{F})$ 为一个可测空间，称任何 $A \in \mathcal{F}$ 为 $\mathcal{F}$-可测集或简称为可测集. 如果 $\mathcal{C}$ 是 Ω 的子集，由 $\mathcal{C}$ 生成的 σ-代数，用 $\sigma(\mathcal{C})$ 表示，是包含 $\mathcal{C}$ 的所有元素的最小 σ-代数. 如果 $\Omega = \mathbf{R}^d$ 且 $\mathcal{C}$ 是 $\mathbf{R}^d$ 中所有开区间的集合，那么 $\mathcal{B}^d = \sigma(\mathcal{C})$ 称为 Borel σ-代数，且 $\mathcal{B}^d$ 中的元素是博雷尔(Borel)[②]集. 这里为进一步理解 σ-代数，我们给出抛硬币的例子.

例 6.1　掷两枚硬币的 σ-代数.

$\Omega = \{HH, HT, TH, TT\} = \{\omega_1, \omega_2, \omega_3, \omega_4\}$，这里 H 代表正面, T 代表反面.

$$\mathcal{F}_{min} = \{\varnothing, \Omega\} = \{\varnothing, \{\omega_1, \omega_2, \omega_3, \omega_4\}\};$$

$$\mathcal{F}_1 = \{\varnothing, \{\omega_1, \omega_2\}, \{\omega_3, \omega_4\}, \{\omega_1, \omega_2, \omega_3, \omega_4\}\};$$

$$\mathcal{F}_{max} = \{\varnothing, \{\omega_1\}, \{\omega_2\}, \{\omega_3\}, \{\omega_4\}, \{\omega_1, \omega_2\}, \{\omega_1, \omega_3\}, \{\omega_1, \omega_4\}, \{\omega_2, \omega_3\}, \{\omega_2, \omega_4\}, \{\omega_3, \omega_4\},$$
$$\{\omega_1, \omega_2, \omega_3\}, \{\omega_1, \omega_2, \omega_4\}, \{\omega_1, \omega_3, \omega_4\}, \{\omega_2, \omega_3, \omega_4\}, \Omega\}.$$

---

① **勒贝格**(Lebesgue, 1875～1941)，法国著名的数学家. 他曾陆续发表了许多关于函数的微分、积分理论的研究成果. 对数学的主要贡献属于积分论领域，这是实变函数理论的中心课题. 在 1922 年被推举为院士时，他的著作和论文已达 90 种之多，内容除积分论理论外，还涉及集合与函数的构造.

② **博雷尔**(Borel, 1871～1956)，是一名数学家和社会活动家，他的一生成就甚丰，对数学分析、函数论、数论、代数、几何、数学物理、概率论等诸多分支都有杰出的贡献.

对于一个有限集或可测集 Ω，一个特殊的 $\mathcal{F}$ 是 Ω 所有子集构成的集合 2^{Ω}，因而 Ω 上的所有 σ-代数都是 2^{Ω} 的子集. 当样本空间为 $\Omega = \{\omega_1, \omega_2, \cdots, \omega_n\}$（是有限的），其事件是 $\mathcal{F} = 2^{\Omega}$：Ω 的所有子集，那么概率可表示为 $P(\omega_i) = p_i \Rightarrow P(A \in \Omega) = \sum_{\omega_i \in A} p_i$，

接下来可以给出概率测度的定义.

定义 6.2　样本空间 $(\Omega, \mathcal{F})$ 上的概率测度 P 是一个集合函数 $P: \mathcal{F} \to [0,1]$，满足以下条件：

（1）$P(\Omega) = 1$；

（2）若 $A \in \mathcal{F}$，那么 $P(A) \geqslant 0$；

（3）若 $A_1, A_2, A_3, \cdots \in \mathcal{F}$ 是互不相交的，那么

$$P\left(\bigcup_{i=1}^{\infty} A_i\right) = \sum_{i=1}^{\infty} P(A_i).$$

三元组 $(\Omega, \mathcal{F}, P)$ 是一个概率空间.

（4）若概率空间 $(\Omega, \mathcal{F}, P)$ 满足完备性条件：若 $P(A) = 0$，$B \subset A \Rightarrow B \in \mathcal{F}$，则称 $(\Omega, \mathcal{F}, P)$ 为完备[①]概率空间.

显然，概率测度是一种特殊的测度，故而，一般测度论的结论都可以应用于概率测度. 在本书中，都将假设 $(\Omega, \mathcal{F}, P)$ 为一个给定的完备概率空间.

6.1.2　随机变量

简单地讲，随机变量就是概率空间上的可测函数. 在给出随机变量的定义前，我们首先要给出 $\mathcal{F}$-可测函数的定义.

定义 6.3　定义在 $(\Omega, \mathcal{F}, P)$ 上的函数 $f: \Omega \to \mathbf{R}$ 是 $\mathcal{F}$-可测的，如果满足

$$f^{-1}(B) = \{\omega \in \Omega : f(\omega) \in B\} \in \mathcal{F}, \ \forall B \in \mathcal{B}(\mathbf{R})\}.$$

也就是，f^{-1} 将所有的 Borel 集 $B \subset \mathbf{R}$ 映射到 $\mathcal{F}$. 有时使用以下等价条件会更容易：

$$y \in \mathbf{R} \Rightarrow \{\omega \in \Omega : f(\omega) \leqslant y\} \in \mathcal{F}.$$

例 6.2　掷骰子：$\Omega = \{\omega_1, \omega_2, \omega_3, \omega_4, \omega_5, \omega_6\}$，设我们仅知道，出现的是奇数还是偶数：$\mathcal{F} = \{\varnothing, \{\omega_1, \omega_3, \omega_5\}, \{\omega_2, \omega_4, \omega_6\}, \Omega\} = \sigma(\{\omega_1, \omega_3, \omega_5\})$. 考虑以下随机变量

$$f(\omega) = \begin{cases} 1, & \omega = \omega_1, \omega_2, \omega_3, \\ -1, & \omega = \omega_4, \omega_5, \omega_6. \end{cases}$$

判断可测条件

---

① 当一个对象具有完备性，即它不需要添加任何其他元素，这个对象也可称为完备的或完全的.

$$y \in \mathbf{R} \Rightarrow \{\omega \in \Omega : f(\omega) \leqslant y\} \in \mathcal{F},$$

$\{\omega \in \Omega : f(\omega) \leqslant 0\} = \{\omega_4, \omega_5, \omega_6\} \notin \mathcal{F} \Rightarrow f$ 不是 $\mathcal{F}$-可测的.

下面给出关于随机变量的具体定义.

定义 6.4 一个实值随机变量 X 是定义在一个概率空间 $(\Omega, \mathcal{F}, P)$ 上的 $\mathcal{F}$-可测函数,将其样本空间 Ω 映射到实线 $\mathbf{R}$ 上,

$$X : \Omega \to \mathbf{R}.$$

因为 X 是 $\mathcal{F}$-可测的,我们有 $X^{-1} : \mathcal{B} \to \mathcal{F}$.

定义 6.5 一个随机变量 X 的分布函数,定义在 $(\Omega, \mathcal{F}, P)$ 上,有以下定义:

$$F(x) = P(X(\omega) \leqslant x) = P(\{\omega : X(\omega) \leqslant x\}).$$

由此可知,$\mathbf{R}$ 中的半开集的概率测度为

$$P(a < X \leqslant b) = P(\{\omega : a < X(\omega) \leqslant b\}) = F(b) - F(a).$$

与分布函数密切相关的是密度函数. 令 $f : \mathbf{R} \to \mathbf{R}$ 是非负函数,满足 $\int_{\mathbf{R}} f \, \mathrm{d}\lambda = 1$; 该函数 f 称为一个密度函数,且与定义在 $(\Omega, \mathcal{F}, P)$ 上的随机变量的概率测度相关,有

$$P(\{\omega : \omega \in A\}) = \int_A f \, \mathrm{d}\lambda, \quad \forall A \in \mathcal{F}.$$

由事件的独立性可以引申出随机变量的独立性,以下说明随机变量的相互独立性. 如果 $P(A \bigcap B) = P(A)P(B)$,那么两个集合 $A, B \in \mathcal{F}$ 是相互独立的. 如果

$$P(A \bigcap B) = P(A)P(B), \quad P(A \bigcap C) = P(A)P(C),$$

$$P(B \bigcap C) = P(B)P(C) \text{ 且 } P(A \bigcap B \bigcap C) = P(A)P(B)P(C),$$

那么三个集合 $A, B, C \in \mathcal{F}$ 是相互独立的. 令 I 是指标集. 集合 $\{A_i : i \in I\} \subset \mathcal{F}$ 是相互独立的,如果满足

$$P(A_{i1} \bigcap \cdots \bigcap A_{ik}) = P(A_{i1}) \cdots P(A_{ik}),$$

对任何可能的指标组合 $i_1, \cdots, i_k \in I$. $\mathcal{F}$ 的两个子 σ-代数 $\mathcal{F}_1$ 和 $\mathcal{F}_2$ 是相互独立的,如果满足

$$P(A_1 \bigcap A_2) = P(A_1)P(A_2), \quad \forall A_1 \in \mathcal{F}_1, A_2 \in \mathcal{F}_2.$$

所有子 σ-代数集合 $\{\mathcal{F}_i : i \in I\}$ 是相互独立的,如果满足对任意的指标组合 $i_1, \cdots, i_k \in I$,

$$P(A_{i1} \bigcap \cdots \bigcap A_{ik}) = P(A_{i1}) \cdots P(A_{ik})$$

成立,其中 $A_{i1} \in \mathcal{F}_{i1}, \cdots, A_{ik} \in \mathcal{F}_{ik}$. 一族随机变量 $\{X_i : i \in I\}$ 是相互独立的,如果由其生成的 σ-代数 $\sigma(X_i)$,$i \in I$ 是相互独立的.

6.1.3 期望与矩

如前所述,随机变量是概率空间 Ω 上的可测函数,这就将基于测度与积分的整

个实分析理论应用于随机变量, 下面介绍随机变量的期望与方差.

定义 6.6　$(\Omega,\mathcal{F},P)$ 上的随机变量 X 的期望定义为

$$E[X]=\int_{\Omega}X\mathrm{d}P=\int_{\Omega}xf\mathrm{d}\lambda .$$

有了这个定义, 样本 Ω 是什么并不重要, 因为对于具有连续随机变量的有限 Ω 和 $\Omega\equiv\mathbf{R}$ 的计算是相同的. $E[|X|^{p}](p>0)$ 是 X 的 p 阶矩.

定义 6.7　$(\Omega,\mathcal{F},P)$ 上的随机变量 X 的方差定义为

$$\mathrm{Var}(X)=E[(X-E[X])^{2}]=\int_{\Omega}(X-E[X])^{2}\mathrm{d}P=E[X^{2}]-(E[X])^{2} .$$

定义 6.8　如果 X 和 Y 是两个实值随机变量, 则其协方差为

$$\mathrm{Cov}(X,Y)=E[(X-E[X])(Y-E[Y])] .$$

期望的本质是一个积分, 因此期望与矩的性质大多都来自于积分论. 接下来, 我们介绍几个常用的结论. 对 $p\in(0,\infty)$, 令 $L^{p}=L^{p}(\Omega,\mathbf{R}^{d})$ 是 $\mathbf{R}^{d}$- 值随机变量 X(满足 $E[|X|^{p}]<\infty$)的族. 在 L^{1} 中, 我们有 $|E[X]|\leqslant E[|X|]$. 以下三个不等式是非常有用的.

(1) Hölder 不等式:

$$E[|X^{\mathrm{T}}Y|]\leqslant(E[|X|^{p}])^{1/p}(E[|Y|^{q}])^{1/q},$$

如果 $p>1$, $1/p+1/q=1$, 且 $X\in L^{p}$, $Y\in L^{q}$.

(2) Minkovski 不等式:

$$(E[|X+Y|^{p}])^{1/p}\leqslant(E[|X|^{p}])^{1/p}+(E[|Y|^{p}])^{1/p},$$

如果 $p>1$, $X,Y\in L^{p}$.

(3) Chebyshev 不等式:

$$P(\omega:|X(\omega)|\geqslant c)\leqslant c^{-p}E[|X|^{p}] ,$$

如果 $c>0$, $p>0$, $X\in L^{p}$.

一个 Hölder 不等式的简单应用表明

$$(E[|X|^{r}])^{1/r}\leqslant(E[|X|^{p}])^{1/p},$$

如果 $0<r<p<+\infty$, $X\in L^{p}$. 更多关于以上不等式的应用, 将在今后的研究中看到. 令 X 和 X_{k}, $k\geqslant1$, 是 $\mathbf{R}^{d}$- 值随机变量. 以下四种收敛是非常重要的: 若存在一个 P-null 集合 $\Omega_{0}\in\mathcal{F}$, 使得对每个 $\omega\notin\Omega_{0}$, 序列 $\{X_{k}(\omega)\}$ 收敛于 $X(\omega)$, 那么就有 $\{X_{k}\}$ 几乎必然收敛到 $X(\{X_{k}\}\to X,\mathrm{a.s.})$ 或 $\{X_{k}\}$ 以概率 1 收敛到 $X(P(\omega:X_{k}(\omega)\to X(\omega))=1)$,

$$写成\lim_{k\to\infty}X_{k}=X \mathrm{ a.s.}$$

(1) 若 X_{k} 和 X 属于 L^{p}, 且 $E|X_{k}-X|^{p}\to0$, 那么 $\{X_{k}\}$ 是 p 阶矩收敛或 L^{p} 收敛

到 X 的；特别地，L^2 收敛也称为均方收敛.

（2）$\forall \varepsilon > 0$，$k \to \infty$ 时有 $P(\omega: |X_k(\omega) - X(\omega)| > \varepsilon) \to 0$，那么 $\{X_k\}$ 是随机收敛或依概率收敛的.

（3）若对定义在 $\mathbf{R}^d$ 上的每个实值连续有界函数 g，有 $\lim_{k\to\infty} Eg(X_k) = Eg(X)$，那么 $\{X_k\}$ 是分布收敛的.

此外，序列依概率收敛的充要条件是当且仅当它的每个子序列都包含一个几乎必然收敛的子序列. $\lim_{k\to\infty} X_k = X$ a.s.的一个充分条件是，对某些 $p > 0$ 有

$$\sum_{k=1}^{\infty} E|X_k - X|^p < \infty.$$

现在，我们陈述两个非常重要的积分收敛定理.

定理 6.1（单调收敛定理） 如果 $\{X_k\}$ 是非负递增的随机变量序列，那么

$$\lim_{k\to\infty} EX_k = E\left(\lim_{k\to\infty} X_k\right).$$

该定理说明当满足条件时，期望和极限运算可以交换顺序.

定理 6.2（控制收敛定理） 令 $p \geqslant 1$，$\{X_k\} \subset L^p(\Omega, \mathbf{R}^d)$ 且 $Y \in L^p(\Omega, \mathbf{R}^d)$ [①]. 假设 $|X_k| \leqslant Y$ a.s.且 $\{X_k\}$ 依概率收敛到 X. 那么 $X \in L^p(\Omega, \mathbf{R}^d)$，$\{X_k\}$ L^p 收敛到 X，且

$$\lim_{k\to\infty} EX_k = EX.$$

6.1.4 条件期望

令 $A, B \in \mathcal{F}$ 且 $P(B) > 0$，在条件 B 下 A 的条件概率是

$$P(A|B) = \frac{P(A \bigcap B)}{P(B)}.$$

然而，我们经常遇到一个条件族，因此我们需要更一般的条件期望概念.

定义 6.9 令 X 是定义在概率空间 $(\Omega, \mathcal{F}, P)$ 上的一个随机变量且 $E[|X|] < \infty$. 令 $\mathcal{G}$ 是 $\mathcal{F}$ 的子 σ-代数（$\mathcal{G} \subseteq \mathcal{F}$）. 那么存在一个随机变量 Y 有以下性质：

（1）Y 是 $\mathcal{G}$- 可测的；

（2）$E[|Y|] < \infty$；

（3）对 $\mathcal{G}$ 中的所有集合 G，我们有

$$\int_G Y \mathrm{d}P = \int_G X \mathrm{d}P, \quad \text{对所有 } G \in \mathcal{G}.$$

---

① 当 Y 有界时，这个定理也称为有界收敛定理.

随机变量 $Y = E[X | \mathcal{G}]$ 被称为条件期望.

例 6.3　Y 是 X 的分段线性近似. 考虑 $Y = E[X | \mathcal{G}]$, 如图 6.1 所示. 对于平凡的 σ-代数 $\{\varnothing, \Omega\}$: $Y = E[X | \{\varnothing, \Omega\}] = \int_{\Omega} X \mathrm{d}P = E[X]$.

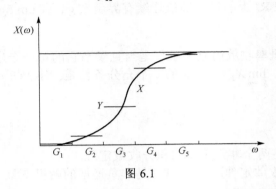

图 6.1

接下来, 我们给出条件期望的其他重要性质(所显示的所有等式和不等式是几乎必然成立的):

(1) $E(E(X | \mathcal{G})) = E(X)$;

(2) 如果 X 是 $\mathcal{G}$- 可测的, 那么 $E(X | \mathcal{G}) = X$;

(3) $a, b \in \mathbf{R}$, $E(aX_1 + bX_2 | \mathcal{G}) = aE(X_1 | \mathcal{G}) + bE(X_2 | \mathcal{G})$;

(4) 如果 $X \geqslant 0$, 那么 $E(X | \mathcal{G}) \geqslant 0$;

(5) 如果 $\mathcal{G}$ 是 $\mathcal{F}$ 的子 σ-代数, 那么 $E(E(X | \mathcal{F}) | \mathcal{G}) = E(X | \mathcal{G})$;

(6) 如果 Z 是 $\mathcal{G}$- 可测的, 那么 $E(ZX | \mathcal{G}) = Z \cdot E(X | \mathcal{G})$.

6.2　随 机 过 程

随机微分方程是关于随机函数的微分方程. 现在考虑随机函数, 它就是通常所说的随机过程. "过程"一词主要是体现系统状态随时间演化的动态特征. 本节将介绍部分随机过程的相关概念和常用工具.

6.2.1　基础概念

首先, 我们给出随机过程的定义.

定义 6.10　一族 $\mathbf{R}^d$- 值随机变量 $\{X_t\}_{t \in I}$ 称为具有参数集(或指标集) I 和状态空间 $\mathbf{R}^d$ 的随机过程.

这里, 参数集 I 一般是 $\mathbf{R}_+ = [0, \infty)$, 但也可能是一个区间 $[a, b]$, 是 $\mathbf{R}^d$- 的非负整数或子集. 注意到每个固定的 $t \in I$, 我们有一个随机变量

$$\omega \to X_t(\omega) \in \mathbf{R}^d, \quad \omega \in \Omega.$$

另一方面，对每个固定的 $\omega \in \Omega$，我们有函数

$$t \to X_t(\omega) \in \mathbf{R}^d, \quad t \in I,$$

作为时间的函数，称为过程的一个样本路径，表示随机过程实际演化可能的道路．为方便起见，有时可将 $X_t(\omega)$ 写成 $X(t,\omega)$，随机过程被认为是两个变量 (t,ω) 从 $I \times \Omega$ 到 $\mathbf{R}^d$ 的函数，变量的地位是平等的．通常，为了突出系统随着时间推移的演化过程，我们通常将随机过程 $\{X_t\}_{t \geqslant 0}$ 写作 $\{X_t\}$，X_t 或 $X(t)$．在记号上 ω 通常会被忽略掉．

为更好地理解随机过程，我们给出描述随机过程的四个例子，其中状态空间或指标集是离散或连续的．

（1）X_t 是物体在 t 时刻的位置，在 24 小时内．物体的方向距离从特定点 0 起以整数单位度量．在这种情形下，$T = \{0,1,2,\cdots,24\}$，状态空间为 $\{0,\pm1,\pm2,\cdots\}$．时间和状态空间都是离散的．

（2）X_t 是给定种群在时间段 $[0,t]$ 内的出生数．在这种情形下，$T = \mathbf{R}_+ = [0,\infty)$，状态空间是 $\{0,1,2,\cdots\}$．时间是连续的，状态空间是离散的．

（3）X_t 是时刻 $t \in T = \mathbf{R}_+ = [0,\infty)$ 的种群密度．状态空间是 $\mathbf{R}_+$．时间和状态空间都是连续的．

（4）X_t 为 t 年时一年生植物物种的期望密度，受环境变化的影响，其中 $T = \{0, 1, 2, \cdots\}$，状态空间为 $\mathbf{R}_+$．时间是离散的，但状态空间是连续的．

为了更细致地研究 $(\Omega, \mathcal{F}, P)$ 上的随机过程，只靠一个 σ-代数 $\mathcal{F}$ 是不够的．下面引入滤波（filtration），即 σ-代数流的概念．

定义 6.11　概率空间 $(\Omega, \mathcal{F}, P)$ 上的滤波指的是一族 $\mathcal{F}$ 的递增子 σ-代数 $\{\mathcal{F}_t\}_{t \geqslant 0}$（也就是 $\mathcal{F}_t \subset \mathcal{F}_s \subset \mathcal{F}$，对所有 $0 \leqslant t < s < \infty$）．若 $\mathcal{F}_t = \bigcap_{s>t} \mathcal{F}_s$，对所有 $t \geqslant 0$，就称 $\{\mathcal{F}_t\}$ 是右连续的．当概率空间是完备时，若 $\{\mathcal{F}_t\}$ 右连续且 $\mathcal{F}_0$ 包含所有零概率集，就称 $\{\mathcal{F}_t\}$ 满足通常条件．

假定滤波的右连续性，可以使许多问题简化，在大多数情况下，对我们的研究也已经足够．这里可以将 $\mathcal{F}_t$ 理解为到时刻 t 为止所有可能利用的信息集合，这种信息随着时间的推移而逐步展开，因而 $\mathcal{F}_t$ 随着 t 的增大而扩大．

定义 6.12　给定概率空间 $(\Omega, \mathcal{F}, P)$ 上的滤波 $\mathcal{F}_t$，称过程 X_t 是关于 $\{\mathcal{F}_t\}$ 适应的（adapted），若对任意 $t \leqslant 0$，有 $X_t \in \mathcal{F}_t$．

如果对于每一个 $t \geqslant 0$，X_t 是一个可积随机变量，则称它是可积的．此外，令 $\{X_t\}_{t \geqslant 0}$ 是一个随机过程，另一个随机过程 $\{Y_t\}_{t \geqslant 0}$ 称为 $\{X_t\}$ 的修正，若对所有 $t \geqslant 0$，有 $X_t = Y_t$ a.s.（也就是 $P\{\omega : X_t(\omega) = Y_t(\omega)\} = 1$）．并且，两个随机过程 $\{X_t\}_{t \geqslant 0}$ 和 $\{Y_t\}_{t \geqslant 0}$

是无差别的，若对几乎所有 $\omega \in \Omega$，$X_t(\omega) = Y_t(\omega)$，对所有 $t \geq 0$（也就是 $P\{\omega : X_t(\omega) = Y_t(\omega), \forall t \geq 0\} = 1$）.

6.2.2　鞅

"鞅"一词来源于 martingale 的意译，原意是指马额缰，船的第二斜桅的下方支索，同时也指一种逢输就加倍赌注，直到赢为止的恶性赌博方法（double strategy）. 鞅究竟是什么呢？简单地说，鞅是"公平"赌博（fair game）的数学模型. 那么什么又是公平的赌博呢？假设一个人在参加赌博，他已经赌了 n 次，正准备参加第 $n+1$ 次赌博. 如果不做什么手脚，他的运气应当是同他以前的赌博经历无关的，用 X_n 表示他在赌完第 n 次后拥有的赌本数，如果对于任何 n 都有

$$E(X_n \mid X_{n-1}) = X_{n-1}$$

成立，即赌博的期望收获为 0，仅能维持原有财富水平不变，就可以认为这种赌博在统计上是公平的. 鞅的主要优势是能够建立一系列的不等式，这是估计随机积分和随机微分方程解的主要依据之一，以下我们给出鞅的具体定义和应用广泛的杜布（Doob）[1]不等式.

定义 6.13　一个 $\mathbf{R}^d$-值 $\{\mathcal{F}_t\}$-适应可积过程 $\{M_t\}_{t \geq 0}$ 称为关于 $\{\mathcal{F}_t\}$ 的鞅，如果

$$E(M_t \mid \mathcal{F}_s) = M_s, \ \text{a.s.} \quad \forall 0 \leq s < t < \infty.$$

定义 6.14　一个 $\mathbf{R}^d$-值 $\{\mathcal{F}_t\}$-适应可积过程 $\{M_t\}_{t \geq 0}$ 称为关于 $\{\mathcal{F}_t\}$ 的上鞅，如果 $E(M_t \mid \mathcal{F}_s) \leq M_s$ a.s. $\forall 0 \leq s < t < \infty$；一个 $\mathbf{R}^d$-值 $\{\mathcal{F}_t\}$-适应可积过程 $\{M_t\}_{t \geq 0}$ 称为关于 $\{\mathcal{F}_t\}$ 的下鞅，如果 $E(M_t \mid \mathcal{F}_s) \geq M_s$, a.s. $\forall 0 \leq s < t < \infty$.

简单地说，一个随机变量的时间序列没有表现出任何的趋势性（trend），就可以称之为鞅；而如果它一直趋向上升，则称之为下鞅（submartingale）；反之如果该过程总是在减少，则称之为上鞅[2]（supermartingale）. 实际上鞅是一种用条件数学期望定义的随机运动形式，或者说是具有某种可以用条件数学期望来进行特征描述的随机过程. 依据离散时间和连续时间两种情况，下面平行地表述 Doob 不等式.

定理 6.3　设 $p > 1$.

(1) 若 X_n 是 p 次可积的非负下鞅，则

$$E\left[\left|\sup_{k \leq n} X_k\right|^p\right] \leq \left(\frac{p}{p-1}\right)^p E[X_n^p], \ \text{a.s.};$$

① 杜布(Doob, 1910~2004)，美国数学家，主要贡献是概率论. 他深入研究了随机过程理论，得出了任意的随机过程都具有可分修正，建立了随机函数理论的公理结构. 他是鞅论的奠基人，还引进了半鞅的概念。在鞅论中有以他的姓氏命名的著名的 Doob 停止定理、杜布-迈耶(Doob-Meyer)上鞅分解定理等. 鞅论使随机过程的研究进一步抽象化，不仅丰富了概率论的内容，而且为其他数学分支如调和分析、复变函数、位势理论等提供了有力的工具.
② 显然，若 M_t 是鞅，则它必定同时是上鞅和下鞅.

若 X_n 是 p 次可积的 $\mathbf{R}^d$-值鞅, 则

$$E\left[\sup_{k\leqslant n}|X_k|^p\right]\leqslant\left(\frac{p}{p-1}\right)^p E[|X_n|^p],\ \ \text{a.s.}.$$

(2) 若 $\{X_t:a\leqslant t\leqslant b\}$ 是 p 次可积的非负下鞅, 则

$$E\left[\left|\sup_{a\leqslant t\leqslant b}X_t\right|^p\right]\leqslant\left(\frac{p}{p-1}\right)^p E[X_b^p],\ \ \text{a.s.};$$

若 X_t 是 p 次可积的 $\mathbf{R}^d$-值鞅, 则

$$E\left[\sup_{a\leqslant t\leqslant b}|X_t|^p\right]\leqslant\left(\frac{p}{p-1}\right)^p E[|X_b|^p],\ \ \text{a.s.}.$$

一个随机过程 $X=\{X_t\}_{t\geqslant 0}$ 被称为平方可积的, 若 $E[|X_t|^2]<\infty,\ \forall t\geqslant 0$. 如果 $M=\{M_t\}_{t\geqslant 0}$ 是一个实值平方可积的连续鞅, 则存在唯一连续、可积且适应的增过程.

由 $\{\langle M,M_t\rangle\}$ 定义, 若使得 $M_0^2-\langle M,M\rangle_0=0$. 过程 $\{\langle M,M_t\rangle\}$ 称为 M 是二次变差. 若 $N=\{N_t\}_{t\geqslant 0}$ 是另一个实值平方可积的连续鞅, 定义

$$\langle M,N\rangle_t=\frac{1}{2}\big(\langle M+N,M+N\rangle_t-\langle M,M\rangle_t-\langle N,N\rangle_t\big),$$

称 $\{\langle M,N\rangle_t\}$ 是 M 和 N 的交互二次变差. 可以得到 $\{M_tN_t-\langle M,N\rangle_t\}$ 是唯一的连续可积适应过程, 并使得 $M_0N_0-\langle M,N\rangle_0=0$. 一个右连续的适应过程 $M=\{M_t\}_{t\geqslant 0}$ 被称为局部鞅, 若存在一个非负的停时序列 $\{\tau_k\}_{k\geqslant 1}$, $\tau_k\to\infty$, a.s., 使得 $\{M_{\tau_k\wedge t}-M_0\}_{t\geqslant 0}$ 是一个鞅. 这里的停时可简单理解为 "τ 前信息", τ 为时间. 鞅必为局部鞅, 因此局部鞅是鞅的推广. 利用变差过程概念可建立如下结果:

定理 6.4(大数定律) 设 $M=\{M_t\}_{t\geqslant 0}$ 是实值连续局部鞅, $M_0=0$. 那么

(1) 若 $\lim\limits_{t\to\infty}\langle M,M\rangle_t=\infty$, a.s., 则 $\lim\limits_{t\to\infty}\dfrac{M_t}{\langle M,M\rangle_t}=0$, a.s.;

(2) 若 $\limsup\limits_{t\to\infty}\dfrac{\langle M,M\rangle_t}{t}<\infty$, a.s., 则 $\lim\limits_{t\to\infty}\dfrac{M_t}{t}=0$, a.s..

6.2.3 Brownian 运动

Brownian 运动是 Brown[①]在 1827 年观察到的悬浮在水中的花粉粒不规则运动的名称. 此运动后来被水分子的随机碰撞所解释. 为了从数学上描述运动, 很自然地

[①] **布朗**(Brown, 1773~1858), 19 世纪英国植物学家, 主要贡献是在对植物的考察中发现了 Brownian 运动. 1827 年在研究花粉和孢子在水中悬浮状态的微观行为时, 发现花粉有不规则的运动, 后来证实其他微细颗粒如灰尘也有同样的现象, 虽然他并没能从理论解释这种现象, 但后来的科学家因其发现了该现象而命名为 Brownian 运动.

使用了随机过程 $B_t(\omega)$ 的概念, 解释为花粉粒在 t 时刻的位置 ω. 让我们给出 Brownian 运动的数学定义.

定义 6.15　令 $(\Omega, \mathcal{F}, P)$ 是滤波为 $\{\mathcal{F}_t\}_{t \geqslant 0}$ 的概率空间. 一个(标准)一维 Brownian 运动是一个实值连续的 $\{\mathcal{F}_t\}$-适应过程 $\{B_t\}_{t \geqslant 0}$, 具有以下性质:

(1) $B_0 = 0$, a.s.;

(2) 对 $0 \leqslant s < t < \infty$, 增量 $B_t - B_s$ 是均值为 0, 方差为 $t - s$ 的正态分布;

(3) 对 $0 \leqslant s < t < \infty$, 增量 $B_t - B_s$ 独立于 $\mathcal{F}_s$.

如果 $\{B_t\}_{t \geqslant 0}$ 是一个 Brownian 运动且 $0 \leqslant t_0 < t_1 < \cdots < t_k < \infty$, 增量 $B_{t_i} - B_{t_{i-1}}$ (这里 $1 \leqslant i \leqslant k$) 是相互独立的, 我们说 Brownian 运动具有独立增量. 若 $B_{t_i} - B_{t_{i-1}}$ 的分布仅依赖于 $t_i - t_{i-1}$, 我们说 Brownian 运动具有平稳增量. 此外, Brownian 运动也称 Wiener 过程, 有时用 $\{W_t\}_{t \geqslant 0}$ 表示.

除非特别说明, 不然我们始终假设 $(\Omega, \mathcal{F}, P)$ 是完备概率空间, 并且滤波 $\{\mathcal{F}_t\}$ 满足通常条件, 一维 Brownian 运动 $\{B_t\}$ 定义在该空间上. Brownian 运动有一系列重要的性质, 其中一些内容概述如下:

(1) $\{-B_t\}$ 是关于同一滤波 $\{\mathcal{F}_t\}$ 的 Brownian 运动;

(2) 令 $c > 0$, 定义 $X_t = \dfrac{B_{ct}}{\sqrt{c}}$, $t \geqslant 0$, X_t 是关于滤波 $\{\mathcal{F}_{ct}\}$ 的 Brownian 运动;

(3) $\{B_t\}$ 是一个连续的平方可积鞅, 它的二次变差 $\langle B, B \rangle_t = t$, $\forall t \geqslant 0$;

(4) 满足大数定律, $\lim\limits_{t \to \infty} \dfrac{B_t}{t} = 0$, a.s.;

(5) 对于几乎每一个 $\omega \in \Omega$, Brownian 样本路径 $B(\omega)$ 是处处不可微的[①].

现在, 让我们定义一个 d-维 Brownian 运动.

定义 6.16　一个 d-维随机过程 $\{B_t = (B_t^1, \cdots, B_t^d)\}_{t \geqslant 0}$ 称为 d-维 Brownian 运动, 若每个 $\{B_t^i\}$ 都是一个一维 Brownian 运动, 且 $\{B_t^1\}, \cdots, \{B_t^d\}$ 是相互独立的.

6.3　随机微积分

如果将随机过程看作是时间 t 的随机函数, 那么就能考虑它的微积分, 这一节主要考虑的是伊藤清[②]在 1949 年引入的 Itô 积分, 本节将概述 Itô 微积分的基本概念和结果, 它们是构成随机微积分方程理论的必备基础.

[①] Brownian 运动的轨道不是连续可微的(其实也不是 Lipschitz 连续的), 但是 Hölder 连续的.

[②] 伊藤清(Kiyoshi Itô, 1915~2008), 日本数学家, 为解释 Brownian 运动等伴随偶然性的自然现象, 提出了 Itô 公式, 这成为随机分析这个数学新分支的基础定理. Itô 的成果于 20 世纪 80 年代以后在金融领域得到广泛应用, 他因此被称为 "华尔街最有名的日本人".

6.3.1 随机积分

与经典微积分学不同, 对于随机微积分学来说, 本质的概念是随机积分, 而且引入随机积分的方法是多种多样的, 这里只考虑应用上最为重要的积分类型. 首先让我们回忆一下常微分方程 (ODE):

$$\frac{\mathrm{d}x(t)}{\mathrm{d}t} = f(t,x), \quad \mathrm{d}x(t) = f(t,x)\mathrm{d}t, \tag{6.1}$$

初始条件为 $x(0) = x_0$, 那么该方程可以写成积分形式:

$$x(t) = x_0 + \int_0^t f(s, x(s)) \, \mathrm{d}s, \tag{6.2}$$

其中 $x(t) = x(t, x_0, t_0)$ 是初始条件 $x(t_0) = x_0$ 下的解. 下面引出 Itô 积分. 给出

$$\frac{\mathrm{d}x(t)}{\mathrm{d}t} = a(t)x(t), \quad x(0) = x_0. \tag{6.3}$$

取常微分方程 (6.3), 并假设 $a(t)$ 不是确定性参数, 而是随机参数, 我们就得到一个随机微分方程 (SDE). 随机参数 $a(t)$ 为

$$a(t) = f(t) + h(t)\xi(t), \tag{6.4}$$

其中 $\xi(t)$ 被定义一个白噪声过程. 因此, 我们得到

$$\frac{\mathrm{d}X(t)}{\mathrm{d}t} = f(t)X(t) + h(t)X(t)\xi(t). \tag{6.5}$$

当我们将 (6.5) 写成微分形式, 并令 $\mathrm{d}W(t) = \xi(t)\mathrm{d}t$, 其中 $\mathrm{d}W(t)$ 表示 Brownian 运动的微分形式, 我们得到

$$\mathrm{d}X(t) = f(t)X(t)\mathrm{d}t + h(t)X(t)\mathrm{d}W(t). \tag{6.6}$$

一般一个 SDE 可以表示为

$$\mathrm{d}X(t,\omega) = f(t, X(t,\omega))\mathrm{d}t + g(t, X(t,\omega))\mathrm{d}W(t,\omega), \tag{6.7}$$

其中 $X = X(t,\omega)$ 是一个随机变量, 初始条件 $X(0,\omega) = X_0$, a.s. . 注意这里的 $f(t, X(t,\omega)) \in \mathbf{R}$, $g(t, X(t,\omega)) \in \mathbf{R}$ 且 $W(t,\omega) \in \mathbf{R}$. 类似于 (6.2) 的积分形式, 我们可以将 (6.7) 写成

$$X(t,\omega) = X_0 + \int_0^t f(s, X(s,\omega)) \, \mathrm{d}s + \int_0^t g(s, X(s,\omega)) \, \mathrm{d}W(s,\omega). \tag{6.8}$$

在数学分析中, 定积分的定义是通过 "分割、近似、求和、取极限" 给出的, 这里

我们应用类似思想去给出随机积分的定义. 对于随机积分 $\int_0^T g(t,\omega)\,\mathrm{d}W(t,\omega)$，假设 $g(t,\omega)$ 仅在离散时间点 $t_i(i=1,2,3,\cdots,N-1)$ 改变，其中 $0=t_0<t_1<\cdots<t_{N-1}<t_N=T$. 定义积分

$$S=\int_0^T g(t,\omega)\,\mathrm{d}W(t,\omega) \tag{6.9}$$

为 Riemann 和[①]

$$S_N(\omega)=\sum_{i=1}^{N}g(t_{i-1},\omega)(W(t_i,\omega)-W(t_{i-1},\omega)), \tag{6.10}$$

这里 $N\to\infty$.

定义 6.17   一个随机变量 S 称为随机过程 $g(t,\omega)$ 在区间 $[0,T]$ 上 Brownian 运动 $W(t,\omega)$ 的 Itô 积分，若

$$\lim_{N\to\infty}E\left[\left(S-\sum_{i=1}^{N}g(t_{i-1},\omega)\right)(W(t_i,\omega)-W(t_{i-1},\omega))\right]=0, \tag{6.11}$$

对于区间 $[0,T]$ 的每一个划分序列 $(t_0,t_1,\cdots,t_N)$，使得 $\max_i(t_i-t_{i-1})\to 0$.

上述定义中的极限收敛于均方意义下的随机积分. 因此，随机积分是随机变量，其样本依赖于路径 $W(\cdot,\omega)$ 的个体实现.

例 6.4   考虑一个随机过程 $g(t)=c,\ \forall t$. 通过定义有

$$\int_0^T c\,\mathrm{d}W(t,\omega)$$

$$=c\lim_{N\to\infty}\sum_{i=1}^{N}(W(t_i,\omega)-W(t_{i-1},\omega))$$

$$=c\lim_{N\to\infty}[(W(t_1,\omega)-W(t_0,\omega))+(W(t_2,\omega)-W(t_1,\omega))+\cdots+(W(t_N,\omega)-W(t_{N-1},\omega))]$$

$$=c(W(T,\omega)-W(0,\omega)),$$

其中 $W(T,\omega)$ 和 $W(0,\omega)$ 是标准的高斯随机变量. 当 $W(0,\omega)=0$ 时，最后的结果为

$$\int_0^T c\,\mathrm{d}W(t,\omega)=cW(T,\omega).$$

例 6.5 $g(t,\omega)=W(t,\omega)$，$W(0,\omega)=0$. 通过定义有

---

① 和式中的每一项是子区间长度与该处的函数值的乘积.

$$\int_0^T W(t,\omega)\, \mathrm{d}W(t,\omega)$$

$$= \lim_{N\to\infty} \sum_{i=1}^{N} W(t_{i-1},\omega)\,(W(t_i,\omega)-W(t_{i-1},\omega))$$

$$= \lim_{N\to\infty}\left[\frac{1}{2}\sum_{i=1}^{N}(W^2(t_i,\omega)-W^2(t_{i-1},\omega)) - \frac{1}{2}\sum_{i=1}^{N}(W(t_i,\omega)-W(t_{i-1},\omega))^2 \right]$$

$$= -\frac{1}{2}\lim_{N\to\infty}\sum_{i=1}^{N}\big(W(t_i,\omega)-W(t_{i-1},\omega)\big)^2 + \frac{1}{2}W^2(T,\omega), \tag{6.12}$$

其中用到了代数关系 $y(x-y)=yx-y^2+\dfrac{1}{2}x^2-\dfrac{1}{2}x^2=\dfrac{1}{2}x^2-\dfrac{1}{2}y^2-\dfrac{1}{2}(x-y)^2$.

现在我们来详细看看 $\lim\limits_{N\to\infty}\sum\limits_{i=1}^{N}(W(t_i,\omega)-W(t_{i-1},\omega))^2$.

$$E\left[\lim_{N\to\infty}\sum_{i=1}^{N}\big(W(t_i,\omega)-W(t_{i-1},\omega)\big)^2\right] = \lim_{N\to\infty}\sum_{i=1}^{N}E[(W(t_i,\omega)-W(t_{i-1},\omega))^2]$$

$$= \lim_{N\to\infty}\sum_{i=1}^{N}(t_i-t_{i-1})$$

$$= T,$$

这里用到了 Brownian 运动的定义和性质.

$$\mathrm{Var}\left[\lim_{N\to\infty}\sum_{i=1}^{N}(W(t_i,\omega)-W(t_{i-1},\omega))^2\right] = \lim_{N\to\infty}\sum_{i=1}^{N}\mathrm{Var}[(W(t_i,\omega)-W(t_{i-1},\omega))^2]$$

$$= 2\lim_{N\to\infty}\sum_{i=1}^{N}(t_i-t_{i-1})^2.$$

通过缩小分割的区间, 因为 $t_i-t_{i-1}\to 0$, 方差变为零,

$$\lim_{N\to\infty}\sum_{i=1}^{N}(t_i-t_{i-1})^2 \leqslant \max_{i}(t_i-t_{i-1})\lim_{N\to\infty}\sum_{i=1}^{N}(t_i-t_{i-1})$$

$$= \max_{i}(t_i-t_{i-1})T$$

$$= 0, \tag{6.13}$$

因为期望是 T, 方差是 0, 我们得到

$$\lim_{N\to\infty}\sum_{i=1}^{N}(W(t_i,\omega)-W(t_{i-1},\omega))^2 = T, \tag{6.14}$$

那么随机积分有解

$$\int_0^T W(t,\omega)\, \mathrm{d}W(t,\omega) = \frac{1}{2}W^2(T,w) - \frac{1}{2}T. \tag{6.15}$$

这与我们从标准微积分中得出的结论不同. 对于确定性积分 $\int_0^T x(t)\, \mathrm{d}x(t) = \frac{1}{2}x^2(t)$, 但 Itô 积分因项 $-\frac{1}{2}T$ 而不同. 这个例子表明, 在随机微积分中, 微分(特别是链式法则)和积分的法则需要重新建立.

Itô 积分受到广泛应用的主要原因并不在于它的构造, 而是它的性质. 这里介绍几个重要性质.

(1) 期望　$E\left[\int_0^T g(t,\omega)\mathrm{d}W(t,\omega)\right] = 0$, 在实际的应用中, 可以通过期望来消去式子中所含的形如 $\int_0^T g(t,\omega)\mathrm{d}W(t,\omega)$ 的积分项.

(2) 方差　$\mathrm{Var}\left[\int_0^T g(t,\omega)\mathrm{d}W(t,\omega)\right] = \int_0^T E\left[g^2(t,\omega)\right]\mathrm{d}t$, 在 Itô 积分的方差计算中, 又显示了两个重要性质:

(a) $E\left[\left(\int_0^T g(t,\omega)\mathrm{d}W(t,\omega)\right)^2\right] = \int_0^T E[g^2(t,\omega)]\mathrm{d}t$, 可用于 Itô 积分的二阶矩估计;

(b) $\int_0^T E[g^2(t,\omega)]\mathrm{d}t < \infty$, 该性质是 Itô 积分存在的条件.

(3) 线性性

$$\int_0^T [a_1 g_1(t,\omega) + a_2 g_2(t,\omega)]\, \mathrm{d}W(t,\omega)$$

$$= a_1 \int_0^T g_1(t,\omega)\, \mathrm{d}W(t,\omega) + a_2 \int_0^T g_2(t,\omega)\, \mathrm{d}W(t,\omega),$$

这里 $a_1, a_2 \in \mathbf{R}$, $g_1(t,\omega)$ 和 $g_2(t,\omega)$ 是随机函数;

(4) 可加性

$$\int_0^T g(t,\omega)\mathrm{d}W(t,\omega) = \int_0^c g(t,\omega)\mathrm{d}W(t,\omega) + \int_c^T g(t,\omega)\mathrm{d}W(t,\omega).$$

最后, 值得注意的是, 在应用中一般省略随机积分中的 ω, 写成 $\int_0^T g(t)\, \mathrm{d}W(t)$ 的形式.

6.3.2　随机微分

在上一节中, 我们定义了 Itô 随机积分. 但是积分的基本定义在评估给定的积分时并不十分方便. 我们在显式计算中不使用基本定义, 而是使用微积分的基本定理和链式法则. 例如, 使用链式法则计算 $\int_0^t \cos t \mathrm{d}t = \sin t$ 是非常容易的, 但如果使用基本的定义就不会这么容易. 在本节中, 我们将建立随机的 Itô 积分链式法则, 即 Itô 公式. 我们将看到, Itô 公式不仅对评估 Itô 积分有用, 更重要的是它在随机分析中起着关键作用.

如例 6.5 所示, 经典微积分法则不适用于随机积分和微分方程, 我们要建立适用于随机微积分的链式法则. 问题可表述如下.

给定一个随机微分方程

$$\mathrm{d}X(t) = f(t,X(t))\mathrm{d}t + g(t,X(t))\mathrm{d}W(t), \tag{6.16}$$

且有另一个过程 $Y(t)$ 是 $X(t)$ 的函数,

$$Y(t) = \phi(t,X(t)),$$

其中函数 $\phi(t,X(t))$ 关于 t 是连续可微的, 关于 $X(t)$ 是二次连续可微的, 求出过程 $Y(t)$ 的随机微分方程:

$$\mathrm{d}Y(t) = \tilde{f}(t,X(t))\mathrm{d}t + \tilde{g}(t,X(t))\mathrm{d}W(t).$$

当假设 $g(t,X(t)) = 0$, 得到标准运算法则

$$\mathrm{d}y(t) = (\phi_t(t,x) + \phi_x(t,x)f(t,x))\mathrm{d}t. \tag{6.17}$$

在随机问题情形下, 我们考虑 $\phi(t,X(t))$ 的 Taylor 展开, 可得

$$\mathrm{d}Y(t) = \phi_t(t,X)\mathrm{d}t + \frac{1}{2}\phi_{tt}(t,X)\mathrm{d}t^2 + \phi_x(t,X)\mathrm{d}X(t)$$
$$+ \frac{1}{2}\phi_{xx}(t,X)(\mathrm{d}X(t))^2 + \text{h.o.t.}, \tag{6.18}$$

这里的 h.o.t. 指的是高阶项 (higher order terms).

利用 (6.16) 的 $\mathrm{d}X(t)$ 可将 (6.18) 换成

$$\mathrm{d}Y(t) = \phi_t(t,X)\mathrm{d}t + \phi_x(t,X)\big[f(t,X(t))\mathrm{d}t + g(t,X(t))\mathrm{d}W(t)\big]$$
$$+ \frac{1}{2}\phi_{tt}(t,X)\mathrm{d}t^2 + \frac{1}{2}\phi_{xx}(t,X)(f^2(t,X(t))\mathrm{d}t^2 + g^2(t,X(t))\mathrm{d}W^2(t)$$
$$+ 2f(t,X(t))g(t,X(t))\mathrm{d}t\mathrm{d}W(t)) + \text{h.o.t.} \tag{6.19}$$

高阶 $(\mathrm{d}t,\mathrm{d}W)$ 的微分会迅速变为 0, $\mathrm{d}t^2 \to 0$, 且 $\mathrm{d}t\mathrm{d}W(t) \to 0$. 根据 Brownian 运动性质有 $\mathrm{d}W^2(t) = \mathrm{d}t$. 忽略高阶项, 利用 Brownian 运动的性质, 我们得到

$$\mathrm{d}Y(t) = \left[\phi_t(t,X) + \phi_x(t,X)f(t,X(t)) + \frac{1}{2}\phi_{xx}(t,X)g^2(t,X(t))\right]\mathrm{d}t$$
$$+ \phi_x(t,X)g(t,X(t))\mathrm{d}W(t). \tag{6.20}$$

那么, 可以得到 Itô 公式

$$dY(t) = \tilde{f}(t, X(t))dt + \tilde{g}(t, X(t))dW(t), \tag{6.21}$$

$$\tilde{f}(t, X(t)) = \phi_t(t, X) + \phi_x(t, X)f(t, X(t)) + \frac{1}{2}\phi_{xx}(t, X)g^2(t, X(t)), \tag{6.22}$$

$$\tilde{g}(t, X(t)) = \phi_x(t, X)g(t, X(t)). \tag{6.23}$$

这里的项 $\frac{1}{2}\phi_{xx}(t, X)g^2(t, X(t))$ 常叫做 Itô 校正项, 因为它并不出现在确定性的情形中.

例 6.6 利用 Itô 公式计算 $\phi(t, X) = X^2$, SDE 为 $dX(t) = dW(t)$. 从该随机微分方程中, 我们得到 $X(t) = W(t)$, 计算导数 $\frac{\partial\phi(t, X)}{\partial t} = 0$, $\frac{\partial\phi(t, X)}{\partial X} = 2X$, $\frac{\partial^2\phi(t, X)}{\partial X^2} = 2$. 那么有

$$d(W^2(t)) = 1dt + 2W(t)dW(t). \tag{6.24}$$

当 $W(0) = 0$ 时, 我们重写 (6.24) 式得到

$$W^2(t) = 1t + 2\int_0^t W(t)dW(t),$$

$$\int_0^t W(t)dW(t) = \frac{1}{2}W^2(t) - \frac{1}{2}t. \tag{6.25}$$

值得注意的是, 该结果与例 6.5 中得到的 (6.15) 式是一致的.

例 6.7 考虑以下随机微分方程 $dS(t) = \mu S(t)dt + \sigma S(t)dW(t)$, 令 $Y(t) = \phi(t, S)$ $= \ln(S(t))$. 求导数 $\frac{\partial\phi(t, S)}{\partial t} = 0$, $\frac{\partial\phi(t, S)}{\partial S} = \frac{1}{S}$, $\frac{\partial^2\phi(t, S)}{\partial S^2} = -\frac{1}{S^2}$. 那么根据 Itô 公式可得

$$dY(t) = \left(\frac{\partial\phi(t, S)}{\partial t} + \frac{\partial\phi(t, S)}{\partial S}\mu S(t) + \frac{1}{2}\frac{\partial^2\phi(t, S)}{\partial S^2}\sigma^2 S^2(t)\right)dt + \left(\frac{\partial\phi(t, S)}{\partial S}\sigma S(t)\right)dW(t),$$

$$dY(t) = \left(\mu - \frac{1}{2}\sigma^2\right)dt + \sigma dW(t). \tag{6.26}$$

由于 (6.26) 的右边与 $Y(t)$ 无关, 我们可以计算随机积分:

$$Y(t) = Y_0 + \int_0^t \left(\mu - \frac{1}{2}\sigma^2\right)dt + \int_0^t \sigma dW(t),$$

$$Y(t) = Y_0 + \left(\mu - \frac{1}{2}\sigma^2\right)t + \sigma W(t).$$

因为 $Y(t) = \ln S(t)$, 我们可以得到 $S(t)$ 的解

$$\ln(S(t)) = \ln(S(0)) + \left(\mu - \frac{1}{2}\sigma^2\right)t + \sigma W(t),$$

$$S(t) = S(0)\mathrm{e}^{\left(\mu - \frac{1}{2}\sigma^2\right)t + \sigma W(t)},$$

其中, $W(t)$ 是一个标准 Brownian 运动. 通过以上过程可以看出, Itô 所引入的微分, 实质上是以逆运算的形式表达了积分.

我们现在允许过程 $X(t)$ 在 $\mathbf{R}^n$ 中. 令 $W(t)$ 为 m-维标准 Brownian 运动, 并且 $f(t, X(t)) \in \mathbf{R}^n$, $g(t, X(t)) \in \mathbf{R}^{n \times m}$. 考虑一个过程 $Y(t)$ 通过 $Y(t) = \phi(t, X(t))$ 定义, 其中 $\phi(t, X)$ 是一个标量函数, 关于 t 连续可微, 关于 X 连续二次可微. Itô 公式可写成如下向量形式:

$$\mathrm{d}Y(t) = \tilde{f}(t, X(t))\mathrm{d}t + \tilde{g}(t, X(t))\mathrm{d}W(t), \tag{6.27}$$

$$\tilde{f}(t, X(t)) = \phi_t(t, X(t)) + \phi_x(t, X(t))f(t, X(t))$$
$$+ \frac{1}{2}\mathrm{tr}(\phi_{xx}(t, X(t))g(t, X(t))g^{\mathrm{T}}(t, X(t))), \tag{6.28}$$

$$\tilde{g}(t, X(t)) = \phi_x(t, X(t))g(t, X(t)), \tag{6.29}$$

这里 tr 是迹范数.

6.3.3　某些不等式

在本节中, 我们将应用 Itô 公式建立几个非常重要的随机积分矩不等式以及指数鞅不等式. 这些将显示 Itô 公式的强大. 这里注意两个记号: $\mathcal{L}^p$ 为 p 次可积的随机函数的空间; $\mathcal{M}^p$ 为满足 $E\int_{t_0}^T |x(t)|^p \mathrm{d}t < \infty$ 的函数 $x(t)$ 的空间.

定理 6.5　令 $p \geqslant 2$, $g \in \mathcal{M}^2([0, T], \mathbf{R}^{d \times m})$, 使得 $E\left[\int_0^T |g(s)|^p \mathrm{d}s\right] < \infty$, 则有以下矩不等式:

$$E\left[\left|\int_0^T g(s)\mathrm{d}W(s)\right|^p\right] \leqslant \left(\frac{p(p-1)}{2}\right)^{\frac{p}{2}} T^{\frac{p}{2}-1} E\left[\int_0^T |g(s)|^p \mathrm{d}s\right],$$

$$E\left[\sup_{0 \leqslant t \leqslant T} \left|\int_0^t g(s)\mathrm{d}W(s)\right|^p\right] \leqslant \left(\frac{p^3}{2(p-1)}\right)^{\frac{p}{2}} T^{\frac{p}{2}-1} E\left[\int_0^T |g(s)|^p \mathrm{d}s\right].$$

定理 6.6　令 $g = (g_1, \cdots, g_m) \in \mathcal{L}^2(\mathbf{R}_+, \mathbf{R}^{1 \times m})$, 且 T, α, β 是正常数, 则有以下指数鞅不等式:

$$P\left(\sup_{0 \leqslant t \leqslant T}\left[\int_0^t g(s)\mathrm{d}W(s) - \frac{\alpha}{2}\int_{t_0}^t |g(s)|^2 \mathrm{d}s\right] \geqslant \beta\right) \leqslant \mathrm{e}^{-\alpha\beta}.$$

Gronwall 型积分不等式在常微分方程和随机微分方程理论中得到了广泛的应用, 证明了其存在性、唯一性、有界性、比较性、连续依赖性、扰动性和稳定性等方面的结果. 因此, Gronwall 型不等式是非常重要的, 下面给出 Gronwall 不等式.

定理 6.7 令 $T > 0$ 且 $c \geqslant 0$. 令 $u(\cdot)$ 是一个 $[0,T]$ 上有界非负的 Borel 可测函数, 令 $v(\cdot)$ 是 $[0,T]$ 上非负可积函数. 如果对所有 $0 \leqslant t \leqslant T$, 有

$$u(t) \leqslant c + \int_0^t v(s)\, u(s)\mathrm{d}s, \tag{6.30}$$

那么

$$u(t) \leqslant c \exp\left(\int_0^t v(s)\, \mathrm{d}s\right). \tag{6.31}$$

证明 为不失一般性, 我们假设 $c > 0$. 对 $0 \leqslant t \leqslant T$, $z(t) = c + \int_0^t v(s)\, u(s)\mathrm{d}s$, 则 $u(t) \leqslant z(t)$. 根据经典微积分的链式法则, 我们有

$$\ln(z(t)) = \ln(c) + \int_0^t \frac{v(s)u(s)}{z(s)}\, \mathrm{d}s \leqslant \ln(c) + \int_0^t v(s)\, \mathrm{d}s.$$

这就表明对 $0 \leqslant t \leqslant T$ 有

$$z(t) \leqslant c \exp\left(\int_0^t v(s)\, \mathrm{d}s\right),$$

由于 $u(t) \leqslant z(t)$, 则得到不等式 (6.31).

>> **阅读材料**

随机人口动力学

生态学的一个主要挑战是了解决定人口规模的机制, 以便能够预测未来的人口动力学并将这些知识应用于人口管理. 近年来, 理论一再表明, 环境噪声可以与确定性密度依赖相互作用, 从而产生人口动力学, 这种动力学不仅是 "带有噪声的确定性动力学", 而且可能在性质上是不同的. 这种性质上的差异可以通过几种途径表现出来. ①例如, 噪声的加入可以激励一个接近分岔的系统, 使其表现出类似模型参数将系统置于分岔的另一侧时所表现出的动力学行为. ②噪声会引起不同吸引子之间的移动. 这类情况有很多. 例如, 噪声可以使一个系统在共存的吸引子之间移动——比如点平衡和循环——这样, 动力学就会间歇性地表现出两种类型的行为; 或者, 噪声可以将一个系统移动到一个点, 这个点在某些维度上可能是吸引者, 但

在其他维度上可能是排斥者. 在这种情况下, 比如一个鞍点, 吸引子是不稳定的, 噪声会导致系统再次远离. ③噪声也可以引起共振, 即群体之间的密度依赖相互作用在密度依赖调节中引入时滞, 从而导致长期的多代趋势. ④噪声会使表面上处于相似状态的系统随着时间的推移而发散. 一类这样的行为发生在混沌系统中, 其中对初始条件具有众所周知的敏感性. 这也发生在接近分岔并经历随机激励的系统中. 这里我们将介绍几种随机人口动力学模型.

人口动力学通常可以用如下的一维 Logistic 方程来描述:

$$\dot{x}(t) = x(t)[b + ax(t)], \tag{6.32}$$

这里 $t \geq 0$, 初始状态为 $x(0) = x_0$. 由于变量 $x(t)$ 表示总体大小, 所以只需关心方程的正解即可. 对于参数 $a < 0$ 和 $b > 0$, 上述方程具有全局解

$$x(t) = \frac{b}{-a + e^{-bt}(b + ax_0)/x_0} \quad (t \geq 0),$$

它不仅是正有界的, 而且具有 $\lim\limits_{t\to\infty} x(t) = b/|a|$ 的渐近性质. 相反, 如果 $a > 0$, 同时保持 $b > 0$, 那么方程 (6.32) 只有局部解

$$x(t) = \frac{b}{-a + e^{-bt}(b + ax_0)/x_0} \quad (0 \leq t < T),$$

其中, $x(t)$ 将在有限时间 T 内爆发到无穷

$$T = -\frac{1}{b}\log\left(\frac{ax_0}{b + ax_0}\right).$$

然而, 人口演化过程不可避免地受到环境噪声的影响, 研究噪声的存在是否影响了这一结果是必要. 假设参数 a 受到随机扰动, 改变为

$$a \to a + \varepsilon\dot{w}(t),$$

式中 $\dot{w}(t)$ 为白噪声, ε 表示噪声的强度. 那么, 这个噪声扰动人口系统可以用 Itô 型方程来描述

$$dx(t) = x(t)[(b + ax(t))dt + \varepsilon x(t)dw(t)]. \tag{6.33}$$

具体来说, 我们考虑具有 n 个相互作用组件的 Lotka-Volterra 模型, 即

$$\dot{x}_i(t) = x_i(t)\left(b_i + \sum_{j=1}^{n} a_{ij}x_j\right) \quad (1 \leq i \leq n).$$

定义 $\operatorname{diag}(x_1(t), \cdots, x_n(t))$ 为一 $n \times n$ 矩阵, 除对角线上的元素 $x_1(t), \cdots, x_n(t)$ 外, 所有元素都为零. 于是 Lotka-Volterra 模型可改为矩阵形式

$$\dot{x}(t) = \mathrm{diag}(x_1(t),\cdots,x_n(t))[b + Ax(t)],$$

这里 $x = (x_1,\cdots,x_n)^{\mathrm{T}}$，$b = (b_1,\cdots,b_n)^{\mathrm{T}}$，$A = (a_{ij})_{n\times n}$．$a_{ij}$ 表示 $n\times n$ 矩阵第 i 行第 j 列中的元素．假设每个参数 a_{ij} 都受到随机干扰

$$a_{ij} \to a_{ij} + \sigma_{ij}\dot{w}(t).$$

则上述矩阵形式方程可转化为随机形式

$$\mathrm{d}x(t) = \mathrm{diag}(x_1(t),\cdots,x_n(t))[(b + Ax(t))\mathrm{d}t + \sigma x(t)\mathrm{d}w(t)], \tag{6.34}$$

式中 $\sigma = (\sigma_{ij})_{n\times n}$．为突出环境噪声的影响，对噪声强度增加以下简单假设．

假设 1　　$\sigma_{ii} > 0$，$1 \leqslant i \leqslant n$，同时 $\sigma_{ij} \geqslant 0$，$i \neq j$．

由于方程 (6.34) 的第 i 个状态 $x_i(t)$ 是系统中第 i 个分量的大小，因此它应该是非负的．此外，为了使随机微分方程对任意给定的初值具有唯一的全局解（即在一定时间内不发生爆炸），通常要求方程的解满足线性增长条件和局部 Lipschitz 条件．然而，上述方程的幂次不满足线性增长条件，尽管它们是局部 Lipschitz 连续的，因此上述方程的解可能在特定时间爆炸．下面的定义表明，在简单假设 1 下，上述方程的解是正的且是全局的．这一结果揭示了环境噪声抑制爆炸的重要特性．

定理 6.8　　假设 1 下，对于任意系统参数 $b \in \mathbf{R}^n$，$A \in \mathbf{R}^{n\times n}$，任意给定初值 $x_0 \in \mathbf{R}_+^n$，上述方程在 $t \geqslant 0$ 上有唯一解 $x(t)$，且 $x(t)$ 以 1 的概率留在 $\mathbf{R}_+^n$ 中，即 $x(t) \in \mathbf{R}_+^n$，对于所有 $t \geqslant 0$ 几乎必然成立．

定理 6.8 表明，在简单假设 1 下，正锥 $\mathbf{R}_+^n$ 是方程 (6.34) 解的不变集．因此，接下来只需要考虑解在 $\mathbf{R}_+^n$ 中如何变化．以 $x(t;x_0)$ 表示方程 (6.34) 在初始值 $x(0) = x_0$ 时的唯一全局解．为方便起见，定义作用于 C^2-方程 $V \in C^2(\mathbf{R}_+^n; R)$ 上的扩散算子 L：

$$LV(x) = V_x(x)\mathrm{diag}(x_1,\cdots,x_n)(b + Ax) + \frac{1}{2}x^{\mathrm{T}}\sigma^{\mathrm{T}}\mathrm{diag}(x_1,\cdots,x_n)V_{xx}(x)\mathrm{diag}(x_1,\cdots,x_n)\sigma x,$$

其中 $V_x = (V_{x_1},\cdots,V_{x_n})$ 以及 $V_{xx} = (V_{x_ix_j})_{n\times n}$．

定理 6.9　　设假设 1 成立．取正数 $\theta_1,\cdots,\theta_n$ 使得

$$\theta_1 + \cdots + \theta_n < \frac{1}{2},$$

则对于任意初值 $x_0 = (x_{01},\cdots,x_{0n})^{\mathrm{T}} \in \mathbf{R}_+^n$，方程 (6.34) 的解 $x(t;x_0) = x(t)$ 具有以下性质：

$$\log\left(E\left[\prod_{i=1}^n x_i^{\theta_i}(t)\right]\right) \leqslant \mathrm{e}^{-c_1 t}\sum_{i=1}^n \theta_i \log x_{0i} + \frac{c_2}{c_1}(1 - \mathrm{e}^{-c_1 t}), \quad \forall t \geqslant 0,$$

这里

$$c_1 = \frac{1}{4}\left(1 - \sum_{i=1}^{n} \theta_i\right) \min_{1 \le i \le n} \theta_i \sigma_{ii}^2 \quad \text{和} \quad c_2 = |\theta| \|b\| + \frac{|\theta|^2 \|A\|^2}{4c_1}.$$

特别地, 令 $t \to \infty$ 可以得到上述不等式的渐近估计

$$\limsup_{t \to \infty} E\left(\prod_{i=1}^{n} x_i^{\theta_i}(t)\right) \le e^{c_2/c_1}.$$

方程 (6.34) 中假设系统矩阵 A 受到随机扰动, 且 $A \to A + \sigma \dot{w}(t)$. 进一步可以假设系统向量 b 和矩阵 A 都是受到随机扰动的

$$b \to b + \beta \dot{w}_1(t) \quad \text{和} \quad A \to A + \sigma \dot{w}_2(t),$$

其中 $\dot{w}_1(t)$ 和 $\dot{w}_2(t)$ 为两个独立的 Brownian 运动, $\beta = (\beta_1, \cdots, \beta_n)^{\mathrm{T}}$, σ 同上. 则有如下随机系统:

$$\dot{x}(t) = \mathrm{diag}(x_1(t), \cdots, x_n(t))[(b + Ax(t))\mathrm{d}t + \beta \mathrm{d}w_1(t) + \sigma x(t)\mathrm{d}w_2(t)]. \tag{6.35}$$

更一般地说, 考虑采用以下形式的系统:

$$\dot{x}(t) = \mathrm{diag}(x_1(t), \cdots, x_n(t))[f(x)\mathrm{d}t + g(x)\mathrm{d}w(t)], \tag{6.36}$$

其中 $w(t) = (w_1(t), \cdots, w_2(t))^{\mathrm{T}}$ 是 m 维 Brownian 运动, 而 $f: \mathbf{R}_+^n \to \mathbf{R}^n$ 和 $g: \mathbf{R}_+^n \to \mathbf{R}^{n \times m}$. 显然, (6.35) 是 (6.36) 的特例, 其中 $f(x) = b + Ax$, $g(x) = (\beta, \sigma x)$ 和 $w(t) = (w_1(t), w_2(t))^{\mathrm{T}}$. 设 f_i 为 f 的第 i 个分量, g_i 为 g 的第 i 行. 然后对这些参数增加如下假设.

假设 2 f 和 g 都是局部 Lipschitz 连续的. 此外, 存在常数 $h_1, h_2, \alpha_1 > 0$ 和 $\alpha_2 \ge 0$ 使得

$$|f(x)| \le h_1(1 + |x|) \quad \text{和} \quad \alpha_1 x_i^2 - \alpha_2 \le |g_i(x)|^2 \le h_2(1 + |x|^2),$$

$\forall x \in \mathbf{R}_+^n$ 和 $1 \le i \le n$.

定理 6.10 在假设 2 下, 对于任意给定的初值 $x_0 \in \mathbf{R}_+^n$, 方程 (6.36) 在 $t \ge 0$ 上有一个唯一解 $x(t)$, 且 $x(t)$ 以 1 的概率留在 $\mathbf{R}_+^n$ 中, 即 $x(t) \in \mathbf{R}_+^n$, 对于所有 $t \ge 0$ 几乎必然成立.

定理 6.11 设假设 2 成立. 取正数 $\theta_1, \cdots, \theta_n$ 使得

$$\theta_1 + \cdots + \theta_n < \frac{1}{2},$$

则对于任意初值 $x_0 = (x_{01}, \cdots, x_{0n})^{\mathrm{T}} \in \mathbf{R}_+^n$, 方程 (6.36) 的解 $x(t; x_0) = x(t)$ 具有以下性质:

$$\log\left(E\left[\prod_{i=1}^{n} x_i^{\theta_i}(t)\right]\right) \le e^{-\hat{\theta}x_1 t/4} \sum_{i=1}^{n} \theta_i \log x_{0t} + \frac{4K}{\hat{\theta}x_1}(1 - e^{-\hat{\theta}x_1/4}), \quad \forall t \ge 0,$$

这里

$$\hat{\theta} = \left(1 - \sum_{i=1}^{n} \theta_i\right) \min_{1 \leqslant i \leqslant n} \theta_i \quad 和 \quad K = \hat{\theta}\left(h_1 + \frac{h_1}{2x_1} + \frac{nx_2}{2}\right).$$

特别地，令 $t \to \infty$ 可以得到上述不等式的渐近估计

$$\limsup_{t \to \infty} E\left(\prod_{i=1}^{n} x_i^{\theta_i}(t)\right) \leqslant \mathrm{e}^{4K/\hat{\theta}\alpha_1}.$$

习 题 6

1. 设随机过程

$$X(t) = Y\cos(\theta t) + Z\sin(\theta t), \quad t > 0,$$

其中，Y，Z 是相互独立的随机变量，且 $EY = EZ = 0$，$DY = DZ = \sigma^2$，求 $\{X(t), t > 0\}$ 的均值函数 $m_X(t)$ 和协方差函数 $B_X(s,t)$。

2. 设随机过程 $X(t) = X + Yt + Zt^2$，其中 X，Y，Z 是相互独立的随机变量，且具有均值为 0，方差为 1，求随机过程 $X(t)$ 的协方差函数。

3. 令 (Ω, F, P) 是概率空间，A, B, A_i 是 F 上的事件，证明下列概率测度的性质。

(1) 单调性：如果 $A \subseteq B$，则 $P(A) \leqslant P(B)$。

(2) 次可加性：$A \subseteq \bigcup_i A_i$，则 $P(A) \leqslant \sum_i P(A_i)$。

(3) 下连续性：如果 $A_i \uparrow A$，即 $A_1 \subseteq A_2 \subseteq \cdots$ 且 $\bigcup_i A_i = A$，则 $P(A_i) \uparrow P(A)$。

(4) 上连续性：如果 $A_i \downarrow A$，即 $A_1 \supseteq A_2 \supseteq \cdots$ 且 $\bigcap_i A_i = A$，则 $P(A_i) \downarrow P(A)$。

4. 假设 $X = \omega_1$ 和 $Z = \omega_2$ 在概率空间 $F = 2^{\Omega}$，$\Omega = \{1,2\}^2$ 上，并且 $P(1,1) = 0.5$，$P(1,2) = 0.1$，$P(2,1) = 0.1$，$P(2,2) = 0.3$。计算 $P(X = 1 | Z = 1)$，$P(X = 2 | Z = 1)$ 及 $E[X | Z]$ 的值。

5. 证明如果 $X, Y \in L^1(\Omega, F, P)$，满足 $E[X | Y] = Y$ 及 $E[Y | X] = X$，则几乎肯定有 $X = Y$ 成立。

6. 证明：当且仅当 $EX_n = EX_0$ 对所有 n 成立时，下鞅 (X_n, F_n) 是鞅。

7. 考虑随机微分方程

$$\mathrm{d}X(u) = (a(u) + b(u)X(u))\mathrm{d}u + (\gamma(u) + \sigma(u)X(u))\mathrm{d}W(u),$$

其中 $W(u)$ 是相应于域流 $F(u), u \geqslant 0$ 的 Brownian 运动，允许 $a(u), b(u), \gamma(u), \sigma(u)$ 是与该域流相适应的随机过程。给定初始时刻 $t \geqslant 0$ 和初始位置 $x \in \mathbf{R}$，定义：

$$Z(u) = \exp\left\{\int_t^u \sigma(v)\mathrm{d}W(v) + \int_t^u \left(b(u) - \frac{1}{2}\sigma^2(v)\right)\mathrm{d}v\right\},$$

$$Y(u) = x + \int_t^u \frac{a(v) - \sigma(v)\gamma(v)}{Z(v)} \mathrm{d}v + \int_t^u \frac{\gamma(v)}{Z(v)} \mathrm{d}W(v).$$

（1）证明：$Z(t) = 1$ 并且 $\mathrm{d}Z(u) = b(u)Z(u)\mathrm{d}u + \sigma(u)Z(u)\mathrm{d}W(u)$, $u \geq t$.

（2）由定义，$Y(u)$ 满足 $Y(t) = x$ 并且

$$\mathrm{d}Y(u) = \frac{a(u) - \sigma(u)\gamma(u)}{Z(u)} \mathrm{d}u + \frac{\gamma(u)}{Z(u)} \mathrm{d}W(u), \quad u \geq t,$$

证明：$X(u) = Y(u)Z(u)$ 是随机微分方程

$$\mathrm{d}X(u) = (a(u) + b(u)X(u))\mathrm{d}u + (\gamma(u) + \sigma(u)X(u))\mathrm{d}W(u)$$

的解，并且满足初始条件 $X(t) = x$.

第 7 章 随机微分方程及应用

提出一个问题往往比解决一个问题更重要，因为解决问题也许仅是一个数学上或实验上的技能而已. 而提出新的问题新的可能性，从新的角度去看旧的问题，都需要有创造性的想象力，而且标志着科学的真正进步.　　——爱因斯坦

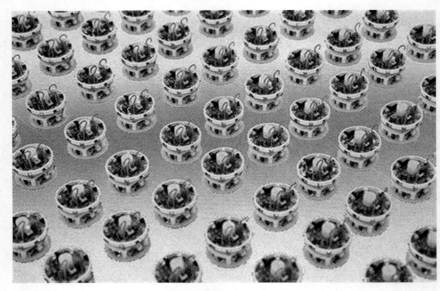

机器人集群

在机器人群集运动中，每个机器人往往会根据其他机器人的运动状态决定下一步的运动行为. 但是这一决策也会受到随机因素的干扰. 试回答以下问题:

1. 噪声可以从哪些方面影响系统动力学行为?
2. 随机动力系统是否也可以实现稳定?
3. 噪声的存在一定会阻碍系统的渐近行为吗?

在这一章中, 我们将介绍随机微分方程 (SDE) 的相关性质和应用, 包括解的存在唯一性 (Lipschitz 条件和线性增长等)、解的性质等, 另外将考虑几类随机微分方程的解的稳定性. 在本章中, 我们设 $(\Omega, \mathcal{F}, P)$ 是给定的完备概率空间, $\{\mathcal{F}_t : t \in \mathbf{R}_+\}$ 是 $(\Omega, \mathcal{F}, P)$ 上给定的 σ- 代数流; 随机过程的适应性是对 $\mathcal{F}_t$ 而言的. $w = (w_1, w_2, \cdots, w_m)^{\mathrm{T}}$ 是给定的 m 维标准 Brownian 运动, 时间集 $J = [t_0, T] \subset \mathbf{R}_+$ 或在 $\mathbf{R}_+$ 上考虑.

7.1　随机微分方程解的存在唯一性

本节介绍随机微分方程的基本概念和解的基本结论. 设 $f: J \times \mathbf{R}^d \to \mathbf{R}^d$ 与 $g: J \times \mathbf{R}^d \to \mathbf{R}^{d \times m}$ 是给定的 Borel 可测函数, $w = (w_1, w_2, \cdots, w_m)^{\mathrm{T}}$ 是给定的 m 维标准 Brownian 运动, 有如下随机微分方程:

$$\mathrm{d}x(t) = f(t, x(t))\mathrm{d}t + g(t, x(t))\mathrm{d}w(t), \quad t \in J. \tag{7.1}$$

根据对常微分方程的研究经验, 我们首先会问, 随机微分方程 (7.1) 是否存在解? 如果存在, 是否唯一? 如何求解? 解是否具有稳定性? 以下我们来给出答案.

7.1.1　解的存在唯一性

相比于常微分方程 (ODE), 随机微分方程的解要来得相对复杂一点, 首先给出 SDE 解的定义.

定义 7.1　若 $\mathbf{R}^d$- 值随机过程 $x(t)$ $(t \in J)$ 满足以下条件.

(1) $x(t)$ 是连续适应过程;

(2) $f(t, x(t)) \in \mathcal{L}^1(J, \mathbf{R}^d)$, $g(t, x(t)) \in \mathcal{L}^2(J, \mathbf{R}^{d \times m})$;

(3) $x(t)$ 满足如下随机积分方程:

$$x(t) = x_0 + \int_{t_0}^t f(s, x(s))\mathrm{d}s + \int_{t_0}^t g(s, x(s))\mathrm{d}w(s), \quad t \in J, \tag{7.2}$$

则称 $x(t)$ 为方程 (7.1) 具有初值 x_0 的解. 若 $x(t)$ 和方程 (7.1) 的任意其他具有初值 x_0 的解 $\bar{x}(t)$ 无差别, 则称 $x(t)$ 是方程 (7.1) 具有初值 x_0 的唯一解.

有了随机微分方程解的正式定义, 就可以给出如下关于随机微分方程解的存在唯一性定理, 它所需的条件与常微分方程解的存在唯一性定理条件是十分相似的.

定理 7.1　设函数 $f(t, x)$ 和 $g(t, x)$ 在 $J \times \mathbf{R}^d$ 上满足以下条件:

(1) **一致 Lipschitz 条件**　存在正常数 $\bar{K}$, 使得

$$|f(t, x) - f(t, y)|^2 \vee |g(t, x) - g(t, y)|^2 \leqslant \bar{K}|x - y|^2; \tag{7.3}$$

(2) **线性增长条件**　存在正常数 K, 使得

$$|f(t,x)|^2 \vee |g(t,x)|^2 \le K(1+|x|^2),\qquad(7.4)$$

则对任给 $x_0 \in \mathcal{L}_{\mathcal{F}_0}^2(\Omega,\mathbf{R}^d)$, 方程 (7.1) 存在唯一解 $x(t)$, 且 $x(t) \in \mathcal{M}^2(J,\mathbf{R}^d)$.

　　如同在常微分方程理论中一样, 存在定理的证明既可基于迭代法, 也可用某个不动点①定理, 二者各有优点. 这里我们使用较简洁的不动点论证.

　　证明　证明依据以下几个步骤进行.

　　(i) 构成空间. 在 $\mathcal{M}^2(J,\mathbf{R}^d)$ 中定义范数

$$\|x\| = \sup_{t\in J} \mathrm{e}^{-\alpha t}\left[E\int_{t_0}^t |x(s)|^2\,\mathrm{d}s\right]^{1/2},\qquad(7.5)$$

其中 α 是一个适当大的正常数. 验证 (7.5) 定义的范数是平凡的. 设范数 $\|x\|_2$ 依范数 $\|x\|_p = \left[E\int_{t_0}^t |x(t)|^p\,\mathrm{d}t\right]^{1/p}$, 则易看出

$$\mathrm{e}^{-\alpha T}\|x\|_2 \le \|x\| \le \|x\|_2.$$

这表明范数 $\|\cdot\|$ 与 $\|\cdot\|_2$ 等价, 因而 $\mathcal{M}^2(J,\mathbf{R}^d)$ 依范数 (7.5) 为 Banach 空间②.

　　(ii) 定义映射 $F: \mathcal{M}^2(J,\mathbf{R}^d) \to \mathcal{M}^2(J,\mathbf{R}^d)$. 任给 $x \in \mathcal{M}^2(J,\mathbf{R}^d)$, 由条件 (7.4), 有 $f(t,x(t)) \in \mathcal{M}^2(J,\mathbf{R}^d)$, $g(t,x(t)) \in \mathcal{M}^2(J,\mathbf{R}^d)$, 因此可定义

$$\hat{x}(t) = x_0 + \int_{t_0}^t f(s,x(s))\,\mathrm{d}s + \int_{t_0}^t d(s,x(s))\,\mathrm{d}w(s),\quad t\in J.$$

$\hat{x}(t)$ 是连续的适应过程. 用 Hölder 不等式、条件 (7.4) 及 Brownian 运动的性质得

$$E\left|\int_{t_0}^t f(s,x(s))\,\mathrm{d}s\right|^2 \le (t-t_0)\int_{t_0}^t E|f(s,x(s))|^2\,\mathrm{d}s$$
$$\le K(T-t_0)\int_{t_0}^T (1+E|x(s)|^2)\,\mathrm{d}s,$$

$$E\left|\int_{t_0}^t g(s,x(s))\,\mathrm{d}w(s)\right|^2 = \int_{t_0}^t E|g(s,x(s))|^2\,\mathrm{d}s$$
$$\le K\int_{t_0}^T (1+E|x(s)|^2).$$

综上知 $E|\hat{x}(t)|^2$ 对 $t\in J$ 有界, 因此 $\hat{x}(t) \in \mathcal{M}^2(J,\mathbf{R}^d)$. 定义 $Fx = \hat{x}$, 则 F 是一个从 $\mathcal{M}^2(J,\mathbf{R}^d)$ 到自身的映射.

---

① 假设 X 是拓扑空间, $f{:}X{\to}X$ 是一个连续映射, 且存在 $x\in X$, 使得 $f(x)=x$, 就称 x 是不动点.

② Banach 空间是一个完备赋范向量空间. 更精确地说, 该空间是一个具有范数并对此范数完备的向量空间.

(iii) 证 F 为压缩映射. 取定 $x, y \in \mathcal{M}^2(J, \mathbf{R}^d)$, 令 $z = x - y$, $v = \hat{x} - \hat{y}$. 则有

$$E|v(t)|^2 = E\left|\int_{t_0}^t [f(s, x(s)) - f(s, y(s))] \mathrm{d}s + \int_{t_0}^t [g(s, x(s)) - g(s, y(s))] \mathrm{d}w(s)\right|^2$$

$$\leqslant 2E\left|\int_{t_0}^t [f(s, x(s)) - f(s, y(s))] \mathrm{d}s\right|^2 + 2E\left|\int_{t_0}^t [g(s, x(s)) - g(s, y(s))] \mathrm{d}w(s)\right|^2$$

$$\leqslant 2(T - t_0)\int_{t_0}^t E|f(s, x(s)) - f(s, y(s))|^2 \mathrm{d}s + 2\int_{t_0}^t E|g(s, x(s)) - g(s, y(s))|^2 \mathrm{d}s$$

$$\leqslant M\int_{t_0}^t E|z(s)|^2 \mathrm{d}s \leqslant M\|z\|^2 \mathrm{e}^{2\alpha t},$$

这里应用了不等式 $|a + b|^2 \leqslant 2(|a|^2 + |b|^2)$、Hölder 不等式、Itô 积分的性质 (2), 并且 $M = 2\bar{K}(T - t_0 + 1)$.

$$\|v\|^2 = \sup_{t \in J} \mathrm{e}^{-2\alpha t}\int_{t_0}^t E|v(s)|^2 \mathrm{d}s \leqslant M\|z\|^2 \sup_{t \in J}\int_{t_0}^t \mathrm{e}^{-2\alpha(s-t)} \mathrm{d}s \leqslant r\|z\|^2.$$

这里应用了 (7.5) 式, 其中 $r = M[1 - \mathrm{e}^{-2\alpha(T-t_0)}]/2\alpha$. 故得 $\|Fx - Fy\| \leqslant \sqrt{r}\|x - y\|$. 因已设 α 充分大, 故不妨设 $r < 1$, 这就证明了 F 是压缩映射. 由压缩映射原理, F 有唯一的不动点 x. 由 Fx 的定义可以直接看出 x 满足方程 (7.2), 因而 x 是方程 (7.1) 的解.

(iv) 证唯一性. 首先应注意, F 有唯一不动点并不能自动推出方程 (7.1) 解的唯一性. 问题在于尚未排除 (7.1) 在 $\mathcal{M}^2(J, \mathbf{R}^d)$ 之外可能有解. 现在设 $x(t)$ 是方程 (7.1) 的具有初值 x_0 的解 (不假定它是 F 的不动点), 证 $x(t) \in \mathcal{M}^2(J, \mathbf{R}^d)$. 为此只要证明不等式

$$E|x(t)|^2 \leqslant (1 + 3E|x_0|^2)\mathrm{e}^{\beta(t-t_0)}, \quad \beta = 3K(T - t_0 + 1), \quad t \in J. \tag{7.6}$$

形式上, 似乎可用如下论证:

$$E|x(t)|^2 = E\left|x_0 + \int_{t_0}^t f(s, x(s)) \mathrm{d}s + \int_{t_0}^t g(s, x(s)) \mathrm{d}w(s)\right|^2$$

$$\leqslant 3E|x_0|^2 + 3E\left|\int_{t_0}^t f(s, x(s)) \mathrm{d}s\right|^2 + 3E\left|\int_{t_0}^t g(s, x(s)) \mathrm{d}w(s)\right|^2$$

$$\leqslant 3E|x_0|^2 + 3(T - t_0)\int_{t_0}^t E|f(s, x(s))|^2 \mathrm{d}s + 3\int_{t_0}^t E|g(s, x(s))|^2 \mathrm{d}s$$

$$\leqslant 3E|x_0|^2 + \beta\int_{t_0}^t [1 + E|x(s)|^2] \mathrm{d}s,$$

这里应用了方程 (7.2), 不等式 $|a + b + c|^2 \leqslant 3(|a|^2 + |b|^2 + |c|^2)$, Itô 积分的性质 (2), 以及条件 (7.4), 记

$$h(t) \triangleq 1 + E|x(t)|^2 \leqslant 1 + 3|x_0|^2 + \beta \int_{t_0}^{t} h(s) \, \mathrm{d}s,$$

然后利用 Gronwall 不等式(6.31)，即得不等式(7.6).

　　在这个过程中存在一个问题，在利用 Brownian 性质(2)时，必须要求满足 $g(t, x(t)) \in \mathcal{M}^2(J, \mathbf{R}^{d \times m})$，而在尚未证明 $x(t) \in \mathcal{M}^2(J, \mathbf{R}^{d \times m})$ 的情况下，这是无法确认的. 这时我们又要借用停时论证. 作停时

$$\tau_n = T \wedge \inf\{t \in J : |x(t)| \geqslant n\}.$$

这里的 "$\wedge$" 表示两者之间取最小. 对给定的 $\omega \in \Omega$，因连续函数 $x(t)$ 在 J 上有界，故当 n 充分大时就有 $|x(t)| < n \ (\forall t \in J)$，因而 $\tau_n = T$（注意 $\inf \varnothing = \infty$.）. 这表明 $\tau_n \to T$；$t \wedge \tau_n \to t(n \to \infty, \forall t \in J)$. 若以 $t \wedge \tau_n$ 取代 t，则方程(7.2)变为

$$x(t \wedge \tau_n) = x_0 + \int_{t_0}^{t \wedge \tau_n} f(s, x(s)) \mathrm{d}s + \int_{t_0}^{t \wedge \tau_n} g(s, x(s)) \mathrm{d}w(s),$$

因而前面估计 $E|x(t)|^2$ 时，所用的论证同样可用于 $t \wedge \tau_n$ 代替 t 的情况，而且因当 $s \in [0, t \wedge \tau_n]$ 时，$|x(s)| \leqslant n$，则应用 Brownian 性质(2)时已不成问题. 这就可证得

$$E|x(t \wedge \tau_n)|^2 \leqslant (1 + 3E|x_0|^2) \mathrm{e}^{\beta(t - t_0)}.$$

于是由法图(Fatou)定理（$X_n \geqslant 0 \Rightarrow E\left(\varliminf_n X_n\right) \leqslant \varliminf_n EX_n$）有

$$E|x(t)|^2 = E\left[\varliminf_n |x(t \wedge \tau_n)|^2\right] \leqslant \varliminf_n E|x(t \wedge \tau_n)|^2$$
$$\leqslant (1 + 3E|x_0|) \, \mathrm{e}^{\beta(t - t_0)}.$$

这就完成了定理的证明. 此定理非常重要，对证明过程应多加理解，也可与其他随机微分书上的证明对比学习.

　　定理 7.1 虽然得到了一个非常好的结果，但是可以看到，它的条件是非常强的，例如像 $f(x) = |x|^2$ 这样十分简单的函数都不能满足一致 Lipschitz 条件，而线性增长条件使得像 $f(x) = |x|^p \ (p > 1)$ 这样次数高于 1 的函数都排除在外，这些限制了该定理的实际使用，因此，我们可以适当放宽条件来满足实际需要. 以下给出了一个条件较弱的解的存在唯一性定理.

　　定理 7.2　设 I 是以 t_0 为左端点的一个有限或无限区间，函数 f 和 g 在 $I \times \mathbf{R}^d$ 上有定义且满足以下条件：

　　(1) **局部 Lipschitz 条件**　任给紧区间 $J \subset I$，$n \geqslant 1$，存在正常数 K_{Jn}，使得当 $t \in J$，$x, y \in \mathbf{R}^d$，$|x| \vee |y| \leqslant n$ 时，有

$$|f(t, x) - f(t, y)|^2 \vee |g(t, x) - g(t, y)|^2 \leqslant K_{Jn} |x - y|^2; \tag{7.7}$$

　　(2) **单调性条件**　任给紧区间 $J \subset I$，存在正常数 K_J，使得在 $J \times \mathbf{R}^d$ 成立

$$2x^{\mathrm{T}}f(t,x)+|g(t,x)|^2 \leqslant K_J(1+|x|^2), \tag{7.8}$$

则对任意初始条件 $x_0 \in \mathcal{L}^2_{\mathcal{F}_0}(\Omega,\mathbf{R}^d)$，方程 (7.1) 存在定义于 I 上具有初值 x_0 的唯一解 $x(t)$，且 $x(t) \in \mathcal{M}^2(I,\mathbf{R}^d)$.

若 f,g 满足线性增长条件 (7.4)，则易推出

$$2x^{\mathrm{T}}f(t,x)+|g(t,x)|^2 \leqslant (2\sqrt{K}+K)(1+|x|^2),$$

可见条件 (7.4) 蕴含了条件 (7.8). 对于一维方程

$$dx(t)=(x(t)-x^3(t))dt+x^2(t)dw(t)$$

而言，$f(x)=x-x^3$ 与 $g(x)=x^2$ 满足单调性条件：

$$2xf(x)+g^2(x)=2x^2-x^4 \leqslant 2(1+x^2),$$

但不满足线性增长条件. 可见，单调性条件是线性增长条件的一个真正放宽.

7.1.2　解的估计和性质

我们首先考虑在解的区间内，$x(t,x_0)$ 的增长受到什么限制. 因此，通常会对解 $x(t,x_0)$ 进行矩估计、轨道估计与渐近估计.

下面给出解的 p 阶矩估计.

定理 7.3　设 $p \geqslant 2$，且 $x_0 \in L^2(\Omega,\mathbf{R}^d)$，$J=[t_0,T]$.

(i) 若存在正常数 α，使得在 $J \times \mathbf{R}^d$ 上成立

$$x^{\mathrm{T}}f(t,x)+\frac{p-1}{2}|g(t,x)|^2 \leqslant \alpha(1+|x|)^2, \tag{7.9}$$

则对 $t \in J$ 有

$$E|x(t)|^p \leqslant 2^{\frac{p-2}{2}}(1+E|x_0|^p)\mathrm{e}^{p\alpha(t-t_0)}; \tag{7.10}$$

(ii) 若线性增长条件 (7.4) 满足，则估计式 (7.10) 成立，其中

$$\alpha=\sqrt{K}+\frac{p-1}{2}K. \tag{7.11}$$

推论 7.1　令 $0<p<2$，且 $x_0 \in L^2(\Omega,\mathbf{R}^d)$. 若存在正常数 α，使得在 $J \times \mathbf{R}^d$ 上成立

$$x^{\mathrm{T}}f(t,x)+\frac{1}{2}|g(t,x)|^2 \leqslant \alpha(1+|x|)^2, \tag{7.12}$$

则对 $t \in J$ 有 $p\alpha$，

$$E|x(t)|^p \leqslant (1+E|x_0|^2)^{\frac{p}{2}}\mathrm{e}^{p\alpha(t-t_0)}. \tag{7.13}$$

综上可知, 随机微分方程解的 p 阶矩满足 (7.13) 式. 这意味着 p 阶矩最多会与指数 $p\alpha$ 呈指数增长. 这也可以表示为

$$\limsup_{t\to\infty}\frac{1}{t}\log(E|x(t)|^p)\leqslant p\alpha. \tag{7.14}$$

(7.14) 式的左边称为 p 阶矩 Lyapunov 指数 (对于 $p>2$ 也是如此), 该式表明 p 阶矩 Lyapunov 指数不应大于 $p\alpha$. 在这里我们将建立 a.s. 解的渐近估计. 更确切地说, 我们将估计

$$\limsup_{t\to\infty}\frac{1}{t}\log|x(t)|,\ \text{a.s.}, \tag{7.15}$$

称之为轨道 (样本) Lyapunov 指数, 或简单 Lyapunov 指数.

定理 7.4　在单调条件 (7.12) 下, 方程 (7.1) 解的简单 Lyapunov 指数不会超过 α, 也就是

$$\limsup_{t\to\infty}\frac{1}{t}\log|x(t)|\leqslant\alpha,\ \text{a.s.}. \tag{7.16}$$

然而, 大多数随机微分方程, 特别是非线性随机微分方程, 并不存在解析解, 因此为了模拟给定方程的解的样本路径, 必须借助于数值逼近方法. 利用一阶近似得到最简单的方法. 这叫做 Euler 方法

$$X(t_k)=X(t_{k-1})+f(t_{k-1},X(t_{k-1}))\Delta t+g(t_{k-1},X(t_{k-1}))\Delta W(t_k).$$

Brownian 运动项可以近似为

$$\Delta W(t_k)=\varepsilon(t_k)\sqrt{\Delta t},$$

其中 $\varepsilon(\cdot)$ 是离散时间的高斯白噪声过程, 其均值为 0, 方差为 1.

7.2　随机线性方程

到目前为止, 我们还没有求出一个随机微分方程的解析解. 我们知道, 在常微分方程中, 能求出显式解的机会也不多, 那么对于更为复杂的随机微分方程, 求出解析解的难度也可想而知. 但是, 至少可以尝试着去求出线性随机微分方程的解.

7.2.1　一般情形

我们将随机微分方程分为两类, 线性随机微分方程和非线性随机微分方程. 此外, 我们区分了标量线性和向量值线性随机微分方程. 我们以简单的情形开始, 首先考虑标量线性随机微分方程. 一个随机微分方程

$$\mathrm{d}X(t) = f(t, X(t))\mathrm{d}t + g(t, X(t))\mathrm{d}W(t), \tag{7.17}$$

一维随机过程 $X(t)$ 称为线性（标量）随机微分方程，当且仅当函数 $f(t, X(t))$ 和 $g(t, X(t))$ 是 $X(t) \in \mathbf{R}$ 的仿射函数[①]，因此

$$f(t, X(t)) = A(t)X(t) + a(t),$$

$$g(t, X(t)) = [B_1(t)X(t) + b_1(t), \cdots, B_m(t)X(t) + b_m(t)],$$

其中 $A(t), a(t) \in \mathbf{R}$，$W(t) \in \mathbf{R}^m$ 是一个 m 维 Brownian 运动，且 $B_i(t), b_i(t) \in \mathbf{R}$，$i = 1, \cdots, m$. 因此，$f(t, X(t)) \in \mathbf{R}$ 和 $g(t, X(t)) \in \mathbf{R}^{1 \times m}$. 容易验证，在以上假设下，方程 (7.17) 满足解的存在唯一性定理（定理 7.1），于是方程 (7.17) 存在唯一解 $x(t, x_0)$，且 $x(t) \in \mathcal{M}^2(J, \mathbf{R}^d)$.

为求 SDE (7.17) 的解，我们先回顾线性常微分方程的解. 线性常微分方程的一般形式为

$$\mathrm{d}X(t) = [A(t)X(t) + a(t)]\mathrm{d}t, \tag{7.18}$$

对此方程可写出一个齐次线性方程

$$\mathrm{d}X(t) = A(t)X(t)\mathrm{d}t, \tag{7.19}$$

与一个齐次矩阵方程

$$\mathrm{d}\varPhi(t) = A(t)\varPhi(t)\mathrm{d}t, \quad \varPhi(t_0) = I. \tag{7.20}$$

方程 (7.19) 有唯一的解 $\varPhi(t)$，它的诸列构成方程 (7.18) 的一个基本解组，因而称 $\varPhi(t)$ 为方程 (7.18) 的基本矩阵. 利用 $\varPhi(t)$ 可将常微分方程的解写成

$$x(t) = \varPhi(t)\left[x_0 + \int_0^t \varPhi^{-1}(s)a(s)\mathrm{d}s\right]. \tag{7.21}$$

现在用类似的方法，写出 (7.17) 的齐次线性随机微分方程

$$\mathrm{d}X(t) = \left[A(t)\mathrm{d}t + \sum_{i=1}^m B_i(t)\mathrm{d}W_i(t)\right]X(t) \tag{7.22}$$

与矩阵方程

$$\mathrm{d}\varPhi(t) = \left[A(t)\mathrm{d}t + \sum_{i=1}^m B_i(t)\mathrm{d}W_i(t)\right]\varPhi(t), \quad \varPhi(t_0) = I. \tag{7.23}$$

(7.23) 有唯一解 $\varPhi(t)$. $\varPhi(t)$ 为 (7.22) 的基本矩阵，可得到它的解为

$$\varPhi(t) = \exp\left(\int_0^t \left[A(s) - \sum_{i=1}^m \frac{B_i^2(s)}{2}\right]\mathrm{d}s + \sum_{i=1}^m \int_0^t B_i(s)\,\mathrm{d}W_i(s)\right), \tag{7.24}$$

---

① 从 $\mathbf{R}^n$ 到 $\mathbf{R}^m$ 的映射 $x \mapsto Ax + b$，称为仿射变换或仿射映射，其中 A 是一个 $m \times n$ 矩阵，b 是一个 m 维向量. 当 $m = 1$ 时，称上述仿射变换为仿射函数.

接着可得到方程(7.17)的解如下

$$X(t) = \Phi(t)\left(x_0 + \int_0^t \Phi^{-1}(s)\left[a(s) - \sum_{i=1}^m B_i(s)b_i(s) \right] ds \right.$$

$$\left. + \sum_{i=1}^m \int_0^t \Phi^{-1}(s)b_i(s) \, dW_i(s) \right). \tag{7.25}$$

可以看出线性随机微分方程的解(7.25)与线性常微分方程的解(7.21)是相似的.

例 7.1　我们假设 $W(t) \in \mathbf{R}$，$a(t) = 0$，$b(t) = 0$，$A(t) = A$，$B(t) = B$，那么可以计算随机微分方程 SDE 的解

$$dX(t) = AX(t)dt + BX(t)dW(t), \quad X(t) = x_0, \tag{7.26}$$

应用 (7.24) 和 (7.25)，解得

$$\Phi(t) = e^{\left(A - \frac{1}{2}B^2 \right)t + BW(t)},$$

$$X(t) = \Phi(t)x_0 = x_0 e^{\left(A - \frac{1}{2}B^2 \right)t + BW(t)}.$$

此外，方程(7.17)解的一阶矩和二阶矩是存在且有限的. 下面的过程表明，可以通过求解对应的线性常微分方程得到一阶矩和二阶矩. 求随机微分方程 SDE

$$dX(t) = (A(t)X(t) + a(t))dt + \sum_{i=1}^m (B_i(t)X(t) + b_i(t)) \, dW_i(t)$$

的期望 $m(t) = E[X(t)]$ 和二阶矩 $P(t) = E[X^2(t)]$，可通过解下列常微分方程来计算:

$$\dot{m}(t) = A(t)m(t) + a(t), \quad m(0) = x_0, \tag{7.27}$$

$$\dot{P}(t) = \left(2A(t) + \sum_{i=1}^m B_i^2(t) \right)P(t) + 2m(t)\left(a(t) + \sum_{i=1}^m B_i(t)b_i(t) \right) + \sum_{i=1}^m b_i^2(t), \tag{7.28}$$

$$P(0) = x_0^2.$$

关于期望的常微分方程是通过在(7.25)的两边应用期望算子导出的，

$$E[dX(t)] = E\left[(A(t)X(t) + a(t))dt + \sum_{i=1}^m (B_i(t)X(t) + b_i(t)) \, dW_i(t) \right]$$

$$= (A(t)E[X(t)] + a(t))dt + \sum_{i=1}^m E[(B_i(t)X(t) + b_i(t))] \, E[dW_i(t)],$$

因为 $E[dX(t)] = dm(t)$，且 Brownian 运动的期望为 0，然后得到

$$dm(t) = (A(t)m(t) + a(t))dt. \tag{7.29}$$

为了计算二阶矩，我们需要推导出随机微分方程：$Y(t) = X^2(t)$，

$$dY(t) = \left[2X(t)(A(t)X(t) + a(t)) + \sum_{i=1}^{m} (B_i(t)X(t) + b_i(t))^2 \right] dt$$

$$+ 2X(t) \sum_{i=1}^{m} (B_i(t)X(t) + b_i(t)) dW_i(t)$$

$$= \left[2A(t)X^2(t) + 2X(t)a(t) + \sum_{i=1}^{m} (B_i^2(t)X^2(t) + 2B_i(t)b_i(t)X(t) \right.$$

$$\left. + b_i^2(t)) \right] dt + 2X(t) \sum_{i=1}^{m} (B_i(t)X(t) + b_i(t))) \, dW_i(t). \tag{7.30}$$

然后对上式求期望，应用 $P(t) = E[X^2(t)] = E[Y(t)]$ 和 $m(t) = E[X(t)]$，得到

$$E[dY(t)] = \left[2A(t)E[X^2(t)] + 2a(t)E[X(t)] + \sum_{i=1}^{m} (B_i^2(t)E[X^2(t)] \right.$$

$$\left. + 2B_i(t)b_i(t)E[X(t)] + b_i^2(t)) \right] dt$$

$$+ E\left[2X(t) \sum_{i=1}^{m} (B_i(t)X(t) + b_i(t) \, dW_i(t) \right],$$

$$dP(t) = \left[2A(t)P(t) + 2a(t)m(t) + \sum_{i=1}^{m} (B_i^2(t)P(t) + 2B_i(t)b_i(t)m(t) + b_i^2(t)) \right] dt.$$

当 $B_i(t) = 0$，$i = 1, \cdots, m$，我们可以直接计算分布. 标量线性随机微分方程，

$$dX(t) = (A(t)X(t) + a(t))dt + \sum_{i=1}^{m} b_i(t) \, dW_i(t),$$

在 $X(0) = x_0$ 下是正态分布 $P(X(t)|x_0) \sim \mathcal{N}(m(t), V(t))$，期望 $m(t)$ 和方差 $V(t)$ 的解是以下常微分方程：

$$\dot{m}(t) = A(t)m(t) + a(t), \quad m(0) = x_0,$$

$$\dot{V}(t) = 2A(t)V(t) + \sum_{i=1}^{m} b_i^2(t), \quad V(0) = 0.$$

对标量随机微分方程的扩展是使 $X(t) \in \mathbf{R}^n$ 为向量. 下面以类似于标量线性随机微分方程的方法展开. 一个随机向量微分方程

$$dX(t) = f(t, X(t))dt + g(t, X(t))dW(t),$$

初始条件 $X(0) = x_0 \in \mathbf{R}^n$，$n$ 维随机过程 $X(t)$ 称为线性随机微分方程，若函数

$f(t, X(t)) \in \mathbf{R}^n$ 和 $g(t, X(t)) \in \mathbf{R}^{n \times m}$ 是 $X(t)$ 的仿射函数, 因此

$$f(t, X(t)) = A(t)X(t) + a(t),$$

$$g(t, X(t)) = [B_1(t)X(t) + b_1(t), \cdots, B_m(t)X(t) + b_m(t)],$$

$A(t) \in \mathbf{R}^{n \times n}$, $a(t) \in \mathbf{R}^n$, $W(t) \in \mathbf{R}^m$ 是一个 m 维 Brownian 运动, 且 $B_i(t) \in \mathbf{R}^{n \times n}$, $b_i(t) \in \mathbf{R}^n$. 或者, 向量值线性随机微分方程可写为

$$dX(t) = (A(t)X(t) + a(t))dt + \sum_{i=1}^{m} (B_i(t)X(t) + b_i(t)) \, dW_i(t), \tag{7.31}$$

它的解是

$$X(t) = \Phi(t)\left(x_0 + \int_0^t \Phi^{-1}(s)\left[a(s) - \sum_{i=1}^{m} B_i(s)b_i(s)\right]ds\right.$$

$$\left. + \sum_{i=1}^{m} \int_0^t \Phi^{-1}(s)b_i(s) \, dW_i(s)\right), \tag{7.32}$$

其中 $\Phi(t) \in \mathbf{R}^{n \times n}$. 同样有类似于前文中一阶矩和二阶矩的结论, 不同之处在于将标量换成向量形式.

7.2.2 某些例子

在这一节中, 我们将研究由线性随机微分方程描述的几个重要的随机过程. 在这一部分中, 我们设 $W(t)$ 是一维 Brownian 运动.

例 7.2 (奥恩斯坦-乌伦贝尔 (Ornstein-Uhlenbeck) 过程) 首先讨论一个历史上最古老的随机微分方程的例子. 朗之万 (Langevin) 方程

$$\dot{x}(t) = -\alpha x(t) + \sigma \dot{W}(t), \quad t \geq 0 \tag{7.33}$$

没有其他力场的情况下, 流体的分子碰撞粒子无规则运动. 这里 $\alpha > 0$ 和 σ 是常数, $x(t)$ 是粒子的三个标量速度分量之一, $\dot{W}(t)$ 是一个标量白噪声. 对应的 Itô 方程

$$dx(t) = -\alpha x(t)dt + \sigma dW(t), \quad t \geq 0. \tag{7.34}$$

假设初值 $x(0) = x_0$, 那么它的解是

$$x(t) = e^{-\alpha t}x_0 + \sigma \int_0^t e^{-\alpha(t-s)}dW(s), \tag{7.35}$$

它的均值为

$$Ex(t) = e^{-\alpha t}Ex_0,$$

方差为

$$\mathrm{Var}(x(t)) = E\big|x(t) - Ex(t)\big|^2$$

$$= \mathrm{e}^{-2\alpha t}E\big|x_0 - Ex_0\big|^2 + \sigma^2 \mathrm{e}^{-2\alpha t}E\bigg|\int_0^t \mathrm{e}^{\alpha s}\mathrm{d}W(s)\bigg|^2$$

$$= \mathrm{e}^{-2\alpha t}\mathrm{Var}(x_0) + \sigma^2 \mathrm{e}^{-2\alpha t}E\int_0^t \mathrm{e}^{2\alpha s}\mathrm{d}s$$

$$= \mathrm{e}^{-2\alpha t}\mathrm{Var}(x_0) + \frac{\sigma^2}{2\alpha}(1 - \mathrm{e}^{-2\alpha t}).$$

注意对 $\forall x_0$, 都有

$$\lim_{t\to\infty}\mathrm{e}^{-\alpha t}x_0 = 0, \ \mathrm{a.s.},$$

且 $\sigma\int_0^t \mathrm{e}^{-\alpha(t-s)}\mathrm{d}W(s)$ 服从正态分布 $\mathcal{N}(0, \sigma^2(1-\mathrm{e}^{-2\alpha t})/2\alpha$. 因此对 $\forall x_0$, 当 $t\to\infty$ 时, 解 $x(t)$ 的分布接近于正态分布 $\mathcal{N}(0, \sigma^2/2\alpha)$. 如果初始 x_0 服从 $\mathcal{N}(0, \sigma^2/2\alpha)$ 分布, 且 $x(t)$ 也服从相同正态分布, 则解是一个平稳的高斯过程, 有时称为有色噪声.

例 7.3(均值回归 Ornstein-Uhlenbeck 过程) 如果我们将 Langevin 方程(7.34)进行均值回归, 我们得到如下方程:

$$\mathrm{d}x(t) = -\alpha(x(t) - \mu)\mathrm{d}t + \sigma\mathrm{d}W(t), \quad t \geqslant 0, \tag{7.36}$$

初始值为 $x(0) = x_0$, μ 为常数. 它的解叫做均值回归 Ornstein-Uhlenbeck 过程, 形式为

$$x(t) = \mathrm{e}^{-\alpha t}\bigg(x_0 + \alpha\mu\int_0^t \mathrm{e}^{\alpha s}\mathrm{d}s + \sigma\int_0^t \mathrm{e}^{\alpha s}\mathrm{d}W(s)\bigg)$$

$$= \mathrm{e}^{-\alpha t}x_0 + \mu(1 - \mathrm{e}^{-\alpha t}) + \sigma\int_0^t \mathrm{e}^{-\alpha(t-s)}\mathrm{d}W(s). \tag{7.37}$$

因此可以得到它的均值为

$$Ex(t) = \mathrm{e}^{-\alpha t}Ex_0 + \mu(1 - \mathrm{e}^{-\alpha t}) \to \mu, \quad t \to \infty,$$

方差为

$$\mathrm{Var}(x(t)) = \mathrm{e}^{-2\alpha t}\mathrm{Var}(x_0) + \frac{\sigma^2}{2\alpha}(1 - \mathrm{e}^{-2\alpha t}) \to \frac{\sigma^2}{2\alpha}, \quad t \to \infty.$$

可以看出, 对 $\forall x_0$, 当 $t\to\infty$ 时, 解 $x(t)$ 的分布接近于正态分布 $\mathcal{N}(\mu, \sigma^2/2\alpha)$. 如果 x_0 是正态分布或常数, 那么解 $x(t)$ 是一个高斯过程. 如果 x_0 服从 $\mathcal{N}(\mu, \sigma^2/2\alpha)$ 分布, 则对 $t \geqslant 0$, 解 $x(t)$ 也服从相同分布.

例 7.4(Brownian 桥) 令 a, b 是两个常数. 考虑一维线性方程

$$\mathrm{d}x(t) = \frac{b - x(t)}{1 - t}\mathrm{d}t + \mathrm{d}W(t), \quad t \in [0,1), \tag{7.38}$$

初始值为 $x(0) = a$. 对应的基本矩阵解为

$$\Phi(t) = \exp\left[-\int_0^t \frac{\mathrm{d}s}{1-s}\right] = \exp[\log(1-t)] = 1-t.$$

因此, 它的解为

$$x(t) = (1-t)\left(a + b\int_0^t \frac{\mathrm{d}s}{(1-s)^2} + \int_0^t \frac{\mathrm{d}W(s)}{1-s}\right)$$

$$= (1-t)a + bt + (1-t)\int_0^t \frac{\mathrm{d}W(s)}{1-s}. \tag{7.39}$$

这个解叫做从 a 到 b 的 Brownian 桥. 它是一个高斯过程, 具有均值

$$Ex(t) = (1-t)a + bt,$$

方差

$$\mathrm{Var}(x(t)) = t(1-t).$$

例 7.5 (几何 Brownian 运动) 几何 Brownian 运动是一维线性方程

$$\mathrm{d}x(t) = \alpha x(t)\mathrm{d}t + \sigma x(t)\mathrm{d}W(t), \quad t \geqslant 0 \tag{7.40}$$

的解, 其中 α, σ 是常数. 初始值为 $x(0) = x_0$, 方程的解是

$$x(t) = x_0 \exp\left[\left(\alpha - \frac{\sigma^2}{2}\right)t + \sigma\, W(t)\right]. \tag{7.41}$$

它的均值是 $Ex(t) = x_0 \mathrm{e}^{\alpha t}$, 方差为 $\mathrm{Var}(x(t)) = x_0^2 \mathrm{e}^{2\alpha t}(\mathrm{e}^{\sigma^2 t} - 1)$.

例 7.6 (由有色噪声驱动的方程) 通常用有色噪声代替白噪声来描述随机扰动. 例如, 考虑由有色噪声驱动的线性方程

$$\mathrm{d}x(t) = ax(t)\mathrm{d}t + by(t)\mathrm{d}t, \quad t \geqslant 0, \tag{7.42}$$

初始值为 $x(0) = x_0$, 其中 $y(t)$ 是有色噪声, 也就是方程

$$\mathrm{d}y(t) = -\alpha y(t)\mathrm{d}t + \sigma\mathrm{d}W(t), \quad t \geqslant 0, \tag{7.43}$$

初值 $y(0) = y_0 \sim \mathcal{N}(\mu, \sigma^2/2\alpha)$. 我们现在将方程 (7.42) 和 (7.43) 合并到二维线性随机微分方程中, 同时处理 $x(t)$ 和 $y(t)$, 有

$$\mathrm{d}\begin{pmatrix} x(t) \\ y(t) \end{pmatrix} = F\begin{pmatrix} x(t) \\ y(t) \end{pmatrix}\mathrm{d}t + \begin{pmatrix} 0 \\ \sigma \end{pmatrix}\mathrm{d}W(t), \tag{7.44}$$

其中

$$F = \begin{pmatrix} a & b \\ 0 & -\alpha \end{pmatrix}.$$

因此, 它的解就是

$$\begin{pmatrix} x(t) \\ y(t) \end{pmatrix} = \mathrm{e}^{Ft} \begin{pmatrix} x_0 \\ y_0 \end{pmatrix} + \int_0^t \mathrm{e}^{F(t-s)} \begin{pmatrix} 0 \\ \sigma \end{pmatrix} \mathrm{d}W(s). \tag{7.45}$$

7.3　随机微分方程解的稳定性

对于实际中为一个具体问题而建立的系统, 我们很难求出它的解析解, 因此我们转向研究其解的性质, 即稳定性. 1892 年, Lyapunov 引入了动力系统稳定性的概念. 概括地说, 稳定性是指系统的状态对初始状态或系统参数的微小变化不敏感的性质. 对于一个稳定的系统, 在某一特定时刻彼此"接近"的轨线在随后的所有时刻都应该保持彼此接近.

随机微分方程解的稳定性无疑是其所有性质中极其重要的一个. 稳定性理论希望解决这样一个问题: 一个微分方程的解 $x(t, x_0)$ 在 $t \to \infty$ 是具有什么样的极限状态, 以及其极限状态对初值 x_0 的依赖性. 在这一节中, 我们将简单介绍一些稳定性的概念, 并给出部分判定方法.

7.3.1　基本概念

考虑以下随机微分方程:

$$\mathrm{d}x(t) = f(t, x(t))\mathrm{d}t + g(t, x(t))\mathrm{d}W(t), \quad t \geqslant t_0, \tag{7.46}$$

其中 $f : \mathbf{R}_+ \times \mathbf{R}^d \to \mathbf{R}^d$ 与 $g : \mathbf{R}_+ \times \mathbf{R}^d \to \mathbf{R}^{d \times m}$ 是 Borel 可测函数, $W = (W_1, W_2, \cdots, W_m)^{\mathrm{T}}$ 是 m 维的 Brownian 运动. 一般地, 我们总假设 f 和 g 满足一定的条件使得方程 (7.46) 的解 $x(t, x_0)$ 存在且唯一, 且 $x(t) \in \mathcal{M}^2(\mathbf{R}_+, \mathbf{R}^d)$. 不失一般性, 我们假定初始时刻 $t_0 = 0$. 另外, 假设 $f(t, 0) = 0$, $g(t, 0) = 0$, $t \geqslant 0$, 因而 $x(t, 0) = 0$, 即方程 (7.46) 有零解或平凡解, 这意味着最初状态为零的系统将永远停留在该状态, 从而, 零点称为方程 (7.3) 的均衡解. 原则上, 我们当然可以考虑非零的均衡解, 但是, 通过简单的平移变换, 任何非零的均衡解都可以转换成零解 (这里与常微分方程理论中相似), 所以考虑零均衡解并不失一般性. 接下来, 所有的稳定性理论都考虑方程 (系统) 零解的稳定性.

除此之外, 我们需要一些标记. 用 $C^{1,2}(\mathbf{R}_+ \times S_h, \mathbf{R}_+), 0 < h \leqslant \infty$ 表示, 在 $\mathbf{R}_+ \times S_h$ 上的所有非负函数 $V(t, x(t))$ 族, 使得它们关于 t 连续可微, 关于 x 二次连续可微. 定义与方程 (7.46) 相关联的微分算子 L,

$$L = \frac{\partial}{\partial t} + \sum_{i=1}^d f_i(t, x(t)) \frac{\partial}{\partial x_i} + \frac{1}{2} \sum_{i,j=1}^d [g(t, x(t)) g^{\mathrm{T}}(t, x(t))]_{ij} \frac{\partial^2}{\partial x_i \partial x_j}.$$

如果 L 作用到 $V \in C^{1,2}(\mathbf{R}_+ \times S_h, \mathbf{R}_+)$ 上, 那么就有

$$LV(t,x(t)) = V_t(t,x(t)) + V_x(t,x(t))\, f(t,x(t)) + \frac{1}{2}\mathrm{tr}[g^{\mathrm{T}}(t,x(t))V_{xx}(t,x(t))g(t,x(t))].$$

通过 Itô 公式就可以得到

$$\mathrm{d}V(t,x(t)) = LV(t,x(t))\mathrm{d}t + V_x(t,x(t))g(t,x(t))\mathrm{d}W(t),$$

这解释了为什么微分算子 L 定义如上. 我们将看到, 为了得到随机稳定性的结论, 将常微分方程中的不等式 $\dot{V}(t,x(t)) \leqslant 0$ 替换为 $LV(t,x(t)) \leqslant 0$.

然后, 我们给出一系列稳定性的概念, 这些概念在某种意义上可以看作是常微分方程稳定性相应概念的推广. 对于稳定性的判定, 如同在常微分方程理论中一样, Lyapunov 方法对随机微分方程同样十分重要, 下面首先将常微分方程中的以下常用术语给出.

(1) 若 $\phi \in C(\mathbf{R}_+)$ 为增函数且满足 $0 = \phi(0) < \phi(t)(\forall t > 0)$, 则称 ϕ 为 K 型函数, 其全体记作 $\mathcal{K}$;

(2) 设 $V(t,x(t)) \in C(\mathbf{R}_+ \times \mathbf{R}^d)$, $V(t,0) = 0$, 若存在 $\phi \in \mathcal{K}$, 使得

$$V(t,x) \geqslant \phi(|x|), \quad (t,x) \in \mathbf{R}_+ \times \mathbf{R}^d,$$

则称 $V(t,x)$ 是正定的, $-V(t,x)$ 是负定的. 若将该不等式改为

$$0 \leqslant V(t,x) \leqslant \phi(|x|), \quad (t,x) \in \mathbf{R}_+ \times \mathbf{R}^d,$$

则称 $V(t,x)$ 有任意小上界(或有无限小上界);

(3) 若 $\lim_{|x|\to\infty}\inf_{t\geqslant 0} V(t,x) = \infty$ 成立, 则称 $V(t,x)$ 径向无界.

7.3.2　依概率稳定

在这一部分中, 我们将讨论依概率稳定. 让我们强调, 在本节中, 我们让初始值 x_0 是常数(在 $\mathbf{R}^d$ 中).

定义 7.2　(i) 方程(7.46)的平凡解是随机稳定的或依概率稳定的, 如果每一对 $\varepsilon \in (0,1)$ 且 $r > 0$, 存在 $\delta = \delta(\varepsilon, r, t_0) > 0$, 使得

$$P\{|x(t,t_0,x_0)| < r, \ \forall t \geqslant t_0\} \geqslant 1 - \varepsilon,$$

其中 $|x_0| < \delta$. 否则, 它是随机不稳定的.

(ii) 平凡解是随机渐近稳定的, 如果它是随机稳定的, 并且对于每一个 $\varepsilon \in (0,1)$, 存在 $\delta_0 = \delta_0(\varepsilon, t_0) > 0$, 使得

$$P\left\{\lim_{t\to\infty} x(t,t_0,x_0) = 0\right\} \geqslant 1 - \varepsilon,$$

其中 $|x_0| < \delta_0$.

(iii) 平凡解在大范围内是随机渐近稳定的, 如果它是随机稳定的, 并且对所有的 $x_0 \in \mathbf{R}^d$,

$$P\left\{\lim_{t\to\infty} x(t,t_0,x_0) = 0\right\} = 1.$$

接下来, 我们将扩展常微分方程的 Lyapunov 定理至随机微分方程上.

定理 7.5　如果存在一个正定函数 $V(t,x(t)) \in C^{1,2}([t_0,\infty) \times S_h, \mathbf{R}_+))$, 使得

$$LV(t,x(t)) \leq 0,$$

对所有 $(t,x(t)) \in [t_0,\infty) \times S_h$, 那么 (7.46) 的平凡解是随机稳定的.

定理 7.6　如果存在一个正定递减函数 $V(t,x(t)) \in C^{1,2}([t_0,\infty) \times S_h, \mathbf{R}_+)$, 使得 $LV(t,x(t))$ 是负定的, 那么 (7.46) 的平凡解是随机渐近稳定的.

定理 7.7　如果存在一个正定无限小径向无界函数 $V(t,x(t)) \in C^{1,2}([t_0,\infty)) \times \mathbf{R}^d$, $\mathbf{R}_+)$, 使得 $LV(t,x(t))$ 是负定的, 那么 (7.46) 的平凡解在大范围内是随机渐近稳定的.

以上三个定理可判断随机微分方程的平凡解是否是随机稳定的, 下面我们给出例子加以体会.

例 7.7　假设 f 和 g 是方程 (7.46) 中的系数, 且

$$f(t,x) = F(t)x + o(|x|), \quad g(t,x) = (G_1(t)x,\cdots,G_m(t)x) + o(|x|) \tag{7.47}$$

在 $x = 0$ 的邻域内关于 $t \geq t_0$ 一致有界, 其中 $F(t), G_i(t)$ 是有界 Borel-可测 $d \times d$- 矩阵-值函数. 假设存在对称正定矩阵 Q, 使得对称矩阵 $QF(t) + F^{\mathrm{T}}(t)Q + \sum_{i=1}^{m} G_i^{\mathrm{T}}(t)QG_i(t)$ 在 $t \geq t_0$ 上是一致负定的, 则

$$\lambda_{\max}\left(QF(t) + F^{\mathrm{T}}(t)Q + \sum_{i=1}^{m} G_i^{\mathrm{T}}(t)QG_i(t)\right) \leq -\lambda < 0, \tag{7.48}$$

对所有 $t \geq t_0$, $\lambda_{\max}(A)$ 是矩阵 A 的最大特征值. 现在, 定义随机 Lyapunov 函数 $V(t,x) = x^{\mathrm{T}}Qx$. 它具有明显的正定性和衰减性. 此外,

$$LV(t,x) = x^{\mathrm{T}}\left(QF(t) + F^{\mathrm{T}}(t)Q + \sum_{i=1}^{m} G_i^{\mathrm{T}}(t)QG_i(t)\right)x + o(|x|^2)$$

$$\leq -\lambda|x|^2 + o(|x|^2).$$

因此, $LV(t,x)$ 在 $x = 0$ 的一个足够小的邻域内是负定的. 由定理 7.7, 我们得出结论, 在 (7.47) 和 (7.48) 下, 方程 (7.46) 的平凡解是随机渐近稳定的.

7.3.3　几乎必然指数稳定

我们首先给出几乎必然指数稳定的定义.

定义 7.3　方程 (7.46) 的平凡解是几乎必然指数稳定的，如果

$$\limsup_{t \to \infty} \frac{1}{t} \log \left| x(t, t_0, x_0) \right| < 0, \quad \text{a.s.} \tag{7.49}$$

对 $\forall x_0 \in \mathbf{R}^d$.

如 7.1.2 节所定义，(7.49) 的左边称为解的样本 Lyapunov 指数. 因此我们看到，当且仅当样本 Lyapunov 指数为负时，平凡解是几乎必然指数稳定的.

定理 7.8　假设存在一个函数 $V \in C^{1,2}([t_0, \infty) \times \mathbf{R}^d, \mathbf{R}_+)$，且常数 $p > 0$，$c_1 > 0$，$c_2 \in R$，$c_3 \geq 0$，对 $\forall x \neq 0$ 且 $t \geq t_0$，有

(i) $c_1 |x|^p \leq V(t, x(t))$；

(ii) $LV(t, x(t)) \leq c_2 V(t, x(t))$；

(iii) $\left| V_x(t, x(t)) g(t, x(t)) \right|^2 \geq c_3 V^2(t, x(t))$，

那么

$$\limsup_{t \to \infty} \frac{1}{t} \log \left| x(t, t_0, x_0) \right| \leq -\frac{c_3 - 2c_2}{2p}, \quad \text{a.s.} \tag{7.50}$$

对 $\forall x_0 \in \mathbf{R}^d$. 特别地，如果 $c_3 > 2c_2$，方程 (7.46) 的平凡解是几乎必然指数稳定的. 当该定理中所有结论符号相反时，方程 (7.46) 的平凡解是几乎必然指数不稳定的.

例 7.8　考虑二维随机微分方程

$$dx(t) = f(x(t)) dt + G x(t) dW(t), \quad t \geq t_0, \tag{7.51}$$

初值 $x(t_0) = x_0 \in \mathbf{R}^2$，其中 $W(t)$ 是一维 Brownian 运动，

$$f(x) = \begin{pmatrix} x_2 \cos x_1 \\ 2x_1 \sin x_2 \end{pmatrix}, \quad G = \begin{pmatrix} 3 & -0.3 \\ -0.3 & 3 \end{pmatrix}.$$

令 $V(t, x) = |x|^2$. 容易证明

$$4.29 |x|^2 \leq LV(t, x) = 2x_1 x_2 \cos x_1 + 4x_1 x_2 \sin x_2 + |Gx|^2 \leq 13.89 |x|^2$$

且

$$29.16 |x|^2 \leq \left| V_x(t, x) Gx \right|^2 = \left| 2x^{\mathrm{T}} Gx \right|^2 \leq 43.56 |x|^4.$$

应用定理 7.8 得到方程 (7.51) 解的样本 Lyapunov 指数的下界和上界：

$$-8.745 \leq \liminf_{t \to \infty} \frac{1}{t} \log \left| x(t, t_0, x_0) \right| \leq \limsup_{t \to \infty} \frac{1}{t} \log \left| x(t, t_0, x_0) \right| \leq -0.345, \quad \text{a.s.,}$$

因此方程 (7.51) 的平凡解是几乎必然指数稳定的.

7.3.4　矩指数稳定

在该部分中，我们将讨论方程 (7.46) 的 p 阶矩指数稳定，我们将始终令 $p > 0$.

首先, 给出 p 阶矩指数稳定的定义.

定义 7.4　方程(7.46)的平凡解是 p 阶矩指数稳定的, 如果存在一对正常数 λ 和 C 使得

$$E\big|x(t,t_0,x_0)\big|^p \leqslant C\big|x_0\big|^p \, \mathrm{e}^{-\lambda(t-t_0)}, \quad t \geqslant t_0, \tag{7.52}$$

对 $\forall x_0 \in \mathbf{R}^d$. 当 $p = 2$ 时, 常说该解为均方指数稳定的.

显然, p 阶矩指数稳定意味着解的 p 阶矩会以指数的速度趋于 0. 从(7.52)式可知

$$\limsup_{t\to\infty} \frac{1}{t}\log(E\big|x(t,t_0,x_0)\big|^p) < 0. \tag{7.53}$$

如 7.1.2 节所定义, (7.53)的左边称为解的 p 阶矩 Lyapunov 指数. 在这种情形下, p 阶矩 Lyapunov 指数为负.

一般来说, p 阶矩指数稳定和几乎必然指数稳定并不相互包含, 需要附加条件才能从对方推出另一个. 下面的定理给出了 p 阶矩指数稳定隐含几乎必然指数稳定的条件.

定理 7.9　假设存在一个正常数 K 使得

$$x^{\mathrm{T}} f(t,x(t)) \vee g(t,x(t)) \leqslant K\big|x\big|^2, \quad \forall(t,x(t)) \in [t_0,\infty)\times \mathbf{R}^d.$$

方程(7.46)的平凡解是 p 阶矩指数稳定的就意味着是几乎必然指数稳定的.

定理 7.10　假设存在一个函数 $V(t,x(t)) \in C^{1,2}([t_0,\infty)\times \mathbf{R}^d, \mathbf{R}_+)$, 正常数 c_1, c_2, c_3, 使得

$$c_1\big|x\big|^p \leqslant V(t,x(t)) \leqslant c_2\big|x\big|^p \quad \text{且} \quad LV(t,x(t)) \leqslant -c_3 V(t,x(t)),$$

对 $\forall(t,x(t)) \in [t_0,\infty)\times \mathbf{R}^d$. 那么

$$E\big|x(t,t_0,x_0)\big|^p \leqslant \frac{c_2}{c_1}\big|x_0\big|^p \, \mathrm{e}^{-c_3(t-t_0)}, \quad t \geqslant t_0,$$

对 $\forall x_0 \in \mathbf{R}^d$. 换言之, 方程(7.46)的平凡解是 p 阶矩指数稳定的, 且 p 阶矩 Lyapunov 指数不应大于 $-c_3$.

7.4　随机微分方程的应用

近年来, 一致性问题因其在生物学、物理、工程等领域的应用而越来越受到人们的关注. 多智能体系统的研究侧重于理解群集行为的一般机制和相互联系规则, 以及它们在各种工程问题中的潜在应用. 考虑一个包含 N 个多智能体 $\mathcal{V} = \{v_1, v_2,\cdots,v_N\}$ 的网络, 将每个智能体看作是一个网络的节点, 智能体之间的信息交互被描述为网络中的边. 这样一个多智能体网络可以看作是一个图 $\mathcal{G} = (\mathcal{V}, \mathcal{E}, A)$, 其中 $\mathcal{E} = \{(v_i, v_j) : v_i, v_j \in \mathcal{V}\}$ 是网络 $\mathcal{G}$ 中边的集合, $A = [a_{ij}] \in \mathbf{R}^{N\times N}$ 称为网络的邻接矩阵. 若

v_i 能接收到来自 v_j 的信息，则取 $a_{ij} > 0$，否则记 $a_{ij} = 0$．令 $D = \mathrm{diag}\left\{\sum_j a_{1j},\right.$

$\left.\sum_j a_{2j}, \cdots, \sum_j a_{Nj}\right\}$，则 $\mathcal{G}$ 的 Laplace 矩阵 $L = D - A$．一般地，将一个系统表示为一个微分方程，每个节点的动力学如下：

$$\dot{x}_i = \sum_{j=1}^{N} a_{ij}(x_j - x_i), \quad i = 1, 2, \cdots, N. \tag{7.54}$$

噪声，通常被认为是一种模糊或降低信号清晰度的随机和持续干扰，在自然界和人造系统中无处不在．在现实中，多智能体的运动不可避免地受到环境噪声和干扰的影响．因此，很自然地去考虑，在噪声环境下，多智能体网络能否实现一致性．在噪声环境中，两个多智能体之间的通信会受到干扰，导致智能体无法感知到另一个智能体精确的状态信息，因此我们假设 a_{ij} 被干扰成 $a_{ij} + \sigma_{ij}\dot{w}$，其中当 $a_{ij} > 0$ 时，$\sigma_{ij} > 0$，否则 $\sigma_{ij} = 0$．w 是标准的 Brownian 运动，$\dot{w}$ 是标准的白噪声．从而，系统 (7.5) 就变成了

$$\dot{x}_i = \sum_{j=1}^{N} a_{ij}(x_j - x_i) + \sum_{j=1}^{N} \sigma_{ij}(x_j - x_i)\dot{w}, \quad i = 1, 2, \cdots, N. \tag{7.55}$$

记 $A_\sigma = [\sigma_{ij}] \in \mathbf{R}^{N \times N}$，$D_\sigma = \mathrm{diag}\left\{\sum_j \sigma_{1j}, \sum_j \sigma_{2j}, \cdots, \sum_j \sigma_{Nj}\right\}$ 和 $G = D_\sigma - A_\sigma$．

7.4.1　一致性分析

为了给出主要结果，下面这个引理是必需的．

引理 7.1　设 A 是 n 维实对称方阵，其所有特征值定义为

$$\lambda_1 \leqslant \lambda_2 \leqslant \cdots \leqslant \lambda_n,$$

则对任意的 $x \in \mathbf{R}^n$，有 $\lambda_1 x^\mathrm{T} x \leqslant x^\mathrm{T} A x \leqslant \lambda_n x^\mathrm{T} x$．另外，若 μ_1 是 A 关于特征值 λ_1 的右特征向量，有

$$\min_{x \neq 0, x \perp \mu_1} \frac{x^\mathrm{T} A x}{x^\mathrm{T} x} = \lambda_2.$$

下面这个定理给出多智能体网络实现一致性的充分条件．

定理 7.11　考虑一个平衡且强连通的网络 $\mathcal{G}$，若系统满足：

(1) $\mathbf{1}^\mathrm{T} G = 0$；

(2) $\lambda_{\max}(G^\mathrm{T} G) < \lambda_2(L^\mathrm{T} + L)$，

其中 $\mathbf{1} = (1, 1, \cdots, 1)^\mathrm{T} \in \mathbf{R}^N$，$\lambda_{\max}(G^\mathrm{T} G)$ 表示 $G^\mathrm{T} G$ 的最大特征值，$\lambda_2(L^\mathrm{T} + L)$ 表示 $L^\mathrm{T} + L$

的第二小特征值.

证明　系统 (7.55) 可以被重写成下列向量形式:

$$\mathrm{d}x = -Lx\mathrm{d}t - Gx\mathrm{d}w,\tag{7.56}$$

其中 $\boldsymbol{x} = (x_1, x_2, \cdots, x_N)^{\mathrm{T}}$. 取 $\alpha = \mathrm{Ave}(x) = \dfrac{1}{n}\sum_{i=1}^{n}x_i$, 由 $\mathbf{1}^{\mathrm{T}}L = \mathbf{1}^{\mathrm{T}}G = 0$ 可得

$$\dot{\alpha} = \frac{1}{n}\sum_{i=1}^{n}\dot{x}_i = -\frac{1}{n}(\mathbf{1}^{\mathrm{T}}Lx + \mathbf{1}^{\mathrm{T}}Gx\dot{w}) = 0,$$

因此 α 是一个微分不变量, 即 $\alpha = \mathrm{Ave}(x(0)) = \dfrac{1}{N}\sum_{i=1}^{N}x_i(0)$ 是一个常数, 从而, 我们做一个分解: $x = e + \alpha\mathbf{1}$, 其中 e 是误差向量. 另外, 由 $L\mathbf{1} = G\mathbf{1} = 0$, 因此系统 (7.56) 可以被重写为下列误差系统:

$$\mathrm{d}e = -Le\mathrm{d}t - Ge\mathrm{d}w.\tag{7.57}$$

显然, $e(t,0) = 0$ 是误差系统 (7.8) 的一个平凡解. 若 (7.8) 的平凡解是全局渐近稳定的, 即对任意的 $e_0 \in \mathbf{R}^n$, $\|e(t, t_0, e_0)\| \to 0, t \to 0, \mathrm{a.s.}$, 我们称系统 (7.7) 以概率 1 实现渐近平均一致性. 其中, $\|\cdot\|$ 表示 Euclid 范数. 由 e 的定义可知, $\mathbf{1}^{\mathrm{T}}e = \sum_{i=1}^{n}x_i - n\alpha = 0$, 即 $e \perp \mathbf{1}$.

取 Lyapunov 函数 $V(e) = e^{\mathrm{T}}e$, 我们有

$$\begin{aligned}\mathcal{L}V &= -e^{\mathrm{T}}(L^{\mathrm{T}} + L)e + \mathrm{trace}(e^{\mathrm{T}}G^{\mathrm{T}}Ge)\\&= -e^{\mathrm{T}}(L^{\mathrm{T}} + L)e + e^{\mathrm{T}}G^{\mathrm{T}}Ge.\end{aligned}$$

由 L 定义可知, $L^{\mathrm{T}} + L$ 是半正定矩阵, 且其最小特征值 $\lambda_1 = 0$, 对应特征向量为 $\mathbf{1}$. 因此, 由引理 7.1 可知

$$e^{\mathrm{T}}(L^{\mathrm{T}} + L)e \geqslant \lambda_2 e^{\mathrm{T}}e.$$

又由引理 7.1,

$$e^{\mathrm{T}}G^{\mathrm{T}}Ge \leqslant \lambda_{\max}(G^{\mathrm{T}}G).$$

因此, 对 $\mathcal{L}V$ 的进一步估计如下:

$$\begin{aligned}\mathcal{L}V &\leqslant -\lambda_2(L^{\mathrm{T}} + L)e^{\mathrm{T}}e + \lambda_{\max}(G^{\mathrm{T}}G)e^{\mathrm{T}}e\\&= -(\lambda_2(L^{\mathrm{T}} + L) - \lambda_{\max}(G^{\mathrm{T}}G))V.\end{aligned}$$

若 $\lambda_{\max}(G^{\mathrm{T}}G) < \lambda_2(L^{\mathrm{T}} + L)$ 成立, 则由定理 7.6 可知, 系统 (7.57) 随机渐近稳定.

7.4.2　数值模拟

接下来我们给出一些数值模拟来证明我们的理论结果. 图 7.1 给出了一个包含 8 个节点的图, 图中每一条边的权重取为 1, 显然, 这个图是强连通且平衡的. 为了简

单起见，我们取噪声矩阵 $G = \sigma_0 L$，此时，智能体之间所有的信息传输过程都受到噪声影响，噪声强度相同，为 σ_0. 同时，取网络的初始状态 $x_0 = (1, -1, 2, -2, 3, -3, 8, 0)^{\mathrm{T}}$.
容易得到

$$Ave(x(0)) = 1,$$
$$\lambda_2(L^{\mathrm{T}} + L) = 0.6971,$$
$$\lambda_{\max}(L^{\mathrm{T}} L) = 12.0924,$$
$$\lambda_{\max}(G^{\mathrm{T}} G) = 12.0924\sigma_0^2.$$

从而，可以得到，当 $\sigma_0 < 0.24$ 时，条件 $\lambda_{\max}(G^{\mathrm{T}} G) < \lambda_2(L^{\mathrm{T}} + L)$ 满足. 取 $\sigma_0 = 0.2$，定理7.11 中的条件满足.

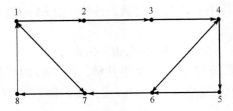

图 7.1　包含 8 个节点的规则网络

图 7.2 中显示了确定性系统 (7.54) 和随机系统 (7.55) 中每个节点的状态演化曲线. 取群体误差 $\delta = \|e\|$，图 7.3 展示了确定性系统 (7.54) 和随机系统 (7.55) 的系统误差的演化曲线. 我们可以看到对于确定性系统 (7.54) 和随机系统 (7.55) 都能渐近地实现平均一致性，但是我们可以看到，随机系统 (7.55) 实现平均一致性更慢，说明尽管在噪声环境中，系统能够实现一致性，但是可能需要更多的时间.

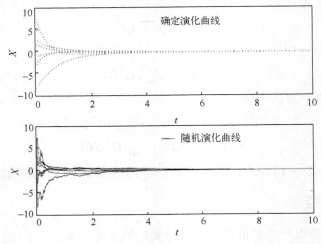

图 7.2　确定性系统 (7.54) 和随机系统 (7.55) 中每个节点的状态演化曲线

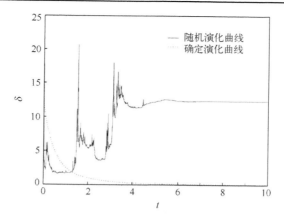

图 7.3　当噪声强度 $\sigma_0 = 0.2$ 时，确定性系统 (7.54) 和随机系统 (7.55) 的系统误差的演化曲线

　　取噪声强度 $\sigma_0 = 2$ 时，定理 7.11 的条件不能被满足 (尽管网络是平衡且强连通的，但是 $\lambda_{\max}((G^{\mathrm{T}}G) > \lambda_2(L^{\mathrm{T}} + L))$. 由图 7.4 可以看到，系统无法实现一致性，这是因为过大的噪声破坏了系统的一致性. 需要说明的是，定理 7.11 中的条件仅仅是一个充分条件，而非必要条件，因此，当这些条件不被满足时，系统仍然有可能实现一致性.

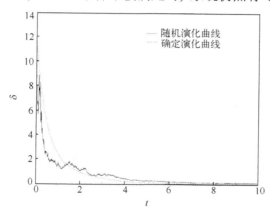

图 7.4　当噪声强度 $\sigma_0 = 2$ 时，确定性系统 (7.54) 和随机系统 (7.55) 的系统误差的演化曲线

》》 阅读材料

随机分析奠基人——伊藤清简介

　　伊藤清 (Kiyosi Itô)，1915 年 9 月 7 日出生于日本三重县. 1935 年到 1938 年在东京大学数学系学习，正是这一时期，他对概率论产生了浓厚的兴趣. 他解释道：

"从我还是学生的时候起，我就被统计规律存在于看似随机的现象中的事实所吸引. 虽然我知道概率论是描述这种现象的一种手段，但我对当代关于概率论的论文或著作并不满意，因为它们没有明确定义随机变量，即概率论的基本要素. 当时，很少有数学家将概率论视为一个真正的数学领域，就像他们看待微积分一样. 随着 19 世纪末实数的明确定义，微分和积分已经发展成为一个真正的数学系统. 当我还是学生的时候，概率研究人员很少；其中少数人是苏联的 A. N. Kolmogorov 和法国的 Paul Lévy."

1938 年，伊藤清毕业于东京大学，获理学士学位，1945 年获博士学位. 这一时期是现代概率论和随机过程理论的婴儿期，可以说它的开始可以追溯到 Wiener 在 1923 年发表的论文 "Differential Space". 法国的 Paul Lévy 已经开始研究样本路径，并于 1937 年出版了他的书，苏联的 A. N. Kolmogorov 已经开始将 Wiener 关于 Brownian 运动的研究扩展到 Markov 过程. W. Feller 从 1936 年开始的研究进一步放大了这一点. 最后，1937 年美国的 J. L. Doob 发表了他的基础论文 *Stochastic Processes Depending on A Continuous Parameter*. 这些都是伊藤清研究的基础，它们在方法上都有很大的不同：Kolmogorov 和 Feller 强调 Markov 过程的偏微分方程方面，而 Doob 的论文则大量使用测量理论来解释样本路径的直观概念. 同一时期，伊藤清在日本基本上是孤独的，但正是在此期间，他作出了最杰出的贡献：

"在这五年里，我有很多空闲时间，这要归功于当时的川岛主任对我的特别照顾……，因此，我能够通过阅读 Kolmogorov 的概率论基本概念和 Lévy 的独立随机变量和理论继续研究概率论. 当时，人们普遍认为阅读 Lévy 的作品非常困难，因为新数学领域的先驱 Lévy 根据他的直觉解释了概率论. 我试图用 Kolmogorov 可能使用的精确逻辑来描述 Lévy 的想法. 介绍了由美国的 Doob 提出的正则化概念，经过艰苦的努力，我终于设计了随机微分方程. 我的第一篇论文就这样写好了. 今天，数学家们通常用我的方法来描述 Lévy 的理论."

这一时期，伊藤清将 Lévy 的样本路径方法与 Doob 提出的严谨性结合起来，并将他从 Kolmogorov 和 Feller 的抛物线方法中获得的直觉与 Lévy 的样本路径技术结合起来. 这使他最终发展出了他现在著名的随机积分理论，现在被称为 "Itô 微积分". 这可能是他最基本的也是最著名贡献，有了 Itô 微积分，我们能够给连续强 Markov 过程的样本路径的演变提供一个直观的概率动态. 但这仅仅是个开始. 例如，当 Feller 给出一维扩散产生器的一般描述时，很明显 Itô 的随机微分方程理论不足以给出一个完整的描述，就在那时，Itô 看到了 Lévy 的局部时间对于 Brownian 运动的重要性，并且他能够优雅地扩展他的理论. 他还创造了连续时间 Markov 过程的漂移理论，这一理论激发了至今仍在继续的工作. Itô 研究了 S. Kakutani 关于遍历理论的内容和 Maruyama 关于高斯过程的工作，这启发他在 1951 年发展 Wiener 齐次混沌理论和多重 Wiener 积分. 这项工作导致了鞅表示理论(金融数学的基础)，与

Fock 空间(量子概率)的联系，以及 Malliavin 微积分和 Skorohod 积分之间的联系，其重要性是我们无法用语言描述的.

1952 年起伊藤清在京都大学任教授直到 1979 年退休. 其间他多次去国外访问: 普林斯顿大学(1954~1956); 斯坦福大学(1961~1964); 丹麦 Aarhus 大学(1966~1969); 美国 Cornell 大学(1969~1975)等. 1979 年到 1985 年到学习院大学工作, 其后在美国明尼苏达大学数学及其应用研究所工作一年. 在 20 世纪 50 年代后期伊藤清与 Feller 的学生 H. P. McKean Jr.合作, 并在他们的经典著作 *Diffusion Processes and Their Sample Paths*(Springer-Verlag, 1965)中发表了一维扩散过程的完整描述. 然后, 他对随机平行位移产生了兴趣, 并为后来由 Eells、Elworthy 和 Malliavin 例证的随机微分几何奠定了基础. 受到 Stroock 在球体上构造布朗运动的工作的启发, 伊藤清揭示了斯特拉托诺维奇(Stratonovich)积分的数学重要性, 然后利用 P. A. Meyer 的半鞅理论创造了扩大过滤的主题, 现在正在金融数学中的内幕交易模型中广泛应用.

伊藤清的工作已经广泛应用于物理学, 数学的其他分支, 如谐波分析、微分几何、偏微分方程和数值分析, 生物学, 电气工程, 甚至经济学. 由于概率论方面的奠基性工作, 伊藤清获 1987 年的沃尔夫奖. 伊藤清也曾获得京都奖、文化功劳者等奖项或荣誉称号. 在 1998 年, 国际数学联盟决定设立以德国数学王子高斯命名的"高斯奖". 首届"高斯奖"在 2006 年颁发给伊藤清. 他曾入选美国国家科学院院士、法国科学院院士和日本科学院院士. 他还于 1981 年、1987 年和 1992 年分别被巴黎第六大学、苏黎世联邦理工学院和华威大学授予荣誉博士学位.

习　题　7

1. 证明

$$\int_0^T f(t)\mathrm{d}W_t = f(T)W_T - \int_0^T f'(t)W_t\mathrm{d}t$$

对于任意连续可微函数 $f:[0,T] \to \mathbf{R}$ 成立. 请找出此公式有效的随机函数(如果有的话).

2. 利用伊藤公式证明

$$\mathrm{d}(X_t^{2n}) = n(2n-1)f_t^2 X_t^{2n-2}\mathrm{d}t + 2nf_t X_t^{2n-1}\mathrm{d}W_t$$

其中, $\mathrm{d}X_t = f_t\mathrm{d}W_t$, 对 $n \geq 1$ 成立. 从而确定 $n \geq 1$ 时的 $\mathrm{d}(W_t^{2n})$.

3. 证明 $\mathrm{d}(W_t^1 W_t^2) = W_t^2\mathrm{d}W_t^1 + W_t^1\mathrm{d}W_t^2$ 对独立 Wiener 过程 W_t^1 和 W_t^2 成立, 其中当 $W_t^1 = W_t^2 = W_t$ 时有 $\mathrm{d}((W_t)^2) = 1\mathrm{d}t + 2W_t\mathrm{d}W_t$.

4. 试推导出下述过程所满足的向量随机微分方程:

$$Y_t = (Y_t^1, Y_t^2) = (\exp(W_t), W_t\exp(W_t)).$$

5. 证明下述随机微分方程

$$dX_t = \frac{1}{2}g(X_t)g'(X_t)dt + g(X_t)dW_t$$

是可约的, 并且具有通解 $X_t = h^{-1}(W_t + h(X_0))$. 其中, g 是给定的可微函数, $y = h(x) = \int^x \frac{ds}{g(s)}$.

6. 将习题 5 中的随机微分方程写成 Stratonovich 随机微分方程, 并使用经典微积分的规则直接求解.

7. 直接证明当 Langevin 方程的初始值 X_0 是确定的时, 方程

$$dX_t = -X_t dt + dW_t$$

的解是一个扩散过程.

8. 利用合适的 Lyapunov 函数证明当 $a + \frac{1}{2}b^2 < 0$ 时, 伊藤随机微分方程 $dX_t = aX_t(1 + X_t^2)dt + bX_t dW_t$ 的稳定解 $X_t \equiv 0$ 是随机渐近稳定的.

9. 求解线性 Stratonovich 随机微分方程 $dX_t = aX_t dt + bX_t dW_t$ 零解的 Lyapunov 指数. 参数 a 和 b 取哪些值时, Lyapunov 指数为负?

第8章 积分变换

学习并不等于就是模仿某些东西, 而是掌握技巧和方法.

—— 高尔基

隧道勘探现场

隧道勘探经常会使用弹性波法. 在利用弹性波法进行数据采集过程中, 经常使用地震波传感器接收炸药爆炸产生的空气振动波. 在地震波信号记录中, 空气振动波总会与地震波信号相互重叠, 从而对处理结果的真实性产生影响. 试回答以下问题:

1. 如何利用积分变换去除空气振动波的干扰?
2. 如何利用积分变换将信号从时间维度变换到时间-频率维度?
3. 如何利用积分变换将时域波形转换为频率域?

积分变换无论在数学理论还是其应用中都是一种非常有用的工具. 最重要的积分变换有傅里叶 (Fourier) 变换、Laplace 变换. 由于不同应用的需要, 还有其他一些积分变换, 其中应用较为广泛的有梅林变换和汉克尔变换, 它们都可通过 Fourier 变换或 Laplace 变换转化而来. 本章主要介绍积分变换中最常用也最重要的两种: Fourier 变换、Laplace 变换.

8.1　Fourier 积分与变换

Fourier 变换在通信理论、自动控制、电子技术、射电天文、衍射物理等领域中有着广泛的应用. 例如在信号处理中, Fourier 变换可以将信号分解为频率谱, 显示与频率相对应的幅值大小. 在一定意义上可以说, Fourier 变换起着沟通不同学科领域的作用, Fourier 变换可以看作是近代科学技术的基本数学工具之一.

8.1.1　Fourier 积分

Fourier 变换的前言

法国数学家和物理学家 Fourier[①]于 1807 年在法国科学学会上发表了一篇论文, 他断言: 任何连续周期信号都可以由一组适当的正弦曲线组合而成. 但是拉格朗日 (Lagrange)[②]认为正弦曲线无法组合成一个带有棱角的信号. 其实 Lagrange 的观点只考虑了有限项组合时的情况, 高等数学中的 Fourier 级数展开定理说明了, 如果是无穷多项组合时 Fourier 的结论是正确的.

虽然分解信号的方法是无穷的, 但分解信号的目的是为了更加简单地处理原来的信号. 用正余弦来表示原信号会更加简单, 因为正余弦拥有原信号所不具有的性质: 正弦曲线保真度, 即一个正弦曲线信号输入后, 输出的仍是正弦曲线, 只有幅度和相位可能发生变化, 但是频率和波的形状仍是一样的, 且只有正弦曲线才拥有这样的性质. 正因如此我们才用正弦曲线来代替原来的曲线而不用方波或三角波来表示.

在高等数学中, 我们学习过如下形式的 Fourier 级数展开定理.

定理 8.1(Fourier 级数展开定理)　以 T 为周期的函数 $f(t)$ 在区间 $\left[-\dfrac{T}{2}, \dfrac{T}{2}\right]$ 上满足

Dirichlet 条件, 即在区间 $\left[-\dfrac{T}{2}, \dfrac{T}{2}\right]$ 上,

---

[①] 傅里叶 (Fourier, 1768~1830), 法国欧塞尔人, 著名数学家、物理学家。主要贡献是在研究《热的传播》和《热的解析理论》中, 创立了一套数学理论, 对19世纪的数学和物理学的发展都产生了深远影响。

[②] 拉格朗日 (Lagrange, 1736~1813), 法国著名数学家、物理学家。他在数学、力学和天文学三个学科中都有历史性的重大贡献。但他主要是数学家, 拿破仑曾称赞他是"一座高耸在数学界的金字塔". 他在把数学分析的基础脱离几何与力学方面起了决定性的作用。使数学的独立性更为清楚, 而不仅是其他学科的工具。同时在天文学力学化、力学分析化上也起了历史性作用, 促使力学和天文学(天体力学)更深入发展。

(1)连续或只有有限个第一类间断点;

(2)只有有限个极个值点,

那么在区间 $\left[-\dfrac{T}{2},\dfrac{T}{2}\right]$ 上, $f(t)$ 一定可以展成 Fourier 级数. 在 $f(t)$ 的连续点处, 级数的三角形式为

$$f(t)=\frac{a_0}{2}+\sum_{n=1}^{\infty}(a_n\cos n\omega t+b_n\sin n\omega t),$$

(8.1)

其中, $\omega=\dfrac{2\pi}{T}$, $a_0=\dfrac{2}{T}\displaystyle\int_{-\frac{T}{2}}^{\frac{T}{2}}f(t)\mathrm{d}t$,

$$a_n=\frac{2}{T}\int_{-\frac{T}{2}}^{\frac{T}{2}}f(t)\cos n\omega t\mathrm{d}t\quad(n=1,2,3,\cdots),$$

$$b_n=\frac{2}{T}\int_{-\frac{T}{2}}^{\frac{T}{2}}f(t)\sin n\omega t\mathrm{d}t\quad(n=1,2,3,\cdots).$$

利用 Euler 公式[①], 可以把上述 Fourier 级数从三角形式转换为复指数形式:

$$f(t)=\frac{a_0}{2}+\sum_{n=1}^{\infty}\left(a_n\frac{\mathrm{e}^{\mathrm{j}n\omega t}+\mathrm{e}^{-\mathrm{j}n\omega t}}{2}+b_n\frac{\mathrm{e}^{\mathrm{j}n\omega t}-\mathrm{e}^{-\mathrm{j}n\omega t}}{2\mathrm{j}}\right)$$

$$=\frac{a_0}{2}+\sum_{n=1}^{\infty}\left(\frac{a_n-\mathrm{j}b_n}{2}\mathrm{e}^{\mathrm{j}n\omega t}+\frac{a_n+\mathrm{j}b_n}{2}\mathrm{e}^{-\mathrm{j}n\omega t}\right),$$

若令 $\omega_n=n\omega\ (n=0,\pm1,\pm2,\cdots)$, 则(8.1)式可化为

$$f_T(t)=c_0+\sum_{n=1}^{\infty}(c_n\mathrm{e}^{\mathrm{j}\omega_n t}+c_{-n}\mathrm{e}^{-\mathrm{j}\omega_n t})=\sum_{n=-\infty}^{+\infty}c_n\mathrm{e}^{\mathrm{j}\omega_n t},$$

其中

$$c_n=\frac{1}{T}\int_{-\frac{T}{2}}^{\frac{T}{2}}f_T(t)\mathrm{e}^{-\mathrm{j}\omega_n t}\mathrm{d}t\quad(n=0,\pm1,\pm2,\cdots),$$

这就是 Fourier 级数的复指数形式, 或者写为

$$f(t)=\frac{1}{T}\sum_{n=-\infty}^{+\infty}\left[\int_{-\frac{T}{2}}^{\frac{T}{2}}f(\tau)\mathrm{e}^{-\mathrm{j}\omega_n\tau}\mathrm{d}\tau\right]\mathrm{e}^{\mathrm{j}\omega_n t}.$$

(8.2)

---

① **欧拉公式(Euler's formula)**是把复指数函数与三角函数联系起来的一个公式. 它将指数函数的定义域扩大到复数, 建立了三角函数和指数函数的联系, 它不仅出现在数学分析里, 而且在复变函数论里也占有非常重要的地位, 更被誉为 "数学中的天桥".

那么非周期函数如何进行展开呢？　其实任何一个非周期函数 $f(t)$ 都可以看成是由某个周期函数 $f_T(t)$ 当 $T \to +\infty$ 时转化而来的.

为了说明这一点, 作周期为 T 的函数 $f_T(t)$, 使其在 $\left[-\dfrac{T}{2}, \dfrac{T}{2}\right]$ 内等于 $f(t)$, 而在 $\left[-\dfrac{T}{2}, \dfrac{T}{2}\right]$ 之外按周期 T 的函数 $f_T(t)$ 延拓出去. 即

$$f_T(t) = \begin{cases} f(t), & t \in \left[-\dfrac{T}{2}, \dfrac{T}{2}\right], \\ f_T(t+T), & t \notin \left[-\dfrac{T}{2}, \dfrac{T}{2}\right], \end{cases}$$

T 越大, $f_T(t)$ 与 $f(t)$ 相等的范围也越大, 这表明当 $T \to +\infty$ 时, 周期函数 $f_T(t)$ 便可转化为 $f(t)$, 即有

$$\lim_{T \to +\infty} f_T(t) = f(t).$$

这样在 (8.2) 式中令 $T \to +\infty$ 时, 结果就可以看成是 $f(t)$ 的展开式, 即

$$f_T(t) = \lim_{T \to +\infty} \frac{1}{T} \sum_{n=-\infty}^{+\infty} \left[\int_{\frac{T}{2}}^{\frac{T}{2}} f_T(\tau) \mathrm{e}^{-\mathrm{j}\omega_n \tau} \mathrm{d}\tau \right] \mathrm{e}^{\mathrm{j}\omega_n t}.$$

若两个相邻点的距离以 $\Delta\omega$ 表示, 即 $\Delta\omega = \omega_n - \omega_{n-1} = \dfrac{2\pi}{T}$ 或 $T = \dfrac{2\pi}{\Delta\omega}$, 则当 $T \to +\infty$ 时, 有 $\Delta\omega \to 0$, 所以上式又可以写为

$$f_T(t) = \lim_{T \to +\infty} \frac{1}{2\pi} \sum_{n=-\infty}^{+\infty} \left[\int_{\frac{T}{2}}^{\frac{T}{2}} f_T(\tau) \mathrm{e}^{-\mathrm{j}\omega_n \tau} \mathrm{d}\tau \right] \mathrm{e}^{\mathrm{j}\omega_n t} \Delta\omega. \tag{8.3}$$

令

$$\phi_T(\omega) = \frac{1}{2\pi} \left[\int_{\frac{T}{2}}^{\frac{T}{2}} f_T(\tau) \mathrm{e}^{-\mathrm{j}\omega\tau} \mathrm{d}\tau \right] \mathrm{e}^{\mathrm{j}\omega t},$$

则有

$$f(t) = \lim_{\Delta\omega \to 0} \sum_{n=-\infty}^{+\infty} \phi_T(\omega_n) \Delta\omega,$$

很明显, 当 $\Delta\omega \to 0$ 时, 即 $T \to +\infty$ 时, $\phi_T(\omega) \to \phi(\omega)$. 这里

$$\phi(\omega) = \frac{1}{2\pi} \left[\int_{-\infty}^{+\infty} f(\tau) \mathrm{e}^{-\mathrm{j}\omega\tau} \mathrm{d}\tau \right] \mathrm{e}^{\mathrm{j}\omega t},$$

从而 $f(t)$ 可以看作是 $\phi(\omega)$ 在 $(-\infty, +\infty)$ 上的积分

$$f(t) = \frac{1}{2\pi} \int_{-\infty}^{+\infty} \phi(\omega)\mathrm{d}\omega,$$

即

$$f(t) = \frac{1}{2\pi} \int_{-\infty}^{+\infty} \left[\int_{-\infty}^{+\infty} f(\tau)\mathrm{e}^{-\mathrm{j}\omega\tau}\mathrm{d}\tau \right] \mathrm{e}^{\mathrm{j}\omega t}\mathrm{d}\omega.$$

上述公式的推导只是一个形式上的, 也是不严格的. 严格成立的定理形式如下:

定理 8.2 (Fourier 积分定理) 若 $f(t)$ 在 $(-\infty, +\infty)$ 上满足下列条件:

(1) $f(t)$ 在任一有限区间上满足 Dirichlet 条件;

(2) $f(t)$ 在无限区间 $(-\infty, +\infty)$ 上绝对可积($\int_{-\infty}^{+\infty} |f(t)|\mathrm{d}t$ 收敛), 则有

$$f(t) = \frac{1}{2\pi} \int_{-\infty}^{+\infty} \left[\int_{-\infty}^{+\infty} f(\tau)\mathrm{e}^{-\mathrm{j}\omega\tau}\mathrm{d}\tau \right] \mathrm{e}^{\mathrm{j}\omega t}\mathrm{d}\omega \tag{8.4}$$

成立, 而左端的 $f(t)$ 在其间断点处, 应以 $\dfrac{f(t+0) + f(t-0)}{2}$ 来代替.

例 8.1 求函数 $f(t) = \begin{cases} 1, & |t| \leq 1, \\ 0, & |t| < 1 \end{cases}$ 的 Fourier 积分表达式.

解 根据 Fourier 积分公式的复数形式 (8.4), 有

$$
\begin{aligned}
f(t) &= \frac{1}{2\pi} \int_{-\infty}^{+\infty} \left[\int_{-\infty}^{+\infty} f(\tau)\mathrm{e}^{-\mathrm{j}\omega\tau}\mathrm{d}\tau \right] \mathrm{e}^{\mathrm{j}\omega t}\mathrm{d}\omega \\
&= \frac{1}{2\pi} \int_{-\infty}^{+\infty} \left[\int_{-1}^{1} (\cos\omega\tau - \mathrm{j}\sin\omega\tau)\,\mathrm{d}\tau \right] \mathrm{e}^{\mathrm{j}\omega t}\mathrm{d}\omega \\
&= \frac{1}{\pi} \int_{-\infty}^{+\infty} \left[\int_{0}^{1} \cos\omega\tau\mathrm{d}\tau \right] \mathrm{e}^{\mathrm{j}\omega t}\mathrm{d}\omega \\
&= \frac{1}{\pi} \int_{-\infty}^{+\infty} \frac{\sin\omega}{\omega} (\cos\omega t + \mathrm{j}\sin\omega t)\mathrm{d}\omega \\
&= \frac{2}{\pi} \int_{0}^{+\infty} \frac{\sin\omega\cos\omega t}{\omega}\mathrm{d}\omega \quad (t \neq \pm 1).
\end{aligned}
$$

当 $t = \pm 1$ 时, $f(t)$ 应以 $\dfrac{f(\pm 1 + 0) + f(\pm 1 - 0)}{2} = \dfrac{1}{2}$ 代替.

根据上述分析, 我们可以得出

$$\frac{2}{\pi} \int_{0}^{+\infty} \frac{\sin\omega\cos\omega t}{\omega}\mathrm{d}\omega = \begin{cases} f(t), & t \neq \pm 1, \\ \dfrac{1}{2}, & t = \pm 1, \end{cases}$$

即

$$\int_0^{+\infty} \frac{\sin\omega\cos\omega t}{\omega}\mathrm{d}\omega = \begin{cases} \dfrac{\pi}{2}, & |t| < 1, \\[2mm] \dfrac{\pi}{4}, & |t| = 1, \\[2mm] 0, & |t| > 1. \end{cases}$$

由此可以看出, 利用 $f(t)$ 的 Fourier 积分表达式可以推证出一些广义积分的结果.这里, 当 $t = 0$ 时, 有

$$\int_0^{+\infty} \frac{\sin\omega}{\omega}\mathrm{d}\omega = \frac{\pi}{2},$$

Fourier 变换的定义

这就是著名的 Dirichlet 积分.

8.1.2 Fourier 变换

我们已经知道, 若函数 $f(t)$ 满足 Fourier 积分定理中的条件, 则在 $f(t)$ 的连续点处有

$$f(t) = \frac{1}{2\pi}\int_{-\infty}^{+\infty}\left[\int_{-\infty}^{+\infty} f(\tau)\mathrm{e}^{-\mathrm{j}\omega\tau}\mathrm{d}\tau\right]\mathrm{e}^{\mathrm{j}\omega t}\mathrm{d}\omega$$

成立. 此时令

$$F(\omega) = \int_{-\infty}^{+\infty} f(t)\mathrm{e}^{-\mathrm{j}\omega t}\mathrm{d}t, \tag{8.5}$$

则

$$f(t) = \frac{1}{2\pi}\int_{-\infty}^{+\infty} F(\omega)\mathrm{e}^{\mathrm{j}\omega t}\mathrm{d}\omega \tag{8.6}$$

从上面两式可以看出, $f(t)$ 和 $F(\omega)$ 通过指定的积分运算可以相互表达. 称 (8.5) 式为 $f(t)$ 的 Fourier 变换式, 记作 $\mathcal{F}[f(t)]$, $F(\omega)$ 叫做 $f(t)$ 的像函数. 称 (8.6) 式为 $F(\omega)$ 的 Fourier 逆变换式, 可记作 $\mathcal{F}^{-1}[F(\omega)]$, $f(t)$ 叫做 $F(\omega)$ 的像原函数. (8.5) 式右端的积分运算, 叫做 $f(t)$ 的 Fourier 变换. 同样, (8.6) 式右端的积分运算叫做 $F(\omega)$ 的 Fourier 逆变换. 可以说像函数 $F(\omega)$ 和像原函数 $f(t)$ 构成了一个 Fourier 变换对.

例 8.2 求函数 $f(t) = \begin{cases} 1, & |t| < \xi, \\ 0, & |t| > \xi \end{cases}$ 的 Fourier 变换.

解 由 Fourier 变换的定义,

$$F(\omega) = \mathcal{F}[f(t)] = \int_{-\infty}^{+\infty} f(t)\mathrm{e}^{-\mathrm{j}\omega t}\mathrm{d}t = \int_{-\xi}^{\xi} \mathrm{e}^{-\mathrm{j}\omega t}\mathrm{d}t$$

$$= \int_{-\xi}^{\xi} \cos \omega t\, \mathrm{d}t - \mathrm{j}\int_{-\xi}^{\xi} \sin \omega t\, \mathrm{d}t = 2\int_{0}^{\xi} \cos \omega t\, \mathrm{d}t$$

$$= \begin{cases} \dfrac{2\sin \omega \xi}{\omega}, & \omega \neq 0, \\ 2\xi, & \omega = 0. \end{cases}$$

例 8.3　求指数衰减函数 $f(t) = \begin{cases} 0, & t < 0, \\ \mathrm{e}^{-\beta t}, & t \geq 0 \end{cases}$ 的 Fourier 变换及其积分表达式, 其中 $\beta > 0$.

解　根据 Fourier 变换的定义式, 有

$$F(\omega) = \mathcal{F}[f(t)] = \int_{-\infty}^{+\infty} f(t)\mathrm{e}^{-\mathrm{j}\omega t}\mathrm{d}t = \int_{0}^{+\infty} \mathrm{e}^{-\beta t}\mathrm{e}^{-\mathrm{j}\omega t}\mathrm{d}t$$

$$= \int_{0}^{+\infty} \mathrm{e}^{-(\beta + \mathrm{j}\omega)t}\mathrm{d}t = \left.\frac{\mathrm{e}^{-(\beta + \mathrm{j}\omega)t}}{-(\beta + \mathrm{j}\omega)}\right|_{0}^{+\infty}$$

$$= \frac{1}{\beta + \mathrm{j}\omega} = \frac{\beta - \mathrm{j}\omega}{\beta^2 + \omega^2}.$$

当求出某个函数的 Fourier 变换后, 求这个函数的积分表达式时, 能够得到某些含参变量广义积分的值, 这是积分变换的一个重要应用. 也是含参变量广义积分的一种巧妙解法. 下面求指数衰减函数的积分表达式,

$$f(t) = \mathcal{F}^{-1}[F(\omega)] = \frac{1}{2\pi}\int_{-\infty}^{+\infty} F(\omega)\mathrm{e}^{\mathrm{j}\omega t}\mathrm{d}\omega$$

$$= \frac{1}{2\pi}\int_{-\infty}^{+\infty} \frac{\beta - j\omega}{\beta^2 + \omega^2}\mathrm{e}^{\mathrm{j}\omega t}\mathrm{d}\omega$$

$$= \frac{1}{2\pi}\int_{-\infty}^{+\infty} \frac{(\beta - \mathrm{j}\omega)(\cos \omega t + \mathrm{j}\sin \omega t)}{\beta^2 + \omega^2}\mathrm{d}\omega$$

$$= \frac{1}{2\pi}\int_{-\infty}^{+\infty} \frac{\beta \cos \omega t - \mathrm{j}\omega \cos \omega t + \mathrm{j}\beta \sin \omega t + \omega \sin \omega t}{\beta^2 + \omega^2}\mathrm{d}\omega$$

$$= \frac{1}{2\pi}\int_{-\infty}^{+\infty} \frac{\beta \cos \omega t + \omega \sin \omega t}{\beta^2 + \omega^2}\mathrm{d}\omega$$

$$= \frac{1}{\pi}\int_{0}^{+\infty} \frac{\beta \cos \omega t + \omega \sin \omega t}{\beta^2 + \omega^2}\mathrm{d}\omega.$$

由此顺便得到一个含参变量广义积分的结果

$$\int_0^{+\infty} \frac{\beta \cos \omega t + \omega \sin \omega t}{\beta^2 + \omega^2} \mathrm{d}\omega = \begin{cases} 0, & t < 0, \\ \dfrac{\pi}{2}, & t = 0, \\ \pi \mathrm{e}^{-\beta t}, & t > 0. \end{cases}$$

8.2　单位脉冲函数及广义 Fourier 变换

8.2.1　单位脉冲函数

积分变换-狄拉克

在物理学中构建抽象模型时, 经常使用质点、点电荷、瞬时力等抽象模型. 若将质点的体积视为零, 则其密度(质量与体积之比)为无限大, 但密度的体积积分(总质量)却又是有限的; 瞬时力的延续时间为零, 而力的大小为无限大, 但力的时间积分(即冲量)是有限的. 为了描述这一类抽象概念, 就迫切需要引入一个函数: 单位脉冲函数[①]（δ-函数, Dirac 函数）, 用其来描述集中量分布的密度函数.

下面通过两个具体例子来进一步说明这种函数引入的必要性.

例 8.4　求脉冲电路中的电流强度: 在电流为零的电路中, 某一瞬间（设 $t = 0$）进入一单位电量的脉冲, 求这时电路中的电流强度 $i(t)$.

解　以 $q(t)$ 表示上述电路中的电荷函数, 则

$$q(t) = \begin{cases} 0, & t \neq 0, \\ 1, & t = 0. \end{cases}$$

由于电流强度是电荷函数对时间的变化率, 即

$$i(t) = \frac{\mathrm{d}q(t)}{\mathrm{d}t} = \lim_{\Delta t \to 0} \frac{q(t + \Delta t) - q(t)}{\Delta t}.$$

故当 $t \neq 0$ 时, $i(t) = 0$. 当 $t = 0$ 时, 有

$$i(0) = \lim_{\Delta t \to 0} \frac{q(0 + \Delta t) - q(0)}{\Delta t} = \lim_{\Delta t \to 0} \left(-\frac{1}{\Delta t} \right) = \infty,$$

综上可知, $i(t) = \begin{cases} 0, & t \neq 0, \\ \infty, & t = 0, \end{cases}$ 且满足总电量 $q = \displaystyle\int_{-\infty}^{+\infty} i(t)\mathrm{d}t = 1$.

例 8.5　求质量集中分布的无限长细杆的线密度.

解　考虑 t 轴上无限长的细杆, 杆上除了在点 $t = 0$ 处有质量 $m = 1$ 外, 处处无质量分布, 设细杆的线密度函数为 $\rho(t)$, 则它必具有如下性质:

[①] 单位脉冲函数(unit impulse function)是英国物理学家 Dirac 在 20 世纪 20 年代引入的, 用于描述瞬间或空间几何点上的物理量. 例如, 瞬时的冲击力、脉冲电流或电压等急速变化的物理量, 以及质点的质量分布、点电荷的电量分布等在空间或时间上高度集中的物理量.

(i) 当 $t \neq 0$ 时，$\rho(t) = 0$；当 $t = 0$ 时，$\rho(t) = \infty$；这是因为除了 $t = 0$ 点外，处处无质量分布.

(ii) 当有限区间 I 中含有点 $t = 0$ 时，则 $\int_{-\infty}^{+\infty} \rho(t)\mathrm{d}t = \int_I \rho(t)\mathrm{d}t = 1$，这是因为线密度的积分代表着物体质量.

δ-函数就是将诸如 $i(t), \rho(t)$ 等具有同类性质的函数加以抽象概括而引入数学领域中的，并反过来作为一个强有力的数学工具而得到广泛应用.

定义 8.1 如果函数 $\delta(t)$ 满足

(i) $\delta(t) = \begin{cases} 0, & t \neq 0, \\ \infty, & t = 0; \end{cases}$ (ii) $\int_{-\infty}^{+\infty} \delta(t)\mathrm{d}t = 1$.

则称函数 $\delta(t)$ 为 δ-函数.

δ-函数不是普通的函数，它不像普通函数那样全由数值对应关系确定. 而是一种广义函数，没有普遍意义下的"函数值"，所以不能用通常意义下"值的对应关系"来定义，其属性全由它在积分中的作用表现出来.

如果用数学中极限的概念还可以将 δ-函数定义如下：

定义 8.2 函数序列

$$\delta_\tau(t) = \begin{cases} \dfrac{1}{\tau}, & 0 \leq t \leq \tau, \\ 0, & 其他 \end{cases}$$

当 τ 趋向于零时的极限 $\delta(t)$ 称为 δ-函数，即 $\delta(t) = \lim_{\tau \to 0} \delta_\tau(t)$.

容易验证上述两个定义是等价的.

单位脉冲函数具有下述性质.

性质 8.1 设 $f(t)$ 是在 $(-\infty, +\infty)$ 上的有界函数，且在 $t = 0$ 处连续，则

$$\int_{-\infty}^{+\infty} f(t)\delta(t)\mathrm{d}t = f(0). \tag{8.7}$$

更一般地，若 $f(t)$ 在 $t = t_0$ 处连续，则有

$$\int_{-\infty}^{+\infty} f(t)\delta(t-t_0)\mathrm{d}t = f(t_0).$$

此性质被称为筛选性质.其中 (8.7) 式给出了 δ-函数与其他函数的运算关系，它也常常被人们用来定义 δ-函数，即采用检验的方式来考察某个函数是否为 δ-函数.

性质 8.2 δ-函数为偶函数，即 $\delta(t) = \delta(-t)$.

广义 Fourier 变换举例

8.2.2 广义 Fourier 变换

在物理学和工程技术中，有许多重要函数不满足 Fourier 积分定理中的绝对可积

条件, 即不满足条件 $\int_{-\infty}^{+\infty} |f(t)| dt < +\infty$, 例如常数、符号函数、单位阶跃函数等. 但是利用单位脉冲函数及其 Fourier 变换就可以求出它们对应的 Fourier 变换. 此处所谓广义是相对于古典意义而言的.

利用 δ-函数的性质很方便地求出 δ-函数的 Fourier 变换:

$$F(\omega) = \mathcal{F}[\delta(t)] = \int_{-\infty}^{+\infty} \delta(t) e^{-j\omega t} dt = e^{-j\omega t}\big|_{t=0} = 1,$$

因此 $\delta(t)$ 与 1 是一个广义 Fourier 变换对. 同理 $\delta(t-t_0)$ 与 $e^{-j\omega t_0}$ 也构成广义 Fourier 变换对.

$$\mathcal{F}^{-1}[2\pi\delta(\omega)] = \frac{1}{2\pi} \int_{-\infty}^{+\infty} 2\pi\delta(\omega) e^{j\omega t} d\omega$$
$$= \int_{-\infty}^{+\infty} \delta(\omega) e^{j\omega t} d\omega = e^{j\omega t}\big|_{\omega=0} = 1.$$

由此可知, 常数 1 与 $2\pi\delta(\omega)$ 也构成了广义 Fourier 变换对. 同理 $e^{j\omega_0 t}$ 与 $2\pi\delta(\omega-\omega_0)$ 也构成了一个 Fourier 变换对.

例 8.6　证明单位阶跃函数 $u(t) = \begin{cases} 0, & t < 0, \\ 1, & t > 0 \end{cases}$ 的 Fourier 变换为 $\frac{1}{j\omega} + \pi\delta(\omega)$.

证明　事实上, 若 $F(\omega) = \frac{1}{j\omega} + \pi\delta(\omega)$, 则按 Fourier 变换定义可得

$$f(t) = \mathcal{F}^{-1}[F(\omega)] = \frac{1}{2\pi}\int_{-\infty}^{+\infty}\left[\frac{1}{j\omega} + \pi\delta(\omega)\right] e^{j\omega t} d\omega$$
$$= \frac{1}{2\pi}\int_{-\infty}^{+\infty} \pi\delta(\omega) e^{j\omega t} d\omega + \frac{1}{2\pi}\int_{-\infty}^{+\infty} \frac{1}{j\omega} e^{j\omega t} d\omega$$
$$= \frac{1}{2}\int_{-\infty}^{+\infty} \delta(\omega) e^{j\omega t} d\omega + \frac{1}{2\pi}\int_{-\infty}^{+\infty} \frac{\sin\omega t}{\omega} d\omega$$
$$= \frac{1}{2} + \frac{1}{\pi}\int_0^{+\infty} \frac{\sin\omega t}{\omega} d\omega.$$

为了说明 $f(t) = u(t)$, 就必须计算积分 $\int_0^{+\infty} \frac{\sin\omega t}{\omega} d\omega$, 由于已知 Dirichlet 积分 $\int_0^{+\infty} \frac{\sin\omega}{\omega} d\omega = \frac{\pi}{2}$. 因此有

$$\int_0^{+\infty} \frac{\sin\omega t}{\omega} d\omega = \begin{cases} -\dfrac{\pi}{2}, & t < 0, \\ 0, & t = 0, \\ \dfrac{\pi}{2}, & t > 0, \end{cases}$$

其中, 当 $t=0$ 时, 结果是显然的; 当 $t<0$ 时, 可令 $u=-\omega t$, 则

$$\int_0^{+\infty}\frac{\sin\omega t}{\omega}\mathrm{d}\omega=\int_0^{+\infty}\frac{\sin(-u)}{u}\mathrm{d}u=-\int_0^{+\infty}\frac{\sin u}{u}\mathrm{d}u=-\frac{\pi}{2}.$$

将此结果代入 $f(t)$ 的表达式中, 当 $t\neq 0$ 时, 可得

$$f(t)=\frac{1}{2}+\frac{1}{\pi}\int_0^{+\infty}\frac{\sin\omega t}{\omega}\mathrm{d}\omega=\begin{cases}\dfrac{1}{2}+\dfrac{1}{\pi}\left(-\dfrac{\pi}{2}\right)=0, & t<0,\\[2mm]\dfrac{1}{2}+\dfrac{1}{\pi}\dfrac{\pi}{2}=1, & t>0.\end{cases}$$

这就表明 $\dfrac{1}{\mathrm{j}\omega}+\pi\delta(\omega)$ 的 Fourier 逆变换为 $u(t)$. 因此 $u(t)$ 和 $\dfrac{1}{\mathrm{j}\omega}+\pi\delta(\omega)$ 构成了一个 Fourier 变换对. 类似地, 若 $F(\omega)=2\pi\delta(\omega)$ 时, 则由 Fourier 逆变换可得

$$f(t)=\mathcal{F}^{-1}[F(\omega)]=\frac{1}{2\pi}\int_{-\infty}^{+\infty}2\pi\delta(\omega)\mathrm{e}^{\mathrm{j}\omega t}\mathrm{d}\omega=1.$$

所以, 1 和 $2\pi\delta(\omega)$ 也构成了一个 Fourier 变换对, 即 $\mathcal{F}[1]=\int_{-\infty}^{+\infty}\mathrm{e}^{-\mathrm{j}\omega t}\mathrm{d}t=2\pi\delta(\omega)$.

同理, $\mathrm{e}^{\mathrm{j}\omega_0 t}$ 和 $2\pi\delta(\omega-\omega_0)$ 也构成了一个 Fourier 变换对. 由此可得 $\mathcal{F}[\mathrm{e}^{\mathrm{j}\omega_0 t}]=\int_{-\infty}^{+\infty}\mathrm{e}^{-\mathrm{j}(\omega-\omega_0)t}\mathrm{d}t=2\pi\delta(\omega-\omega_0)$.

例 8.7　求正弦函数 $f(t)=\cos\omega_0 t$ 的 Fourier 变换.

解　根据 Fourier 变换公式, 有

$$F(\omega)=\mathcal{F}[f(t)]=\int_{-\infty}^{+\infty}\cos\omega_0 t\,\mathrm{e}^{-\mathrm{j}\omega t}\mathrm{d}t=\int_{-\infty}^{+\infty}\frac{\mathrm{e}^{\mathrm{j}\omega_0 t}+\mathrm{e}^{-\mathrm{j}\omega_0 t}}{2}\mathrm{e}^{-\mathrm{j}\omega t}\mathrm{d}t$$

$$=\frac{1}{2}\int_{-\infty}^{+\infty}\left[\mathrm{e}^{-\mathrm{j}(\omega-\omega_0)t}+\mathrm{e}^{-\mathrm{j}(\omega+\omega_0)t}\right]\mathrm{d}t=\pi[\delta(\omega+\omega_0)+\delta(\omega-\omega_0)].$$

同理可得: $\mathcal{F}[\sin\omega_0 t]=\mathrm{j}\pi[\delta(\omega+\omega_0)-\delta(\omega-\omega_0)]$.

通过上述的讨论, 可以看出引入 δ-函数的重要性. 它使得在普通意义下一些不存在的积分, 有了确定的数值, 而且 δ-函数及其 Fourier 变换可以很方便地得到工程技术上许多重要函数的 Fourier 变换, 并且使得许多变换的推导得到很大简化, 因此, 本书介绍 δ-函数的目的主要是为了提供一个有用的数学工具, 而不是追求它在数学上的严谨叙述或证明.

8.3　Fourier 变换的性质及 Fourier 卷积

8.3.1　Fourier 变换的性质

Fourier 变换的性质

Fourier 变换有许多重要性质, 这些性质也是深刻理解 Fourier 变换的基础. 形

象地解释这些基本性质和了解它们的数学关系是同样重要的. 在许多应用中这些性质是强有力的手段, 熟练地掌握这些性质以及深刻理解它们的含义是纯熟应用 Fourier 变换的前提. 此处假设需要计算 Fourier 变换的函数都满足 Fourier 积分定理中的条件.

性质 8.3(线性性质) 设 $F_1(\omega) = \mathcal{F}[f_1(t)]$, $F_2(\omega) = \mathcal{F}[f_2(t)]$, α, β 是常数.则

$$\mathcal{F}[\alpha f_1(t) + \beta f_2(t)] = \alpha F_1(\omega) + \beta F_2(\omega), \tag{8.8}$$

同样, $\mathcal{F}^{-1}[\alpha F_1(\omega) + \beta F_2(\omega)] = \alpha f_1(t) + \beta f_2(t)$.

例 8.8 求函数 $f(t) = k + A\cos\omega_0 t$ 的 Fourier 变换.

解 $F(\omega) = \mathcal{F}[f(t)] = \mathcal{F}[k + A\cos\omega_0 t] = 2\pi k\delta(\omega) + A\pi[\delta(\omega+\omega_0) + \delta(\omega-\omega_0)]$.

例 8.9 求函数 $f(t) = \begin{cases} 3\mathrm{e}^{-5t} - 2\mathrm{e}^{-t}, & t \geq 0, \\ 0, & t < 0 \end{cases}$ 的 Fourier 变换.

解 令 $f_1(t) = \begin{cases} \mathrm{e}^{-5t}, & t \geq 0, \\ 0, & t < 0, \end{cases}$ $f_2(t) = \begin{cases} \mathrm{e}^{-t}, & t \geq 0, \\ 0, & t < 0, \end{cases}$ 则 $f(t) = 3f_1(t) - 2f_2(t)$.

由 Fourier 变换的线性性质可得

$$\begin{aligned}
F(\omega) &= \mathcal{F}[f(t)] = \mathcal{F}[3f_1(t) - 2f_2(t)] \\
&= 3\mathcal{F}[f_1(t)] - 2\mathcal{F}[f_2(t)] \\
&= 3\int_0^{+\infty} \mathrm{e}^{-5t}\mathrm{e}^{-\mathrm{j}\omega t}\mathrm{d}t - 2\int_0^{+\infty} \mathrm{e}^{-t}\mathrm{e}^{-\mathrm{j}\omega t}\mathrm{d}t \\
&= 3\left[-\frac{1}{5+\mathrm{j}\omega}\mathrm{e}^{-(5+\mathrm{j}\omega)t}\right]_0^{+\infty} - 2\left[-\frac{1}{1+\mathrm{j}\omega}\mathrm{e}^{-(1+\mathrm{j}\omega)t}\right]_0^{+\infty} \\
&= \frac{3}{5+\mathrm{j}\omega} - \frac{2}{1+\mathrm{j}\omega}.
\end{aligned}$$

这个性质说明有限个函数线性组合的 Fourier 变换等于各函数 Fourier 变换的线性组合, 表明 Fourier 变换是一种线性运算, 它满足叠加原理的特性, 并且也告诉我们在各种线性系统分析中, Fourier 变换是行之有效的.

性质 8.4(位移性质) 设函数 $f(t)$ 的 Fourier 变换为 $F(\omega)$, 则

$$\mathcal{F}[f(t \pm t_0)] = \mathrm{e}^{\pm \mathrm{j}\omega t_0}\mathcal{F}[f(t)]. \tag{8.9}$$

性质 8.4 表明时间函数 $f(t)$ 沿 t 轴向左或向右位移 t_0 后函数的 Fourier 变换等于 $f(t)$ 的 Fourier 变换乘以因子 $\mathrm{e}^{\mathrm{j}\omega t_0}$ 或 $\mathrm{e}^{-\mathrm{j}\omega t_0}$.

证明 由 Fourier 变换的定义, 可知

$$\mathcal{F}\left[f(t\pm t_0)\right] = \int_{-\infty}^{+\infty} f(t\pm t_0)\mathrm{e}^{-\mathrm{j}\omega t}\mathrm{d}t \xlongequal{\text{令} t\pm t_0 = u} \int_{-\infty}^{+\infty} f(u)\mathrm{e}^{-\mathrm{j}\omega(u\mp t_0)}\mathrm{d}u$$

$$= \mathrm{e}^{\pm\mathrm{j}\omega t_0}\int_{-\infty}^{+\infty} f(u)\mathrm{e}^{-\mathrm{j}\omega u}\mathrm{d}u = \mathrm{e}^{\pm\mathrm{j}\omega t_0}\mathcal{F}\left[f(t)\right].$$

同样, Fourier 逆变换也有类似的位移性质, 即

$$\mathcal{F}^{-1}[F(\omega\mp\omega_0)] = f(t)\mathrm{e}^{\pm\mathrm{j}\omega_0 t}. \tag{8.10}$$

例 8.10 已知 $F(\omega) = \dfrac{1}{\beta + \mathrm{j}(\omega + \omega_0)}$ ($\beta > 0, \omega_0$ 为常实数), 求 $f(t)$.

解 由 (8.9) 式知

$$f(t) = \mathcal{F}^{-1}[F(\omega)] = \mathrm{e}^{-\mathrm{j}\omega_0 t}\cdot\mathcal{F}^{-1}\left[\frac{1}{\beta+\mathrm{j}\omega}\right]$$

$$= \begin{cases} \mathrm{e}^{-(\beta+\mathrm{j}\omega_0)t}, & t\geqslant 0, \\ 0, & t < 0. \end{cases}$$

例 8.11 证明 $\mathcal{F}\left[f(t)\sin\omega_0 t\right] = \dfrac{\mathrm{j}}{2}[F(\omega+\omega_0) - F(\omega-\omega_0)]$.

证明 因为

$$f(t)\sin\omega_0 t = f(t)\frac{1}{2\mathrm{j}}(\mathrm{e}^{\mathrm{j}\omega_0 t} - \mathrm{e}^{-\mathrm{j}\omega_0 t})$$

$$= \frac{1}{2\mathrm{j}}f(t)\mathrm{e}^{\mathrm{j}\omega_0 t} - \frac{1}{2\mathrm{j}}f(t)\mathrm{e}^{-\mathrm{j}\omega_0 t}.$$

由位移性质知

$$F(\omega-\omega_0) = \mathcal{F}\left\{\mathrm{e}^{\mathrm{j}\omega_0 t}\mathcal{F}^{-1}[F(\omega)]\right\} = \mathcal{F}\left[f(t)\mathrm{e}^{\mathrm{j}\omega_0 t}\right],$$

$$F(\omega+\omega_0) = \mathcal{F}\left[f(t)\mathrm{e}^{-\mathrm{j}\omega_0 t}\right],$$

故

$$\mathcal{F}\left[f(t)\sin\omega_0 t\right] = \frac{1}{2\mathrm{j}}\left\{\mathcal{F}\left[f(t)\mathrm{e}^{\mathrm{j}\omega_0 t}\right] - \mathcal{F}\left[f(t)\mathrm{e}^{-\mathrm{j}\omega_0 t}\right]\right\}$$

$$= \frac{\mathrm{j}}{2}[F(\omega+\omega_0) - F(\omega-\omega_0)].$$

类似可证 $\mathcal{F}\left[f(t)\cos\omega_0 t\right] = \dfrac{1}{2}[F(\omega+\omega_0) + F(\omega-\omega_0)]$.

性质 8.5（微分性质）（1）导函数的 Fourier 变换公式: 如果 $f(t)$ 在 $(-\infty, +\infty)$ 上连续或只有有限个可去间断点, 且当 $|t|\to+\infty$ 时, $f(t)\to 0$, 则

$$\mathcal{F}\left[f'(t)\right] = \mathrm{j}\omega\mathcal{F}\left[f(t)\right]. \tag{8.11}$$

证明　由 Fourier 变换的定义, 并利用分部积分可得

$$\mathcal{F}[f'(t)] = \int_{-\infty}^{+\infty} f'(t)e^{-j\omega t}dt$$

$$= f(t)e^{-j\omega t}\Big|_{-\infty}^{+\infty} + j\omega \int_{-\infty}^{+\infty} f(t)e^{-j\omega t}dt$$

$$= j\omega \mathcal{F}[f(t)].$$

式(8.11)表明一个函数的导数的 Fourier 变换等于这个函数的 Fourier 变换乘以因子 $j\omega$.

推论 8.1　如果 $f^{(k)}(t)$ $(k=1,2,3,\cdots)$ 在 $(-\infty,+\infty)$ 上连续或只有有限个可去间断点, 且当 $\lim\limits_{|t|\to+\infty} f^{(k)}(t)=0$ $(k=1,2,3,\cdots,n-1)$ 时, $f(t)\to 0$, 则

$$\mathcal{F}[f^{(n)}(t)] = (j\omega)^n \mathcal{F}[f(t)]. \tag{8.12}$$

(2)像函数的导数公式: 设 $\mathcal{F}[f(t)]=F(\omega)$, 则 $\dfrac{\mathrm{d}}{\mathrm{d}\omega}F(\omega)=\mathcal{F}[-jtf(t)]$, 或写成

$$\mathcal{F}[tf(t)] = j\frac{\mathrm{d}}{\mathrm{d}\omega}F(\omega). \tag{8.13}$$

一般地, 有 $\dfrac{\mathrm{d}^n}{\mathrm{d}\omega^n}F(\omega)=(-j)^n\mathcal{F}[t^n f(t)]$, 或写成 $\mathcal{F}[t^n f(t)]=j^n\dfrac{\mathrm{d}^n}{\mathrm{d}\omega^n}F(\omega)$.

例 8.12　已知函数 $f(t)=\begin{cases}0, & t<0, \\ e^{-\beta t}, & t\geqslant 0\end{cases}$ $(\beta>0)$, 试求 $\mathcal{F}[tf(t)]$ 和 $\mathcal{F}[t^2 f(t)]$.

解　利用 Fourier 变换的定义易知

$$F(\omega) = \mathcal{F}[f(t)] = \frac{1}{\beta+j\omega},$$

利用像函数的导数公式, 有

$$\mathcal{F}[tf(t)] = j\frac{\mathrm{d}}{\mathrm{d}\omega}F(\omega) = \frac{1}{(\beta+j\omega)^2},$$

$$\mathcal{F}[t^2 f(t)] = j^2\frac{\mathrm{d}^2}{\mathrm{d}\omega^2}F(\omega) = \frac{2}{(\beta+j\omega)^3}.$$

性质 8.6(积分性质)　如果当 $t\to+\infty$ 时, $\int_{-\infty}^{t} f(t)\mathrm{d}t\to 0$, 则

$$\mathcal{F}\left[\int_{-\infty}^{t} f(t)\mathrm{d}t\right] = \frac{1}{j\omega}\mathcal{F}[f(t)]. \tag{8.14}$$

证明　因为 $\dfrac{\mathrm{d}}{\mathrm{d}t}\int_{-\infty}^{t} f(t)\mathrm{d}t = f(t)$, 所以

$$\mathcal{F}\left[\frac{\mathrm{d}}{\mathrm{d}t}\int_{-\infty}^{t}f(t)\mathrm{d}t\right]=\mathcal{F}[f(t)],$$

又由微分性质可得

$$\mathcal{F}\left[\frac{\mathrm{d}}{\mathrm{d}t}\int_{-\infty}^{t}f(t)\mathrm{d}t\right]=\mathrm{j}\omega\mathcal{F}\left[\int_{-\infty}^{t}f(t)\mathrm{d}t\right],$$

故

$$\mathcal{F}\left[\int_{-\infty}^{t}f(t)\mathrm{d}t\right]=\frac{1}{\mathrm{j}\omega}\mathcal{F}[f(t)].$$

式(8.14)表明一个函数积分后的 Fourier 变换等于这个函数的 Fourier 变换除以因子 $\mathrm{j}\omega$.

运用 Fourier 变换的线性性质、微分性质以及积分性质, 可以将线性常系数代数方程(包括积分方程和微分方程)转化为代数方程, 通过求解代数方程和 Fourier 逆变换, 就可以得到相应线性方程的解. 另外, Fourier 变换还是求数学物理方程的重要方法之一, 具体计算过程与解微分方程类似.

8.3.2 Fourier 卷积

Fourier 卷积

卷积是使用含参变量的广义积分来定义的函数, 它与 Fourier 变换有着密切联系.它所具有的运算性质使得 Fourier 变换得到更广泛的应用.

定义 8.3 若已知函数 $f_1(t)$, $f_2(t)$, 则积分

$$\int_{-\infty}^{+\infty}f_1(\tau)f_2(t-\tau)\mathrm{d}\tau$$

称为函数 $f_1(t)$ 与 $f_2(t)$ 的卷积, 记为 $f_1(t)*f_2(t)$, 即

$$f_1(t)*f_2(t)=\int_{-\infty}^{+\infty}f_1(\tau)f_2(t-\tau)\mathrm{d}\tau. \tag{8.15}$$

例 8.13 已知 $f_1(t)=\begin{cases}0, & t<0, \\ 1, & t\geqslant 0,\end{cases}$ $f_2(t)=\begin{cases}0, & t<0, \\ \mathrm{e}^{-t}, & t\geqslant 0.\end{cases}$ 求 $f_1(t)*f_2(t)$.

解 根据卷积定义, 有

$$f_1(t)*f_2(t)=\int_{-\infty}^{+\infty}f_1(\tau)f_2(t-\tau)\mathrm{d}\tau.$$

为了确定被积函数 $f_1(\tau)f_2(t-\tau)\neq 0$ 的区间, 我们解不等式组

$$\begin{cases}f_1(\tau)\neq 0, \\ f_2(t-\tau)\neq 0\end{cases}\Rightarrow\begin{cases}\tau\geqslant 0, \\ t-\tau\geqslant 0\end{cases}\text{或}\begin{cases}\tau\geqslant 0, \\ t\geqslant\tau.\end{cases}$$

显然只有当 $t\geqslant 0$ 时, 才有 $f_1(\tau)f_2(t-\tau)\neq 0$. 此时 $f_1(\tau)f_2(t-\tau)\neq 0$ 的区间为 $[0,t]$, 故

$$f_1(t) * f_2(t) = \int_{-\infty}^{+\infty} f_1(\tau) f_2(t-\tau) \mathrm{d}\tau = \int_0^t 1 \cdot \mathrm{e}^{-(t-\tau)} \mathrm{d}\tau = 1 - \mathrm{e}^{-t}.$$

综上可知

$$f_1(t) * f_2(t) = \begin{cases} 1 - \mathrm{e}^{-t}, & t \geq 0, \\ 0, & t < 0. \end{cases}$$

例 8.14　设 $f_1(t) = \begin{cases} 0, & t < 0, \\ \mathrm{e}^{-\alpha t}, & t \geq 0, \end{cases}$　$f_2(t) = \begin{cases} 0, & t < 0, \\ \mathrm{e}^{-\beta t}, & t \geq 0. \end{cases}$ 求 $f_1(t)$ 与 $f_2(t)$ 的卷积.

解　按卷积定义，首先为了确定 $f_1(\tau) f_2(t-\tau) \neq 0$ 的区间，我们解不等式组

$$\begin{cases} f_1(\tau) \neq 0, \\ f_2(t-\tau) \neq 0 \end{cases} \Rightarrow \begin{cases} \tau \geq 0, \\ t - \tau \geq 0 \end{cases} \text{或} \begin{cases} \tau \geq 0, \\ t \geq \tau, \end{cases}$$

可得 $f_1(\tau) f_2(t-\tau) \neq 0$ 的区间为 $[0,t]$，故

$$f_1(t) * f_2(t) = \int_{-\infty}^{+\infty} f_1(\tau) f_2(t-\tau) \mathrm{d}\tau = \int_0^t \mathrm{e}^{-\alpha\tau} \cdot \mathrm{e}^{-\beta(t-\tau)} \mathrm{d}\tau$$

$$= \mathrm{e}^{-\beta t} \int_0^t \mathrm{e}^{-(\alpha-\beta)\tau} \mathrm{d}\tau = \frac{\mathrm{e}^{-\alpha t} - \mathrm{e}^{-\beta t}}{\beta - \alpha}.$$

综上可知

$$f_1(t) * f_2(t) = \begin{cases} \dfrac{\mathrm{e}^{-\alpha t} - \mathrm{e}^{-\beta t}}{\beta - \alpha}, & t \geq 0, \\ 0, & t < 0. \end{cases}$$

例 8.15　设 $f_1(t) = \begin{cases} 1-t, & 0 \leq t \leq 1, \\ 0, & \text{其他}, \end{cases}$　$f_2(t) = \begin{cases} 1, & 0 \leq t \leq 2, \\ 0, & \text{其他}. \end{cases}$ 求 $f_1(t)$ 与 $f_2(t)$ 的卷积.

解　为了确定 $f_1(\tau) f_2(t-\tau) \neq 0$ 的区间，利用不等式

$$f_1(\tau) = \begin{cases} 0, & \tau < 0, \\ 1-\tau, & 0 \leq \tau \leq 1, \\ 0, & \tau > 1, \end{cases} \quad f_2(t-\tau) = \begin{cases} 0, & t-\tau < 0, \\ 1, & 0 \leq t-\tau \leq 2, \\ 0, & t-\tau > 2, \end{cases} \text{即} \, f_2(t-\tau) = \begin{cases} 0, & t < \tau, \\ 1, & \tau \leq t \leq 2+\tau, \\ 0, & t > 2+\tau, \end{cases}$$

当 $t < 0$ 或 $t > 3$ 时，显然有 $f_1(\tau) f_2(t-\tau) = 0$；

当 $0 \leq t \leq 1$，　$0 \leq \tau \leq t \leq 1$，有 $f_1(t) * f_2(t) = \int_0^t (1-\tau) \mathrm{d}\tau = t - \dfrac{t^2}{2}$；

当 $1 < t \leq 2$，　$0 < \tau \leq t \leq 2$，有 $f_1(t) * f_2(t) = \int_0^1 (1-\tau) \mathrm{d}\tau = \dfrac{1}{2}$；

当 $2 < t \leq 3$ 时，$t-2 \leq \tau \leq t < 3$，有 $f_1(t) * f_2(t) = \int_{t-2}^1 (1-\tau) \mathrm{d}\tau = \dfrac{9}{2} - 3t + \dfrac{t^2}{2}$.

综上所述，

$$f_1(t) * f_2(t) = \begin{cases} 0, & t \leqslant 0, t > 3, \\ t - \dfrac{t^2}{2}, & 0 < t \leqslant 1, \\ \dfrac{1}{2}, & 1 < t \leqslant 2, \\ \dfrac{t^2}{2} - 3t + \dfrac{9}{2}, & 2 < t \leqslant 3. \end{cases}$$

下面介绍卷积的运算性质.

性质 8.7(线性性质) 设 k_1, k_2 是任意常数, 则有

$$[k_1 f_1(t) + k_2 f_2(t)] * g(t) = k_1 f_1(t) * g(t) + k_2 f_2(t) * g(t). \tag{8.16}$$

性质 8.8(结合性质)

$$[f_1(t) * f_2(t)] * f_3(t) = f_1(t) * [f_2(t) * f_3(t)]. \tag{8.17}$$

证明 $[f_1(t) * f_2(t)] * f_3(t)$

$$= \int_{-\infty}^{+\infty} \left[\int_{-\infty}^{+\infty} f_1(\xi) f_2(\tau - \xi) \mathrm{d}\xi \right] f_3(t - \tau) \mathrm{d}\tau$$

$$= \int_{-\infty}^{+\infty} f_1(\xi) \left[\int_{-\infty}^{+\infty} f_2(\tau - \xi) f_3(t - \tau) \mathrm{d}\tau \right] \mathrm{d}\xi.$$

记 $g(t) = \int_{-\infty}^{+\infty} f_2(\tau) f_3(t - \tau) \mathrm{d}\tau = f_2(t) * f_3(t).$

$$[f_1(t) * f_2(t)] * f_3(t) = \int_{-\infty}^{+\infty} f_2(\xi) g(t - \xi) \mathrm{d}\xi$$

$$= f(t) * g(t) = f_1(t) * [f_2(t) * f_3(t)].$$

性质 8.9(交换性质)

$$f_1(t) * f_2(t) = f_2(t) * f_1(t). \tag{8.18}$$

证明 令 $\xi = t - \tau$, 则

$$f_1(t) * f_2(t) = \int_{-\infty}^{+\infty} f_1(\tau) f_2(t - \tau) \mathrm{d}\tau = \int_{+\infty}^{-\infty} f_1(t - \xi) f_2(\xi) \mathrm{d}(-\xi)$$

$$= \int_{-\infty}^{+\infty} f_2(\xi) f_1(t - \xi) \mathrm{d}\xi = f_2(t) * f_1(t).$$

定理 8.3(卷积定理[①]) 假定 $f_1(t), f_2(t)$ 都满足 Fourier 积分定理中的条件, 且 $\mathcal{F}[f_1(t)] = F_1(\omega)$, $\mathcal{F}[f_2(t)] = F_2(\omega)$, 则

---

① **卷积定理**(convolution theorem)揭示了时间域与频率域的对应关系. 这一定理对 Laplace 变换、Z 变换、Mellin 变换等各种 Fourier 变换的变体同样成立, 但针对不同的积分变换, 卷积性质的形式不完全相同.

(1) $\mathcal{F}[f_1(t)*f_2(t)]=F_1(\omega)\cdot F_2(\omega)$ 或 $\mathcal{F}^{-1}[F_1(\omega)\cdot F_2(\omega)]=f_1(t)*f_2(t)$.

(2) $\mathcal{F}[f_1(t)\cdot f_2(t)]=\dfrac{1}{2\pi}F_1(\omega)*F_2(\omega)$ 或 $\mathcal{F}^{-1}[F_1(\omega)*F_2(\omega)]=2\pi f_1(t)f_2(t)$.

例 8.16　设 $f(t)=\mathrm{e}^{-\beta t}u(t)\cos\omega_0 t(\beta>0)$，求 $\mathcal{F}[f(t)]$.

解　由卷积定理得 $\mathcal{F}[f(t)]=\dfrac{1}{2\pi}\mathcal{F}[\mathrm{e}^{-\beta t}u(t)]*\mathcal{F}[\cos\omega_0 t]$，由于

$$\mathcal{F}[\mathrm{e}^{-\beta t}u(t)]=\frac{1}{\beta+\mathrm{j}\omega},$$

$$\mathcal{F}[\cos\omega_0 t]=\pi[\delta(\omega+\omega_0)+\delta(\omega-\omega_0)],$$

因此有

$$\mathcal{F}[f(t)]=\frac{1}{2\pi}\int_{-\infty}^{+\infty}\frac{1}{\beta+\mathrm{j}\tau}[\delta(\omega+\omega_0-\tau)+\delta(\omega-\omega_0+\tau)]\mathrm{d}\tau$$

$$=\frac{1}{2}\left[\frac{1}{\beta+\mathrm{j}(\omega+\omega_0)}+\frac{1}{\beta+\mathrm{j}(\omega-\omega_0)}\right]$$

$$=\frac{\beta+\mathrm{j}\omega}{(\beta+\mathrm{j}\omega)^2+\omega_0^2}.$$

8.4　Laplace 变换的概念

Laplace 变换理论是在 19 世纪末发展起来的. 首先是英国工程师亥维赛德 (Heaviside) 发明了用运算法解决当时电工计算中出现的一些问题，但是缺乏严密的数学论证. 后来由法国数学家 Laplace 给出了严密的数学定义，后人称之为 Laplace 变换方法. Laplace 变换在电学、光学、力学等工程技术与科学领域中有着广泛的应用. 由于它的像原函数 $f(t)$ 要求的条件比 Fourier 变换的条件要弱，因此在某些问题上，它比 Fourier 变换的适用面要广.

本节依次介绍 Laplace 变换的定义、存在定理、常用函数的 Laplace 变换.

由于 Fourier 变换要求的函数满足的限制条件比较强，这也限制了 Fourier 变换应用的范围. Fourier 变换要求进行变换的函数在任一有限区间上满足狄利克雷条件，并要求 $\int_{-\infty}^{+\infty}|f(t)|\mathrm{d}t$ 存在，但一些常用的函数，例如单位阶跃函数 $u(t)$ 以及 $t,\sin t,\cos t$ 等均不满足这些要求. 另外，在物理、线性控制等实际应用中，许多以时间为自变量的函数，往往当 $t<0$ 时没有意义，或者不需要知道 $t<0$ 的情况. 因此为了解决上述问题而拓宽应用范围，人们发现对于任意一个实函数 $\varphi(t)$，可以经过适当改造以满足 Fourier 变换的基本条件.

首先将函数 $\varphi(t)$ 乘以单位阶跃函数

$$u(t) = \begin{cases} 0, & t < 0, \\ 1, & t > 0, \end{cases}$$

得到 $f(t) = \varphi(t)u(t)$，则根据 Fourier 变换理论有

$$F[f(t)] = F[\varphi(t)u(t)] = \int_{-\infty}^{+\infty} \varphi(t)u(t)\mathrm{e}^{-\mathrm{j}\omega t}\mathrm{d}t = \int_{0}^{+\infty} f(t)\mathrm{e}^{-\mathrm{j}\omega t}\mathrm{d}t .$$

很显然通过这样的处理，可以使得积分区间从 $(-\infty, +\infty)$ 变为 $[0, +\infty)$，但是仍然不能回避 $f(t)$ 需要在 $[0, +\infty)$ 上满足绝对可积的限制. 为此，我们考虑继续将函数乘以一个衰减速度很快的指数函数 $\mathrm{e}^{-\beta t}(\beta > 0)$，于是有

$$F[f(t)\mathrm{e}^{-\beta t}] = F[\varphi(t)u(t)\mathrm{e}^{-\beta t}] = \int_{0}^{+\infty} f(t)\,\mathrm{e}^{-\beta t}\mathrm{e}^{-\mathrm{j}\omega t}\mathrm{d}t = \int_{0}^{+\infty} f(t)\,\mathrm{e}^{-(\beta+\mathrm{j}\omega)t}\mathrm{d}t$$

$$= \int_{0}^{+\infty} f(t)\,\mathrm{e}^{-st}\mathrm{d}t, \quad (\diamondsuit s = \beta + \mathrm{j}\omega)$$

上式即可简写为

$$F(s) = \int_{0}^{+\infty} f(t)\,\mathrm{e}^{-st}\mathrm{d}t, \tag{8.19}$$

这是由实函数 $f(t)$ 通过一种新的变换得到的复变函数，这种变换就是我们要定义的 Laplace 变换.

定义 8.4 设实函数 $f(t)$ 在 $t \geqslant 0$ 上有定义，且积分 $F(s) = \int_{0}^{+\infty} f(t)\,\mathrm{e}^{-st}\mathrm{d}t$（$s$ 为复参变量）在复平面上某一范围内收敛，则将上述积分所确定的函数 $F(s)$ 称为函数 $f(t)$ 的 Laplace 变换[①]，简称拉氏变换，记为 $F(s) = \mathcal{L}[f(t)]$. 而 $f(t)$ 称为 $F(s)$ 的 Laplace 逆变换，记为 $f(t) = \mathcal{L}^{-1}[F(s)]$.

例 8.17 求单位阶跃函数 $u(t) = \begin{cases} 0, & t < 0, \\ 1, & t > 0 \end{cases}$ 的 Laplace 变换.

解 根据 Laplace 变换的定义，有

$$\mathcal{L}[u(t)] = \int_{0}^{+\infty} \mathrm{e}^{-st}\mathrm{d}t,$$

这个积分在 $\mathrm{Re}(s) > 0$ 上收敛，而且有

Laplace 变换定义

[①] **拉普拉斯变换**(Laplace transform)是工程数学中常用的一种积分变换，又名拉氏变换. 拉氏变换是一个线性变换，可将一个有参数实数 $t(t \geqslant 0)$ 的函数转换为一个参数为复数 s 的函数. Laplace 变换在许多工程技术和科学研究领域中有着广泛的应用，特别是在力学系统、电学系统、自动控制系统、可靠性系统以及随机服务系统等系统科学中都起着重要作用.

$$\int_0^{+\infty} \mathrm{e}^{-st}\mathrm{d}t = -\frac{1}{s}\mathrm{e}^{-st}\Big|_0^{+\infty} = \frac{1}{s}.$$

因此, $\mathcal{L}[u(t)] = \frac{1}{s}$, $\mathrm{Re}(s) > 0$.

例 8.18 求指数函数 $f(t) = \mathrm{e}^{kt}$ 的 Laplace 变换(k 为实数).

解 根据 Laplace 变换的定义, 有

$$\mathcal{L}[f(t)] = \int_0^{+\infty} \mathrm{e}^{kt}\mathrm{e}^{-st}\mathrm{d}t = \int_0^{+\infty}\mathrm{e}^{-(s-k)t}\mathrm{d}t,$$

这个积分在 $\mathrm{Re}(s) > k$ 上收敛, 而且有

$$\int_0^{+\infty}\mathrm{e}^{-(z-k)t}\mathrm{d}t = -\frac{1}{s-k}\mathrm{e}^{-(s-k)t}\Big|_0^{+\infty} = \frac{1}{s-k}.$$

因此, $\mathcal{L}[\mathrm{e}^{kt}] = \frac{1}{s-k}$, $\mathrm{Re}(s) > k$.

其实 k 为复数时上式也成立, 只是收敛区域相应改写为 $\mathrm{Re}(s) > \mathrm{Re}(k)$.

例 8.19 求 Laplace 变换 $\mathcal{L}[t]$.

解 在 $\mathrm{Re}(s) > 0$ 的半平面上,

$$\int_0^{+\infty} t\mathrm{e}^{-st}\mathrm{d}t = -\frac{1}{s}[t\mathrm{e}^{-st}]_0^{+\infty} + \frac{1}{s}\int_0^{+\infty}\mathrm{e}^{-st}\mathrm{d}t$$

$$= \frac{1}{s}\int_0^{+\infty}\mathrm{e}^{-st}\mathrm{d}t = \frac{1}{s^2}.$$

则 $\mathcal{L}[t] = \frac{1}{s^2}$ $(\mathrm{Re}(s) > 0)$.

同理有

$$\mathcal{L}[t^n] = \frac{n!}{s^{n+1}}.$$

定理 8.4(Laplace 变换存在定理) 若函数 $f(t)$ 满足下述条件:

(1)当 $t \geq 0$ 时, $f(t)$ 在任一有限区间上分段连续;

(2)当 $t \to +\infty$ 时, $f(t)$ 的增长速度不超过某一指数函数, 即存在常数 $M > 0$ 及 $c \geq 0$, 使得

$$|f(t)| \leq M\mathrm{e}^{ct} \quad (0 \leq t < +\infty),$$

则 $f(t)$ 的 Laplace 变换

$$F(s) = \int_0^{+\infty} f(t)\,\mathrm{e}^{-st}\mathrm{d}t$$

在半平面 $\mathrm{Re}(s) > c$ 上存在且解析, 右端积分在 $\mathrm{Re}(s) \geq c_1 > c$ 上绝对收敛且一致收敛.

当满足 Laplace 变换存在定理条件的函数 $f(t)$ 在 $t = 0$ 处有界时，积分 $\mathcal{L}[f(t)] = \int_0^{+\infty} f(t)\,\mathrm{e}^{-st}\mathrm{d}t$ 中的下限取 0^+ 或 0^- 不会影响其结果. 但如果 $f(t)$ 在 $t = 0$ 处包含脉冲函数时，就必须明确指出是 0^+ 还是 0^-，因为

$$\mathcal{L}_+[f(t)] = \int_{0^+}^{+\infty} f(t)\,\mathrm{e}^{-st}\mathrm{d}t,$$

$$\mathcal{L}_-[f(t)] = \int_{0^-}^{+\infty} f(t)\,\mathrm{e}^{-st}\mathrm{d}t$$

$$= \int_{0^+}^{+\infty} f(t)\,\mathrm{e}^{-st}\mathrm{d}t + \int_{0^-}^{0^+} f(t)\,\mathrm{e}^{-st}\mathrm{d}t$$

当 $f(t)$ 在 $t = 0$ 处有界时，$\int_{0^-}^{0^+} f(t)\,\mathrm{e}^{-st}\mathrm{d}t = 0$，即 $\mathcal{L}_+[f(t)] = \mathcal{L}_-[f(t)]$.

当 $f(t)$ 在 $t = 0$ 处包含了脉冲函数时，$\int_{0^-}^{0^+} f(t)\,\mathrm{e}^{-st}\mathrm{d}t \neq 0$，即 $\mathcal{L}_+[f(t)] \neq \mathcal{L}_-[f(t)]$.

为了考虑这一情况，需将进行 Laplace 变换的函数 $f(t)$，当 $t \geqslant 0$ 时有定义扩大为当 $t > 0$ 及 $t = 0$ 的任意一个邻域内有定义. 这样，Laplace 变换应定义为

$$\mathcal{L}_-[f(t)] = \int_{0^-}^{+\infty} f(t)\,\mathrm{e}^{-zt}\mathrm{d}t,$$

但为了书写方便起见，仍写成如下形式：

$$\mathcal{L}[f(t)] = \int_0^{+\infty} f(t)\,\mathrm{e}^{-st}\mathrm{d}t.$$

例 8.20 求单位脉冲函数 $\delta(t)$ 的 Laplace 变换.

解 $\mathcal{L}[\delta(t)] = \int_0^{+\infty} \delta(t)\,\mathrm{e}^{-st}\mathrm{d}t$

$$= \int_{0^-}^{+\infty} \delta(t)\,\mathrm{e}^{-st}\mathrm{d}t$$

$$= \mathrm{e}^{-st}\big|_{t=0} = 1.$$

例 8.21 求函数 $f(t) = \mathrm{e}^{-\beta t}\delta(t) - \beta\mathrm{e}^{-\beta t}u(t)(\beta > 0)$ 的 Laplace 变换.

解 $\mathcal{L}[f(t)] = \int_0^{+\infty} f(t)\,\mathrm{e}^{-st}\mathrm{d}t$

$$= \int_0^{+\infty} [\mathrm{e}^{-\beta t}\delta(t) - \beta\mathrm{e}^{-\beta t}u(t)]\mathrm{e}^{-st}\mathrm{d}t$$

$$= \int_0^{+\infty} \mathrm{e}^{-(\beta+s)t}\delta(t)\mathrm{d}t - \beta\int_0^{+\infty} \mathrm{e}^{-(\beta+s)t}\mathrm{d}t$$

$$= \mathrm{e}^{-(\beta+s)t}\Big|_{t=0} + \frac{\beta}{s+\beta}\mathrm{e}^{-(\beta+s)t}\Big|_0^{+\infty} = \frac{s}{s+\beta}.$$

8.5　Laplace 变换的基本性质

本节将介绍 Laplace 变换的一些基本性质, 利用这些基本性质, 可以很容易地求得一些较复杂的原函数的像函数. 为方便起见, 假定在这些性质中, 凡是要求 Laplace 变换的函数都满足 Laplace 变换存在定理中的条件, 并且把这些函数的增长指数都统一地取为 c. 在证明性质时将不再陈述这些条件.

性质 8.10（线性性质）　若 $f_1(t)$ 和 $f_2(t)$ 是两个任意的时间函数, 其 Laplace 变换分别为 $F_1(s)$ 和 $F_2(s)$, A_1 和 A_2 是两个任意常数, 则有

$$\mathcal{L}[A_1 f_1(t) \pm A_2 f_2(t)] = A_1 \mathcal{L}[f_1(t)] \pm A_2 \mathcal{L}[f_2(t)] = A_1 F_1(s) \pm A_2 F_2(s). \tag{8.20}$$

例 8.22　求 $\sin kt$ 的 Laplace 变换.

解　由于 $\sin kt = \dfrac{\mathrm{e}^{jkt} - \mathrm{e}^{-jkt}}{2\mathrm{j}}$, 则

$$\mathcal{L}[\sin kt] = \frac{1}{2\mathrm{j}}(\mathcal{L}[\mathrm{e}^{jkt}] - \mathcal{L}[\mathrm{e}^{-jkt}])$$

$$= \frac{1}{2\mathrm{j}}\left(\frac{1}{s - \mathrm{j}k} - \frac{1}{s + \mathrm{j}k}\right) = \frac{k}{s^2 + k^2}.$$

性质 8.11（时域导数性质（微分性质））

$$\mathcal{L}[f'(t)] = sF(s) - f(0). \tag{8.21}$$

证明　根据分部积分公式和 Laplace 变换公式

$$\mathcal{L}[f'(t)] = \int_0^{+\infty} f'(t)\,\mathrm{e}^{-st}\mathrm{d}t$$

$$= f(t)\mathrm{e}^{-st}\big|_0^{+\infty} + s\int_0^{+\infty} f(t)\,\mathrm{e}^{-st}\mathrm{d}t$$

$$= sF(s) - f(0),$$

即

$$\mathcal{L}[f'(t)] = sF(s) - f(0) \quad \operatorname{Re}(s) > c.$$

推论 8.2

$$\mathcal{L}[f^{(n)}(t)] = s^n F(s) - s^{n-1} f(0) - s^{n-2} f'(0) - \cdots - s f^{(n-2)}(0) - f^{(n-1)}(0). \tag{8.22}$$

特别, 当初值 $f(0) = f'(0) = \cdots = f^{(n-1)}(0) = 0$ 时, 有 $\mathcal{L}[f^{(n)}(t)] = s^n F(s)$, 此性质可以使我们有可能将 $f(t)$ 的微分方程转化为 $F(s)$ 的代数方程.

例 8.23　应用时域导数性质求 $f(t) = \cos kt$ 的 Laplace 变换.

解　由于 $f(0)=1, f'(0)=0, f''(t)=-k^2\cos kt$，则

$$\mathcal{L}[-k^2\cos kt]=\mathcal{L}[f''(t)]=s^2\mathcal{L}[f(t)]-sf(0)-f'(0),$$

移项化简得

$$\mathcal{L}[\cos kt]=\frac{s}{s^2+k^2},\quad \mathrm{Re}(s)>c.$$

此外，由 Laplace 变换存在定理，还可以得到像函数的微分性质:
若 $\mathcal{L}[f(t)]=F(s)$，则当 $\mathrm{Re}(s)>c$ 时，有

$$F'(s)=\mathcal{L}[-tf(t)],\tag{8.23}$$

$$F^{(n)}(s)=\mathcal{L}[(-t)^n f(t)].\tag{8.24}$$

这是因为对于一致绝对收敛的积分，积分和求导可以调换次序.

例 8.24　求函数 $f(t)=t\sin kt$ 的 Laplace 变换.

解　由于 $\mathcal{L}[\sin kt]=\dfrac{k}{s^2+k^2}$，根据上述微分性质可知

$$\mathcal{L}[t\sin kt]=-\frac{\mathrm{d}}{\mathrm{d}s}\left[\frac{k}{s^2+k^2}\right]=\frac{2ks}{(s^2+k^2)^2}.$$

同理可得

$$\mathcal{L}[t\cos kt]=-\frac{\mathrm{d}}{\mathrm{d}s}\left[\frac{s}{s^2+k^2}\right]=\frac{2s^2}{(s^2+k^2)^2}-\frac{1}{s^2+k^2}$$

$$=\frac{2s^2-s^2-k^2}{(s^2+k^2)^2}=\frac{s^2-k^2}{(s^2+k^2)^2}.$$

性质 8.12（时域积分性质（积分性质））　若 $\mathcal{L}[f(t)]=F(s)$，则

$$\mathcal{L}\left[\int_0^t f(t)\mathrm{d}t\right]=\frac{1}{s}F(s).\tag{8.25}$$

证明　设 $h(t)=\displaystyle\int_0^t f(t)\mathrm{d}t$ 则有 $h'(t)=f(t)$，且 $h(0)=0$. 由上述微分性质有

$$\mathcal{L}[h'(t)]=s\mathcal{L}[h(t)]-h(0)=s\mathcal{L}[h(t)],$$

即

$$\mathcal{L}\left[\int_0^t f(t)\,\mathrm{d}t\right]=\frac{1}{s}\mathcal{L}[f(t)]=\frac{1}{s}F(s).$$

推论 8.3　　$\mathcal{L}\left\{\underbrace{\int_0^t \mathrm{d}t \int_0^t \mathrm{d}t \cdots \int_0^t f(t)\,\mathrm{d}t}_{n次}\right\} = \dfrac{1}{s^n}F(s)$.　　　　　　　(8.26)

由 Laplace 变换存在定理, 还可得像函数的积分性质:

若 $\mathcal{L}[f(t)] = F(s)$, 则

$$\int_s^\infty F(s)\,\mathrm{d}s = \int_s^\infty \int_0^{+\infty} f(t)\,\mathrm{e}^{-st}\,\mathrm{d}t\,\mathrm{d}s$$

$$= \int_0^{+\infty} f(t)\left(\left.\frac{-1}{t}\mathrm{e}^{-zt}\right|_s^\infty\right)\mathrm{d}t = \int_0^{+\infty} \frac{f(t)}{t}\,\mathrm{e}^{-st}\,\mathrm{d}t$$

$$= \mathcal{L}\left[\frac{f(t)}{t}\right],$$

即

$$\mathcal{L}\left[\frac{f(t)}{t}\right] = \int_s^\infty F(s)\,\mathrm{d}s .\tag{8.27}$$

一般地, 有

$$\mathcal{L}\left[\frac{f(t)}{t^n}\right] = \underbrace{\int_s^\infty \mathrm{d}s \int_s^\infty \mathrm{d}s \cdots \int_s^\infty F(s)\,\mathrm{d}s}_{n次} .\tag{8.28}$$

例 8.25　求函数 $f(t) = \dfrac{\mathrm{e}^t - \mathrm{e}^{-t}}{2t}$ 的 Laplace 变换.

解　因为 $\mathcal{L}\left[\dfrac{\mathrm{e}^t - \mathrm{e}^{-t}}{2}\right] = \dfrac{1}{s^2 - 1}$, 则由积分性质

$$\mathcal{L}\left[\frac{\mathrm{e}^t - \mathrm{e}^{-t}}{2t}\right] = \int_s^\infty \frac{1}{s^2 - 1}\,\mathrm{d}s$$

$$= \int_s^\infty \frac{1}{2}\left[\frac{1}{s-1} - \frac{1}{s+1}\right]\mathrm{d}s = \left.\frac{1}{2}\ln\frac{s-1}{s+1}\right|_s^\infty$$

$$= -\frac{1}{2}\ln\frac{s+1}{s-1} .$$

如果积分 $\displaystyle\int_0^{+\infty} \frac{f(t)}{t}\,\mathrm{d}t$ 存在, 则在公式 $\mathcal{L}\left[\dfrac{f(t)}{t}\right] = \displaystyle\int_s^\infty F(s)\,\mathrm{d}s$ 中取 $s = 0$, 得

$\displaystyle\int_0^{+\infty} \frac{f(t)}{t}\,\mathrm{d}t = \int_0^\infty F(s)\,\mathrm{d}s$. 此公式常用来计算某些积分. 例如 $\mathcal{L}[\sin t] = \dfrac{1}{s^2 + 1}$, 则有

$$\int_0^{+\infty} \frac{\sin t}{t}\,\mathrm{d}t = \int_0^\infty \frac{1}{s^2 + 1}\,\mathrm{d}s = \left.\arctan s\right|_0^\infty = \frac{\pi}{2} .$$

性质 8.13（位移性质） 若 $\mathcal{L}[f(t)] = F(s)$，则

$$\mathcal{L}[\mathrm{e}^{at}f(t)] = F(s-a), \quad \mathrm{Re}(s-a) > c. \tag{8.29}$$

证明 根据 Laplace 变换公式，有

$$\mathcal{L}[\mathrm{e}^{at}f(t)] = \int_0^{+\infty} \mathrm{e}^{at}f(t)\mathrm{e}^{-st}\mathrm{d}t$$

$$= \int_0^{+\infty} f(t)\,\mathrm{e}^{-(s-a)t}\mathrm{d}t,$$

即

$$\mathcal{L}[\mathrm{e}^{at}f(t)] = F(s-a), \quad \mathrm{Re}(s-a) > c.$$

例 8.26 求 $\mathcal{L}[\mathrm{e}^{at}\sin kt]$.

解 由 $\mathcal{L}[\sin kt] = \dfrac{k}{s^2 + k^2}$，则

$$\mathcal{L}[\mathrm{e}^{at}\sin kt] = \frac{k}{(s-a)^2 + k^2}.$$

性质 8.14（时滞性质） 若 $\mathcal{L}[f(t)] = F(s)$，又当 $t < 0$ 时，$f(t) = 0$，则对于任一非负数 $\tau \geqslant 0$，有

$$\mathcal{L}[f(t-\tau)] = \mathrm{e}^{-s\tau}F(s). \tag{8.30}$$

证明 $\mathcal{L}[f(t-\tau)] = \displaystyle\int_0^{+\infty} f(t-\tau)\,\mathrm{e}^{-st}\mathrm{d}t$

$$= \int_0^{\tau} f(t-\tau)\,\mathrm{e}^{-st}\mathrm{d}t + \int_{\tau}^{+\infty} f(t-\tau)\,\mathrm{e}^{-st}\mathrm{d}t.$$

令 $t - \tau = u, t = u + \tau, \mathrm{d}t = \mathrm{d}u$，则

$$\mathcal{L}[f(t-\tau)] = \int_0^{+\infty} f(u)\,\mathrm{e}^{-s(u+\tau)}\mathrm{d}u$$

$$= \mathrm{e}^{-s\tau}\int_0^{+\infty} f(u)\,\mathrm{e}^{-su}\mathrm{d}u = \mathrm{e}^{-s\tau}F(s) \quad (\mathrm{Re}(s) > c).$$

例 8.27 求函数 $u(t-\tau) = \begin{cases} 0, & t < \tau, \\ 1, & t > \tau \end{cases}$ 的 Laplace 变换.

解 已知 $\mathcal{L}[u(t)] = \dfrac{1}{s}$，由时滞性质，

$$\mathcal{L}[u(t-\tau)] = \frac{1}{s}\mathrm{e}^{-s\tau}.$$

8.6　Laplace 逆变换及其应用

8.6.1　Laplace 逆变换

　　　　　　　　　　　　　　　　　　　　　　　　　　Laplace 逆变换–反演

　　前面主要讨论了由已知函数 $f(t)$ 求它的像函数 $F(s)$，但在实际应用中常会碰到与此相反的问题，即已知像函数 $F(s)$，求它的像原函数 $f(t)$. 本节就来解决这个问题.由 Laplace 变换的概念可知，函数 $f(t)$ 的 Laplace 变换，实际上就是 $f(t)u(t)e^{-\beta t}$ 的 Fourier 变换. 因此，按 Fourier 积分公式，在 $f(t)$ 的连续点就有

$$
\begin{aligned}
f(t)u(t)e^{-\beta t} &= \frac{1}{2\pi}\int_{-\infty}^{+\infty}\left[\int_{-\infty}^{+\infty}f(\tau)u(\tau)e^{-\beta\tau}e^{-j\omega\tau}d\tau\right]e^{j\omega t}d\omega \\
&= \frac{1}{2\pi}\int_{-\infty}^{+\infty}e^{j\omega t}d\omega\left[\int_{0}^{+\infty}f(\tau)e^{-(\beta+j\omega)\tau}d\tau\right] \\
&= \frac{1}{2\pi}\int_{-\infty}^{+\infty}F(\beta+j\omega)e^{j\omega t}d\omega, \quad t>0,
\end{aligned}
$$

等式两边同乘以 $e^{\beta t}$，则

$$
f(t) = \frac{1}{2\pi}\int_{-\infty}^{+\infty}F(\beta+j\omega)e^{(\beta+j\omega)t}d\omega, \quad t>0,
$$

令 $\beta+j\omega=s$，则

$$
f(t) = \frac{1}{2\pi j}\int_{\beta-j\infty}^{\beta+j\infty}F(s)e^{st}ds, \quad t>0.
$$

　　右端的积分称为 Laplace 反演积分，它的积分路线是沿着虚轴的方向从虚部的负无穷积分到虚部的正无穷. 而积分路线中的实部 β 则有一些随意，但必须满足的条件就是函数 $f(t)u(t)e^{-\beta t}$ 在 0 到正无穷的积分必须收敛.

　　计算复变函数的积分通常比较困难，但是可以用留数[①]方法计算，其方法如下：

　　定理 8.5　若 $s_1, s_2, \cdots, s_n$ 是函数 $F(s)$ 的所有奇点(适当选取 β 使这些奇点全在 $\mathrm{Re}(s)<\beta$ 的范围内)，且当 $s\to\infty$ 时，$F(s)\to 0$，则有

$$
\frac{1}{2\pi j}\int_{\beta-j\infty}^{\beta+j\infty}F(s)e^{st}ds = \sum_{k=1}^{n}\mathop{\mathrm{Res}}_{s=s_k}[F(s)e^{st}],
$$

即

---

① 留数(residue)是复变函数中的一个重要概念，指解析函数沿着某一圆环域内包围某一孤立奇点的任一正向简单闭曲线的积分值除以 $2\pi j$. 留数数值上等于解析函数的洛朗展开式中负一次幂项的系数. 根据孤立奇点的不同，采用不同的留数计算方法. 留数常应用在某些特殊类型的实积分中，从而大大简化积分的计算过程.

$$f(t) = \sum_{k=1}^{n} \operatorname*{Res}_{s=s_k}[F(s)e^{st}], \quad t > 0. \tag{8.31}$$

例 8.28 已知 $F(s) = \dfrac{k}{s^2 + k^2}$，求 $\mathcal{L}^{-1}[F(s)]$.

解 令 $A(s) = k, B(s) = s^2 + k^2 = (s + jk)(s - jk)$，显见 $-jk$ 和 jk 为 $B(s)$ 的两个一级零点，根据留数计算规则及 (8.13) 式可得

$$f(t) = \frac{A(jk)}{B'(jk)}e^{jkt} + \frac{A(-jk)}{B'(-jk)}e^{-jkt}$$

$$= \frac{k}{2jk}e^{jkt} + \frac{k}{-2jk}e^{-jkt}$$

$$= \sin kt, \quad t > 0.$$

例 8.29 求 $F(s) = \dfrac{1}{s(s-1)^2}$ 的逆变换.

解 令 $A(s) = 1, B(s) = s(s-1)^2$，显见 $s = 0$ 为 $B(s)$ 的一级零点，$s = 1$ 为 $B(s)$ 的二级零点，根据留数计算规则及 (8.13) 式可得

$$f(t) = \frac{1}{(s-1)^2}e^{st}\Big|_{s=0} + \lim_{s \to 1}\frac{\mathrm{d}}{\mathrm{d}s}\left[\frac{1}{s}e^{st}\right]$$

$$= 1 + \lim_{s \to 1}\left(\frac{t}{s}e^{st} - \frac{1}{s^2}e^{st}\right)$$

$$= 1 + (te^t - e^t) = 1 + e^t(t-1), \quad t > 0.$$

另外还可以用部分分式的办法来求解 Laplace 逆变换.

例 8.30 求 $F(s) = \dfrac{1}{s^2(s+1)}$ 的逆变换.

解 易知 $\dfrac{1}{s^2(s+1)} = \dfrac{A}{s^2} + \dfrac{B}{s} + \dfrac{C}{s+1}$，利用待定系数法可解得

$$F(s) = \frac{1}{s^2(s+1)} = \frac{1}{s^2} + \frac{-1}{s} + \frac{1}{s+1},$$

由 Laplace 逆变换的线性性质知

$$f(t) = \mathcal{L}^{-1}\left[\frac{1}{s^2(s+1)}\right] = t - 1 + e^{-t} \quad (t > 0).$$

Laplace 变换–卷积

定义 8.5 两个函数的卷积是指

$$f_1(t) * f_2(t) = \int_0^t f_1(\tau)f_2(t-\tau)\mathrm{d}\tau.$$

卷积的基本性质:

(1) $|f_1(t) * f_2(t)| \leqslant |f_1(t)| * |f_2(t)|$;

(2) 交换律

$$f_1(t) * f_2(t) = f_2(t) * f_1(t) ;$$

(3) 结合律

$$f_1(t) * [f_2(t) * f_3(t)] = [f_1(t) * f_2(t)] * f_3(t) ;$$

(4) 分配律

$$f_1(t) * [f_2(t) + f_3(t)] = f_1(t) * f_2(t) + f_1(t) * f_3(t) .$$

例 8.31　求 $t * \mathrm{e}^{at}$.

解
$$t * \mathrm{e}^{at} = \int_0^t \tau \mathrm{e}^{a(t-\tau)} \, \mathrm{d}\tau = \mathrm{e}^{at} \int_0^t \tau \mathrm{e}^{-a\tau} \, \mathrm{d}\tau$$

$$= -\frac{1}{a} \mathrm{e}^{at} \int_0^t \tau \mathrm{d} \mathrm{e}^{-a\tau} = \frac{-\mathrm{e}^{at}}{a} \left[\tau \mathrm{e}^{-a\tau} \Big|_0^t - \int_0^t \mathrm{e}^{-a\tau} \, \mathrm{d}\tau \right]$$

$$= \frac{-\mathrm{e}^{at}}{a} \left[t\mathrm{e}^{-at} + \frac{1}{a} \mathrm{e}^{-a\tau} \Big|_0^t \right]$$

$$= \frac{-\mathrm{e}^{at}}{a} \left[t\mathrm{e}^{-at} + \frac{1}{a} (\mathrm{e}^{-at} - 1) \right]$$

$$= -\frac{t}{a} + \frac{1}{a^2} (\mathrm{e}^{at} - 1) .$$

例 8.32　求 $t * \sin t$.

解　由 $t * \mathrm{e}^{at} = -\dfrac{t}{a} + \dfrac{1}{a^2} (\mathrm{e}^{at} - 1)$，则

$$t * \sin t = t * \frac{\mathrm{e}^{jt} - \mathrm{e}^{-jt}}{2\mathrm{j}} = \frac{1}{2\mathrm{j}} (t * \mathrm{e}^{jt} - t * \mathrm{e}^{-jt})$$

$$= \frac{1}{2\mathrm{j}} \left[-\frac{t}{\mathrm{j}} + \frac{1}{\mathrm{j}^2} (\mathrm{e}^{jt} - 1) + \frac{t}{-\mathrm{j}} - \frac{1}{(-\mathrm{j})^2} (\mathrm{e}^{-jt} - 1) \right]$$

$$= \frac{1}{2\mathrm{j}} \left[-\frac{2t}{\mathrm{j}} + \frac{\mathrm{e}^{jt} - \mathrm{e}^{-jt}}{\mathrm{j}^2} \right] = t - \sin t .$$

定理 8.6（卷积定理）假定 $f_1(t), f_2(t)$ 满足 Laplace 变换存在定理中的条件，且 $\mathcal{L}[f_1(t)] = F_1(s)$，$\mathcal{L}[f_2(t)] = F_2(s)$，则 $f_1(t) * f_2(t)$ 的 Laplace 变换一定存在，且

$$\mathcal{L}[f_1(t) * f_2(t)] = F_1(s) \cdot F_2(s) \quad \text{或} \quad \mathcal{L}^{-1}[F_1(s) \cdot F_2(s)] = f_1(t) * f_2(t) . \tag{8.32}$$

证明
$$\mathcal{L}[f_1(t) * f_2(t)] = \int_0^{+\infty} [f_1(t) * f_2(t)] \mathrm{e}^{-st} \, \mathrm{d}t$$

$$= \int_0^{+\infty} \left[\int_0^t f_1(\tau) f_2(t-\tau) \, \mathrm{d}\tau \right] \mathrm{e}^{-st} \, \mathrm{d}t .$$

由于二重积分绝对可积, 可以交换积分次序, 则

$$\mathcal{L}[f_1(t) * f_2(t)] = \int_0^{+\infty} f_1(\tau)\left[\int_\tau^{+\infty} f_2(t-\tau)\mathrm{e}^{-st}\,\mathrm{d}t\right]\mathrm{d}\tau,$$

令 $t - \tau = u$, 得

$$\int_\tau^{+\infty} f_2(t-\tau)\mathrm{e}^{-st}\,\mathrm{d}t = \int_0^{+\infty} f_2(u)\mathrm{e}^{-s(u+\tau)}\,\mathrm{d}u = \mathrm{e}^{-s\tau}F_2(s),$$

所以

$$\mathcal{L}[f_1(t) * f_2(t)] = \int_0^{+\infty} f_1(\tau)\mathrm{e}^{-s\tau}F_2(s)\,\mathrm{d}\tau$$

$$= F_2(s)\int_0^{+\infty} f_1(\tau)\mathrm{e}^{-s\tau}\,\mathrm{d}\tau = F_1(s)\cdot F_2(s).$$

推论 8.4　若 $f_k(t)(k=1,2,\cdots,n)$ 满足 Laplace 变换存在定理中的条件, 且

$$\mathcal{L}[f_k(t)] = F_k(s)\quad(k=1,2,\cdots,n),$$

则有

$$\mathcal{L}[f_1(t) * f_2(t) * \cdots * f_n(t)] = F_1(s)F_2(s)\cdots F_n(s). \tag{8.33}$$

例 8.33　求 $F(s) = \dfrac{1}{s^2(1+s^2)}$ 的 Laplace 逆变换.

解　由于 $F(s) = \dfrac{1}{s^2(1+s^2)} = \dfrac{1}{s^2}\cdot\dfrac{1}{s^2+1}$, 令 $F_1(s) = \dfrac{1}{s^2}, F_2(s) = \dfrac{1}{s^2+1}$, 则 $f_1(t) = t$, $f_2(t) = \sin t$, 由卷积定理得

$$f(t) = f_1(t) * f_2(t) = t * \sin t = t - \sin t.$$

例 8.34　求 $F(s) = \dfrac{s^2}{(s^2+1)^2}$ 的 Laplace 逆变换.

解　$F(s) = \dfrac{s^2}{(s^2+1)^2} = \dfrac{s}{s^2+1}\cdot\dfrac{s}{s^2+1}$, 由卷积定理得

$$f(t) = \mathcal{L}^{-1}\left[\frac{s}{s^2+1}\cdot\frac{s}{s^2+1}\right]$$

$$= \cos t * \cos t$$

$$= \frac{1}{2}(t\cos t - \sin t).$$

例 8.35　求 $F(s) = \dfrac{1}{(s^2+6s+13)^2}$ 的 Laplace 逆变换.

解　$F(s) = \dfrac{1}{[(s+3)^2 + 2^2]^2} = \dfrac{1}{4} \cdot \dfrac{2}{(s+3)^2 + 2^2} \cdot \dfrac{2}{(s+3)^2 + 2^2}$，又 $\mathcal{L}^{-1}\left[\dfrac{2}{(s+3)^2 + 2^2}\right] =$

$e^{-3t}\sin 2t$，由卷积定理得

$$
\begin{aligned}
f(t) &= \frac{1}{4}(e^{-3t}\sin 2t) * (e^{-3t}\sin 2t)\\
&= \frac{1}{4}\int_0^t e^{-3\tau}\sin 2\tau e^{-3(t-\tau)}\sin 2(t-\tau)\mathrm{d}\tau\\
&= \frac{1}{4}e^{-3t}\int_0^t \sin 2\tau \sin 2(t-\tau)\mathrm{d}\tau\\
&= \frac{1}{4}e^{-3t}\int_0^t \frac{1}{2}[\cos(4\tau - 2t) - \cos 2t]\mathrm{d}\tau\\
&= \frac{1}{16}e^{-3t}(\sin 2t - 2t\cos 2t).
\end{aligned}
$$

Laplace 变换的应用

8.6.2　Laplace 变换的应用

对一个系统进行分析和研究, 首先要知道该系统的数学模型, 也就是要建立该系统特性的数学表达式. 所谓线性系统, 在许多场合, 它的数学模型可以用一个线性微分方程来描述, 或者说是满足叠加原理的一类系统. 这一类系统无论是在电路理论还是在自动控制理论的研究中, 都占有很重要的地位.

首先取 Laplace 变换将微分方程化为像函数的代数方程, 解代数方程求出像函数, 再取逆变换得最后的解. 如图 8.1 所示.

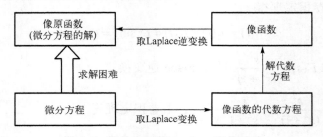

图 8.1　微分方程的 Laplace 变换解法

例 8.36　求方程　$y'' + 2y' - 3y = e^{-t}$ 满足初始条件 $y|_{t=0} = 0, y'|_{t=0} = 1$ 的解.

解　设 $\mathcal{L}[y(t)] = Y(s)$，对方程的两边取 Laplace 变换, 并考虑到初始条件, 则得

$$s^2 Y(s) - sy(0) - y'(0) + 2sY(s) - 2y(0) - 3Y(s) = \frac{1}{s+1},$$

即

$$s^2 Y(s) - 1 + 2sY(s) - 3Y(s) = \frac{1}{s+1}.$$

解得

$$Y(s) = \frac{s+2}{(s+1)(s-1)(s+3)},$$

取 Laplace 变换得

$$y(t) = \frac{-1+2}{3-6-1}e^{-t} + \frac{1+2}{3+6-1}e^{t} + \frac{-3+2}{27-18-1}e^{-3t}$$

$$= -\frac{1}{4}e^{-t} + \frac{3}{8}e^{t} - \frac{1}{8}e^{-3t}.$$

例 8.37 求微分方程组

$$\begin{cases} y'' - x'' + x' - y = e^{t} - 2, \\ 2y'' - x'' - 2y' + x = -t \end{cases}$$

满足初始条件 $\begin{cases} y(0) = y'(0) = 0, \\ x(0) = x'(0) = 0 \end{cases}$ 的解.

解 设 $\mathcal{L}[x(t)] = X(s)$, $\mathcal{L}[y(t)] = Y(s)$, 对两个方程取 Laplace 变换, 则

$$\begin{cases} s^2 Y(s) - s^2 X(s) + sX(s) - Y(s) = \frac{1}{s-1} - \frac{2}{s}, \\ 2s^2 Y(s) - s^2 X(s) - 2sY(s) + X(s) = -\frac{1}{s^2}, \end{cases}$$

解此线性方程组, 得

$$X(s) = \frac{2s-1}{s^2(s-1)^2}, \quad Y(s) = \frac{1}{s(s-1)^2},$$

取 Laplace 变换得

$$\begin{cases} y(t) = 1 - e^{t} + te^{t}, \\ x(t) = -t + te^{t}. \end{cases}$$

》》 阅读材料

积分变换在地质勘探中的应用

一、工程应用背景

为了推动习近平总书记提出的"一带一路"倡议, 我国制定了推动新疆丝绸之路经济带核心区建设的计划, 但是此前连通南疆和北疆的交通通道不足严重制约新疆地区经济发展, 大家比较熟悉的新疆独库公路就是连接南北疆的一条通道, 独库

公路北起克拉玛依市独山子区,南连阿克苏地区库车市,全程561千米.但是由于独库公路有1/3是悬崖绝壁,1/5的地段处于高山永冻层,跨越天山近十条主要河流,翻越终年积雪的4个冰雪达坂,每年的通车时间仅有4个月左右.

为了进一步打通南北疆之间的交通障碍,促进南北疆经济均衡发展,我国"十四五"期间将从乌鲁木齐到尉犁的乌尉高速公路建设作为新疆地区的重点交通工程.此前从乌鲁木齐到南疆最大的城市库尔勒只能走216国道,大概需要7小时,但乌尉高速公路建成后只需要3小时.

新疆天山胜利隧道是乌尉公路的"咽喉"工程(图 8.2),整个隧道全长约22千米,是当今世界最长的高速公路隧道,也是国内目前在建最长的高地应力、高地震烈度、高环保要求、高海拔、高寒施工的隧道,隧道施工段最大地应力值达21.8兆帕,相当于指甲盖大小的面积就要承受至少 218 千克的重量,是一般岩石承载力的50倍以上,隧道施工还要穿越 16 条地质破碎带,坍塌风险极大.因此提前做好地质勘探,对岩层地质构造、裂隙发育、风化程度、地层含水量、地层温度等各个要素进行地质勘测,及时发现施工地段地质隐患,是隧道施工前的必要工作.

图 8.2　天山胜利隧道施工现场①

二、技术原理

隧道施工现场勘探中经常采用的弹性波法就用到了本章所学习的积分变换.利用弹性波法对山体岩石的弹性纵波波速和横向波速进行同时测定,用于计算岩体的弹性特征值;测试岩石试件的弹性波速,以计算岩体的完整性,从而判定岩体的破碎程度.

在利用弹性波法进行隧道超前地质预报数据采集过程中,经常使用地震波传感器接收炸药爆炸产生的空气振动波.在地震波信号记录中,空气振动波总会与有效

---

① 图片来自中国交建.

的地震波信号相互重叠, 从而对超前预报数据处理结果的真实性产生了影响. 超前预报数据处理过程中怎样消除空气振动波, 是提高数据信噪比及地质异常体准确定位的重要步骤.

经过目前常用的带通滤波处理后研究人员发现, 空气振动波并不能在单个频率域被有效地剔除. 反射地震波隧道超前地质预报中非常依赖对数据的处理, 通过对采集数据去噪, 经过初至拾取、波场分离、反射波提取、偏移成像等最终确定反射界面的位置, 所以对反射波的识别权为重要, 而声波的出现刚好与地震波反射信号重叠, 这会对地震反射波的提取造成很大的困扰.

与积分变换紧密相关的时频域去噪方法是处理地震反射波法隧道地质超前预报声波干扰的重要工具. 该方法将信号分解到时间–频率域, 突出了信号的频谱随时间的变化规律.

反射地震波隧道超前地质预报中, 可将采集的数据看成非平稳信号, 而在非平稳信号的处理中, 时频变换是一种非常重要的信号分析方法. 炸药爆炸声波造成的检波器干扰在 TSP 数据记录中是比较复杂的, 空气振波速度一般在 344 m/s, 而地壳中地震波平均速度达 6200 m/s, 超前预报中的地震波波速也往往在 1500 m/s 以上, 二者在波形记录时间上存在时间差, 且二者的频带范围也有差异, 其主频略高于地震波的主频, 频带大部分与地震波的频带相交, 所以单单通过带通滤波是难以滤除的.

时频域去噪方法是将信号从时间维度变换到时间-频率维度(图 8.3), 以便于进

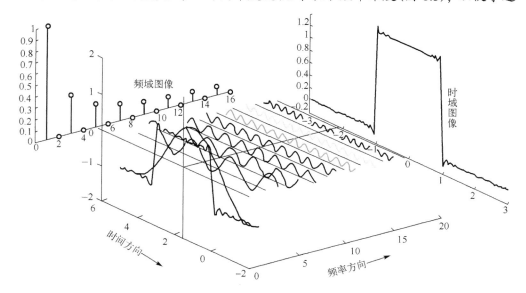

图 8.3 Fourier 变换中时域图像与频域图像示意图

行与时间及频率有关的噪声去除，利用积分变换进行时频域去噪的常用方法有：短时 Fourier 变换时频域去噪方法、小波变换时频域去噪方法、S 变换时频域去噪方法等.

利用 Fourier 变换可以把反射波监测系统记录的时域波形转换为频率域（即频谱），以便从频谱特性中进行反射波信号的辨识，得出波形信号的频带宽度、主频以及最大振幅等，由于信号会受到高频噪声的影响，将高频噪声提出后，再利用 Fourier 逆变换恢复数据，就可以识别计算岩体的完整性，从而判定岩体的破碎程度，进而为岩层地质构造等地质勘测预报提供有效依据.

习 题 8

1. 求下列函数的 Laplace 变换.

(1) $f(t) = t \cdot \sin 2t$;

(2) $f(t) = e^{-4t} \cdot \cos 4t$;

(3) $f(t) = 1 - t \cdot e^t$;

(4) $f(t) = u(2t - 4)$;

(5) $f(t) = \int_0^t \frac{\sin t}{t} dt$;

(6) $f(t) = \int_0^t te^{-2t} \sin 2t dt$.

2. 求下列函数的 Laplace 逆变换.

(1) $F(s) = \dfrac{1 + e^{-2z}}{s^2}$;

(2) $F(s) = \ln \dfrac{s^2 - 1}{s^2}$;

(3) $F(s) = \dfrac{1}{s(s-1)^2}$.

3. 求解下列微分方程.

(1) $y'' + 2y' + y = te^{-t}$, $y(0) = 1$, $y'(0) = -2$;

(2) $y'' - 2y' + 2y = 2e^t \cos t$, $y(0) = 0$, $y'(0) = 0$.

参 考 文 献

程其襄, 张奠宙, 胡善文, 等. 2019. 实变函数与泛函分析基础. 4 版. 北京: 高等教育出版社.

丁同仁, 李承治. 2004. 常微分方程教程. 2 版. 北京: 高等教育出版社.

李文林. 2011. 数学史概论. 3 版. 北京: 高等教育出版社.

马知恩, 周义仓, 李承治. 2015. 常微分方程定性与稳定性方法. 2 版. 北京: 科学出版社.

梅加强. 2011. 数学分析. 北京: 高等教育出版社.

张恭庆. 2011. 变分学讲义. 北京: 高等教育出版社.

张恭庆, 林源渠. 1987. 泛函分析讲义: 上册. 北京: 北京大学出版社.

张元林. 2019. 工程数学: 积分变换. 6 版. 北京: 高等教育出版社.